普通高等教育“十四五”系列教材

机械典型零件与典型装置三维建模及工程图

贺向新　主编

中国铁道出版社有限公司
CHINA RAILWAY PUBLISHING HOUSE CO., LTD.

内 容 简 介

本书在总结多年教学经验的基础上，根据现有机械制图与三维建模训练的不足之处以及计算机辅助设计与绘图课程、课程设计、毕业设计过程中的需求，精心收集归类部分典型零件与装置的工程图实例，旨在帮助学生加深理解计算机设计与绘图功能并熟练掌握计算机辅助设计与绘图技巧。

本书是以图册的形式编写，由机械典型零件篇与机械典型装置篇两部分组成。机械典型零件篇包括轴套类零件、轮盘类零件、叉架类零件、箱体类零件四部分；机械典型装置篇的各类机械零部件图样能满足学生以及各类工程技术人员的训练要求，在提高读者的读图、识图能力，了解和掌握常用的、典型的机械部件的工作原理、结构等方面具有较大的促进作用。

本书适合作为普通高等学校机械类各专业学生三维建模与工程训练辅助教材，也可供相关工程技术人员参考使用。

图书在版编目(CIP)数据

机械典型零件与典型装置三维建模及工程图/贺向新主编.—北京：中国铁道出版社有限公司，2021.11(2023.1重印)
普通高等教育“十四五”系列教材
ISBN 978-7-113-28182-3

Ⅰ.①机… Ⅱ.①贺… Ⅲ.①机械元件-计算机辅助设计-高等学校-教材 ②工程制图-计算机辅助设计-高等学校-教材 Ⅳ.①TH122 ②TB237

中国版本图书馆CIP数据核字(2021)第145502号

书　　名：机械典型零件与典型装置三维建模及工程图
作　　者：贺向新

策　　划：钱　鹏　　**编辑部电话：**(010)63551926
责任编辑：钱　鹏
封面制作：高博越
责任校对：孙　玫
责任印制：樊启鹏

出版发行：中国铁道出版社有限公司(100054，北京市西城区右安门西街8号)
网　　址：http://www.tdpress.com/51eds/
印　　刷：三河市宏盛印务有限公司
版　　次：2021年11月第1版　2023年1月第2次印刷
开　　本：880 mm×1 230 mm 1/16　**印张：**15.25　**字数：**515千
书　　号：ISBN 978-7-113-28182-3
定　　价：39.80元

前　言

机械工程图是根据工程对象的形象按照投影的方法并遵照国家标准规定所绘制成的图样。工程图被称为“工程界的语言”,是用于成品制造或工程施工的唯一依据。机械工程图伴随工程技术人员的整个职业生涯,不允许存在错误并具有理解的唯一性。一张合格的工程图所涵盖的信息十分丰富,涉猎多个学科的知识和诸多相关的国家标准。随着科学技术的进步,机械零件图和装配图中所涉及的诸多概念及画法、标注方法等都有所改变,又由于设计和绘制工程图的手段越来越多并越来越先进,图样的表达方式呈现出多元化,因此为适应新时代的要求,旧的工程图册亟待更新。本书正是在这种背景下应运而生的。

本书的编写特点是全面地贯彻了最新发布的机械制图及产品几何技术规范等国家标准,利用 CAD 工程软件制作二维和三维图形,使图册具有时效性和先进性。本图册选择的资料主要是在多年教学过程中积累所得,同时精选了相关教材、图册和网络上的部分资料,修改和完善后加编入本书。

本书分为典型机械零件、典型机械装置及附录三部分,零件图中均附有图示零件的立体图,装配图中附有装配体的爆炸图以及所有组成的零件图,以帮助初学者更好地识图。附录中精选了现行最新相关国家标准的常用数据供读者参考。工程图分两部分,共计 230 例。其中轴套类零件图 21 例、轮盘类零件图 27 例、叉架类零件图 26 例、箱体类零件图 15 例、部件装配图及其零件图 141 例。

本书内容从易到难,翔实、丰富、实用,具有典型性和代表性,是初学者读图、识图和学习相关专业知识、国家标准在工程图中运用与表达的教材,也是机械设计、制造工程技术人员二维和三维绘图、建模以及输出图纸的重要参考资料。

本书由内蒙古工业大学贺向新主编,郝治国、胡志勇担任主审。限于编者水平,书中难免存在疏漏及不足之处,敬请广大读者批评指正。

编　者

2021 年 5 月

目　　录

第一部分　机械工程典型零件三维实体建模及其零件图

1.1　轴套类零件

轴套类零件一般包含轴、衬套等零件,在视图表达时,只要画出一个基本视图再加上适当的断面图和尺寸标注,就可以把它的主要形状特征以及局部结构表达出来了。为了便于加工时看图,一般按水平放置进行投射,最好选择轴线为侧垂线的位置。在标注轴套类零件的尺寸时,常以轴线作为径向尺寸基准。这样就把设计基准和加工时的工艺基准(轴类零件在车床上加工时,两端用顶针顶住轴的中心孔)统一起来了。而长度方向的基准常选用端面、重要的接触面(轴肩)或加工面等。

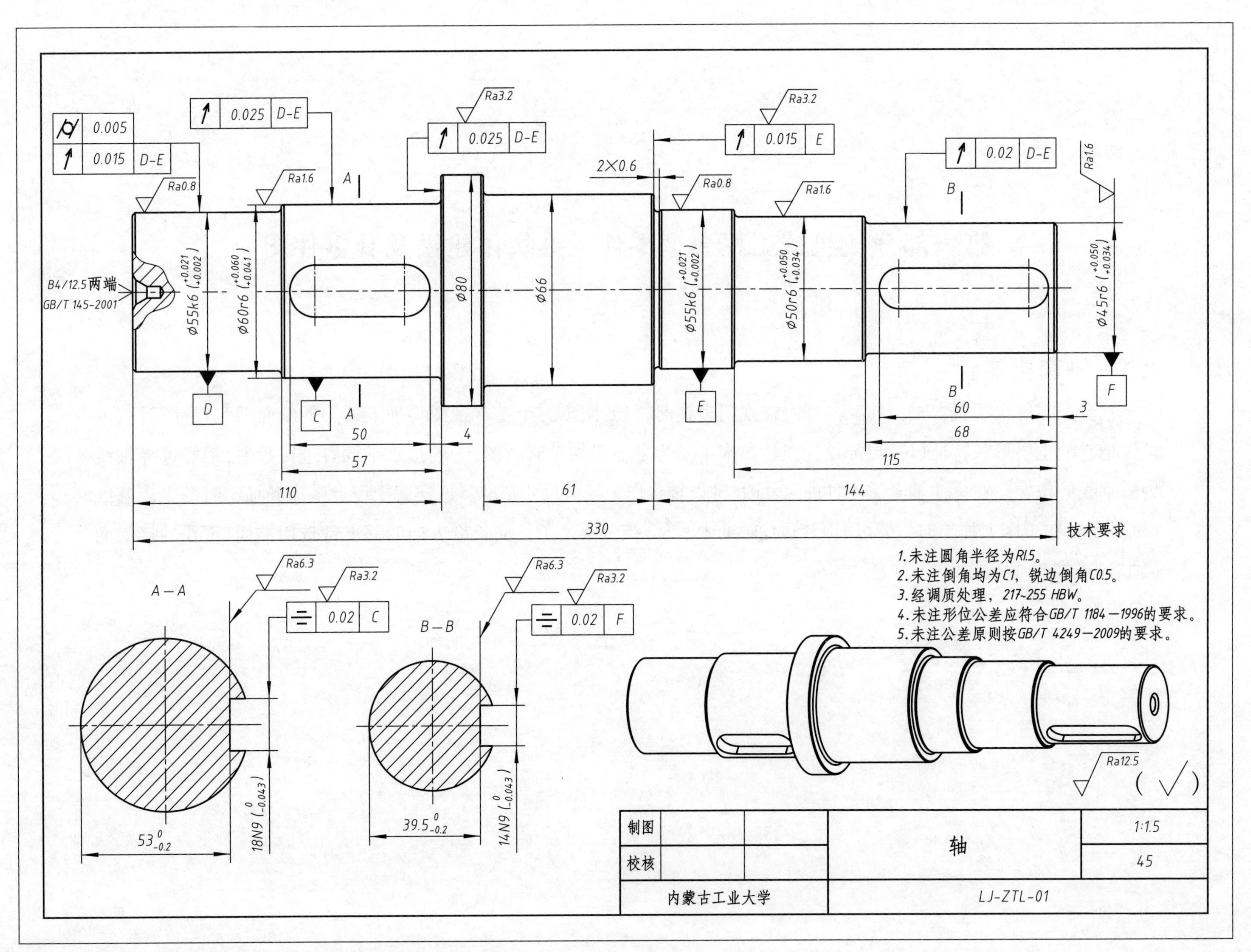
0.005
0.015 D-E
0.025 D-E
0.025 D-E
Ra3.2
Ra3.2
0.015 E
0.02 D-E
Ra1.6
2×0.6
Ra0.8
Ra1.6
Ra0.8
Ra1.6
A
A
B
B
B4/12.5两端
GB/T 145-2001
Φ55k6 (+0.021 +0.002)
Φ60r6 (+0.060 +0.041)
Φ80
Φ66
Φ55k6 (+0.021 +0.002)
Φ50r6 (+0.050 +0.034)
Φ45r6 (+0.050 +0.034)
D
C
E
F
50
4
57
110
61
144
115
68
60
3
330
A—A
B—B
Ra6.3
Ra3.2
0.02 C
Ra6.3
Ra3.2
0.02 F
18N9 (0 -0.043)
53 0 -0.2
39.5 0 -0.2
14N9 (0 -0.043)
技术要求
1.未注圆角半径为R1.5。
2.未注倒角均为C1，锐边倒角C0.5。
3.经调质处理，217~255 HBW。
4.未注形位公差应符合GB/T 1184—1996的要求。
5.未注公差原则按GB/T 4249—2009的要求。
Ra12.5
(√)
制图
校核
轴
1:1.5
45
内蒙古工业大学
LJ-ZTL-01

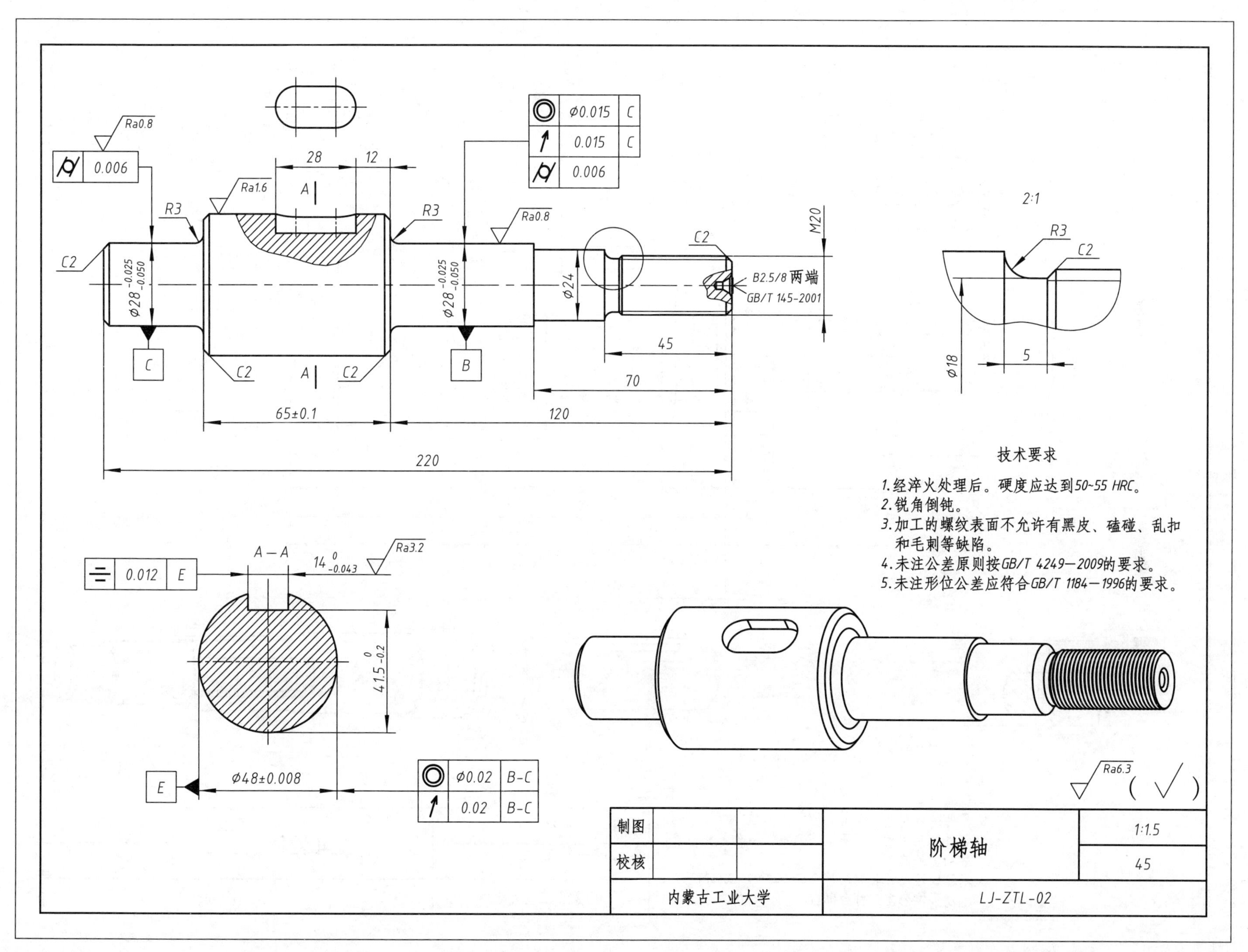
技术要求
1.经淬火处理后。硬度应达到50~55 HRC。
2.锐角倒钝。
3.加工的螺纹表面不允许有黑皮、磕碰、乱扣和毛刺等缺陷。
4.未注公差原则按GB/T 4249—2009的要求。
5.未注形位公差应符合GB/T 1184—1996的要求。
Ra0.8
0.006
Ra1.6
28
12
A
R3
C2
Φ0.015 C
0.015 C
0.006
Ra0.8
M20
B2.5/8 两端
GB/T 145-2001
Φ24
45
70
65±0.1
120
220
C
B
2:1
R3
C2
Φ18
5
A—A
0.012 E
14 0 -0.043
Ra3.2
41.5 0 -0.2
Φ48±0.008
E
Φ0.02 B-C
0.02 B-C
Ra6.3
制图
校核
阶梯轴
1:1.5
45
内蒙古工业大学
LJ-ZTL-02

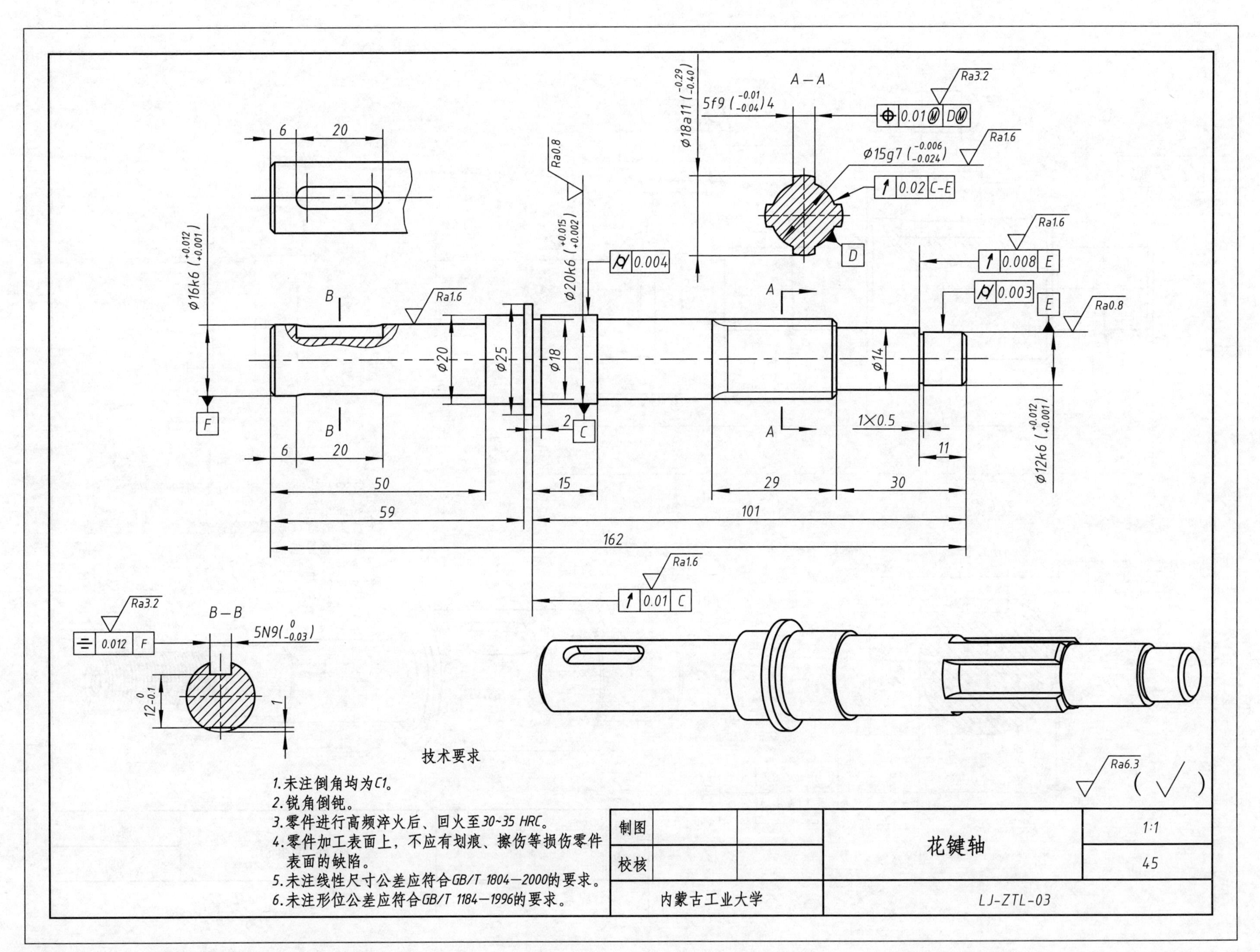
A—A
B—B
B
A
5f9 (-0.01 -0.04) 4
Φ18a11 (-0.29 -0.40)
Φ15g7 (-0.006 -0.024)
0.01 M D M
0.02 C-E
0.008 E
0.003
0.004
0.01 C
0.012 F
Ra3.2
Ra1.6
Ra0.8
Ra6.3
Φ16k6 (+0.012 +0.001)
Φ20k6 (+0.015 +0.002)
Φ12k6 (+0.012 +0.001)
Φ20
Φ25
Φ18
Φ14
5N9(0 -0.03)
12-0.1
1×0.5
6
20
50
59
15
2
29
30
11
101
162
C
D
E
F
技术要求
1.未注倒角均为C1。
2.锐角倒钝。
3.零件进行高频淬火后、回火至30~35 HRC。
4.零件加工表面上，不应有划痕、擦伤等损伤零件表面的缺陷。
5.未注线性尺寸公差应符合GB/T 1804—2000的要求。
6.未注形位公差应符合GB/T 1184—1996的要求。
制图
校核
花键轴
1:1
45
内蒙古工业大学
LJ-ZTL-03

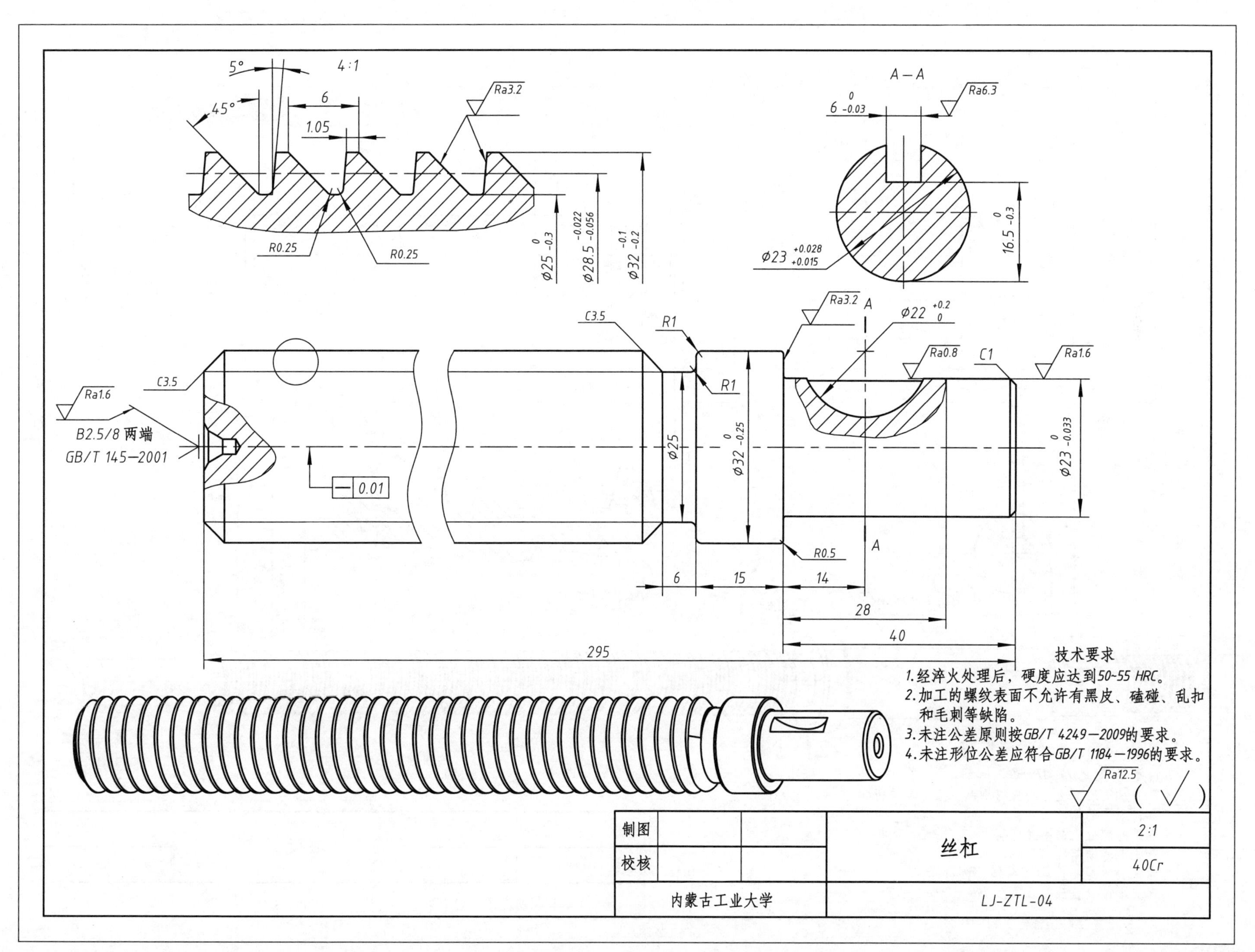

4:1
5°
45°
6
1.05
Ra3.2
R0.25
R0.25
Ø25 0 -0.3
Ø28.5 -0.022 -0.056
Ø32 -0.1 -0.2
A—A
6 0 -0.03
Ra6.3
16.5 0 -0.3
Ø23 +0.028 +0.015
C3.5
R1
Ra3.2
A
Ø22 +0.2 0
Ra0.8
C1
Ra1.6
C3.5
Ra1.6
B2.5/8 两端
GB/T 145—2001
R1
Ø25
Ø32 0 -0.25
Ø23 0 -0.033
0.01
R0.5
A
6
15
14
28
40
295
技术要求
1.经淬火处理后，硬度应达到50~55 HRC。
2.加工的螺纹表面不允许有黑皮、磕碰、乱扣和毛刺等缺陷。
3.未注公差原则按GB/T 4249—2009的要求。
4.未注形位公差应符合GB/T 1184—1996的要求。
Ra12.5
制图
校核
丝杠
2:1
40Cr
内蒙古工业大学
LJ-ZTL-04

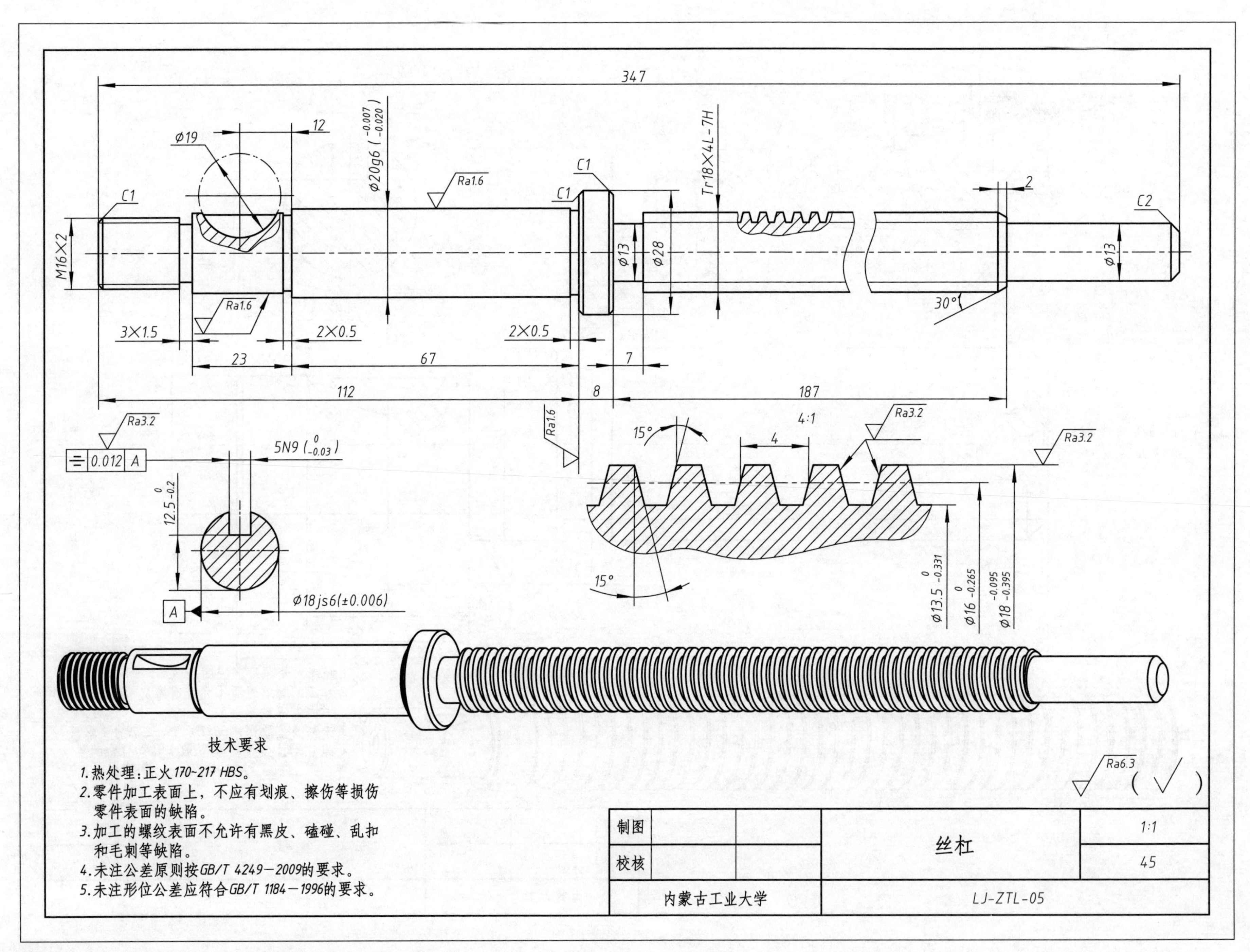

347
Ø19
12
Ø20g6 (-0.007 -0.020)
Ra1.6
C1
Tr18×4L-7H
2
C2
M16×2
Ø13
Ø28
Ø13
30°
3×1.5
2×0.5
2×0.5
23
67
7
112
8
187
Ra3.2
Ra1.6
4:1
Ra3.2
Ra3.2
15°
4
0.012 A
5N9 (0 -0.03)
12.5 0 -0.2
15°
Ø13.5 0 -0.331
Ø16 0 -0.265
Ø18 -0.095 -0.395
A
Ø18js6(±0.006)
技术要求
1.热处理：正火170~217 HBS。
2.零件加工表面上，不应有划痕、擦伤等损伤零件表面的缺陷。
3.加工的螺纹表面不允许有黑皮、磕碰、乱扣和毛刺等缺陷。
4.未注公差原则按GB/T 4249—2009的要求。
5.未注形位公差应符合GB/T 1184—1996的要求。
Ra6.3
(√)
制图
校核
丝杠
1:1
45
内蒙古工业大学
LJ-ZTL-05

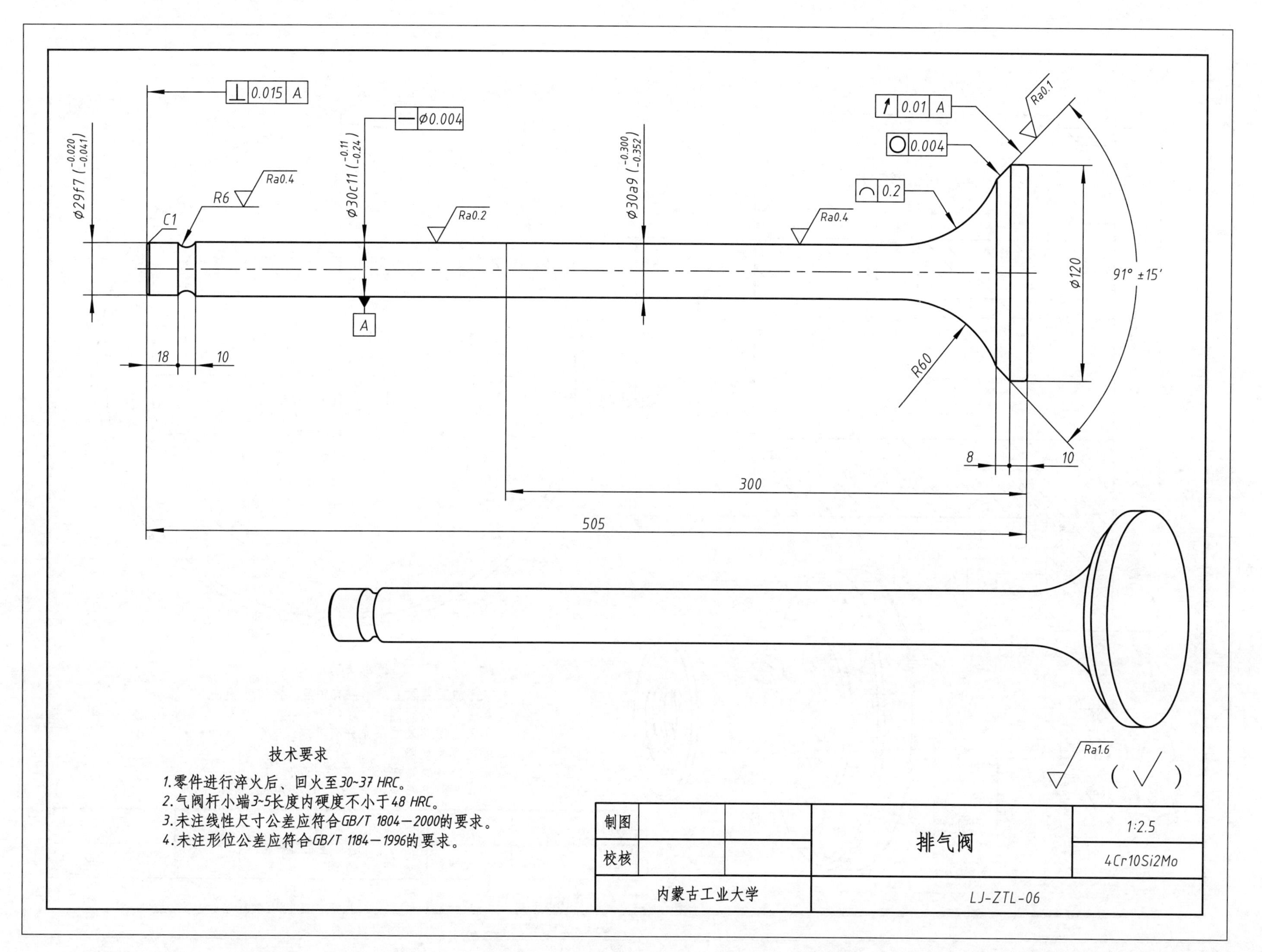
⊥ 0.015 A
— Φ0.004
Φ29f7 (−0.020 −0.041)
Φ30c11 (−0.11 −0.24)
Φ30a9 (−0.300 −0.352)
Ra0.4
R6
C1
Ra0.2
Ra0.4
A
18
10
↗ 0.01 A
○ 0.004
⌒ 0.2
Ra0.1
Φ120
91° ±15′
R60
8
10
300
505
Ra1.6
(√)
技术要求
1.零件进行淬火后、回火至30~37 HRC。
2.气阀杆小端3~5长度内硬度不小于48 HRC。
3.未注线性尺寸公差应符合GB/T 1804—2000的要求。
4.未注形位公差应符合GB/T 1184—1996的要求。
制图
校核
排气阀
1:2.5
4Cr10Si2Mo
内蒙古工业大学
LJ-ZTL-06

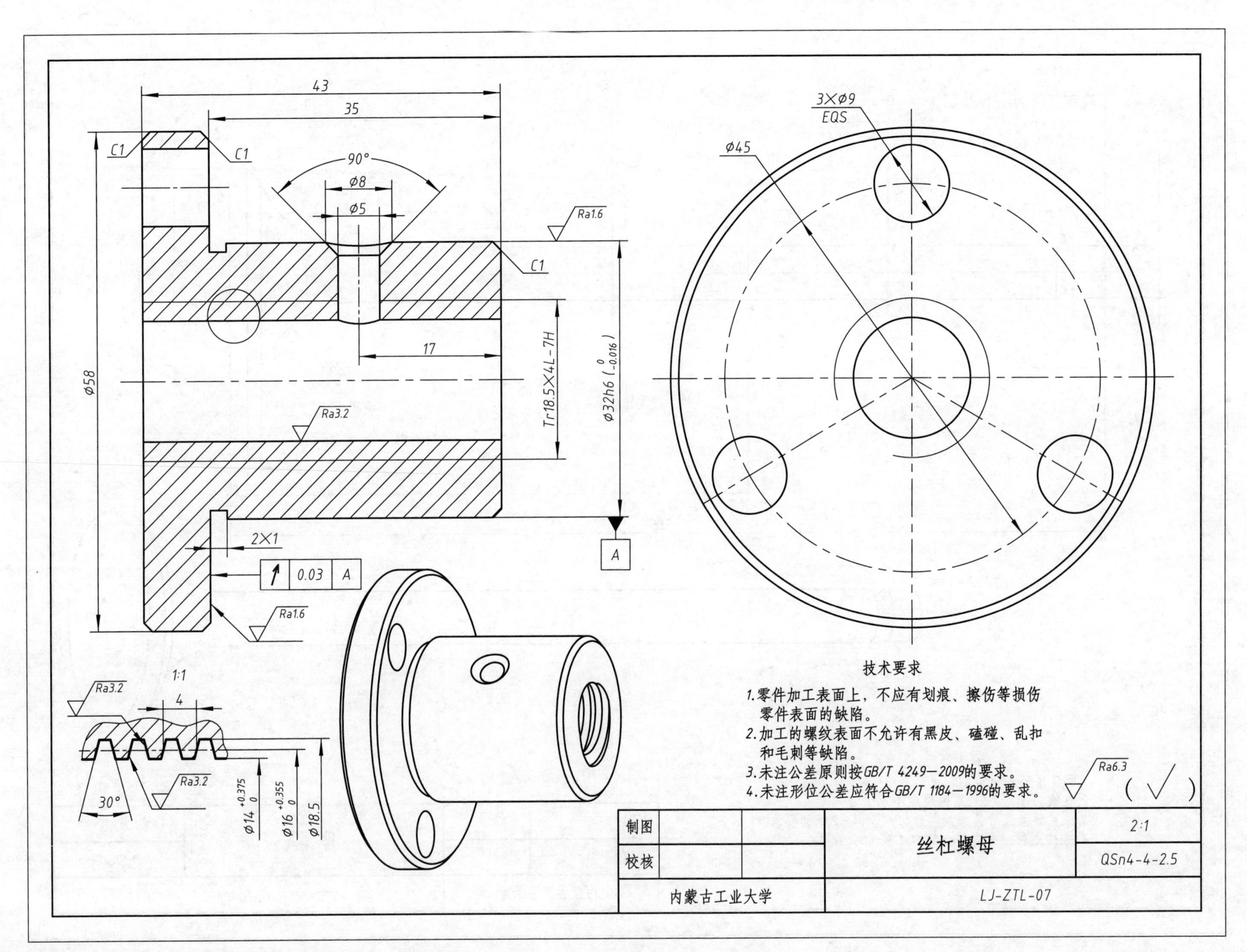
43
35
C1
C1
90°
ϕ8
ϕ5
Ra1.6
C1
17
ϕ58
Tr18.5×4L-7H
ϕ32h6 (0 -0.016)
Ra3.2
A
2×1
0.03
A
Ra1.6
1:1
Ra3.2
4
Ra3.2
30°
ϕ14 +0.375 0
ϕ16 +0.355 0
ϕ18.5
3×ϕ9
EQS
ϕ45
技术要求
1.零件加工表面上，不应有划痕、擦伤等损伤零件表面的缺陷。
2.加工的螺纹表面不允许有黑皮、磕碰、乱扣和毛刺等缺陷。
3.未注公差原则按GB/T 4249—2009的要求。
4.未注形位公差应符合GB/T 1184—1996的要求。
Ra6.3
(√)
制图
校核
丝杠螺母
2:1
QSn4-4-2.5
内蒙古工业大学
LJ-ZTL-07

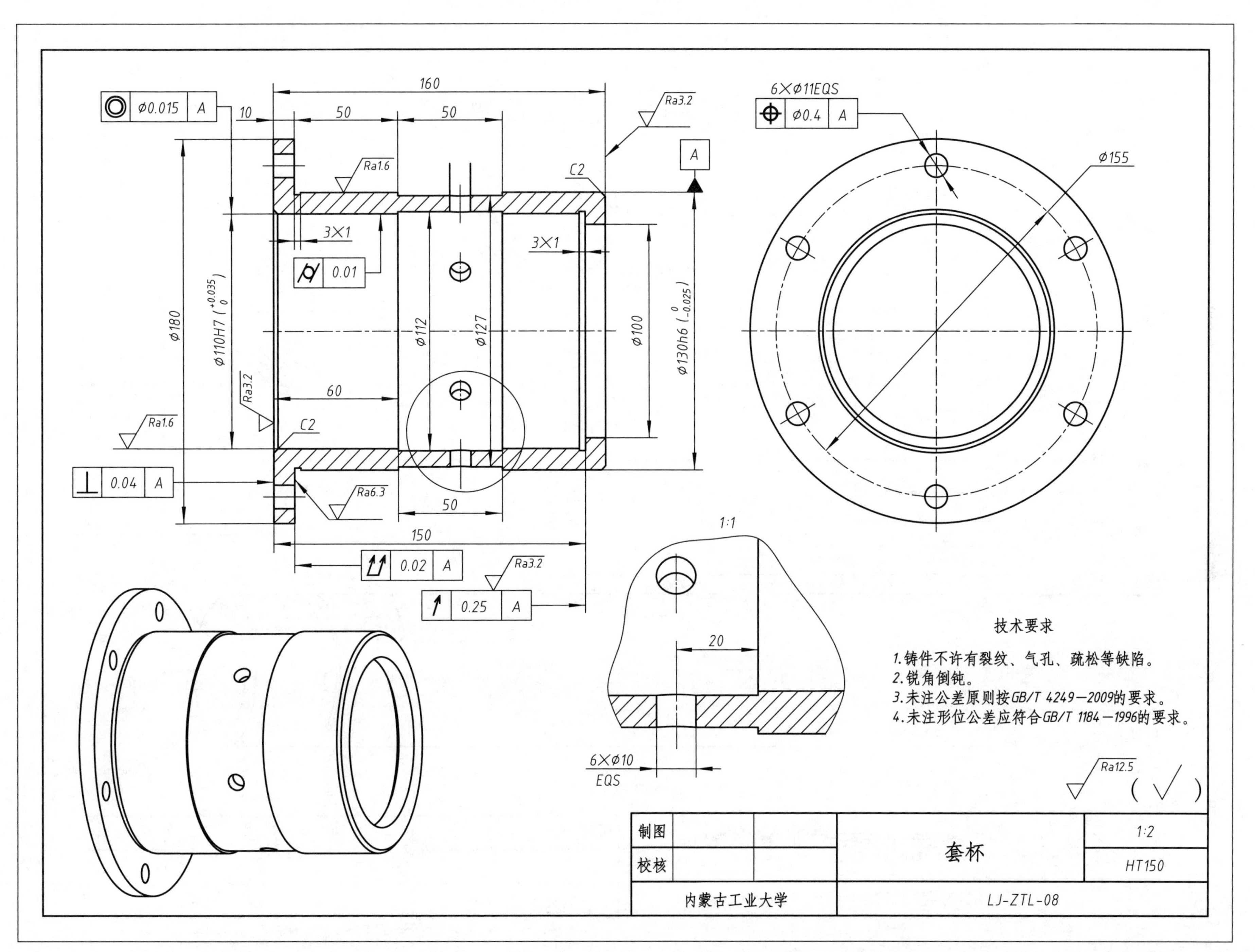

160
10
50
50
Ra3.2
φ0.015 A
6×φ11EQS
φ0.4 A
A
Ra1.6
C2
φ155
3×1
3×1
0.01
φ180
φ110H7 (+0.035 0)
φ112
φ127
φ100
φ130h6 (0 -0.025)
Ra3.2
60
Ra1.6
C2
0.04 A
Ra6.3
50
150
1:1
0.02 A
Ra3.2
0.25 A
20
技术要求
1.铸件不许有裂纹、气孔、疏松等缺陷。
2.锐角倒钝。
3.未注公差原则按GB/T 4249—2009的要求。
4.未注形位公差应符合GB/T 1184—1996的要求。
6×φ10
EQS
Ra12.5
(√)
制图
校核
套杯
1:2
HT150
内蒙古工业大学
LJ-ZTL-08

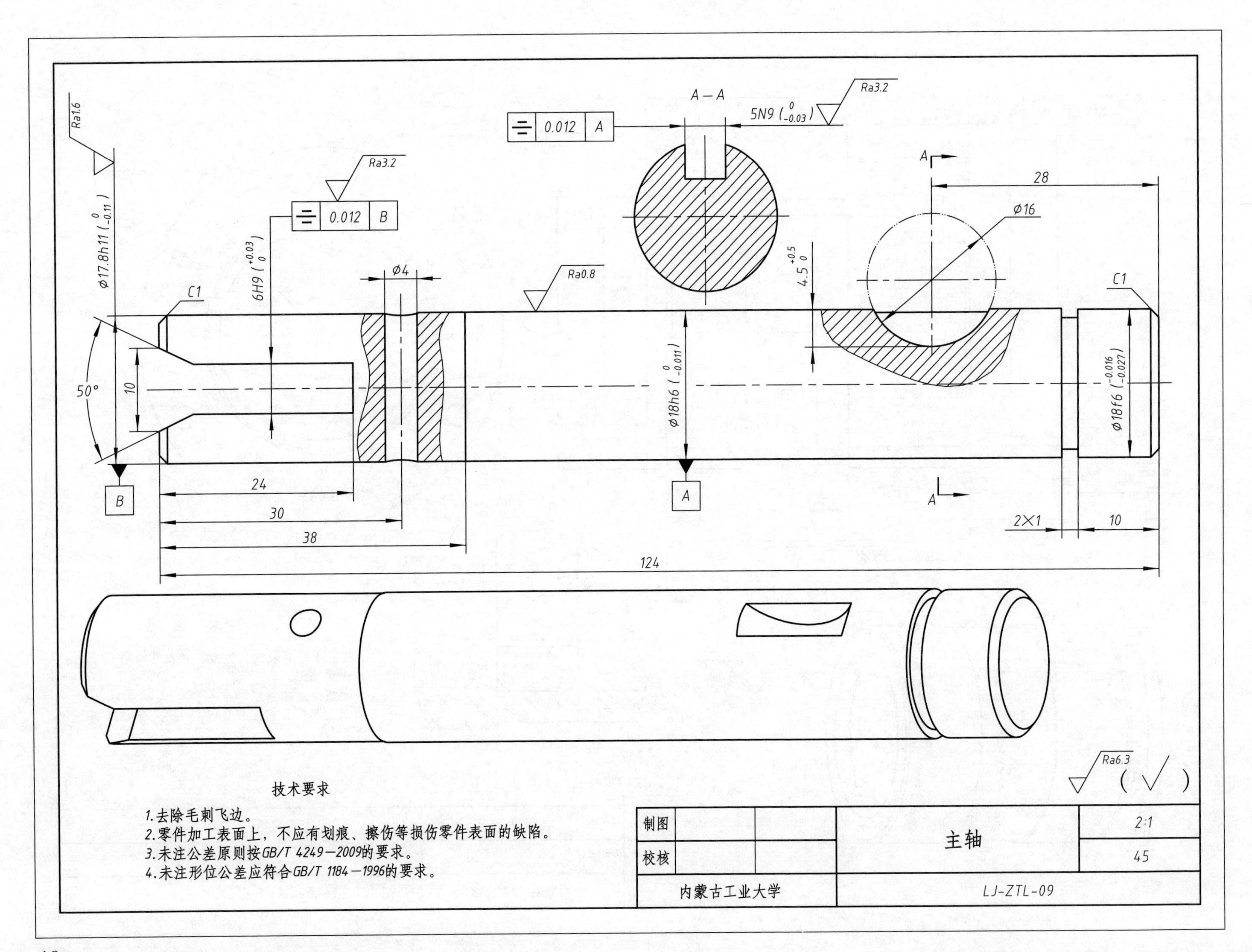
A—A
5N9 (0 -0.03)
Ra3.2
0.012 A
Ra1.6
Ra3.2
0.012 B
Ø17.8h11 (0 -0.11)
6H9 (+0.03 0)
Ø4
Ra0.8
4.5 +0.5 0
28
Ø16
C1
C1
50°
10
Ø18h6 (0 -0.011)
Ø18f6 (-0.016 -0.027)
B
A
A
A
24
30
38
124
2×1
10
Ra6.3
技术要求
1.去除毛刺飞边。
2.零件加工表面上，不应有划痕、擦伤等损伤零件表面的缺陷。
3.未注公差原则按GB/T 4249—2009的要求。
4.未注形位公差应符合GB/T 1184—1996的要求。
制图
校核
主轴
2:1
45
内蒙古工业大学
LJ-ZTL-09

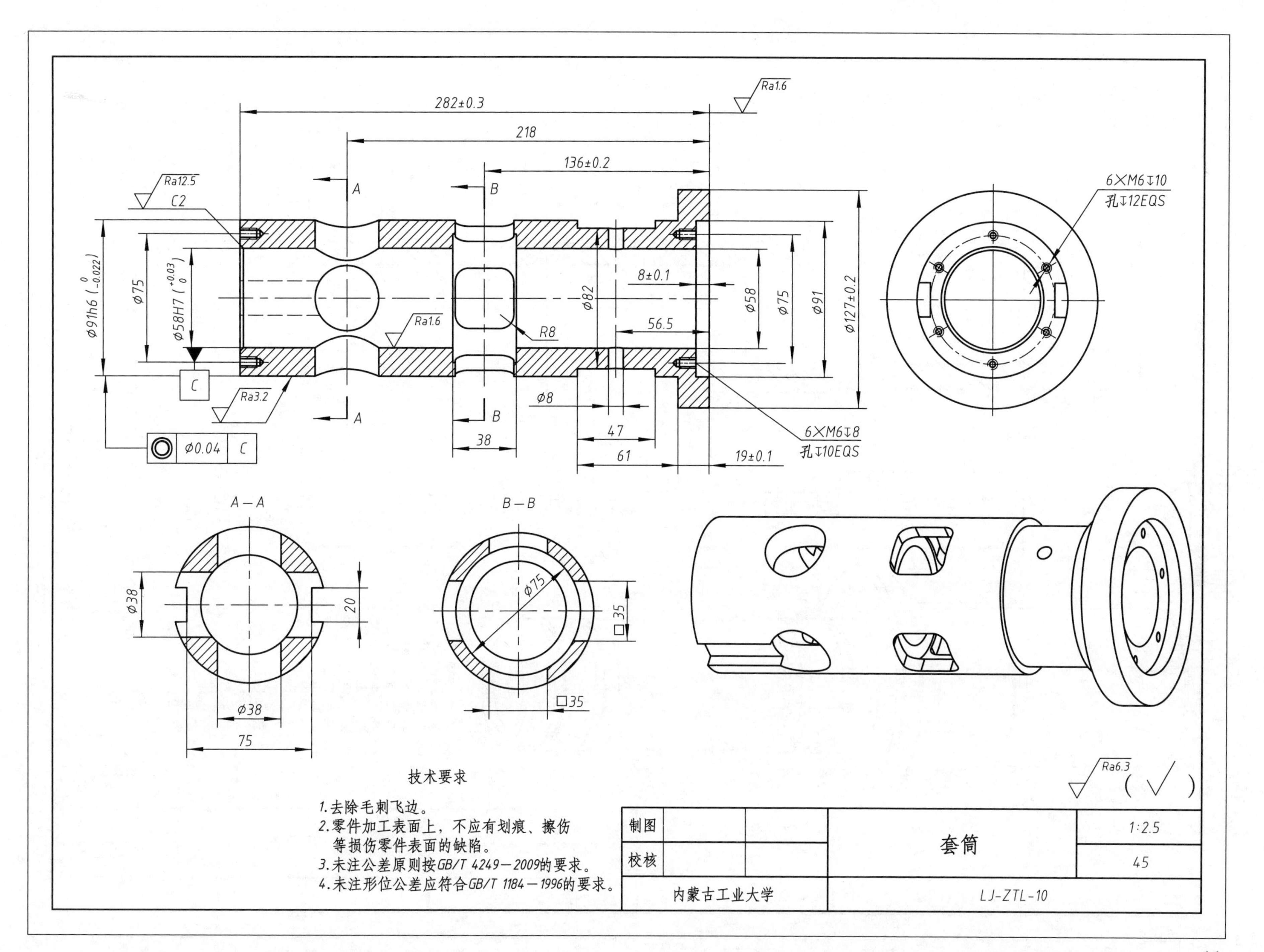
282±0.3
218
136±0.2
Ra1.6
Ra12.5
C2
A
B
6×M6↧10
孔↧12EQS
φ91h6 (0 -0.022)
φ75
φ58H7 (+0.03 0)
φ82
8±0.1
56.5
φ58
φ75
φ91
φ127±0.2
R8
Ra1.6
C
Ra3.2
φ8
47
61
38
19±0.1
6×M6↧8
孔↧10EQS
φ0.04
A—A
B—B
φ38
20
φ38
75
φ75
□35
□35
技术要求
1.去除毛刺飞边。
2.零件加工表面上，不应有划痕、擦伤
等损伤零件表面的缺陷。
3.未注公差原则按GB/T 4249—2009的要求。
4.未注形位公差应符合GB/T 1184—1996的要求。
Ra6.3
(√)
制图
校核
套筒
1:2.5
45
内蒙古工业大学
LJ-ZTL-10

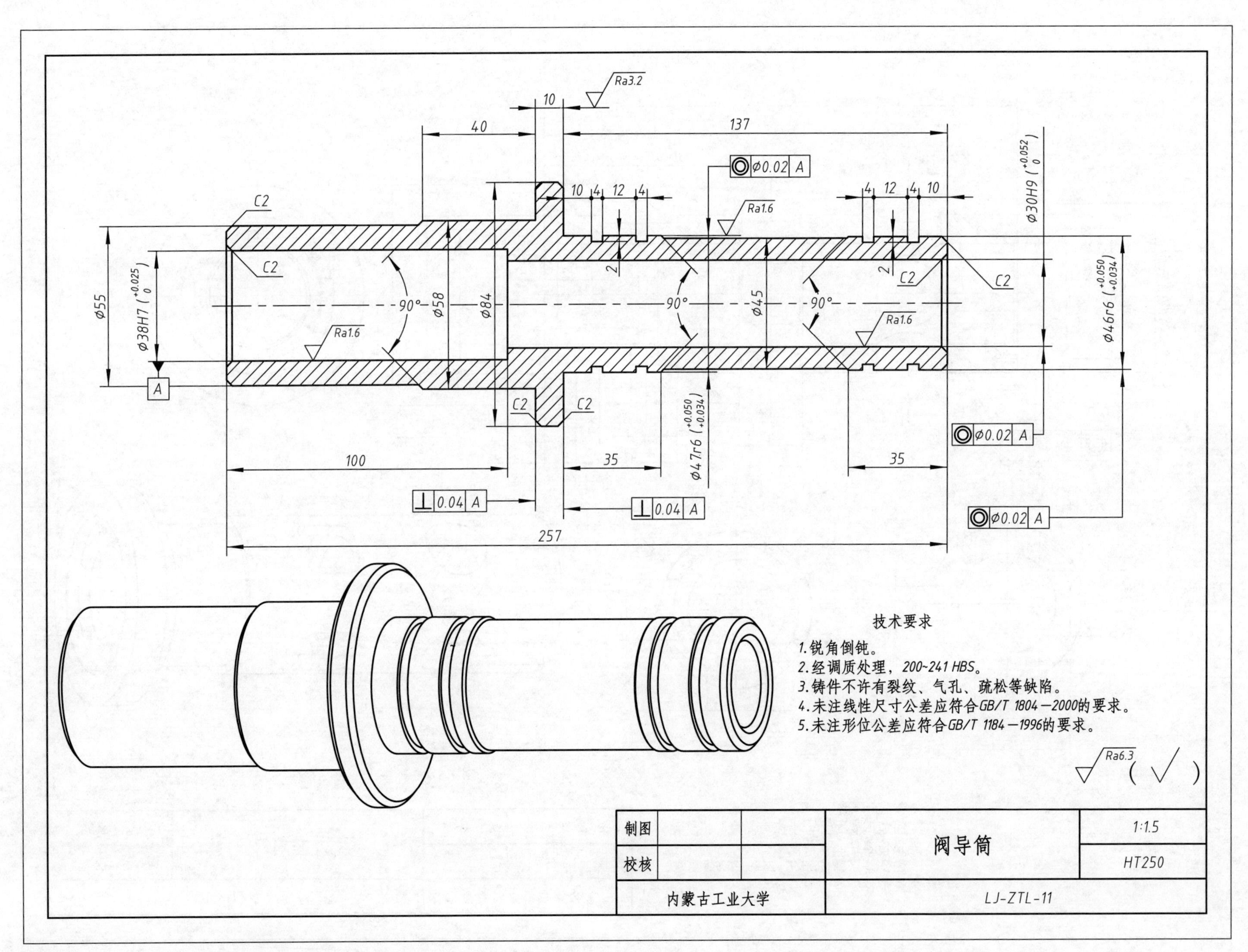
Ra3.2
10
40
137
Ø0.02 A
Ø30H9 (+0.052 0)
10 4 12 4
4 12 4 10
Ra1.6
C2
Ø55
Ø38H7 (+0.025 0)
90°
Ø58
Ø84
Ø45
Ø46r6 (+0.050 +0.034)
A
Ø47r6 (+0.050 +0.034)
2
100
35
35
⊥ 0.04 A
⊥ 0.04 A
257
技术要求
1.锐角倒钝。
2.经调质处理，200~241 HBS。
3.铸件不许有裂纹、气孔、疏松等缺陷。
4.未注线性尺寸公差应符合GB/T 1804—2000的要求。
5.未注形位公差应符合GB/T 1184—1996的要求。
Ra6.3
制图
校核
阀导筒
1:1.5
HT250
内蒙古工业大学
LJ-ZTL-11

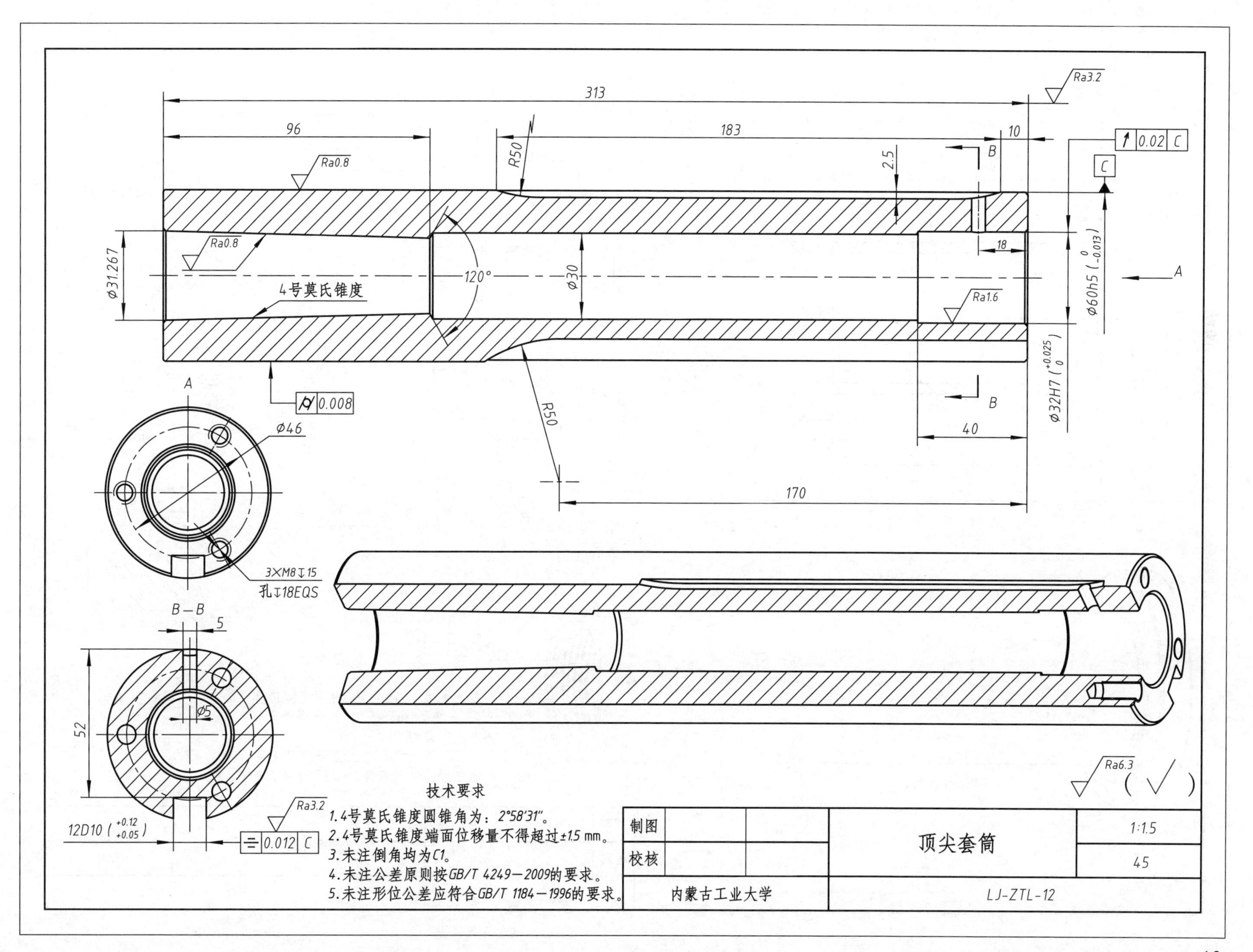

313
96
183
10
Ra3.2
0.02 C
C
B
R50
2.5
Ra0.8
Ra0.8
Φ31.267
4号莫氏锥度
120°
Φ30
18
Φ60h5 (0 -0.013)
A
Ra1.6
0.008
Φ32H7 (+0.025 0)
40
R50
170
A
Φ46
3×M8↧15
孔↧18EQS
B－B
5
Φ5
52
Ra6.3
(√)
技术要求
1.4号莫氏锥度圆锥角为：2°58′31″。
2.4号莫氏锥度端面位移量不得超过±1.5 mm。
3.未注倒角均为C1。
4.未注公差原则按GB/T 4249—2009的要求。
5.未注形位公差应符合GB/T 1184—1996的要求。
Ra3.2
12D10 (+0.12 +0.05)
0.012 C
制图
校核
顶尖套筒
1:1.5
45
内蒙古工业大学
LJ-ZTL-12

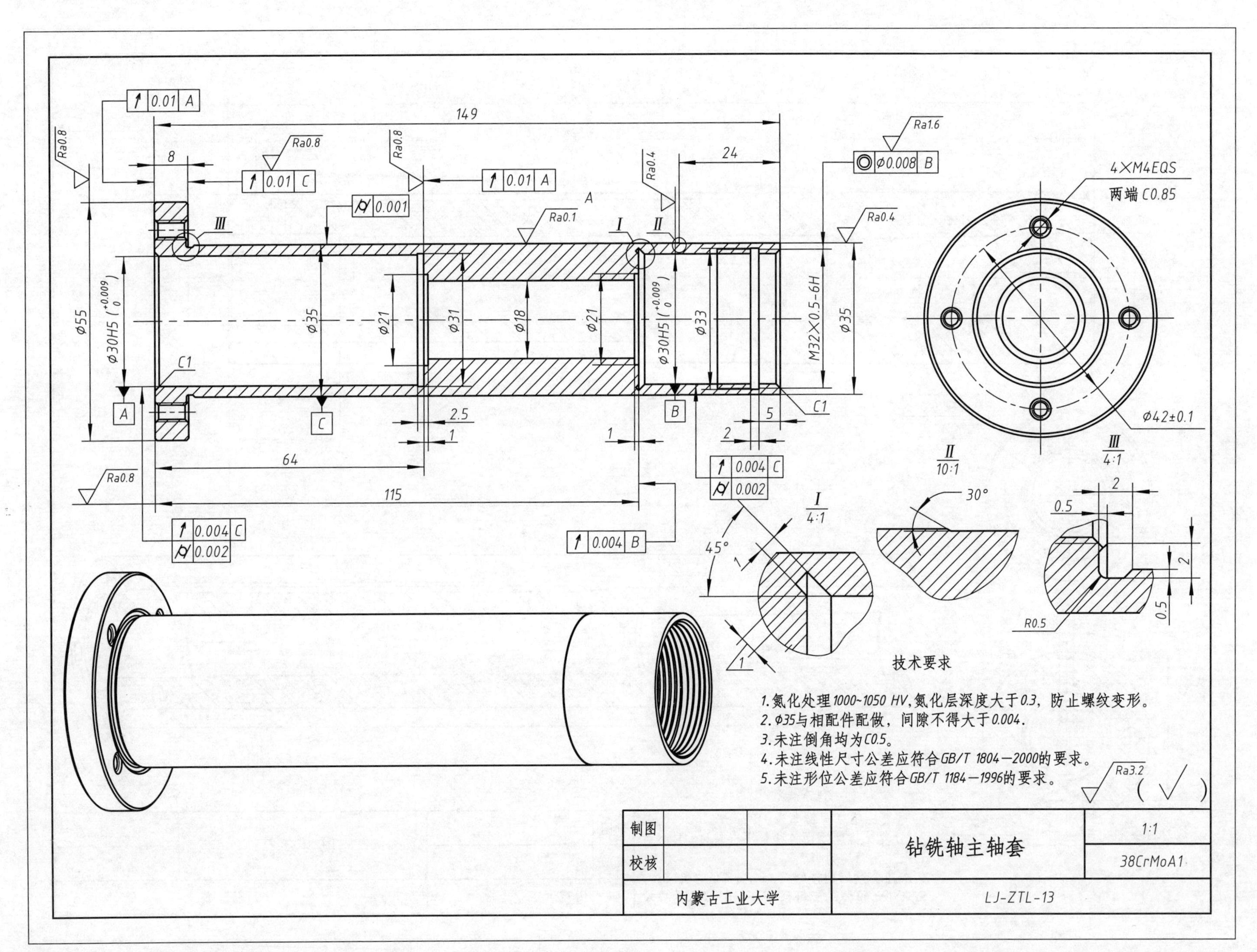

技术要求
1.氮化处理1000~1050 HV,氮化层深度大于0.3，防止螺纹变形。
2.φ35与相配件配做，间隙不得大于0.004.
3.未注倒角均为C0.5。
4.未注线性尺寸公差应符合GB/T 1804—2000的要求。
5.未注形位公差应符合GB/T 1184—1996的要求。
Ra3.2
制图
校核
钻铣轴主轴套
1:1
38CrMoA1
内蒙古工业大学
LJ-ZTL-13
4×M4EQS
两端 C0.85
φ42±0.1
149
64
115
24
8
2.5
1
5
2
C1
φ55
φ30H5
φ35
φ21
φ31
φ18
φ33
M32×0.5-6H
Ra0.8
Ra0.4
Ra0.1
Ra1.6
0.01 A
0.01 C
0.001
φ0.008 B
0.004 C
0.002
0.004 B
A
B
C
I
II
III
4:1
10:1
45°
30°
0.5
R0.5

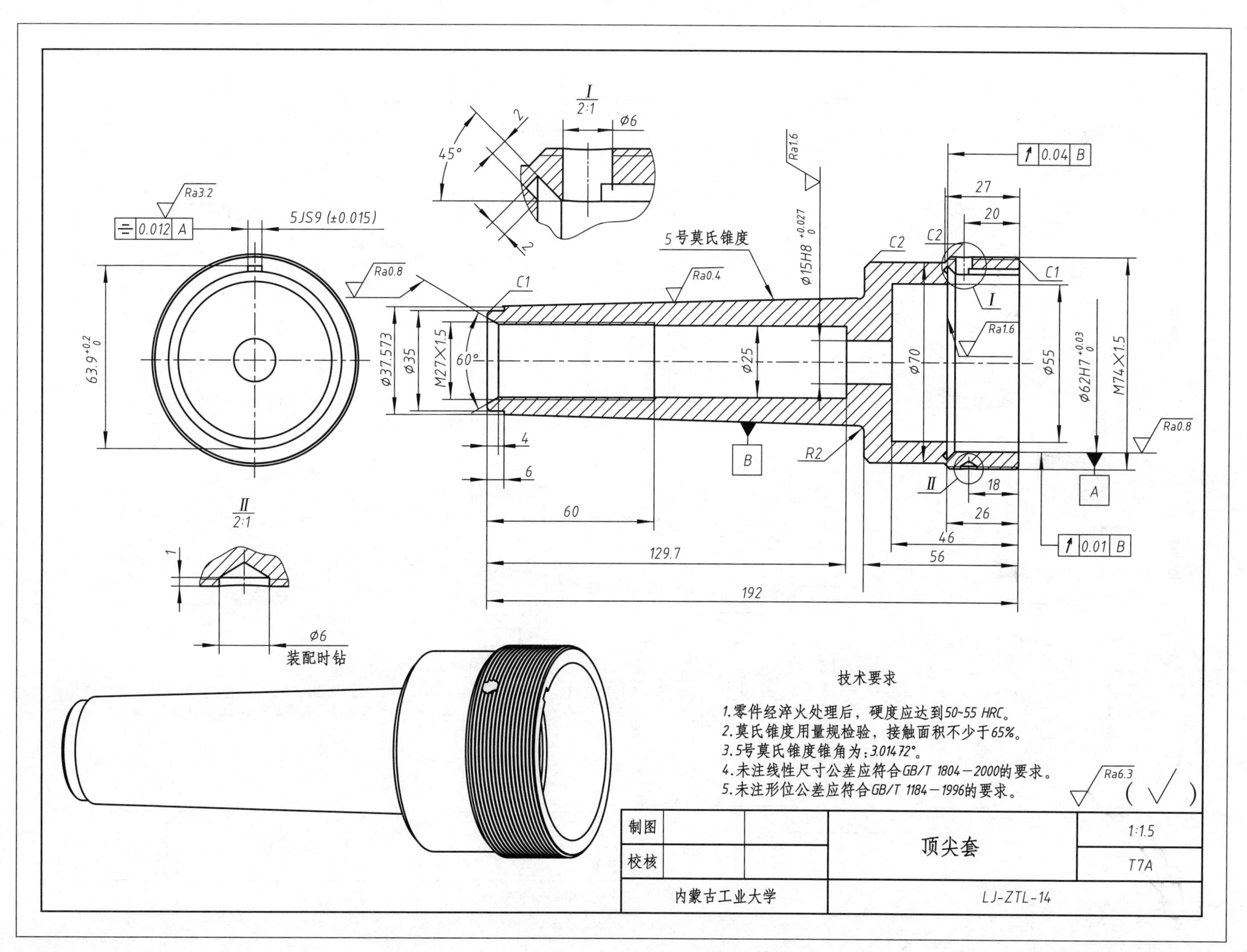

I
2:1
Ø6
45°
2
2
Ra3.2
0.012 A
5JS9 (±0.015)
63.9 +0.2 0
Ra0.8
5号莫氏锥度
Ra0.4
C1
Ø15H8 +0.027 0
Ra1.6
C2
C2
0.04 B
27
20
C1
Ø37.573
Ø35
M27×1.5
60°
Ø25
Ø70
Ra1.6
Ø55
Ø62H7 +0.03 0
M74×1.5
Ra0.8
4
6
B
R2
II
18
A
26
46
0.01 B
60
129.7
56
192
II
2:1
1
Ø6
装配时钻
技术要求
1.零件经淬火处理后，硬度应达到50~55 HRC。
2.莫氏锥度用量规检验，接触面积不少于65%。
3.5号莫氏锥度锥角为:3.01472°。
4.未注线性尺寸公差应符合GB/T 1804—2000的要求。
5.未注形位公差应符合GB/T 1184—1996的要求。
Ra6.3
(√)
制图
校核
顶尖套
1:1.5
T7A
内蒙古工业大学
LJ-ZTL-14

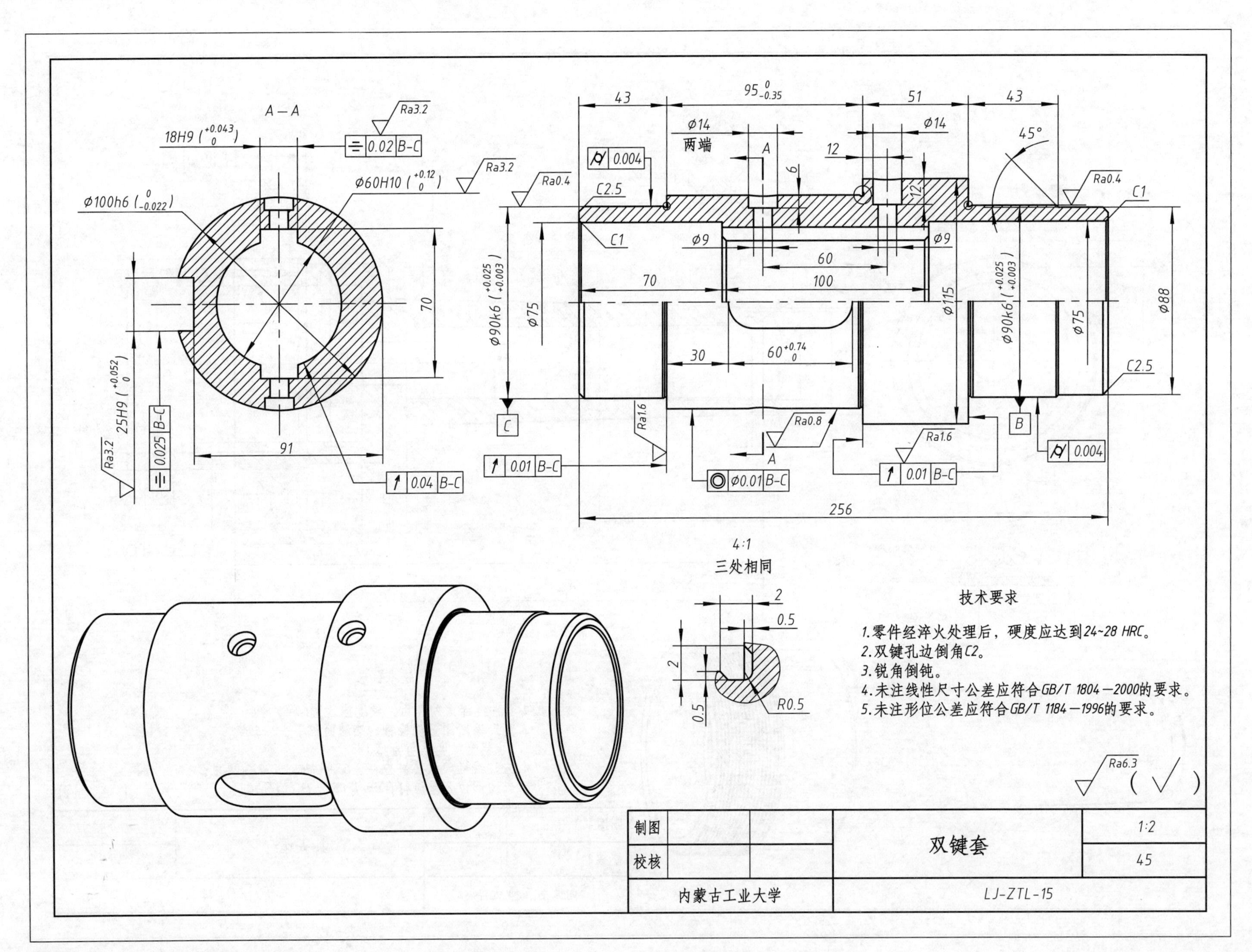
A—A
18H9 (+0.043 0)
Ra3.2
0.02 B-C
Ø60H10 (+0.12 0)
Ø100h6 (0 -0.022)
70
91
25H9 (+0.052 0)
0.025 B-C
0.04 B-C
43
95 0 -0.35
51
43
Ø14
两端
A
12
Ø14
45°
0.004
Ra0.4
C2.5
C1
Ø9
60
70
100
Ø90k6 (+0.025 +0.003)
Ø75
30
60 +0.74 0
Ø115
Ø88
C2.5
C
B
Ra1.6
Ra0.8
0.01 B-C
Ø0.01 B-C
256
4:1
三处相同
2
0.5
R0.5
技术要求
1.零件经淬火处理后，硬度应达到24~28 HRC。
2.双键孔边倒角C2。
3.锐角倒钝。
4.未注线性尺寸公差应符合GB/T 1804—2000的要求。
5.未注形位公差应符合GB/T 1184—1996的要求。
Ra6.3
制图
校核
双键套
1:2
45
内蒙古工业大学
LJ-ZTL-15

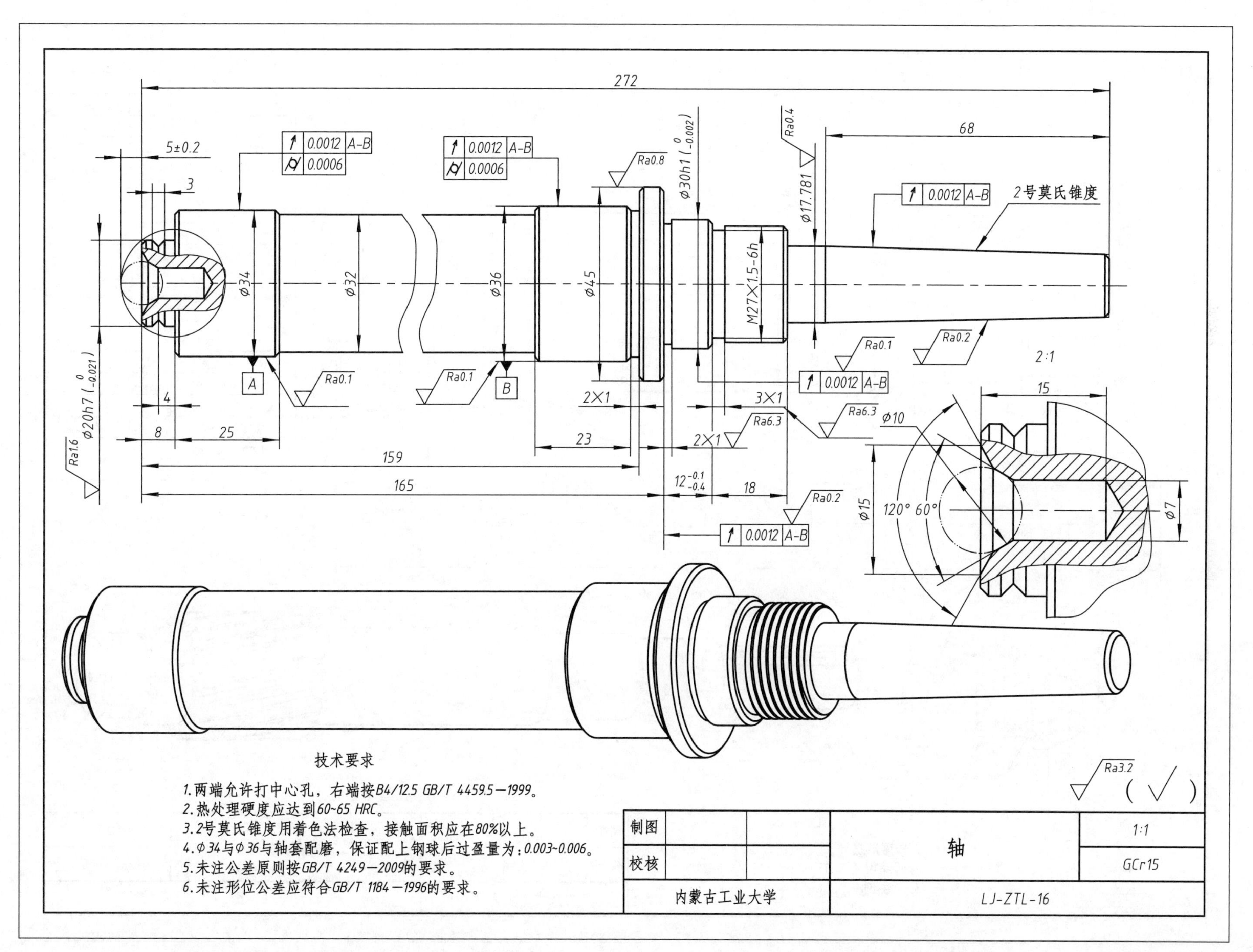

272
68
5±0.2
3
0.0012 A-B
0.0006
Ra0.8
Φ30h1 (0 -0.002)
Ra0.4
Φ17.781
2号莫氏锥度
Φ34
Φ32
Φ36
Φ45
M27×1.5-6h
A
B
Ra0.1
Ra0.2
2:1
15
Φ10
Φ15
120° 60°
Φ7
Ra6.3
2×1
3×1
4
8
25
23
159
165
12 -0.1 -0.4
18
Φ20h7 (0 -0.021)
Ra1.6
技术要求
1.两端允许打中心孔，右端按B4/12.5 GB/T 4459.5—1999。
2.热处理硬度应达到60~65 HRC。
3.2号莫氏锥度用着色法检查，接触面积应在80%以上。
4.Φ34与Φ36与轴套配磨，保证配上钢球后过盈量为:0.003~0.006。
5.未注公差原则按GB/T 4249—2009的要求。
6.未注形位公差应符合GB/T 1184—1996的要求。
Ra3.2
制图
校核
轴
1:1
GCr15
内蒙古工业大学
LJ-ZTL-16

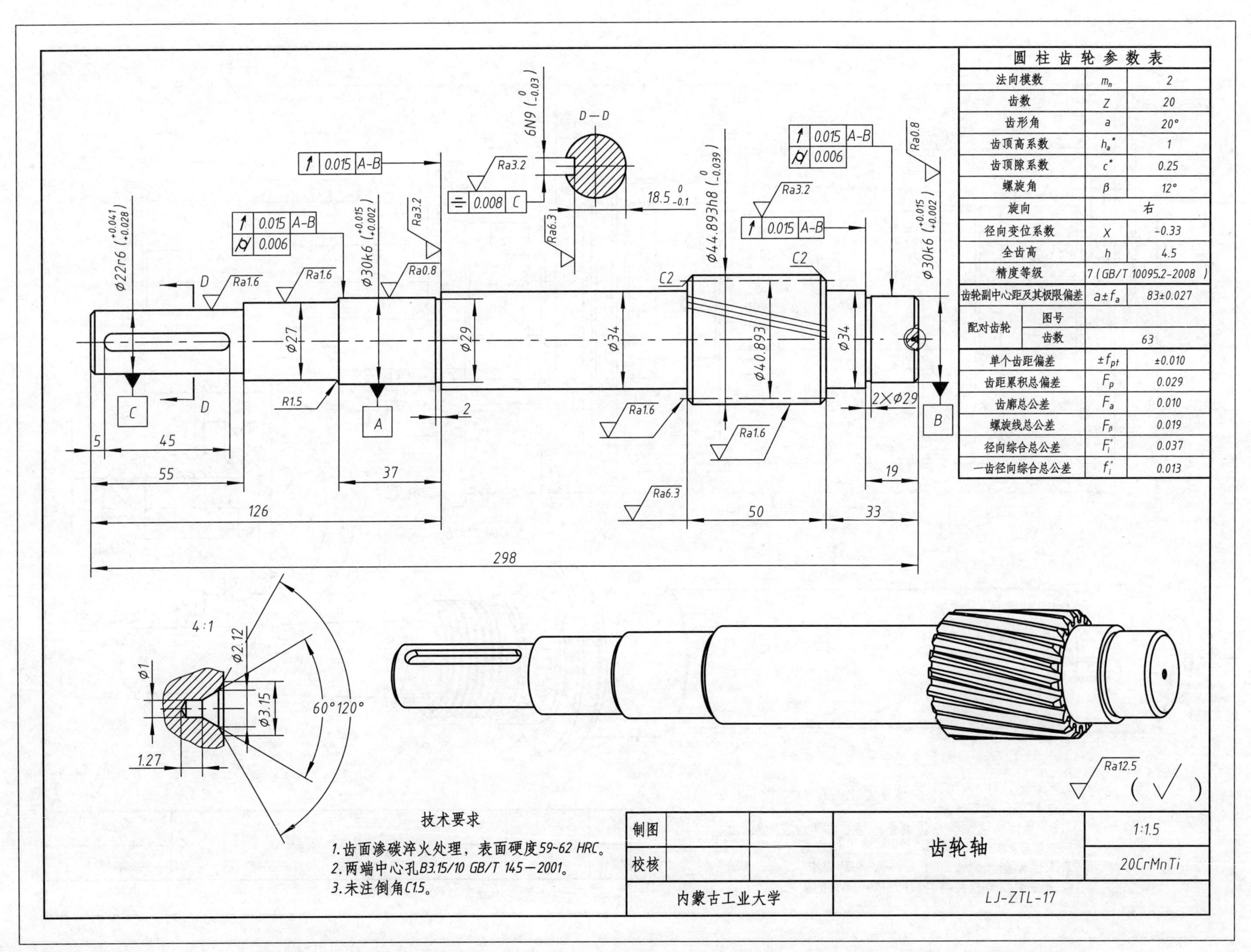

圆柱齿轮参数表
法向模数 m_n 2
齿数 Z 20
齿形角 a 20°
齿顶高系数 h_a^* 1
齿顶隙系数 c^* 0.25
螺旋角 β 12°
旋向 右
径向变位系数 X -0.33
全齿高 h 4.5
精度等级 7（GB/T 10095.2-2008）
齿轮副中心距及其极限偏差 $a\pm f_a$ 83±0.027
配对齿轮 图号
齿数 63
单个齿距偏差 $\pm f_{pt}$ ±0.010
齿距累积总偏差 F_p 0.029
齿廓总公差 F_a 0.010
螺旋线总公差 F_β 0.019
径向综合总公差 F_i'' 0.037
一齿径向综合总公差 f_i'' 0.013
D—D
6N9 $\left(_{-0.03}^{0}\right)$
18.5 $_{-0.1}^{0}$
ϕ22r6 $\left(_{+0.028}^{+0.041}\right)$
ϕ30k6 $\left(_{+0.002}^{+0.015}\right)$
ϕ44.893h8 $\left(_{-0.039}^{0}\right)$
ϕ40.893
ϕ27
ϕ29
ϕ34
2×ϕ29
0.015 A-B
0.006
0.008 C
Ra0.8 Ra1.6 Ra3.2 Ra6.3 Ra12.5
C2 R1.5
5 45 55 126 37 2 50 33 19 298
4:1
ϕ1 ϕ2.12 ϕ3.15 60° 120° 1.27
技术要求
1.齿面渗碳淬火处理，表面硬度59~62 HRC。
2.两端中心孔B3.15/10 GB/T 145—2001。
3.未注倒角C1.5。
制图
校核
齿轮轴
1:1.5
20CrMnTi
内蒙古工业大学
LJ-ZTL-17

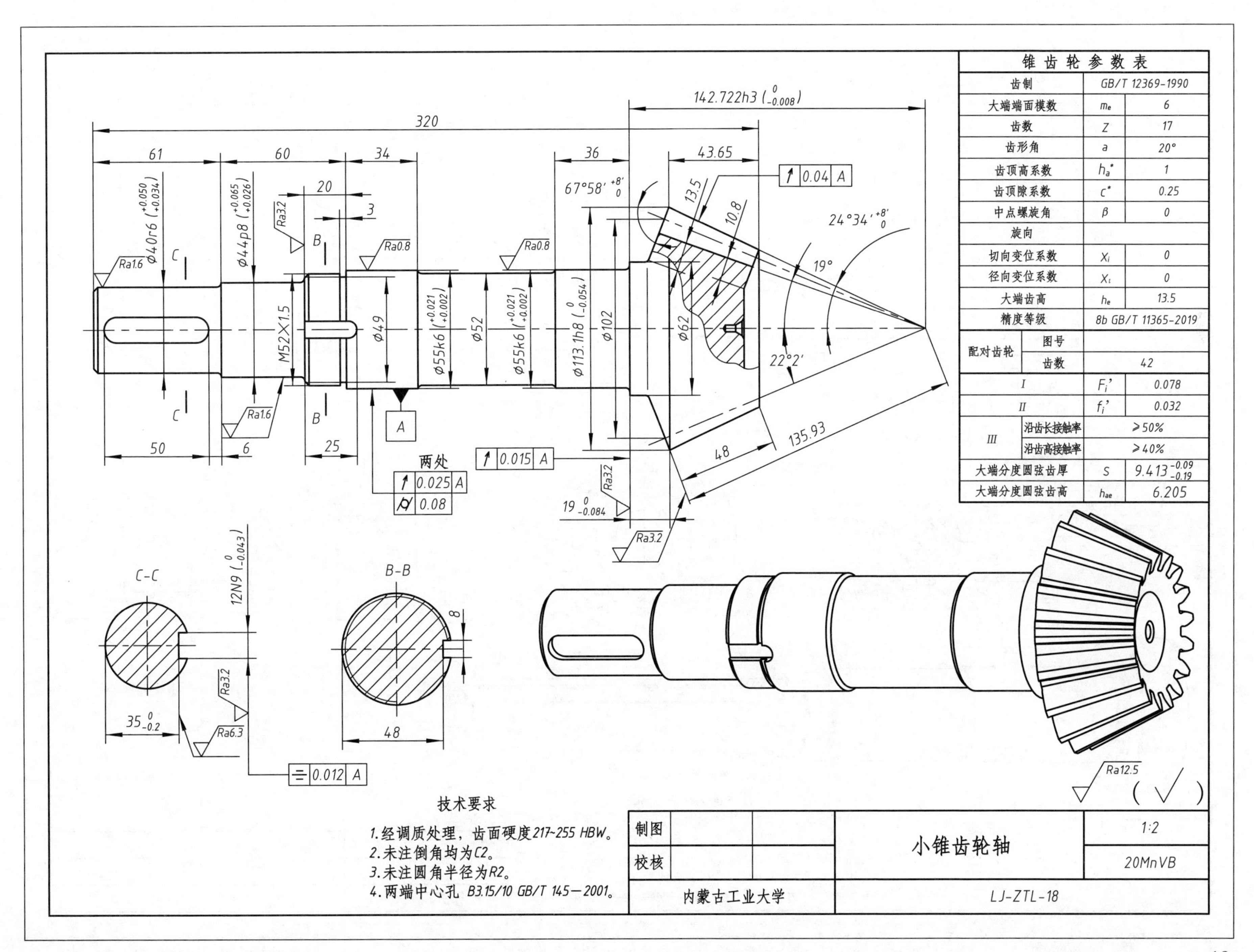

锥齿轮参数表		
齿制	GB/T 12369-1990	
大端端面模数	m_e	6
齿数	Z	17
齿形角	a	20°
齿顶高系数	h_a^*	1
齿顶隙系数	c^*	0.25
中点螺旋角	β	0
旋向		
切向变位系数	X_i	0
径向变位系数	X_t	0
大端齿高	h_e	13.5
精度等级	8b GB/T 11365-2019	
配对齿轮 图号		
配对齿轮 齿数		42
I	F_i'	0.078
II	f_i'	0.032
III 沿齿长接触率		≥50%
III 沿齿高接触率		≥40%
大端分度圆弦齿厚	S	$9.413^{-0.09}_{-0.19}$
大端分度圆弦齿高	h_{ae}	6.205

技术要求

1. 经调质处理，齿面硬度217~255 HBW。
2. 未注倒角均为C2。
3. 未注圆角半径为R2。
4. 两端中心孔 B3.15/10 GB/T 145—2001。

制图			小锥齿轮轴	1:2
校核				20MnVB
内蒙古工业大学			LJ-ZTL-18	

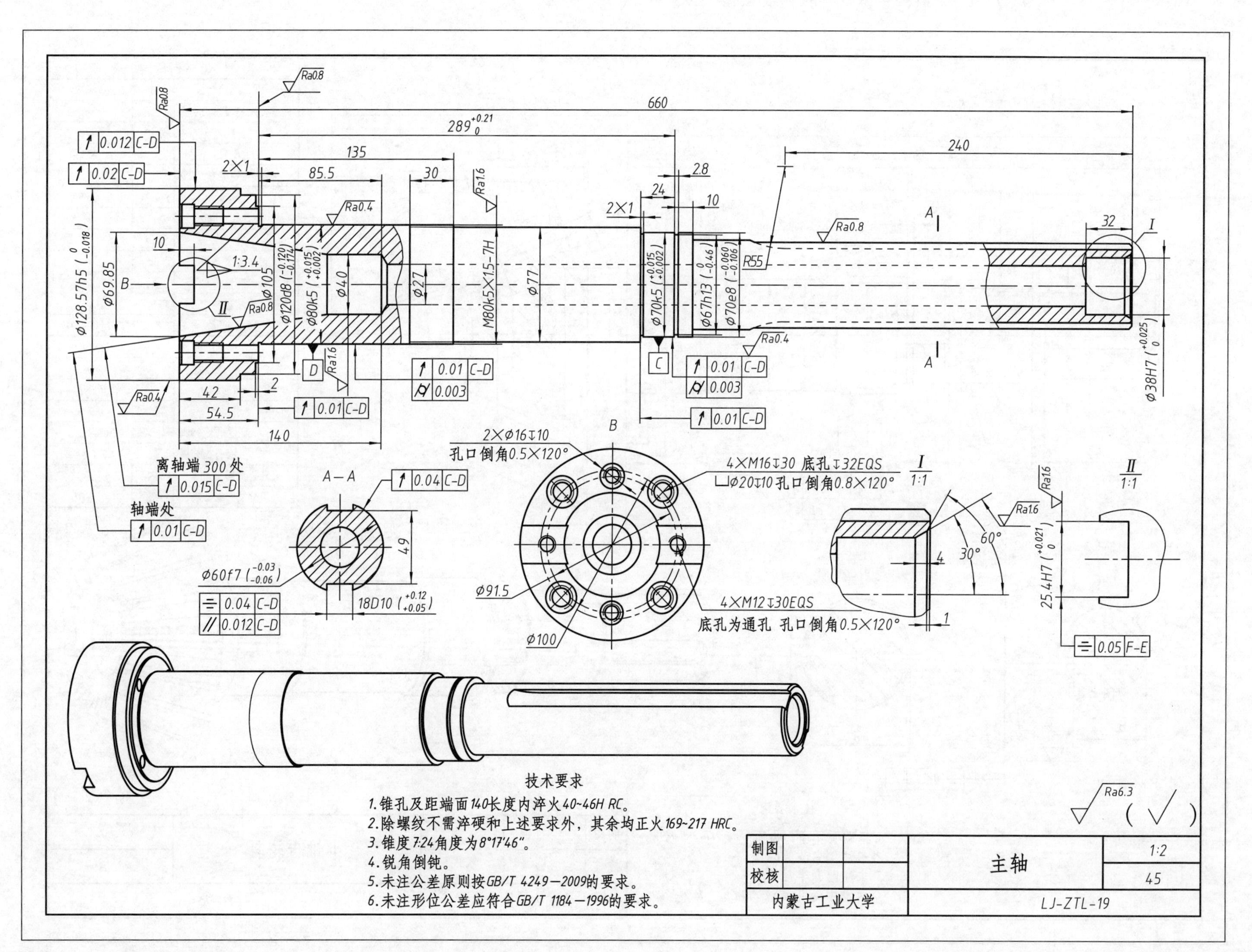

技术要求
1.锥孔及距端面140长度内淬火40~46H RC。
2.除螺纹不需淬硬和上述要求外，其余均正火169~217 HRC。
3.锥度7:24角度为8°17′46″。
4.锐角倒钝。
5.未注公差原则按GB/T 4249—2009的要求。
6.未注形位公差应符合GB/T 1184—1996的要求。
制图
校核
内蒙古工业大学
主轴
1:2
45
LJ-ZTL-19
A—A
B
离轴端300处
轴端处
2×Φ16↧10
孔口倒角0.5×120°
4×M16↧30 底孔↧32EQS
⌴Φ20↧10 孔口倒角0.8×120°
4×M12↧30EQS
底孔为通孔 孔口倒角0.5×120°
Φ91.5
Φ100
660
240
135
85.5
30
140
54.5
42
Ra0.8
Ra1.6
Ra0.4
Ra6.3

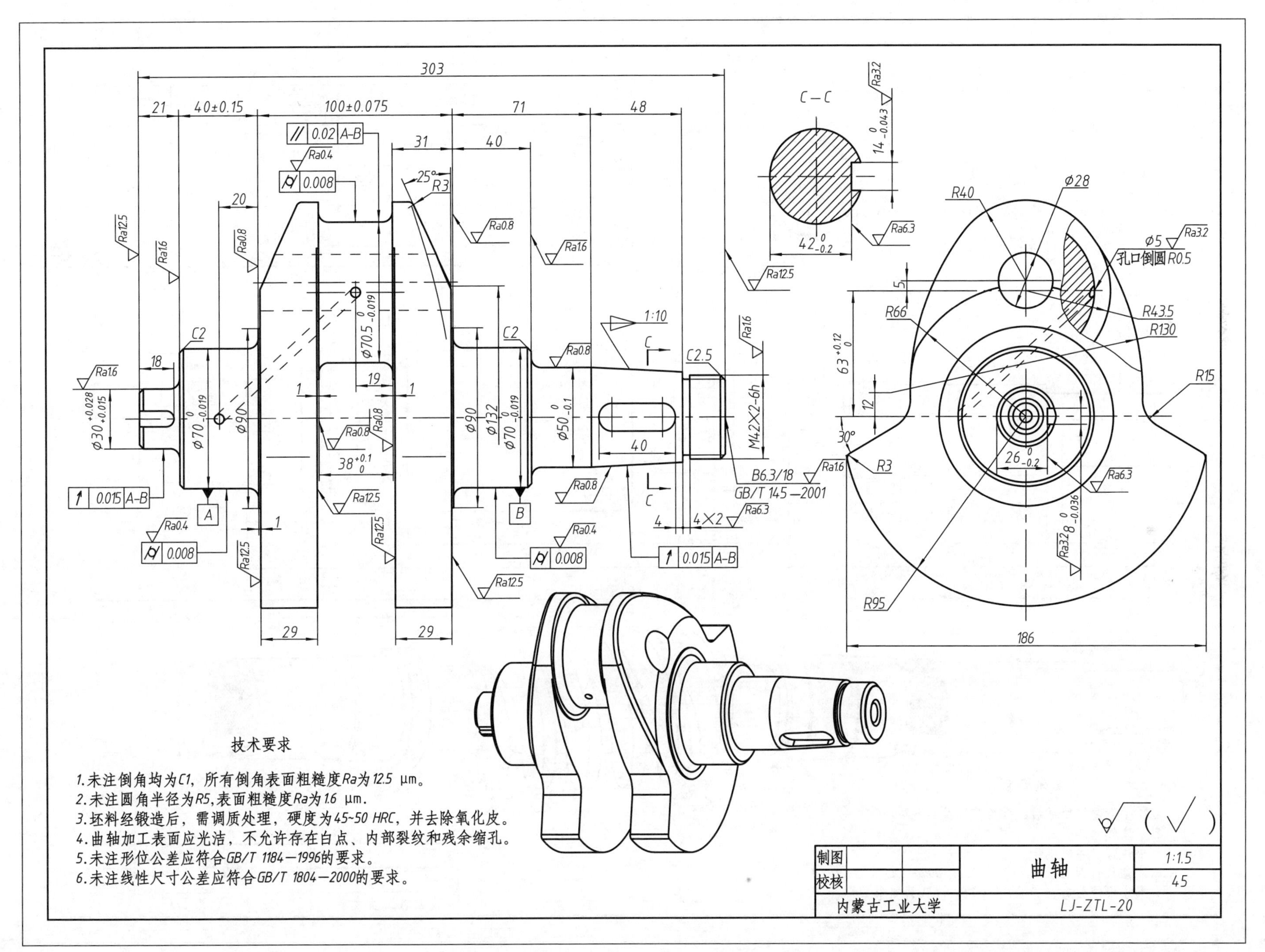

303
21
40±0.15
100±0.075
71
48
C—C
技术要求
1.未注倒角均为C1，所有倒角表面粗糙度Ra为12.5 μm。
2.未注圆角半径为R5,表面粗糙度Ra为1.6 μm.
3.坯料经锻造后，需调质处理，硬度为45~50 HRC，并去除氧化皮。
4.曲轴加工表面应光洁，不允许存在白点、内部裂纹和残余缩孔。
5.未注形位公差应符合GB/T 1184—1996的要求。
6.未注线性尺寸公差应符合GB/T 1804—2000的要求。
制图
校核
曲轴
1:1.5
45
内蒙古工业大学
LJ-ZTL-20

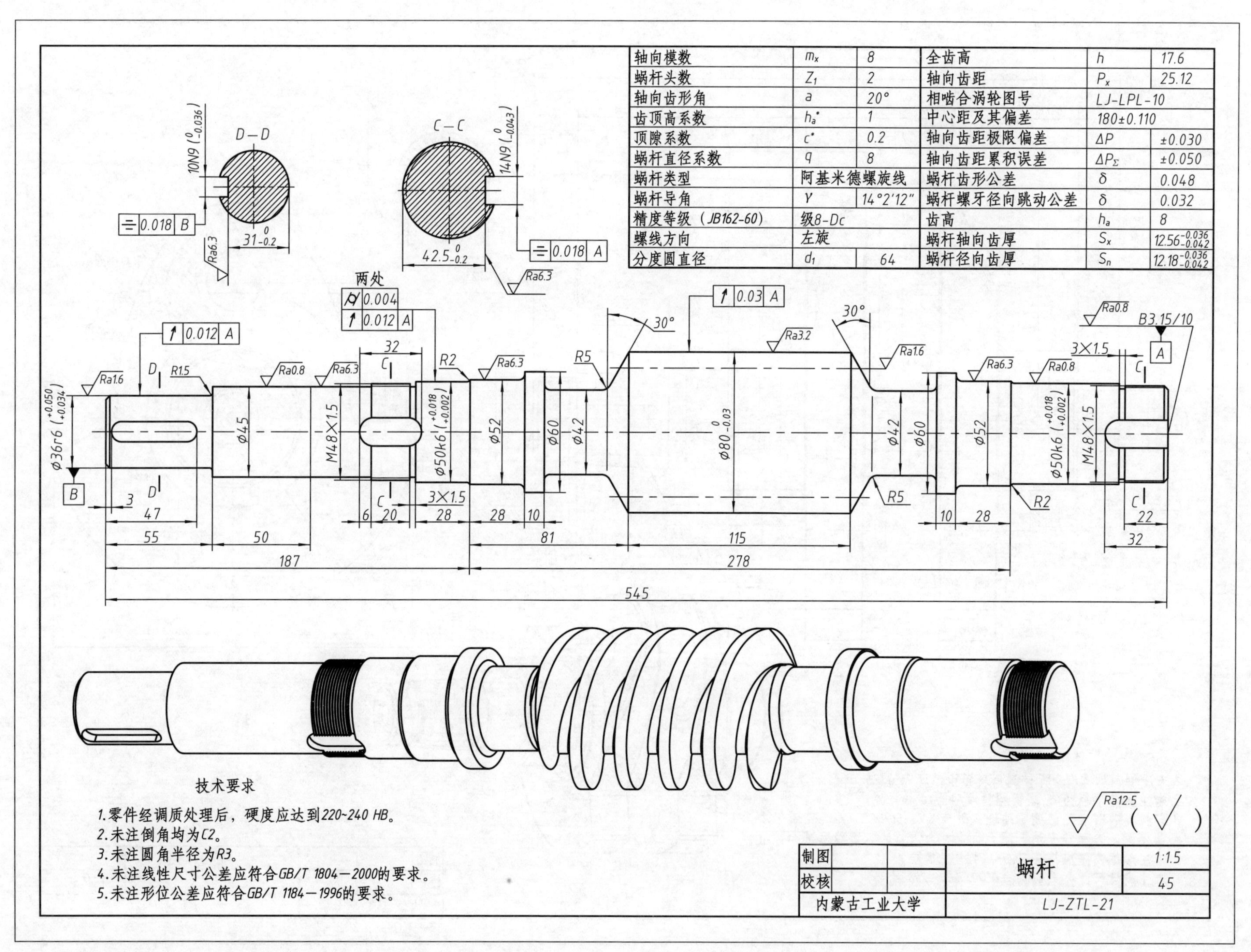

轴向模数 mx 8 全齿高 h 17.6
蜗杆头数 Z1 2 轴向齿距 Px 25.12
轴向齿形角 a 20° 相啮合涡轮图号 LJ-LPL-10
齿顶高系数 ha* 1 中心距及其偏差 180±0.110
顶隙系数 c* 0.2 轴向齿距极限偏差 ΔP ±0.030
蜗杆直径系数 q 8 轴向齿距累积误差 ΔPΣ ±0.050
蜗杆类型 阿基米德螺旋线 蜗杆齿形公差 δ 0.048
蜗杆导角 γ 14°2′12″ 蜗杆螺牙径向跳动公差 δ 0.032
精度等级（JB162-60） 级8-Dc 齿高 ha 8
螺线方向 左旋 蜗杆轴向齿厚 Sx 12.56-0.036 -0.042
分度圆直径 d1 64 蜗杆径向齿厚 Sn 12.18-0.036 -0.042
D—D
C—C
10N9 (0 -0.036)
14N9 (0 -0.043)
0.018 B
0.018 A
31 0 -0.2
42.5 0 -0.2
Ra6.3
两处
0.004
0.012 A
0.03 A
30°
Ra0.8
B3.15/10
Ra1.6
Ra3.2
R1.5
R2
R5
3×1.5
Ø36r6 (+0.050 +0.034)
Ø45
M48×1.5
Ø50k6 (+0.018 +0.002)
Ø52
Ø60
Ø42
Ø80 0 -0.03
47
55
50
32
6
20
28
10
81
115
187
278
22
545
技术要求
1.零件经调质处理后，硬度应达到220~240 HB。
2.未注倒角均为C2。
3.未注圆角半径为R3。
4.未注线性尺寸公差应符合GB/T 1804—2000的要求。
5.未注形位公差应符合GB/T 1184—1996的要求。
Ra12.5
制图
校核
蜗杆
1:1.5
45
内蒙古工业大学
LJ-ZTL-21

1.2 轮盘类零件

轮盘类零件的基本形状是扁平的盘状,包含端盖、阀盖、齿轮等零件,它们的主要结构为回转体,通常还带有各种形状的凸缘、均布的圆孔和肋等局部结构。在选择视图时,一般选择过对称面或回转轴线的剖视图作主视图,同时还需适当增加其他视图(如左视图、右视图或俯视图)把零件的外形和均布结构表达出来。在标注盘盖类零件的尺寸时,通常选用通过轴孔的轴线作为径向尺寸基准,长度方向的主要尺寸基准常选用重要的端面。

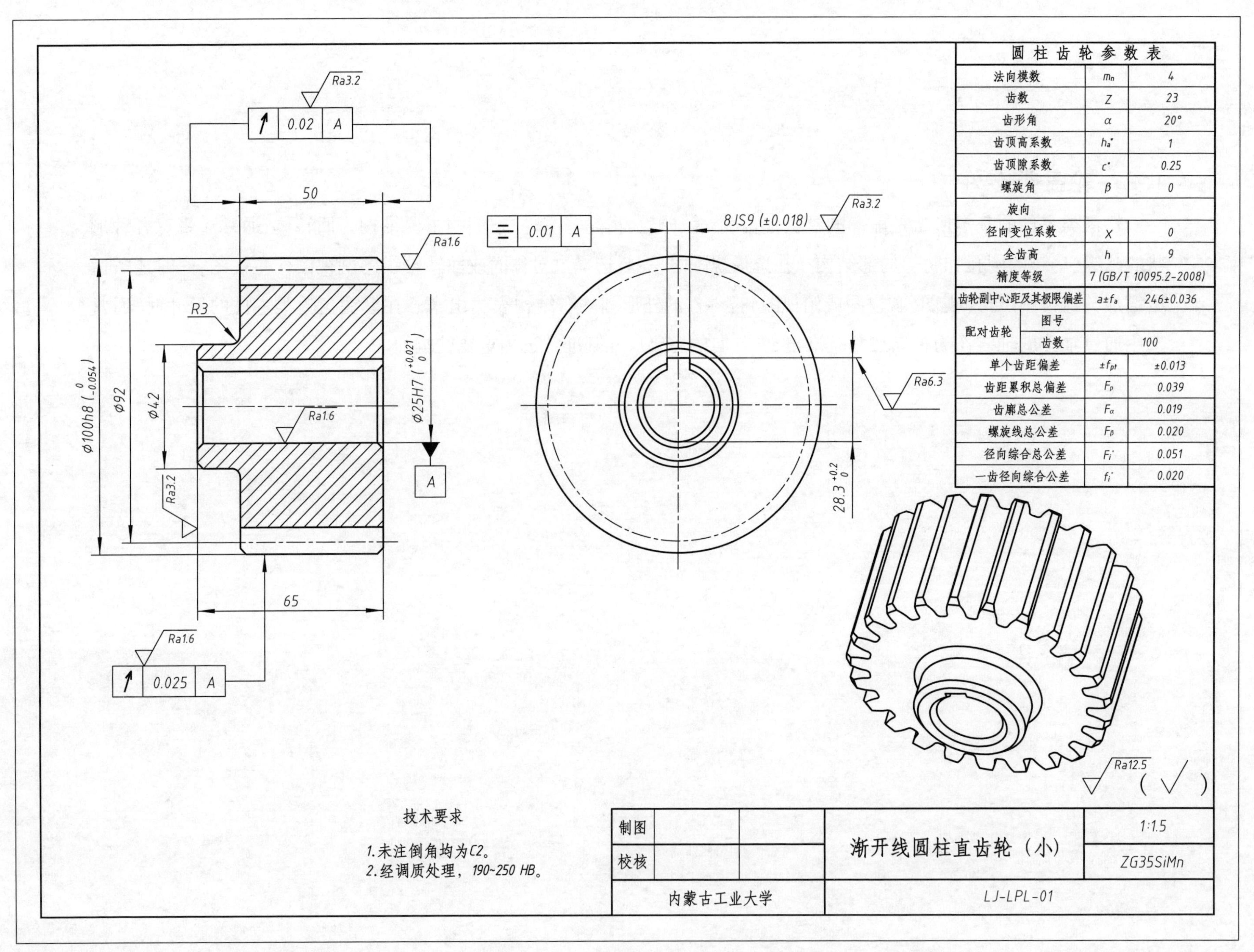

圆柱齿轮参数表		
法向模数	m_n	4
齿数	Z	23
齿形角	α	20°
齿顶高系数	h_a^*	1
齿顶隙系数	c^*	0.25
螺旋角	β	0
旋向		
径向变位系数	X	0
全齿高	h	9
精度等级		7 (GB/T 10095.2-2008)
齿轮副中心距及其极限偏差	$a \pm f_a$	246±0.036
配对齿轮 图号		
配对齿轮 齿数		100
单个齿距偏差	$\pm f_{pt}$	±0.013
齿距累积总偏差	F_p	0.039
齿廓总公差	F_α	0.019
螺旋线总公差	F_β	0.020
径向综合总公差	F_i''	0.051
一齿径向综合公差	f_i''	0.020

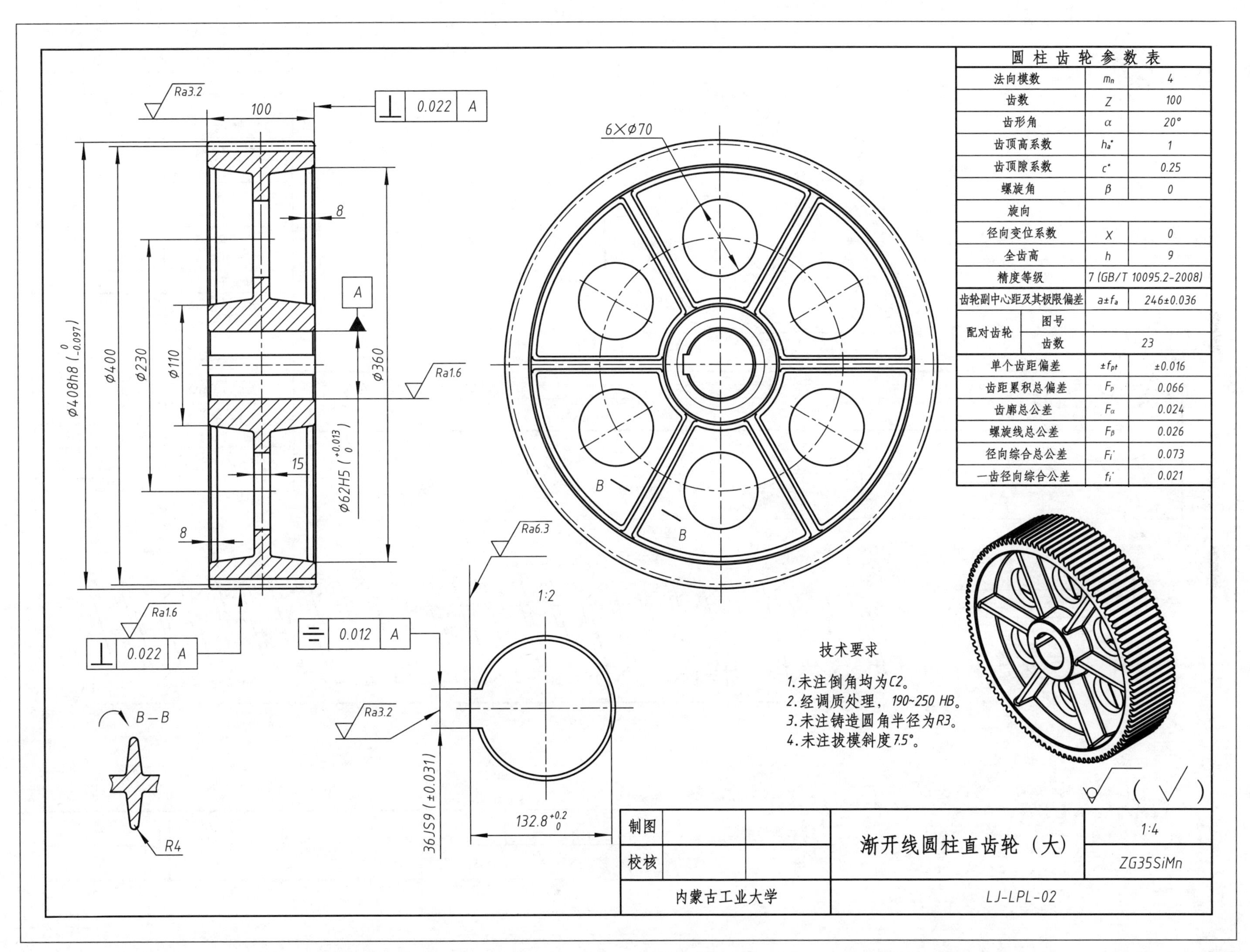

圆柱齿轮参数表

圆柱齿轮参数表			
法向模数		m_n	4
齿数		Z	100
齿形角		α	20°
齿顶高系数		h_a^*	1
齿顶隙系数		c^*	0.25
螺旋角		β	0
旋向			
径向变位系数		X	0
全齿高		h	9
精度等级		7 (GB/T 10095.2-2008)	
齿轮副中心距及其极限偏差		$a \pm f_a$	246±0.036
配对齿轮	图号		
	齿数	23	
单个齿距偏差		$\pm f_{pt}$	±0.016
齿距累积总偏差		F_p	0.066
齿廓总公差		F_α	0.024
螺旋线总公差		F_β	0.026
径向综合总公差		F_i''	0.073
一齿径向综合公差		f_i''	0.021

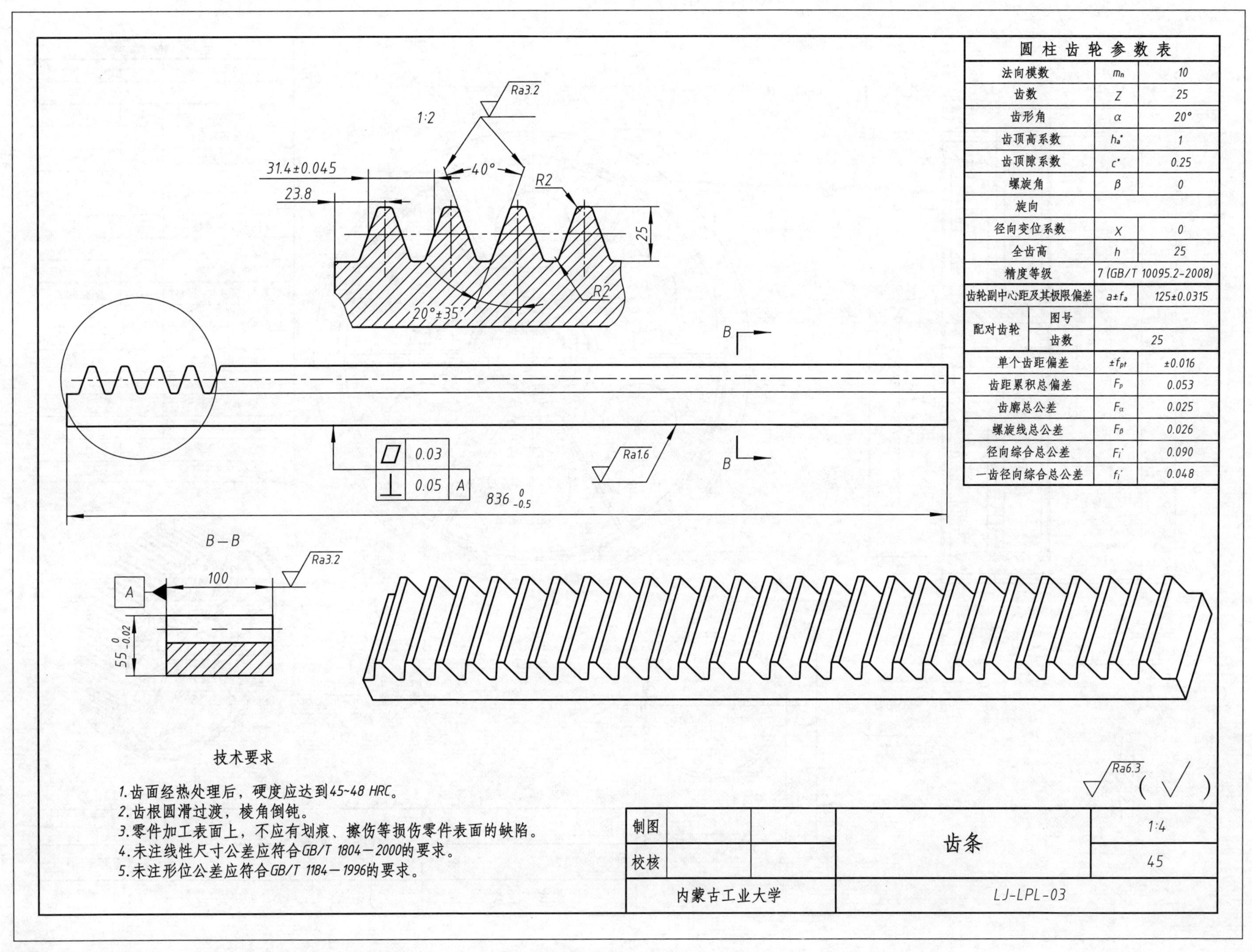
圆柱齿轮参数表
法向模数 m_n 10
齿数 Z 25
齿形角 α 20°
齿顶高系数 h_a^* 1
齿顶隙系数 c^* 0.25
螺旋角 β 0
旋向
径向变位系数 X 0
全齿高 h 25
精度等级 7 (GB/T 10095.2-2008)
齿轮副中心距及其极限偏差 $a\pm f_a$ 125±0.0315
配对齿轮 图号
齿数 25
单个齿距偏差 $\pm f_{pt}$ ±0.016
齿距累积总偏差 F_p 0.053
齿廓总公差 F_α 0.025
螺旋线总公差 F_β 0.026
径向综合总公差 F_i'' 0.090
一齿径向综合总公差 f_i'' 0.048
1:2
Ra3.2
31.4±0.045
23.8
40°
R2
25
20°±35'
B
Ra1.6
0.03
0.05 A
836 0 -0.5
B–B
A
100
55 0 -0.02
技术要求
1.齿面经热处理后，硬度应达到45~48 HRC。
2.齿根圆滑过渡，棱角倒钝。
3.零件加工表面上，不应有划痕、擦伤等损伤零件表面的缺陷。
4.未注线性尺寸公差应符合GB/T 1804—2000的要求。
5.未注形位公差应符合GB/T 1184—1996的要求。
Ra6.3
制图
校核
齿条
1:4
45
内蒙古工业大学
LJ-LPL-03

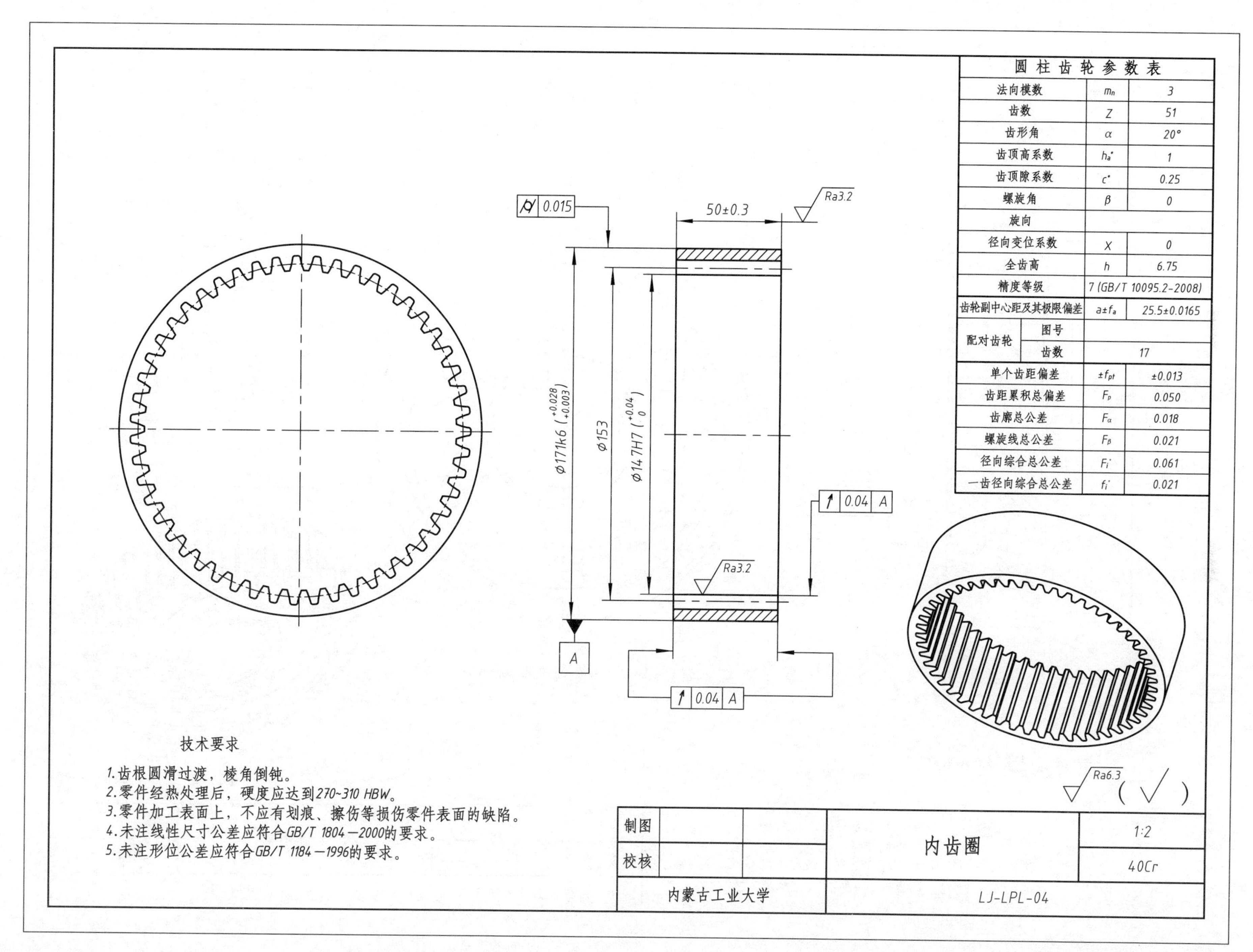
圆柱齿轮参数表
法向模数 | mn | 3
齿数 | Z | 51
齿形角 | α | 20°
齿顶高系数 | ha* | 1
齿顶隙系数 | c* | 0.25
螺旋角 | β | 0
旋向
径向变位系数 | X | 0
全齿高 | h | 6.75
精度等级 | 7 (GB/T 10095.2-2008)
齿轮副中心距及其极限偏差 | a±fa | 25.5±0.0165
配对齿轮 | 图号
齿数 | 17
单个齿距偏差 | ±fpt | ±0.013
齿距累积总偏差 | Fp | 0.050
齿廓总公差 | Fα | 0.018
螺旋线总公差 | Fβ | 0.021
径向综合总公差 | Fi'' | 0.061
一齿径向综合总公差 | fi'' | 0.021
0.015
50±0.3
Ra3.2
Ø171k6 (+0.028 +0.003)
Ø153
Ø147H7 (+0.04 0)
0.04 A
Ra3.2
A
0.04 A
技术要求
1.齿根圆滑过渡，棱角倒钝。
2.零件经热处理后，硬度应达到270~310 HBW。
3.零件加工表面上，不应有划痕、擦伤等损伤零件表面的缺陷。
4.未注线性尺寸公差应符合GB/T 1804—2000的要求。
5.未注形位公差应符合GB/T 1184—1996的要求。
Ra6.3
(√)
制图
校核
内齿圈
1:2
40Cr
内蒙古工业大学
LJ-LPL-04

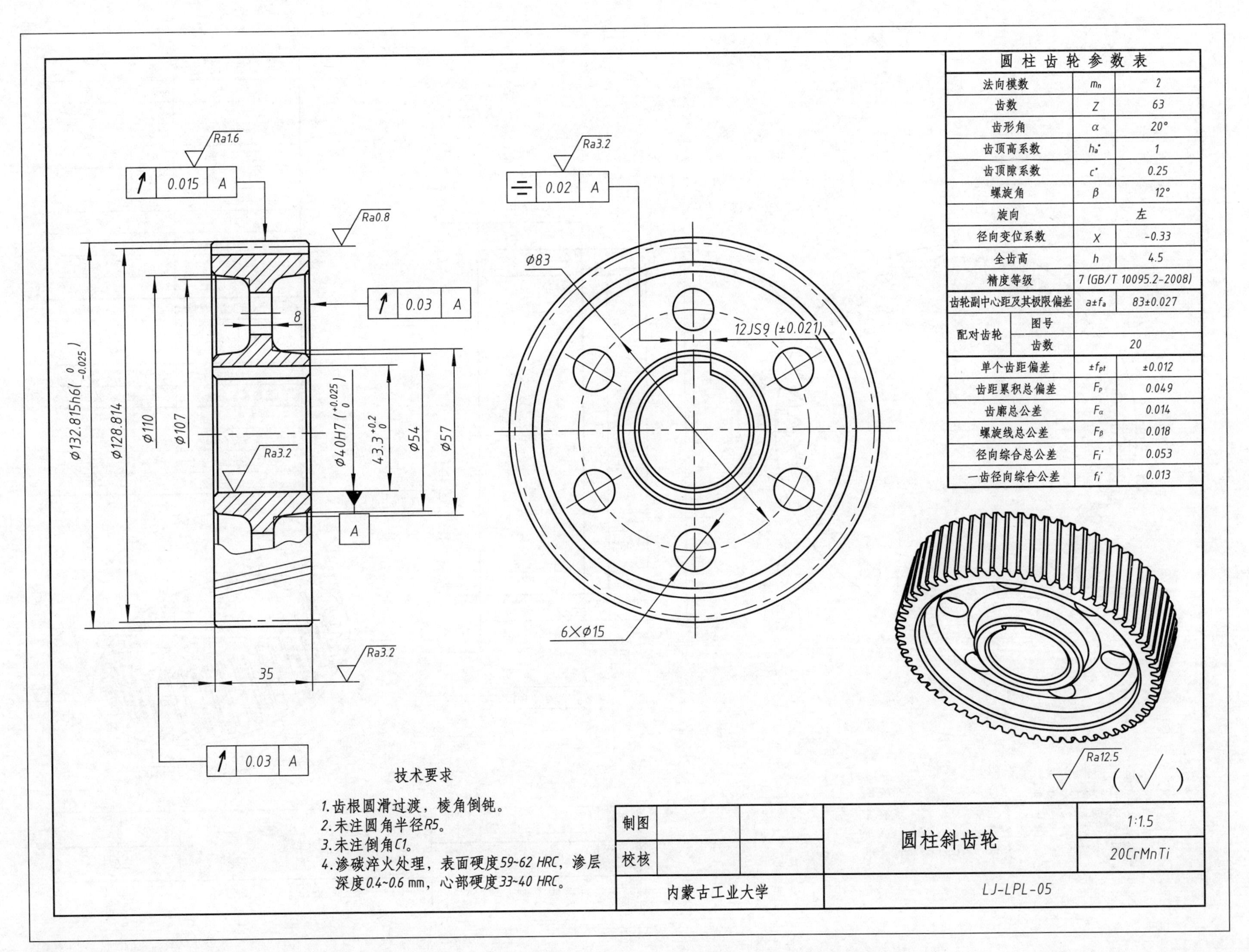

圆柱齿轮参数表
法向模数 m_n 2
齿数 Z 63
齿形角 α 20°
齿顶高系数 h_a^* 1
齿顶隙系数 c^* 0.25
螺旋角 β 12°
旋向 左
径向变位系数 X -0.33
全齿高 h 4.5
精度等级 7 (GB/T 10095.2-2008)
齿轮副中心距及其极限偏差 $a±f_a$ 83±0.027
配对齿轮 图号
齿数 20
单个齿距偏差 $±f_{pt}$ ±0.012
齿距累积总偏差 F_p 0.049
齿廓总公差 $F_α$ 0.014
螺旋线总公差 $F_β$ 0.018
径向综合总公差 F_i'' 0.053
一齿径向综合公差 f_i'' 0.013
Ra1.6
0.015 A
Ra0.8
0.03 A
8
Ra3.2
0.02 A
Ø83
12JS9 (±0.021)
Ø132.815h6(0 -0.025)
Ø128.814
Ø110
Ø107
Ø40H7 (+0.025 0)
43.3 +0.2 0
Ø54
Ø57
A
6×Ø15
35
Ra3.2
0.03 A
Ra12.5
技术要求
1.齿根圆滑过渡，棱角倒钝。
2.未注圆角半径R5。
3.未注倒角C1。
4.渗碳淬火处理，表面硬度59~62 HRC，渗层深度0.4~0.6 mm，心部硬度33~40 HRC。
制图
校核
内蒙古工业大学
圆柱斜齿轮
1:1.5
20CrMnTi
LJ-LPL-05

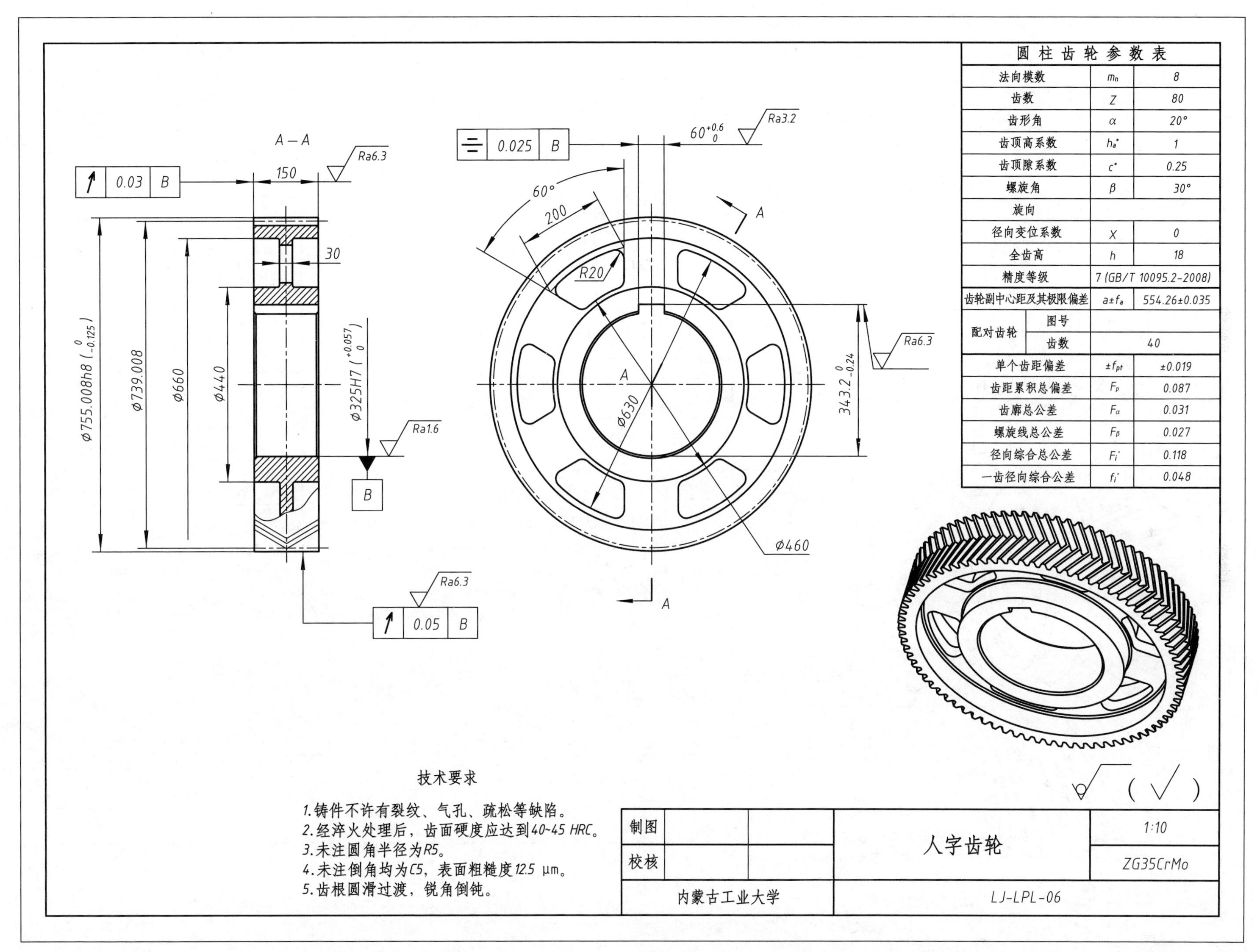

圆柱齿轮参数表		
法向模数	m_n	8
齿数	Z	80
齿形角	α	20°
齿顶高系数	h_a^*	1
齿顶隙系数	c^*	0.25
螺旋角	β	30°
旋向		
径向变位系数	X	0
全齿高	h	18
精度等级	7 (GB/T 10095.2-2008)	
齿轮副中心距及其极限偏差	$a \pm f_a$	554.26±0.035
配对齿轮 图号		
配对齿轮 齿数		40
单个齿距偏差	$\pm f_{pt}$	±0.019
齿距累积总偏差	F_p	0.087
齿廓总公差	F_α	0.031
螺旋线总公差	F_β	0.027
径向综合总公差	F_i''	0.118
一齿径向综合公差	f_i''	0.048

技术要求

1. 铸件不许有裂纹、气孔、疏松等缺陷。
2. 经淬火处理后，齿面硬度应达到40~45 HRC。
3. 未注圆角半径为R5。
4. 未注倒角均为C5，表面粗糙度12.5 μm。
5. 齿根圆滑过渡，锐角倒钝。

制图			人字齿轮	1:10
校核				ZG35CrMo
内蒙古工业大学			LJ-LPL-06	

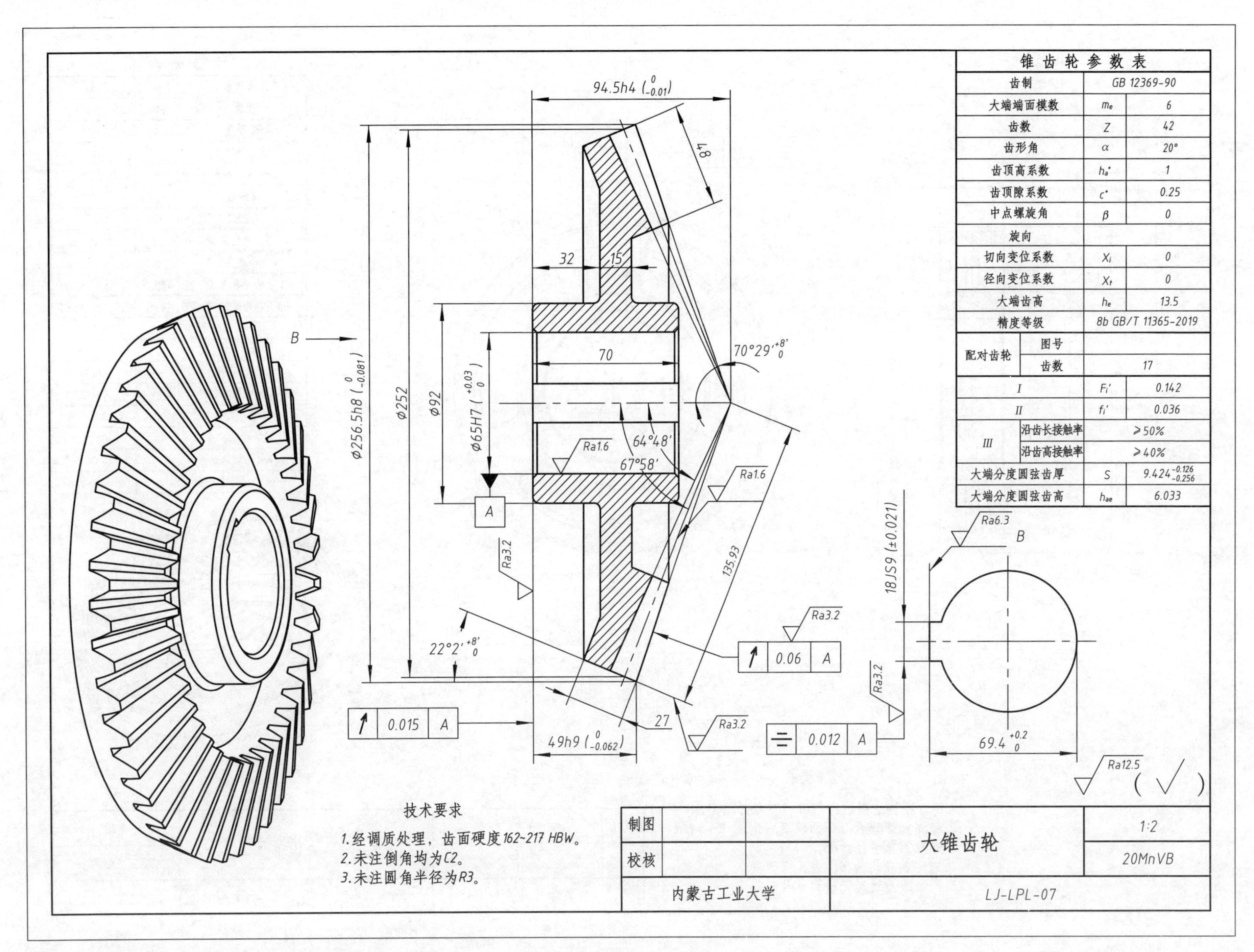

锥齿轮参数表			
齿制		GB 12369-90	
大端端面模数		m_e	6
齿数		Z	42
齿形角		α	20°
齿顶高系数		h_a^*	1
齿顶隙系数		c^*	0.25
中点螺旋角		β	0
旋向			
切向变位系数		X_i	0
径向变位系数		X_t	0
大端齿高		h_e	13.5
精度等级		8b GB/T 11365-2019	
配对齿轮	图号		
	齿数	17	
I		F_i'	0.142
II		f_i'	0.036
III	沿齿长接触率	≥50%	
	沿齿高接触率	≥40%	
大端分度圆弦齿厚		S	$9.424^{-0.126}_{-0.256}$
大端分度圆弦齿高		h_{ae}	6.033

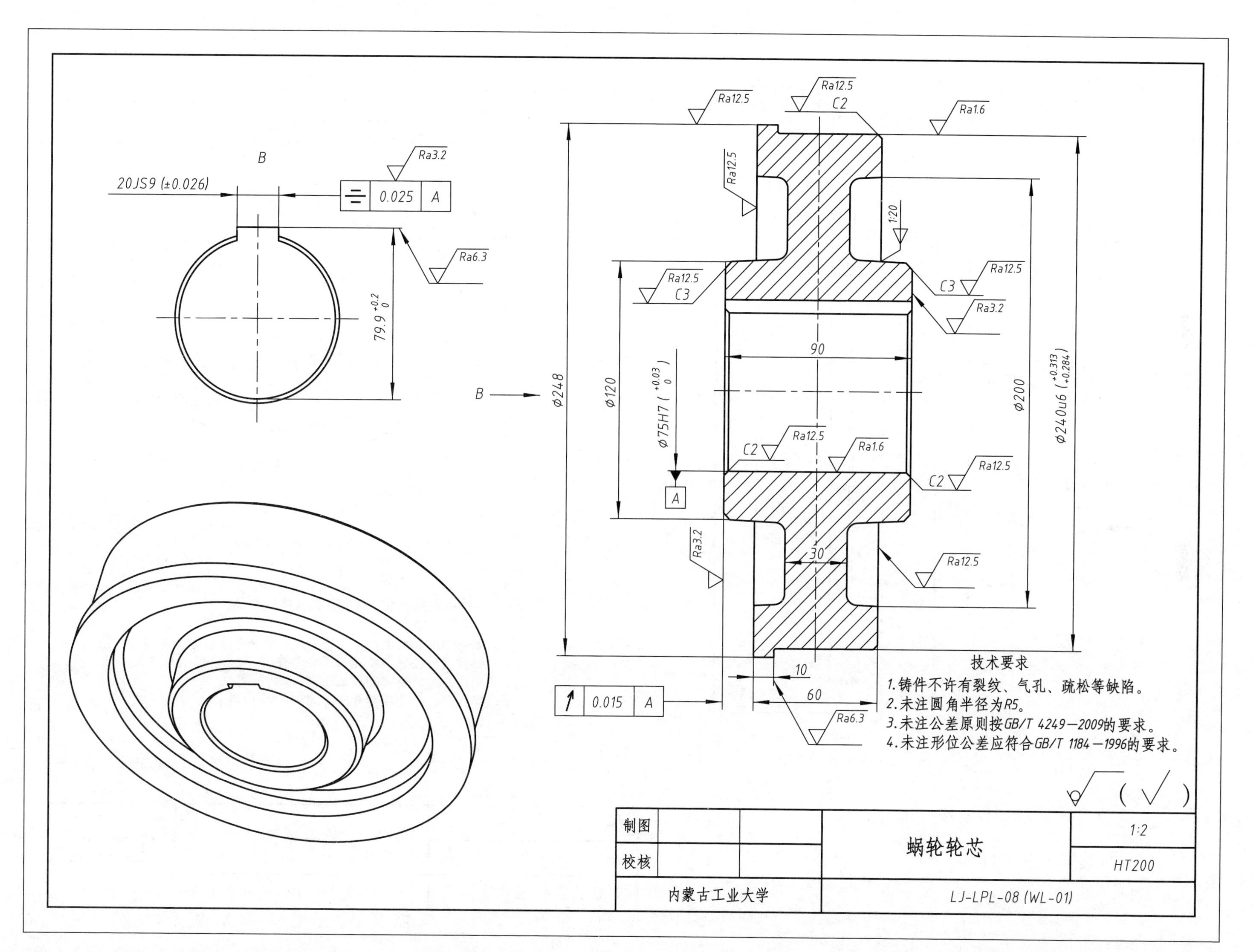

B
20JS9 (±0.026)
0.025 A
Ra3.2
Ra6.3
79.9 +0.2 0
B
Ra12.5
Ra12.5
C2
Ra1.6
Ra12.5
1:20
Ra12.5
C3
C3
Ra12.5
Ra3.2
90
Ø248
Ø120
Ø75H7 (+0.03 0)
Ø200
Ø240u6 (+0.313 +0.284)
C2
Ra12.5
Ra1.6
Ra12.5
C2
A
Ra3.2
30
Ra12.5
10
60
Ra6.3
0.015 A
技术要求
1.铸件不许有裂纹、气孔、疏松等缺陷。
2.未注圆角半径为R5。
3.未注公差原则按GB/T 4249—2009的要求。
4.未注形位公差应符合GB/T 1184—1996的要求。
(√)
制图
校核
蜗轮轮芯
1:2
HT200
内蒙古工业大学
LJ-LPL-08 (WL-01)

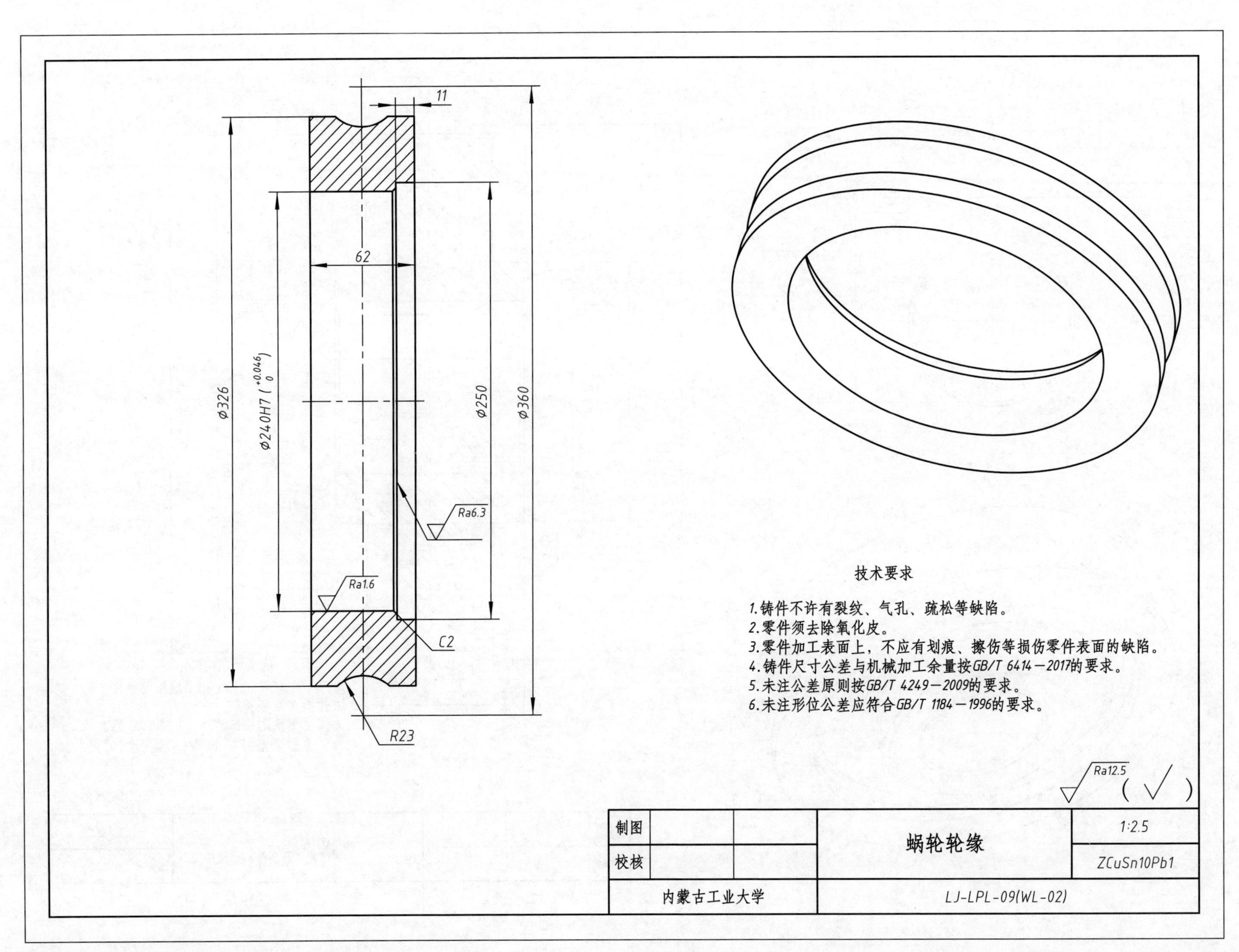
11
62
Ø326
Ø240H7 (+0.046 0)
Ø250
Ø360
Ra6.3
Ra1.6
C2
R23
技术要求
1.铸件不许有裂纹、气孔、疏松等缺陷。
2.零件须去除氧化皮。
3.零件加工表面上，不应有划痕、擦伤等损伤零件表面的缺陷。
4.铸件尺寸公差与机械加工余量按GB/T 6414—2017的要求。
5.未注公差原则按GB/T 4249—2009的要求。
6.未注形位公差应符合GB/T 1184—1996的要求。
Ra12.5
制图
校核
蜗轮轮缘
1:2.5
ZCuSn10Pb1
内蒙古工业大学
LJ-LPL-09(WL-02)

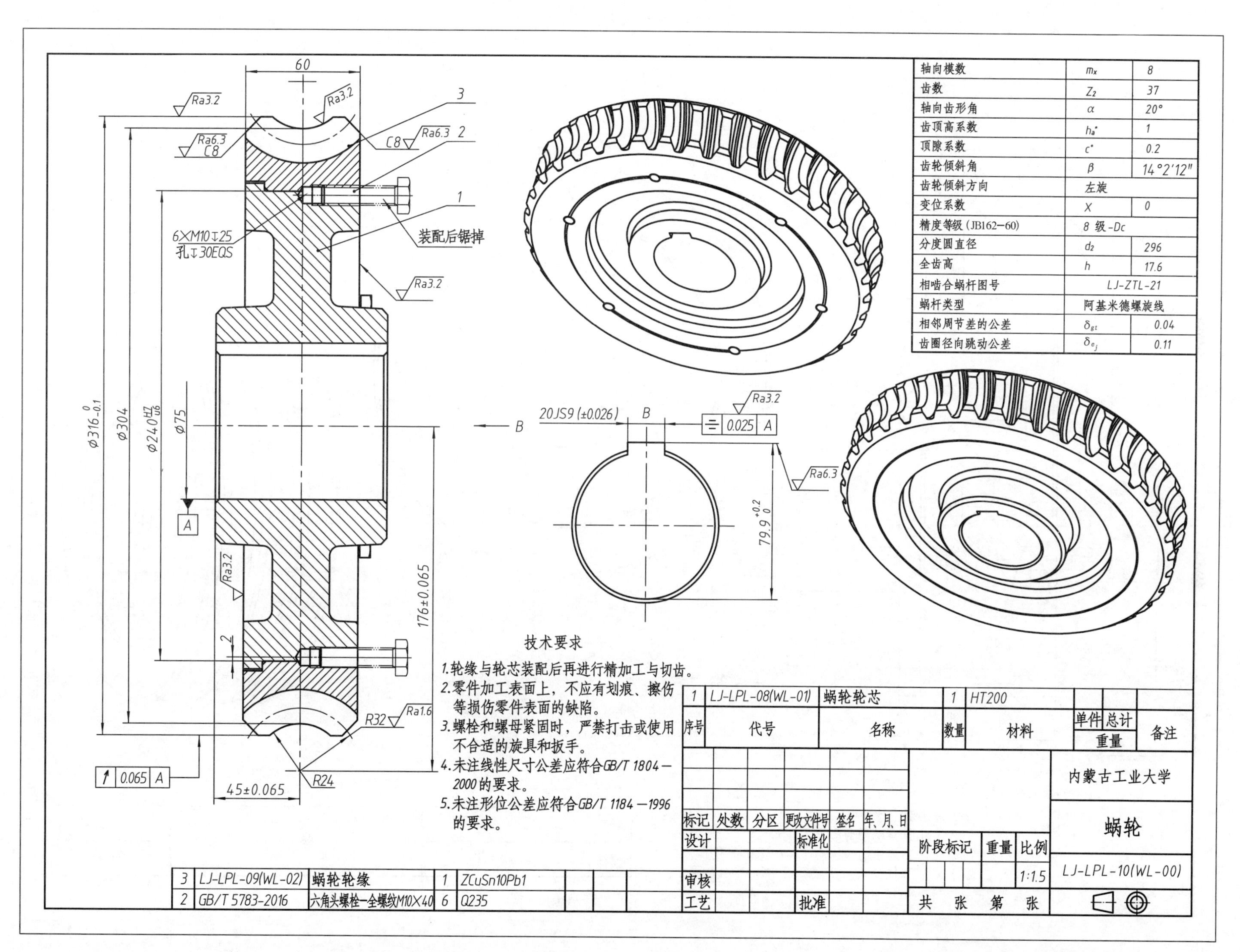

轴向模数 m_x 8
齿数 Z_2 37
轴向齿形角 α 20°
齿顶高系数 h_a^* 1
顶隙系数 c^* 0.2
齿轮倾斜角 β 14°2′12″
齿轮倾斜方向 左旋
变位系数 X 0
精度等级（JB162—60） 8 级-Dc
分度圆直径 d_2 296
全齿高 h 17.6
相啮合蜗杆图号 LJ-ZTL-21
蜗杆类型 阿基米德螺旋线
相邻周节差的公差 δ_{gt} 0.04
齿圈径向跳动公差 δ_{e_j} 0.11
60
Ra3.2
3
2
1
Ra6.3
C8
6×M10↧25
孔↧30EQS
装配后锯掉
$\phi316_{-0.1}^{0}$
$\phi304$
$\phi240\frac{H7}{u6}$
$\phi75$
A
B
2
176±0.065
R32
Ra1.6
R24
45±0.065
0.065 A
20JS9 (±0.026)
0.025 A
$79.9^{+0.2}_{0}$
技术要求
1.轮缘与轮芯装配后再进行精加工与切齿。
2.零件加工表面上，不应有划痕、擦伤等损伤零件表面的缺陷。
3.螺栓和螺母紧固时，严禁打击或使用不合适的旋具和扳手。
4.未注线性尺寸公差应符合GB/T 1804—2000的要求。
5.未注形位公差应符合GB/T 1184—1996的要求。
1 LJ-LPL-08(WL-01) 蜗轮轮芯 1 HT200
序号 代号 名称 数量 材料 单件 总计 重量 备注
3 LJ-LPL-09(WL-02) 蜗轮轮缘 1 ZCuSn10Pb1
2 GB/T 5783-2016 六角头螺栓-全螺纹M10×40 6 Q235
标记 处数 分区 更改文件号 签名 年、月、日
设计 标准化
审核
工艺 批准
阶段标记 重量 比例
1:1.5
共 张 第 张
内蒙古工业大学
蜗轮
LJ-LPL-10(WL-00)

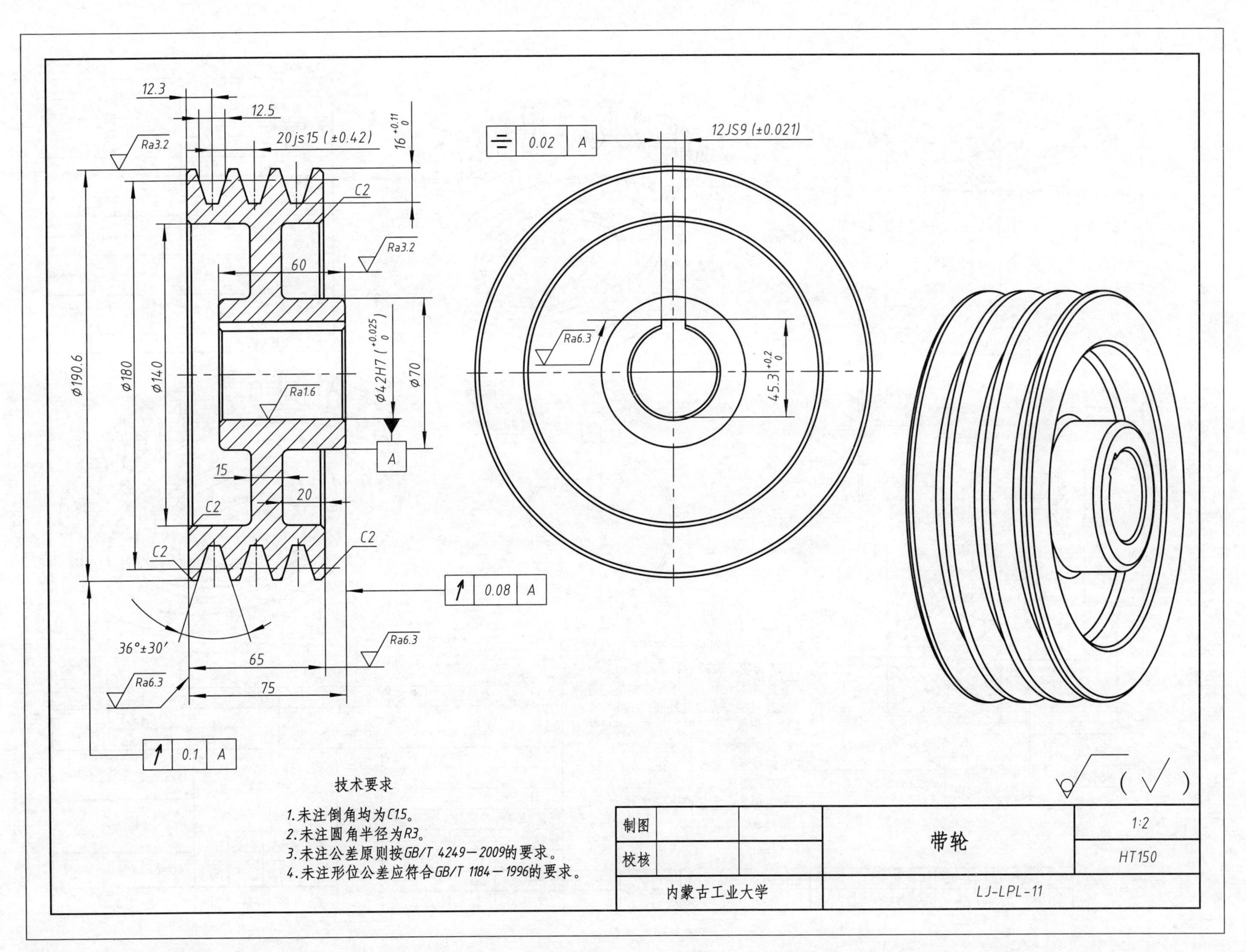
12.3
12.5
20js15 (±0.42)
16 +0.11 0
Ra3.2
C2
Ra3.2
60
Ra6.3
Ra1.6
Φ190.6
Φ180
Φ140
Φ42H7 (+0.025 0)
Φ70
A
15
20
C2
C2
C2
0.08 A
36°±30′
65
75
Ra6.3
Ra6.3
0.1 A
0.02 A
12JS9 (±0.021)
45.3 +0.2 0
技术要求
1.未注倒角均为C1.5。
2.未注圆角半径为R3。
3.未注公差原则按GB/T 4249—2009的要求。
4.未注形位公差应符合GB/T 1184—1996的要求。
(√)
制图
校核
带轮
1:2
HT150
内蒙古工业大学
LJ-LPL-11

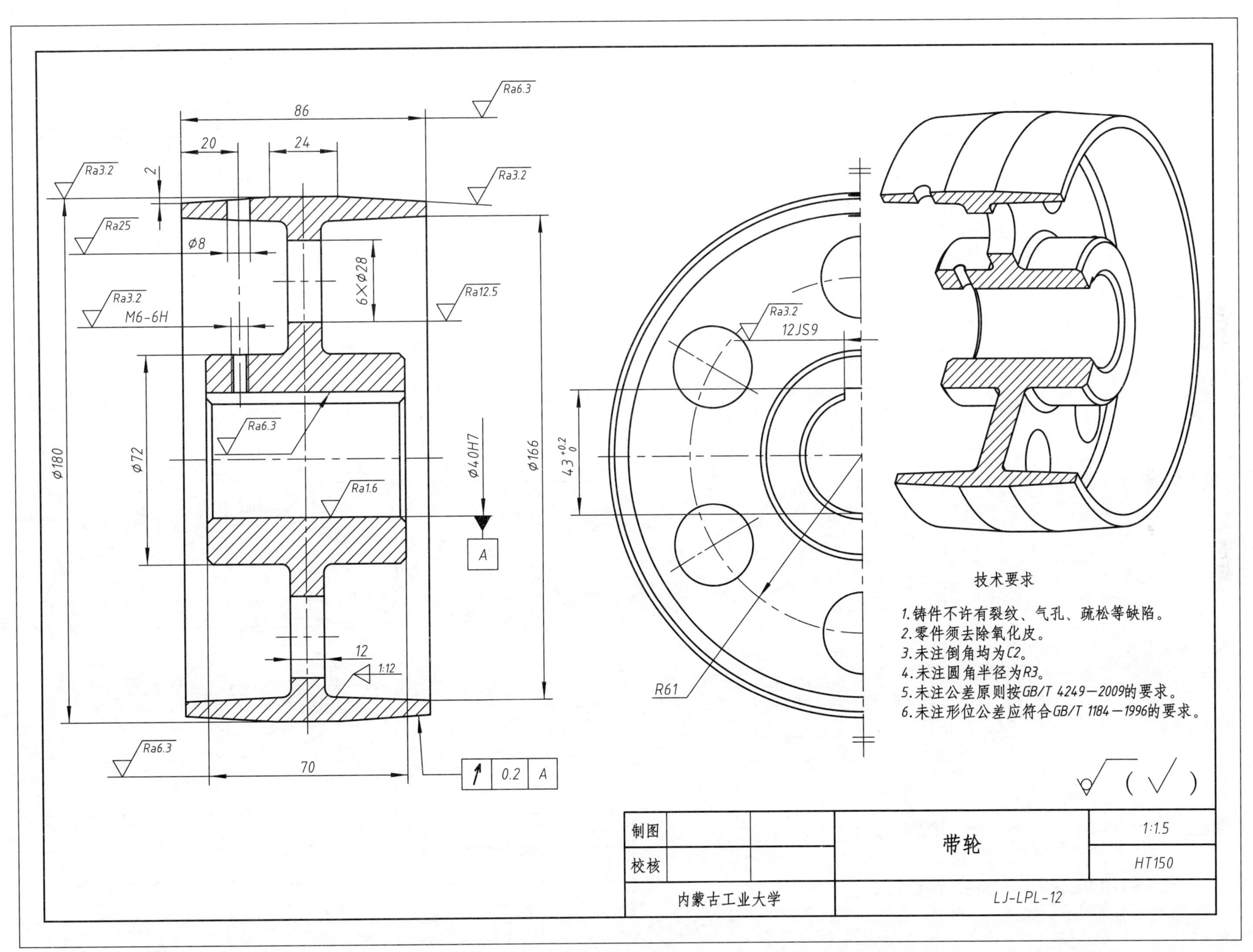

86
20
24
2
Ra6.3
Ra3.2
Ra3.2
Ra25
Φ8
6×Φ28
Ra3.2
M6-6H
Ra12.5
Ra6.3
Φ180
Φ72
Φ40H7
Φ166
Ra1.6
A
12
1:12
Ra6.3
70
0.2
A
Ra3.2
12JS9
43 +0.2 0
R61
技术要求
1.铸件不许有裂纹、气孔、疏松等缺陷。
2.零件须去除氧化皮。
3.未注倒角均为C2。
4.未注圆角半径为R3。
5.未注公差原则按GB/T 4249—2009的要求。
6.未注形位公差应符合GB/T 1184—1996的要求。
制图
校核
带轮
1:1.5
HT150
内蒙古工业大学
LJ-LPL-12

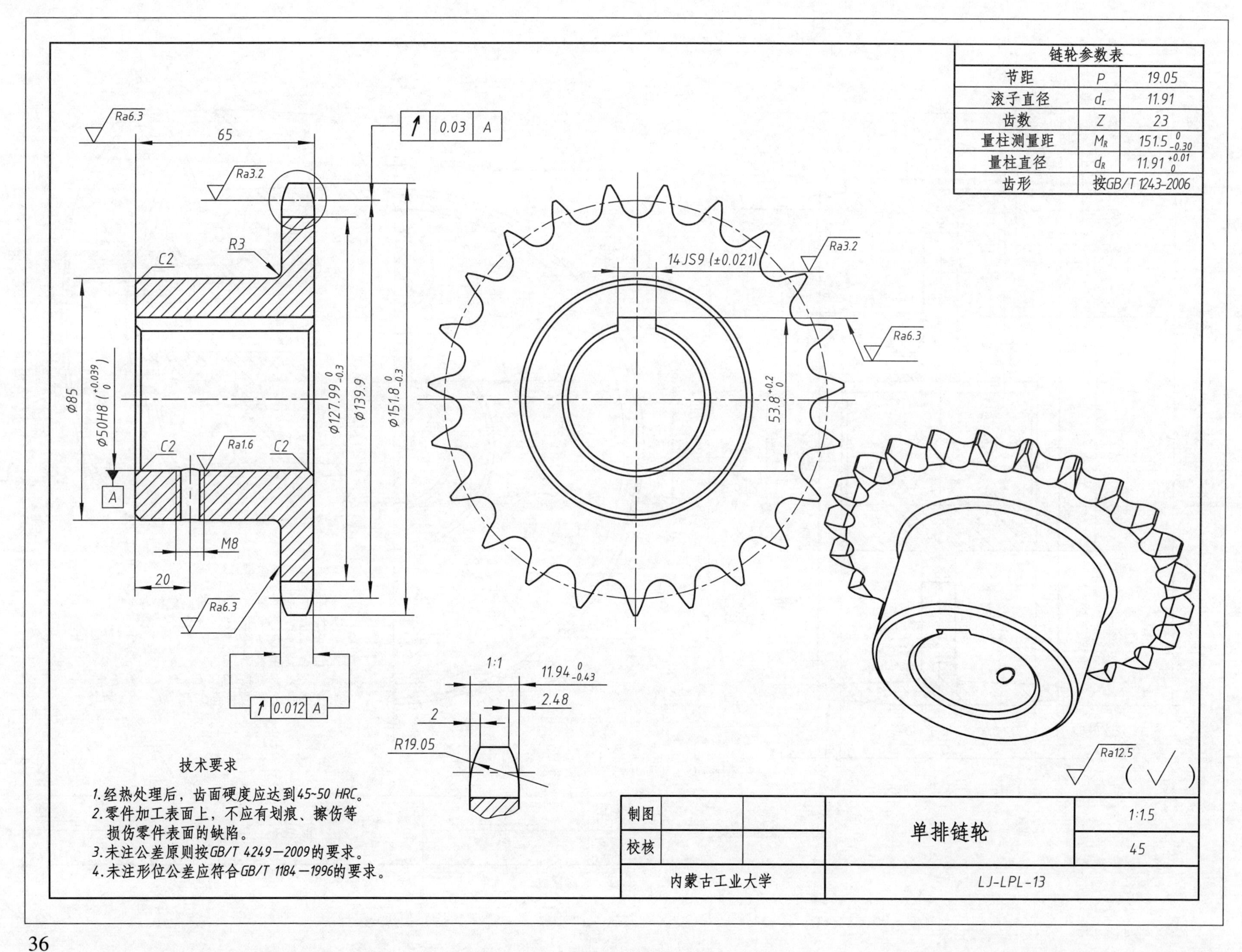

链轮参数表
节距 P 19.05
滚子直径 d_r 11.91
齿数 Z 23
量柱测量距 M_R $151.5^{0}_{-0.30}$
量柱直径 d_R $11.91^{+0.01}_{0}$
齿形 按GB/T 1243-2006
Ra6.3
65
0.03 A
Ra3.2
R3
C2
C2
Ra1.6
C2
A
M8
20
Ra6.3
0.012 A
14JS9 (±0.021)
Ra3.2
Ra6.3
1:1
$11.94^{0}_{-0.43}$
2.48
2
R19.05
Ra12.5
技术要求
1.经热处理后，齿面硬度应达到45~50 HRC。
2.零件加工表面上，不应有划痕、擦伤等损伤零件表面的缺陷。
3.未注公差原则按GB/T 4249—2009的要求。
4.未注形位公差应符合GB/T 1184—1996的要求。
制图
校核
单排链轮
1:1.5
45
内蒙古工业大学
LJ-LPL-13

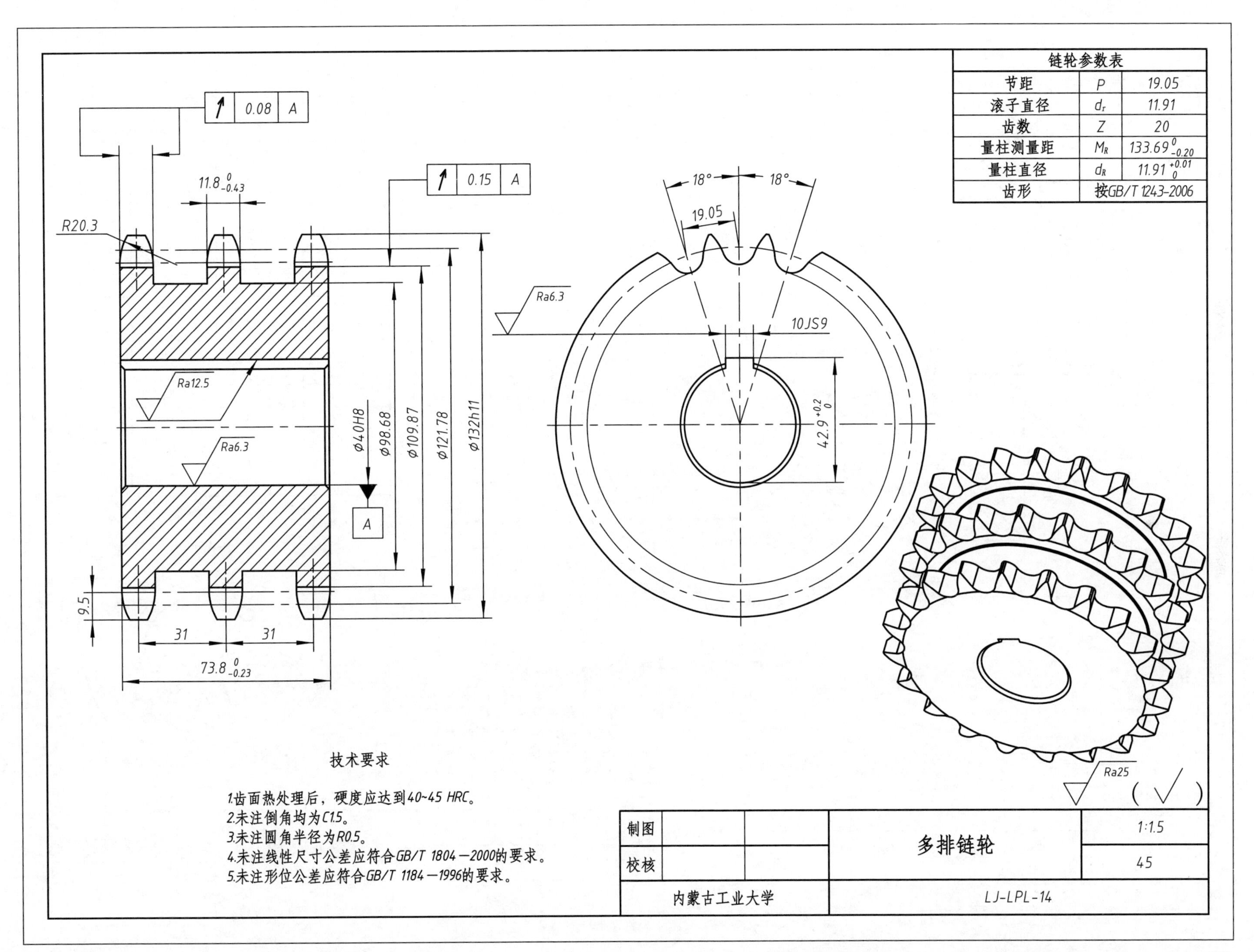

链轮参数表		
节距	P	19.05
滚子直径	d_r	11.91
齿数	Z	20
量柱测量距	M_R	$133.69^{0}_{-0.20}$
量柱直径	d_R	$11.91^{+0.01}_{0}$
齿形	按GB/T 1243-2006	

技术要求

1.齿面热处理后，硬度应达到40~45 HRC。
2.未注倒角均为C1.5。
3.未注圆角半径为R0.5。
4.未注线性尺寸公差应符合GB/T 1804—2000的要求。
5.未注形位公差应符合GB/T 1184—1996的要求。

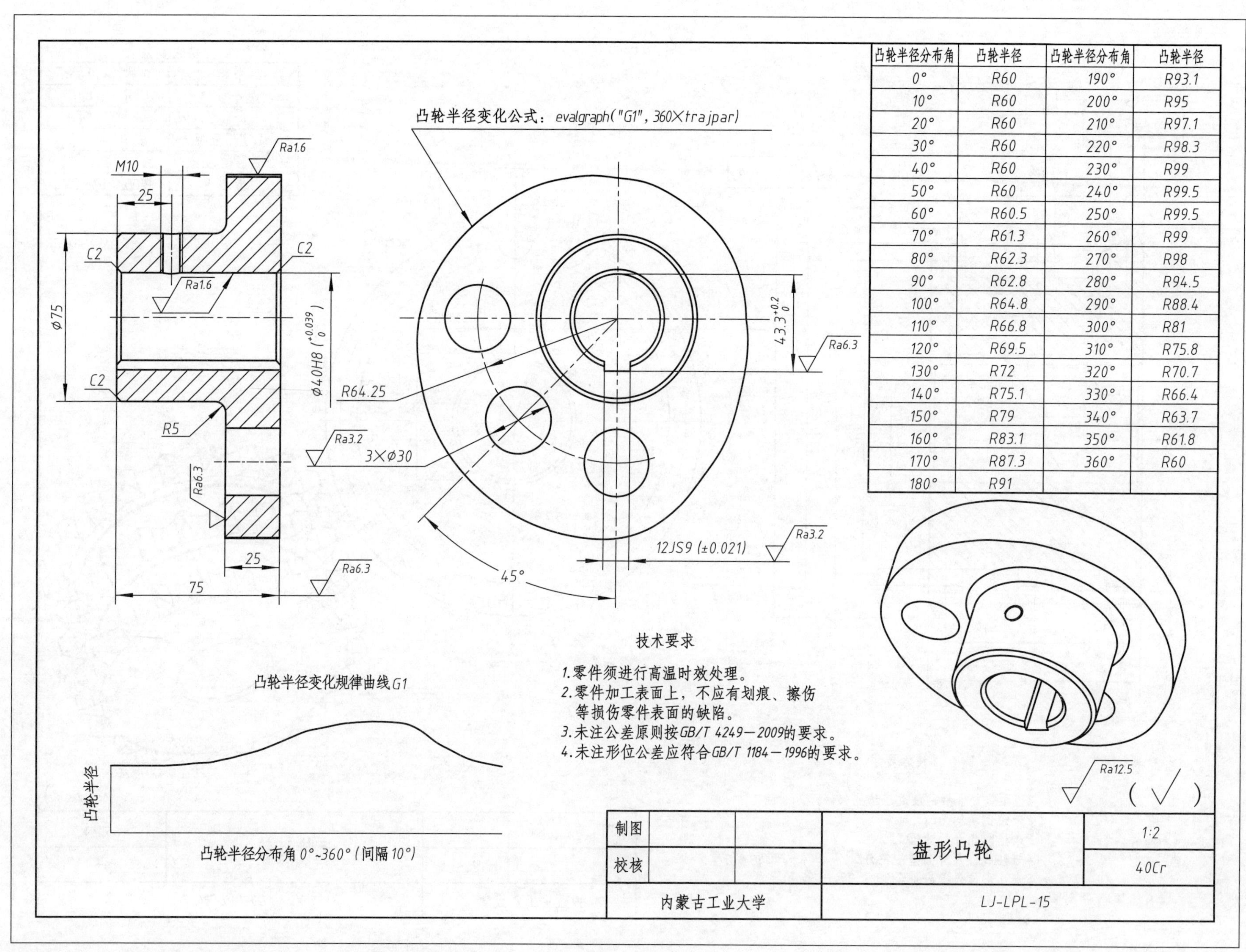

凸轮半径分布角	凸轮半径	凸轮半径分布角	凸轮半径
0°	R60	190°	R93.1
10°	R60	200°	R95
20°	R60	210°	R97.1
30°	R60	220°	R98.3
40°	R60	230°	R99
50°	R60	240°	R99.5
60°	R60.5	250°	R99.5
70°	R61.3	260°	R99
80°	R62.3	270°	R98
90°	R62.8	280°	R94.5
100°	R64.8	290°	R88.4
110°	R66.8	300°	R81
120°	R69.5	310°	R75.8
130°	R72	320°	R70.7
140°	R75.1	330°	R66.4
150°	R79	340°	R63.7
160°	R83.1	350°	R61.8
170°	R87.3	360°	R60
180°	R91		

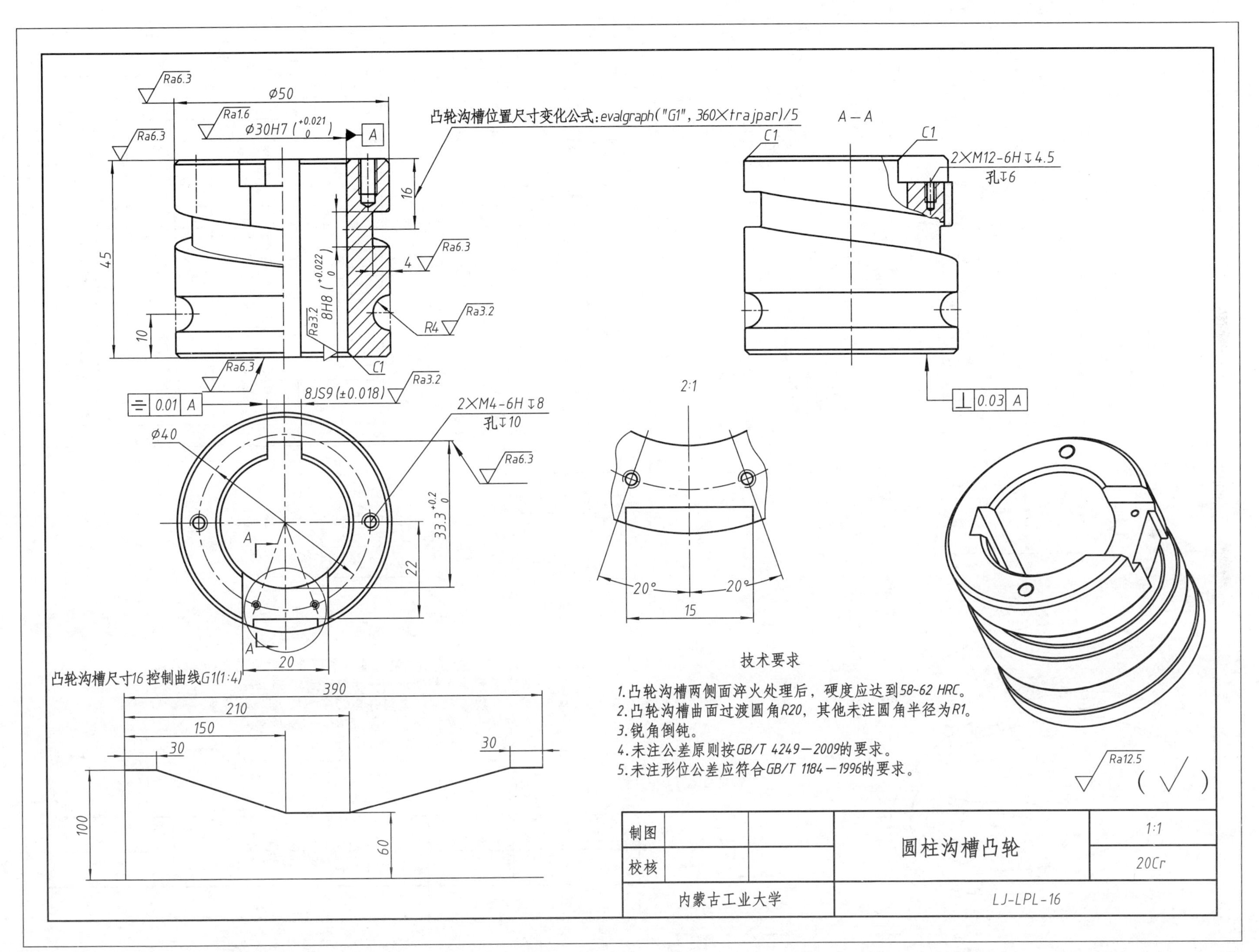
凸轮沟槽位置尺寸变化公式：evalgraph("G1", 360×trajpar)/5
A—A
凸轮沟槽尺寸16控制曲线G1(1:4)
技术要求
1.凸轮沟槽两侧面淬火处理后，硬度应达到58~62 HRC。
2.凸轮沟槽曲面过渡圆角R20，其他未注圆角半径为R1。
3.锐角倒钝。
4.未注公差原则按GB/T 4249—2009的要求。
5.未注形位公差应符合GB/T 1184—1996的要求。
制图
校核
圆柱沟槽凸轮
1:1
20Cr
内蒙古工业大学
LJ-LPL-16

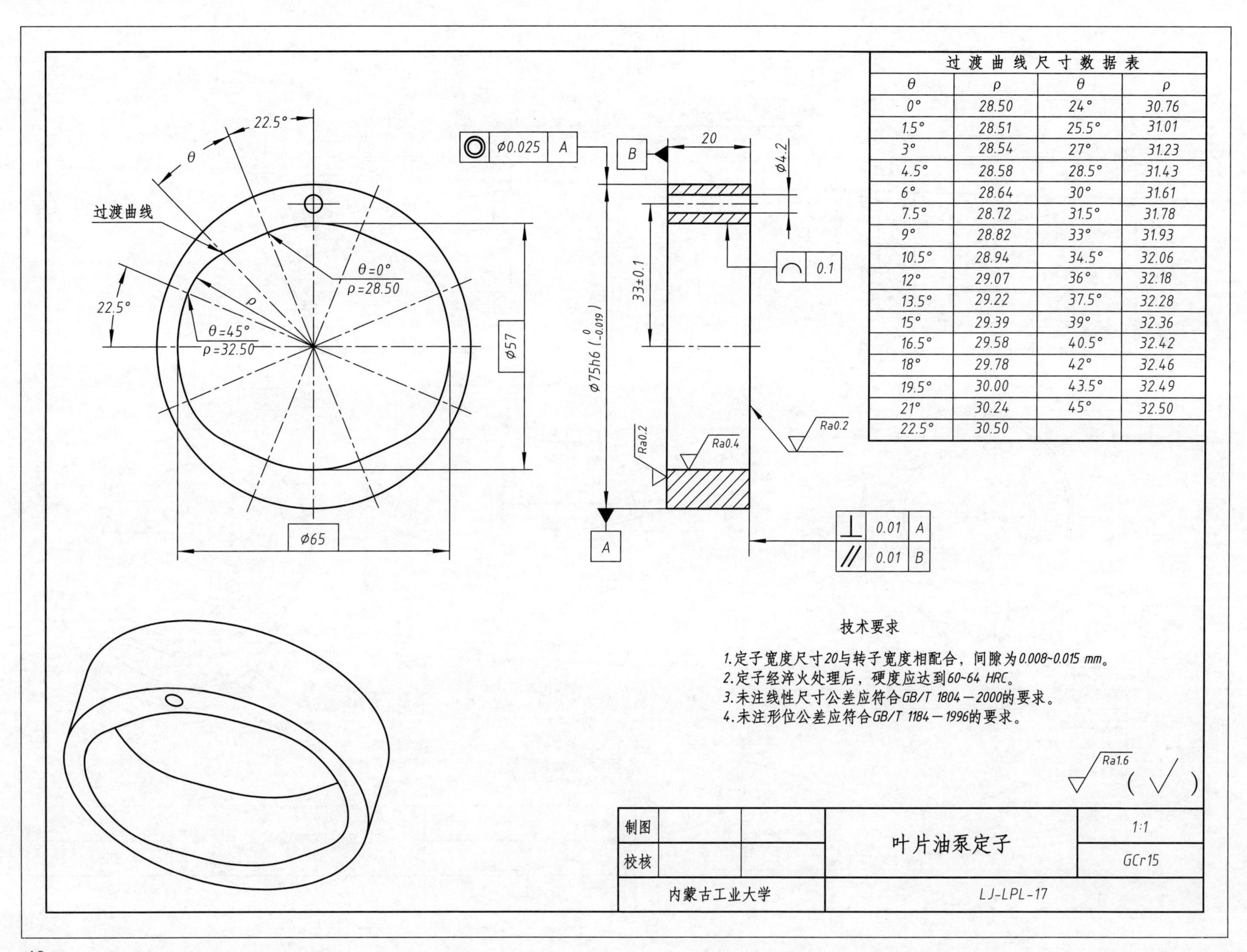

过渡曲线尺寸数据表

θ	ρ	θ	ρ
0°	28.50	24°	30.76
1.5°	28.51	25.5°	31.01
3°	28.54	27°	31.23
4.5°	28.58	28.5°	31.43
6°	28.64	30°	31.61
7.5°	28.72	31.5°	31.78
9°	28.82	33°	31.93
10.5°	28.94	34.5°	32.06
12°	29.07	36°	32.18
13.5°	29.22	37.5°	32.28
15°	29.39	39°	32.36
16.5°	29.58	40.5°	32.42
18°	29.78	42°	32.46
19.5°	30.00	43.5°	32.49
21°	30.24	45°	32.50
22.5°	30.50		

技术要求

1.定子宽度尺寸20与转子宽度相配合，间隙为0.008~0.015 mm。
2.定子经淬火处理后，硬度应达到60~64 HRC。
3.未注线性尺寸公差应符合GB/T 1804—2000的要求。
4.未注形位公差应符合GB/T 1184—1996的要求。

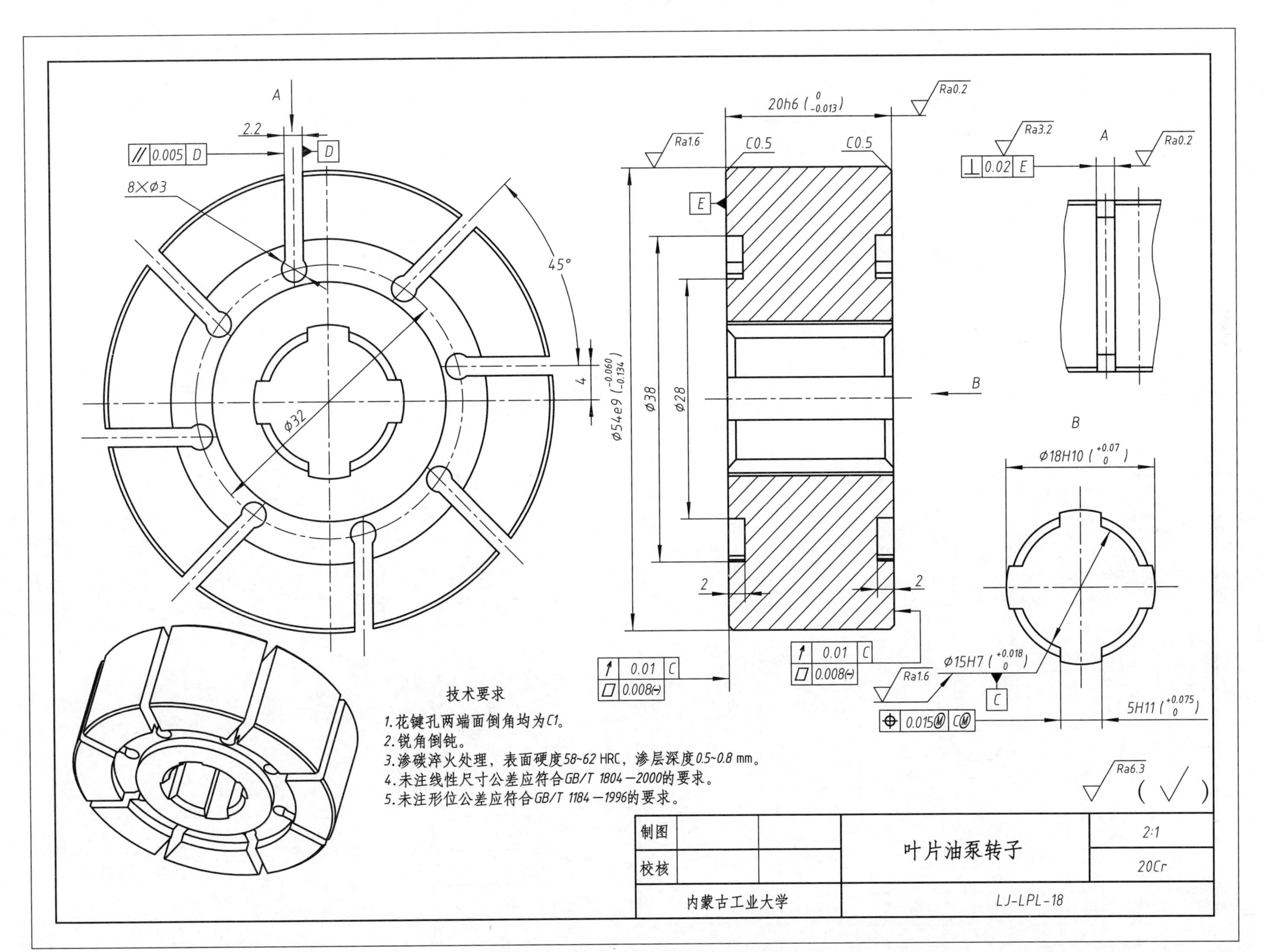
A
2.2
// 0.005 D
D
8×φ3
45°
4
φ54e9 (-0.060/-0.134)
φ32
20h6 (0/-0.013)
Ra0.2
Ra1.6
C0.5
C0.5
E
φ38
φ28
2
2
B
Ra3.2
⊥ 0.02 E
A
Ra0.2
B
φ18H10 (+0.07/0)
φ15H7 (+0.018/0)
C
5H11 (+0.075/0)
⌖ 0.015Ⓜ CⓂ
Ra1.6
↗ 0.01 C
▱ 0.008(-)
↗ 0.01 C
▱ 0.008(-)
技术要求
1.花键孔两端面倒角均为C1。
2.锐角倒钝。
3.渗碳淬火处理，表面硬度58~62 HRC，渗层深度0.5~0.8 mm。
4.未注线性尺寸公差应符合GB/T 1804—2000的要求。
5.未注形位公差应符合GB/T 1184—1996的要求。
Ra6.3
(√)
制图
校核
叶片油泵转子
2:1
20Cr
内蒙古工业大学
LJ-LPL-18

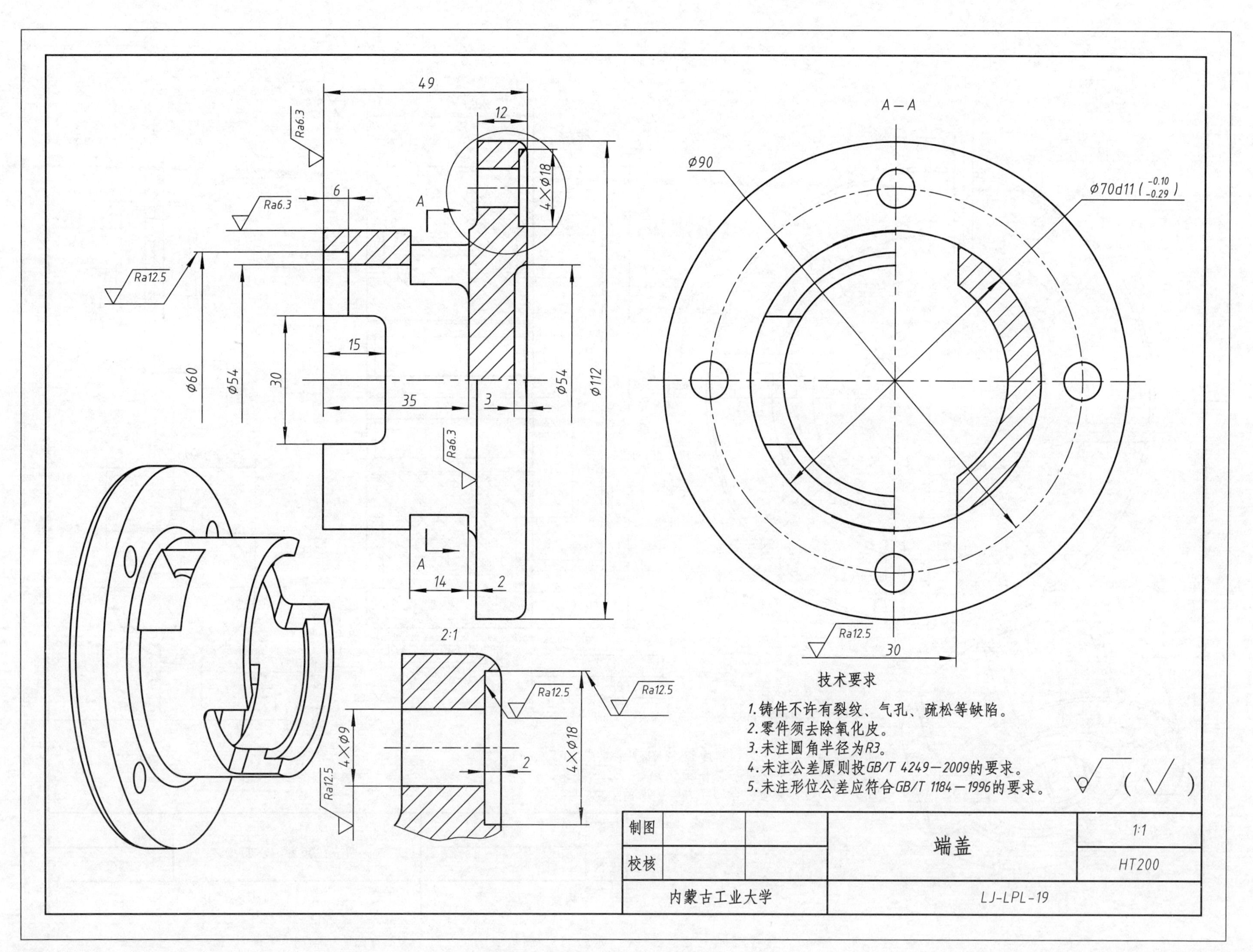
49
12
Ra6.3
6
Ra6.3
A
4×Ø18
Ra12.5
Ø60
Ø54
30
15
35
3
Ø54
Ø112
Ra6.3
A
14
2
2:1
Ra12.5
Ra12.5
4×Ø9
2
4×Ø18
Ra12.5
A－A
Ø90
Ø70d11 (-0.10 -0.29)
Ra12.5
30
技术要求
1.铸件不许有裂纹、气孔、疏松等缺陷。
2.零件须去除氧化皮。
3.未注圆角半径为R3。
4.未注公差原则按GB/T 4249—2009的要求。
5.未注形位公差应符合GB/T 1184—1996的要求。
制图
校核
端盖
1:1
HT200
内蒙古工业大学
LJ-LPL-19

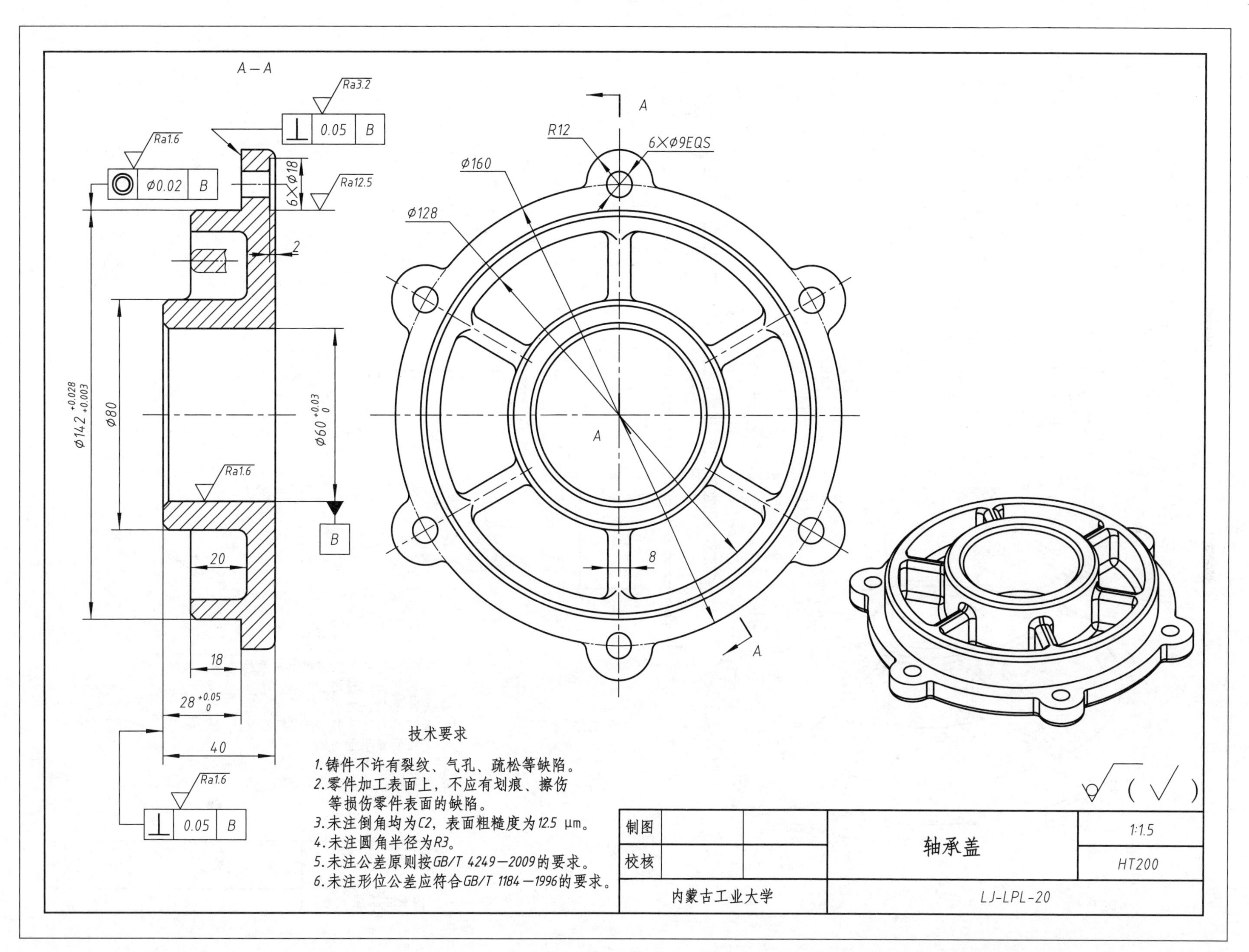

A—A
Ra3.2
0.05
B
Ra1.6
Φ0.02
B
6×Φ18
Ra12.5
2
Φ142 +0.028 +0.003
Φ80
Φ60 +0.03 0
Ra1.6
B
20
18
28 +0.05 0
40
Ra1.6
0.05
B
A
R12
6×Φ9EQS
Φ160
Φ128
A
8
A
技术要求
1.铸件不许有裂纹、气孔、疏松等缺陷。
2.零件加工表面上，不应有划痕、擦伤等损伤零件表面的缺陷。
3.未注倒角均为C2，表面粗糙度为12.5 μm。
4.未注圆角半径为R3。
5.未注公差原则按GB/T 4249—2009的要求。
6.未注形位公差应符合GB/T 1184—1996的要求。
制图
校核
轴承盖
1:1.5
HT200
内蒙古工业大学
LJ-LPL-20

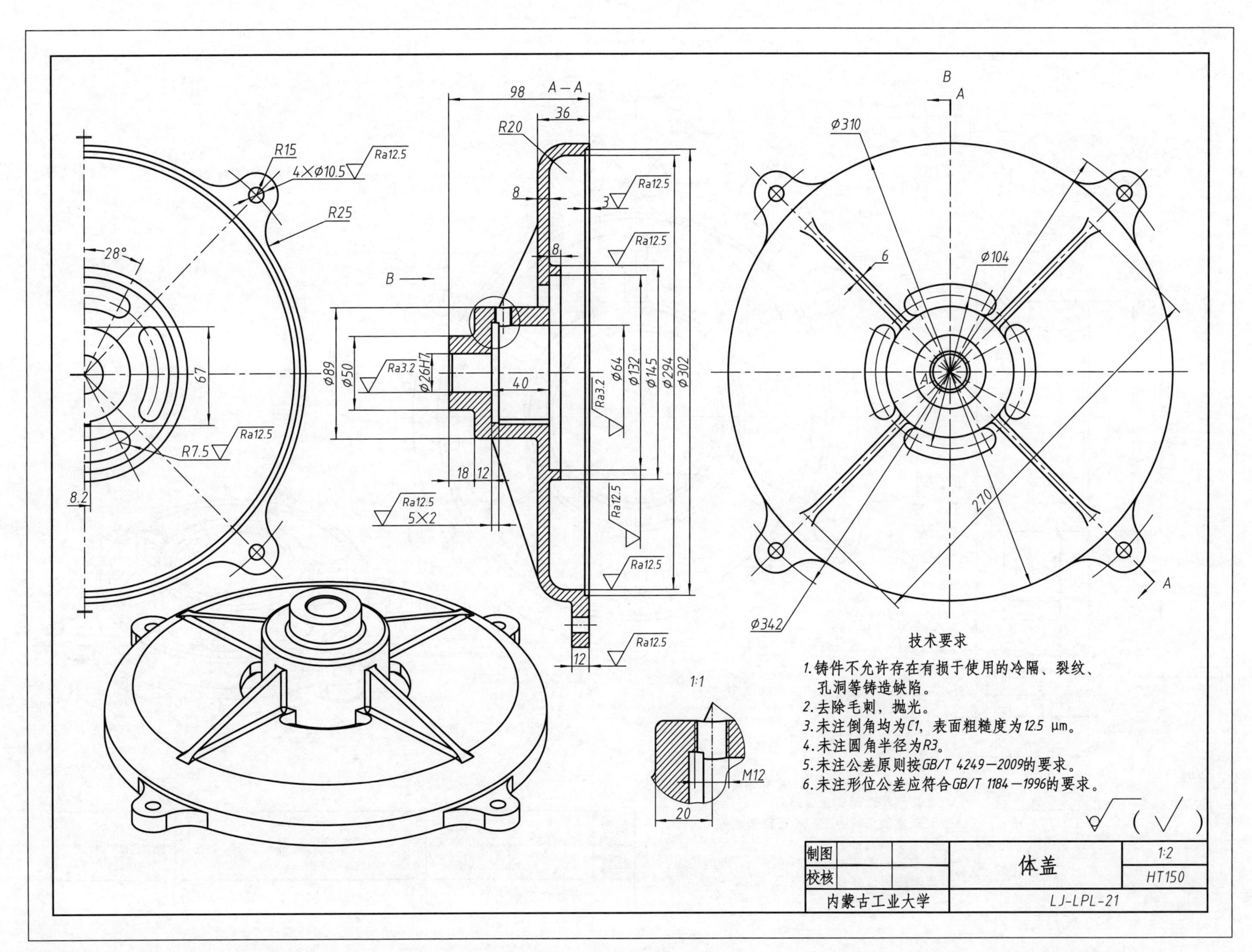
A—A
98
36
R20
8
3
Ra12.5
8
B
Ø89
Ø50
Ra3.2
Ø26H7
40
Ra3.2
Ø64
Ø132
Ø145
Ø294
Ø302
18
12
Ra12.5
5×2
Ra12.5
Ra12.5
Ra12.5
12
R15
4×Ø10.5
R25
28°
67
R7.5
8.2
B
A
Ø310
6
Ø104
A
270
Ø342
A
1:1
M12
20
技术要求
1.铸件不允许存在有损于使用的冷隔、裂纹、孔洞等铸造缺陷。
2.去除毛刺，抛光。
3.未注倒角均为C1，表面粗糙度为12.5 μm。
4.未注圆角半径为R3。
5.未注公差原则按GB/T 4249—2009的要求。
6.未注形位公差应符合GB/T 1184—1996的要求。
(√)
制图
校核
体盖
1:2
HT150
内蒙古工业大学
LJ-LPL-21

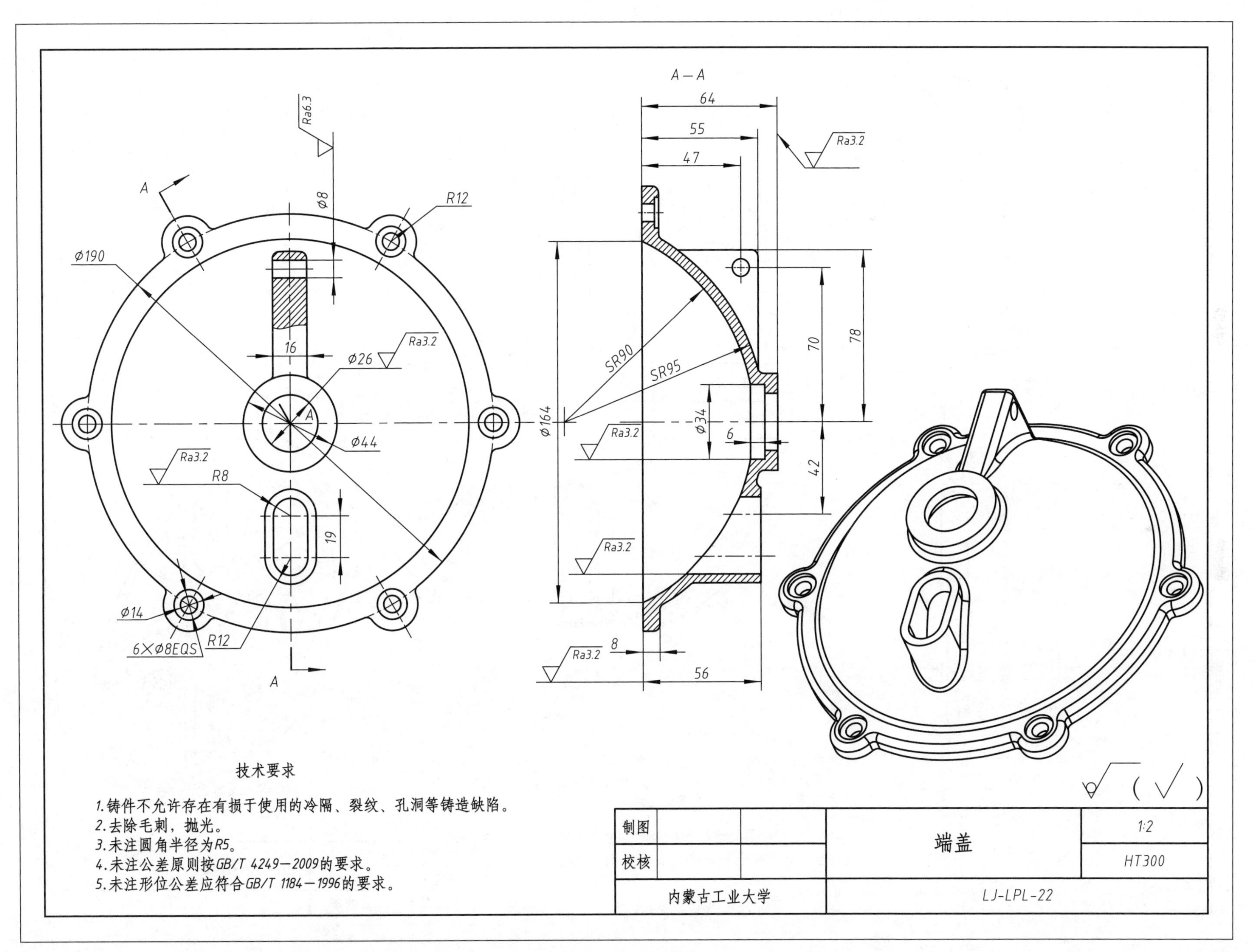

A—A
64
55
47
Ra6.3
Ra3.2
A
R12
ϕ8
ϕ190
16
ϕ26
ϕ44
SR90
SR95
70
78
ϕ164
ϕ34
6
42
R8
19
ϕ14
6×ϕ8EQS
R12
8
56
技术要求
1.铸件不允许存在有损于使用的冷隔、裂纹、孔洞等铸造缺陷。
2.去除毛刺，抛光。
3.未注圆角半径为R5。
4.未注公差原则按GB/T 4249—2009的要求。
5.未注形位公差应符合GB/T 1184—1996的要求。
制图
校核
端盖
1:2
HT300
内蒙古工业大学
LJ-LPL-22

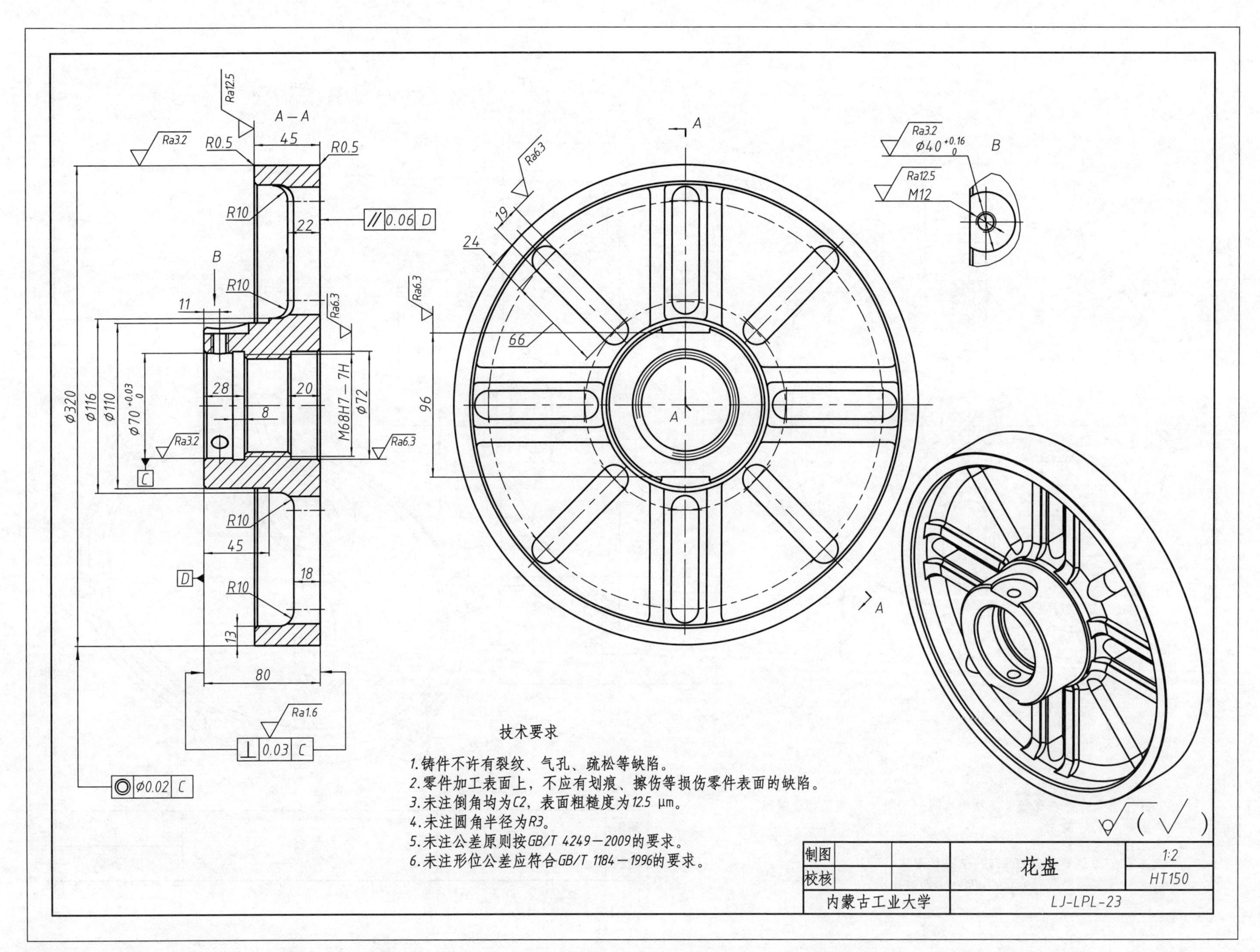
A—A
Ra12.5
Ra3.2
R0.5
45
R0.5
R10
22
// 0.06 D
B
R10
11
Ra6.3
28
20
8
Ø320
Ø116
Ø110
Ø70 +0.03 0
M68H7—7H
Ø72
Ra3.2
Ra6.3
C
R10
45
18
D
R10
13
80
Ra1.6
⊥ 0.03 C
◎ Ø0.02 C
A
Ra6.3
19
24
66
Ra6.3
96
A
A
Ra3.2
Ø40 +0.16 0
B
Ra12.5
M12
技术要求
1.铸件不许有裂纹、气孔、疏松等缺陷。
2.零件加工表面上，不应有划痕、擦伤等损伤零件表面的缺陷。
3.未注倒角均为C2，表面粗糙度为12.5 μm。
4.未注圆角半径为R3。
5.未注公差原则按GB/T 4249—2009的要求。
6.未注形位公差应符合GB/T 1184—1996的要求。
制图
校核
花盘
1:2
HT150
内蒙古工业大学
LJ-LPL-23

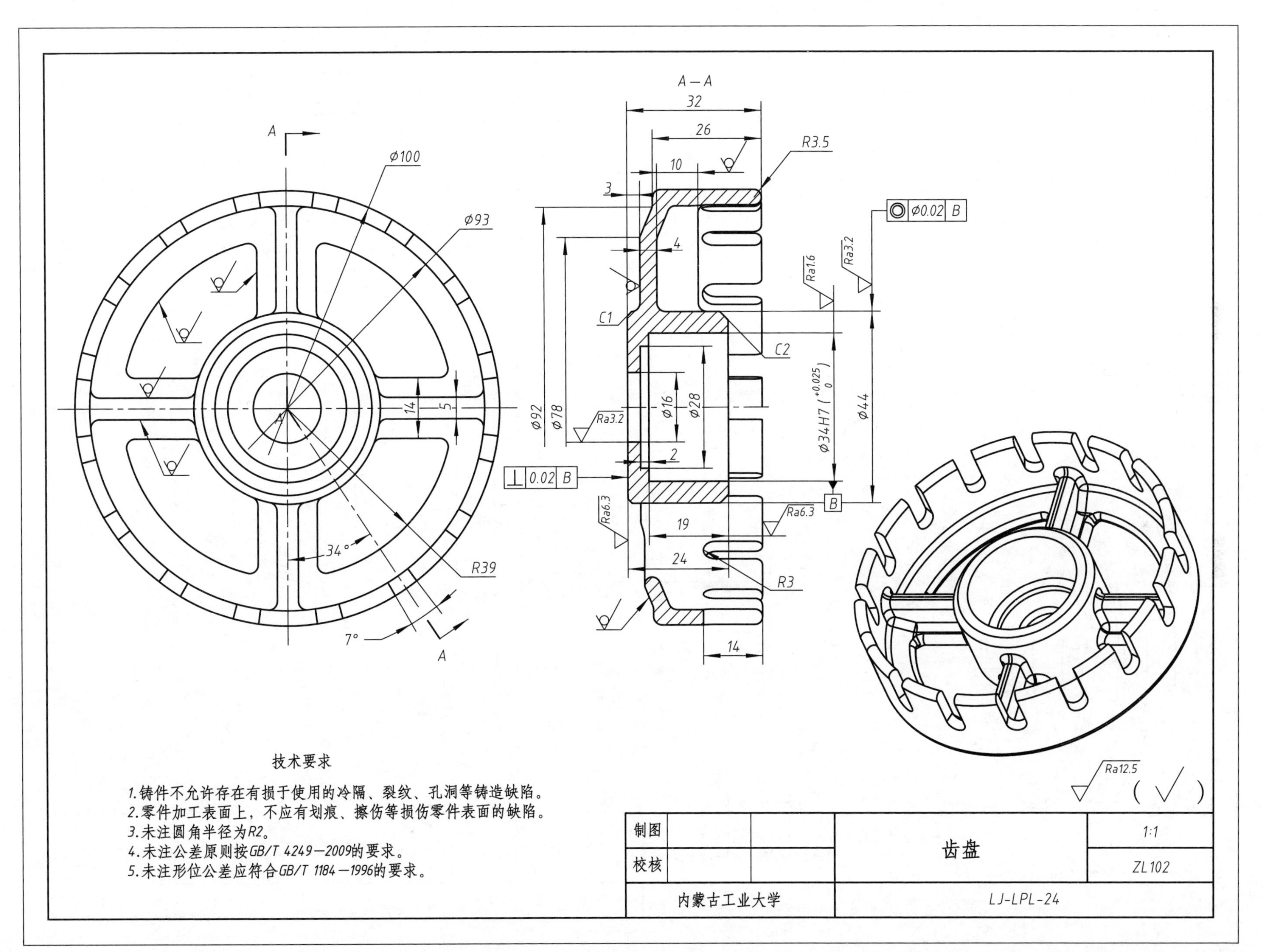
A—A
A
A
φ100
φ93
R39
34°
7°
14
5
32
26
10
3
4
R3.5
C1
C2
φ92
φ78
φ16
φ28
φ34H7($^{+0.025}_{0}$)
φ44
Ra3.2
Ra1.6
Ra6.3
Ra12.5
φ0.02 B
⊥ 0.02 B
B
2
19
24
R3
14
技术要求
1.铸件不允许存在有损于使用的冷隔、裂纹、孔洞等铸造缺陷。
2.零件加工表面上，不应有划痕、擦伤等损伤零件表面的缺陷。
3.未注圆角半径为R2。
4.未注公差原则按GB/T 4249—2009的要求。
5.未注形位公差应符合GB/T 1184—1996的要求。
制图
校核
齿盘
1:1
ZL102
内蒙古工业大学
LJ-LPL-24

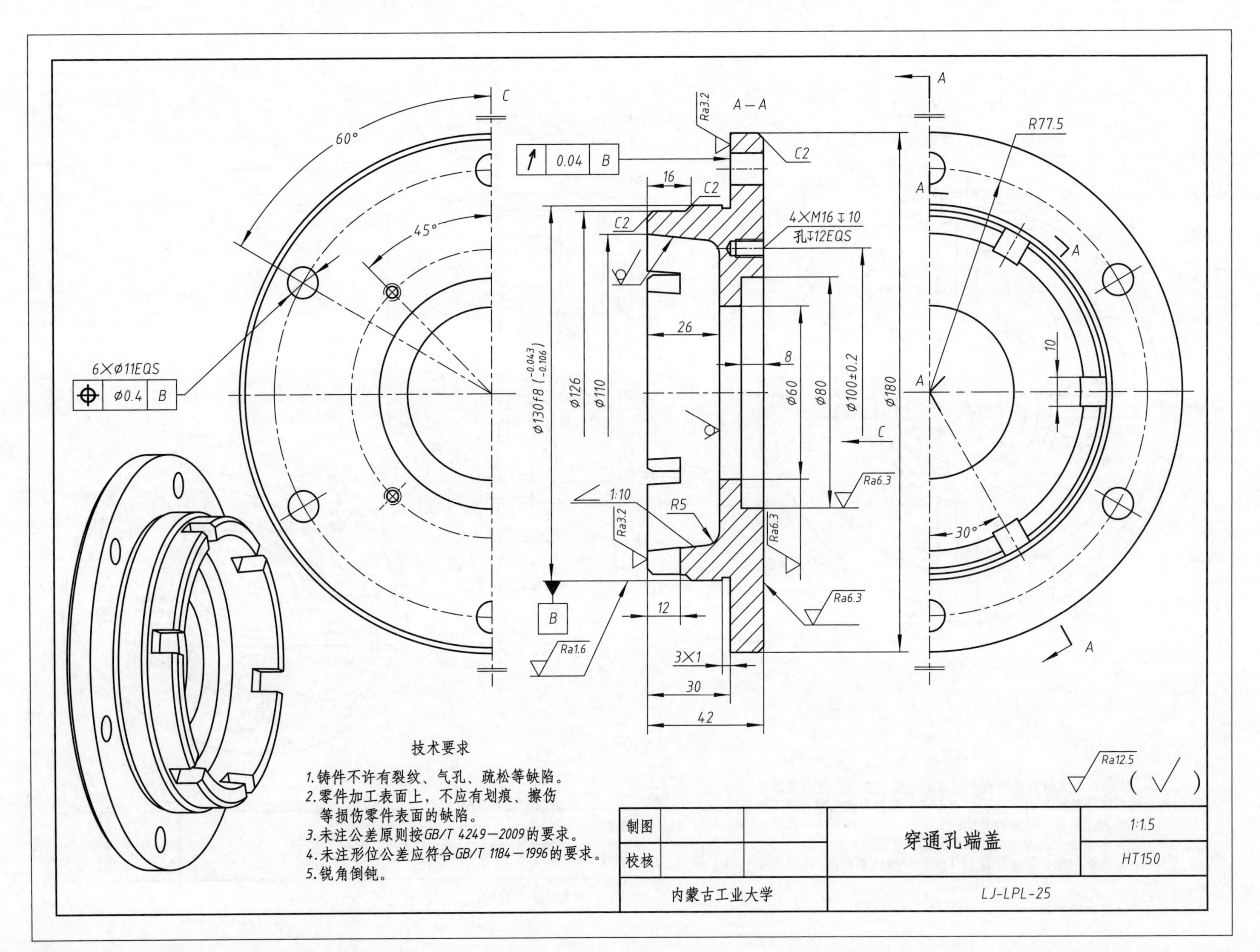

A—A
C
A
60°
45°
R77.5
Ra3.2
0.04
B
C2
16
C2
4×M16↧10
孔↧12EQS
6×Φ11EQS
Φ0.4
B
26
8
10
Φ130f8($^{-0.043}_{-0.106}$)
Φ126
Φ110
Φ60
Φ80
Φ100±0.2
Φ180
Ra6.3
1:10
R5
Ra3.2
Ra6.3
30°
Ra6.3
12
Ra1.6
3×1
30
42
技术要求
1.铸件不许有裂纹、气孔、疏松等缺陷。
2.零件加工表面上，不应有划痕、擦伤等损伤零件表面的缺陷。
3.未注公差原则按GB/T 4249—2009的要求。
4.未注形位公差应符合GB/T 1184—1996的要求。
5.锐角倒钝。
Ra12.5
(√)
制图
校核
穿通孔端盖
1:1.5
HT150
内蒙古工业大学
LJ-LPL-25

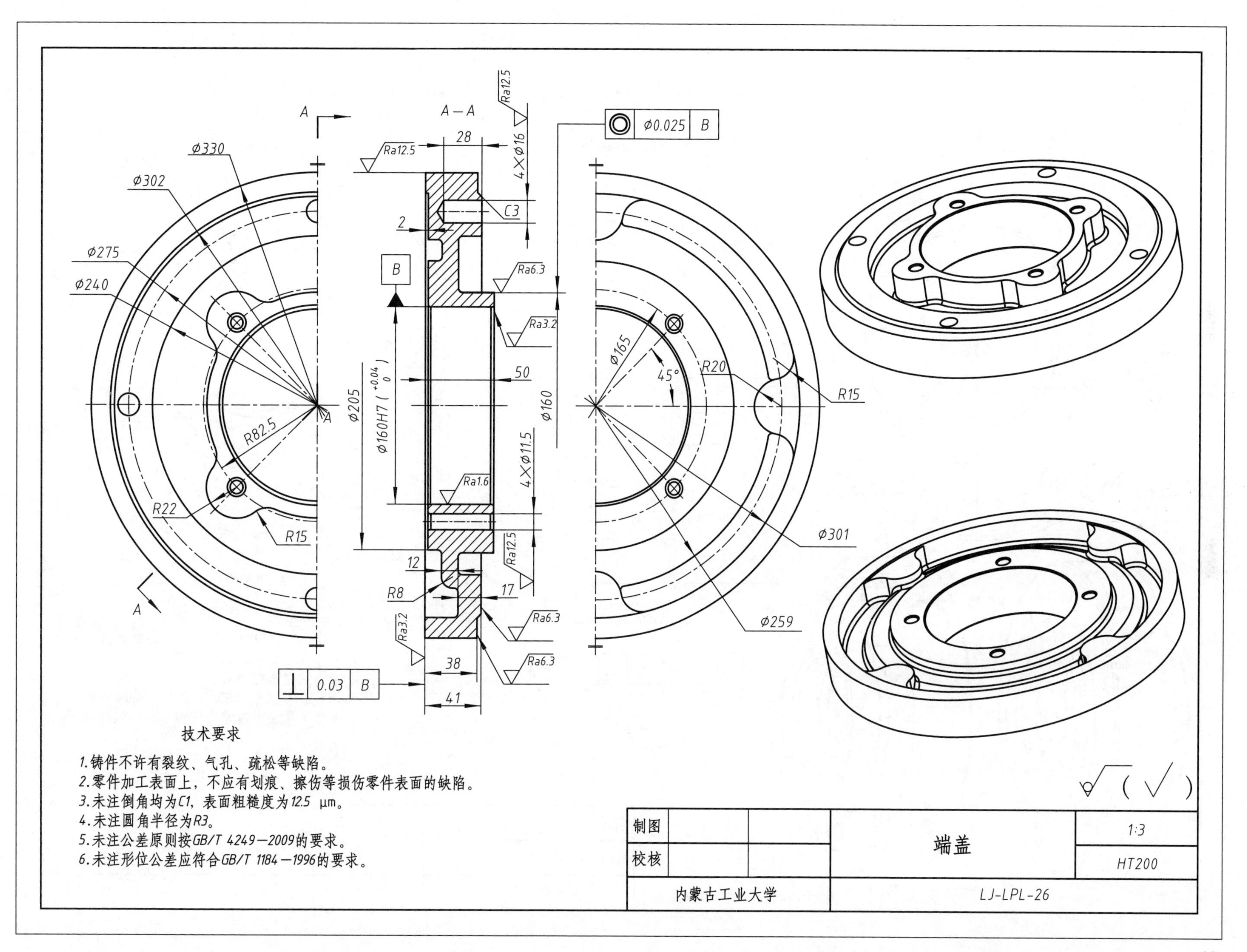
A
A—A
Ra12.5
28
4×Ø16
Ø0.025 B
Ø330
Ø302
C3
2
Ø275
Ø240
B
Ra6.3
Ra3.2
Ø165
45°
R20
R15
50
Ø205
Ø160H7 (+0.04 0)
Ø160
A
R82.5
4×Ø11.5
Ra1.6
R22
R15
Ø301
12
R8
17
Ra6.3
Ø259
Ra3.2
38
0.03 B
41
技术要求
1.铸件不许有裂纹、气孔、疏松等缺陷。
2.零件加工表面上，不应有划痕、擦伤等损伤零件表面的缺陷。
3.未注倒角均为C1，表面粗糙度为12.5 μm。
4.未注圆角半径为R3。
5.未注公差原则按GB/T 4249—2009的要求。
6.未注形位公差应符合GB/T 1184—1996的要求。
制图
校核
端盖
1:3
HT200
内蒙古工业大学
LJ-LPL-26

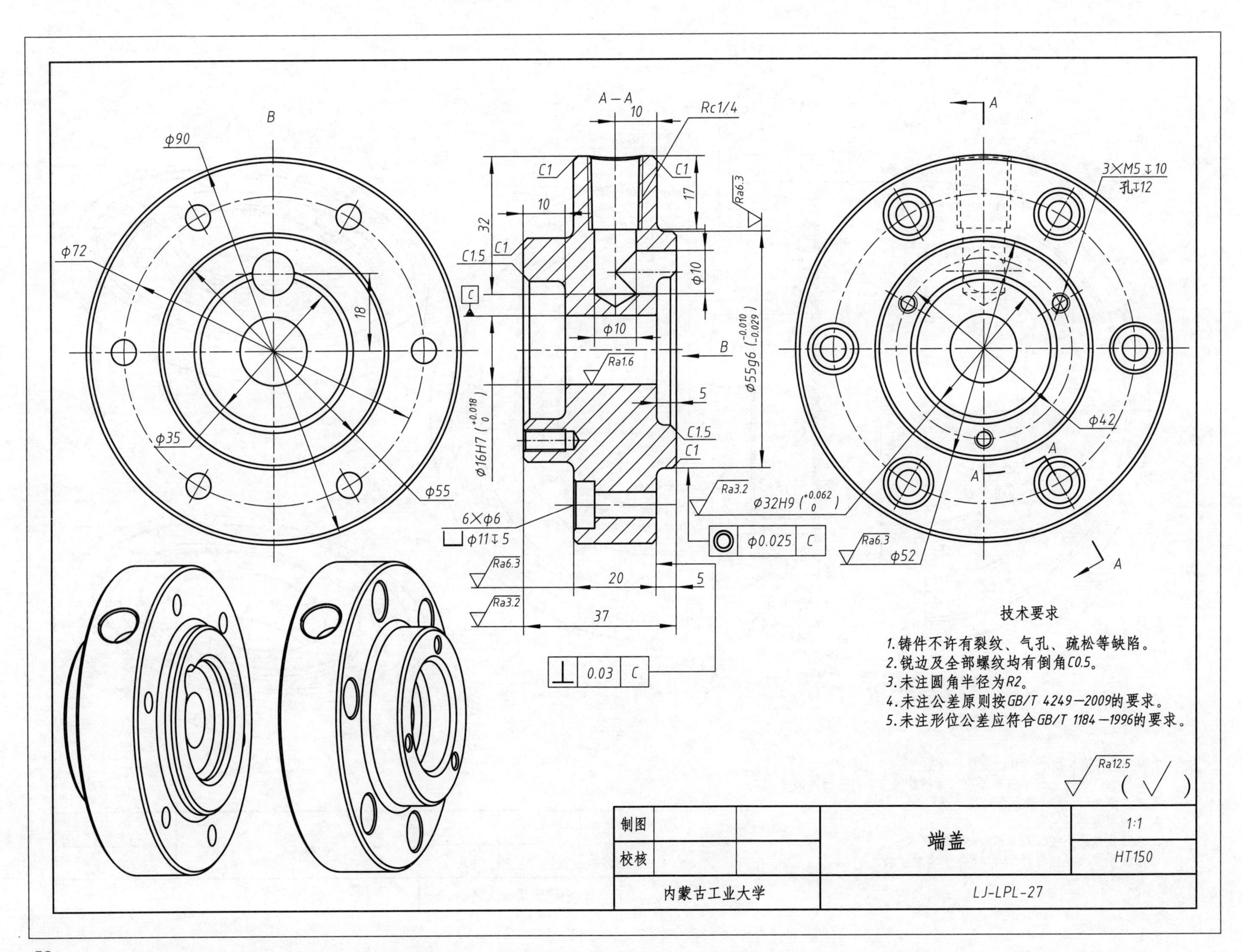

A—A
10
Rc1/4
C1
C1
17
10
32
Ra6.3
C1.5
C1
φ10
C
φ10
B
Ra1.6
φ55g6 ($^{-0.010}_{-0.029}$)
5
φ16H7 ($^{+0.018}_{0}$)
C1.5
C1
Ra3.2
φ32H9 ($^{+0.062}_{0}$)
6×φ6
⌴φ11↧5
φ0.025 C
Ra6.3
Ra3.2
20
5
37
⊥ 0.03 C
B
φ90
φ72
18
φ35
φ55
A
3×M5↧10
孔↧12
φ42
A
A
Ra6.3
φ52
A
技术要求
1.铸件不许有裂纹、气孔、疏松等缺陷。
2.锐边及全部螺纹均有倒角C0.5。
3.未注圆角半径为R2。
4.未注公差原则按GB/T 4249—2009的要求。
5.未注形位公差应符合GB/T 1184—1996的要求。
Ra12.5
(√)
制图
校核
端盖
1:1
HT150
内蒙古工业大学
LJ-LPL-27

1.3 叉架类零件

叉架类零件包含拨叉、连杆、支架等零件。由于它们的加工位置多变,在选择主视图时,主要考虑自然位置和形状特征。对其他视图的选择,常常需要两个或两个以上的基本视图,并且还要用适当的局部视图、断面图等表达方法来表达零件的局部结构。在标注叉架类零件的尺寸时,通常选用安装基面或零件的对称面作为尺寸基准。

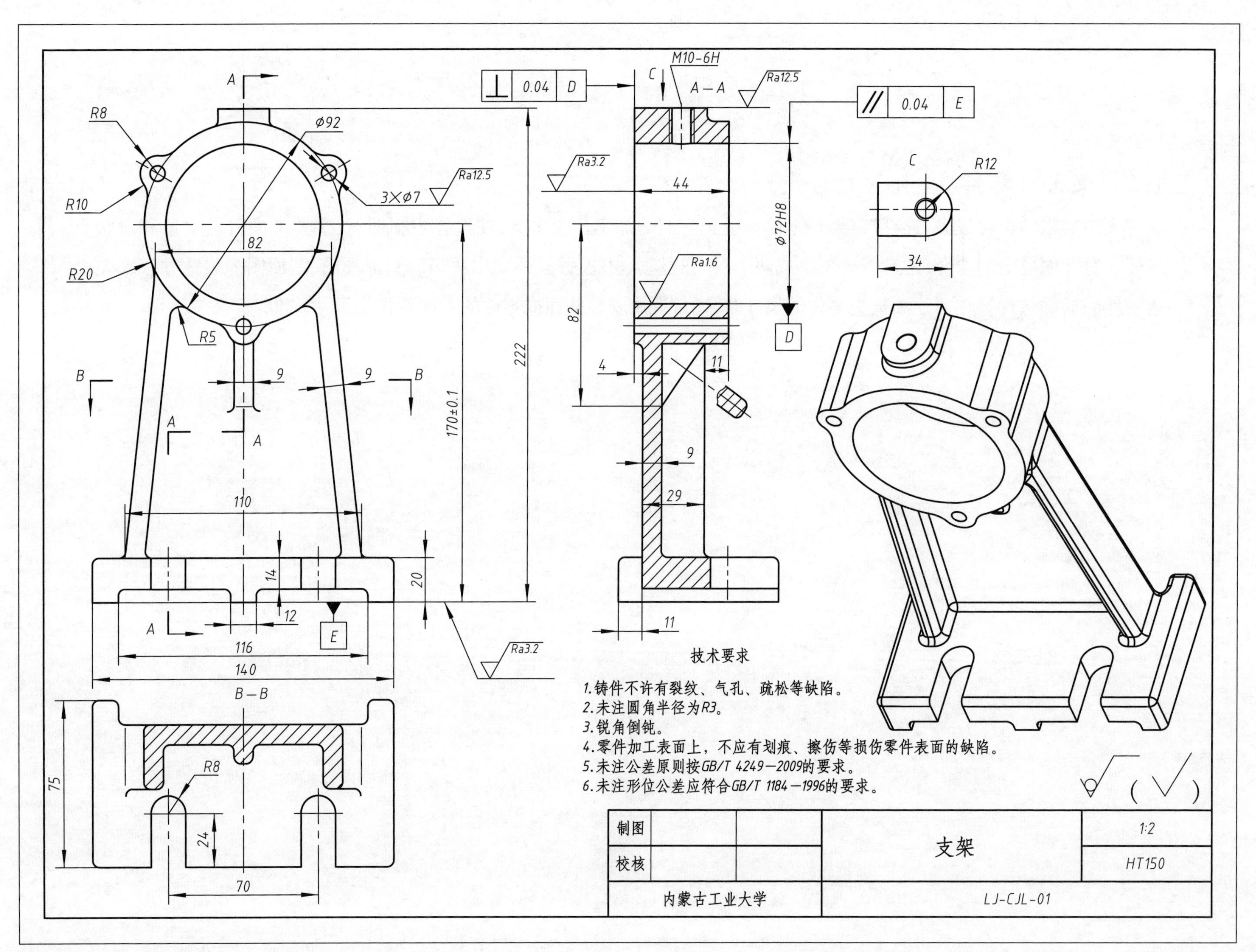
A
R8
Φ92
R10
3×Φ7
Ra12.5
82
R20
R5
B
9
9
B
A
A
110
14
20
12
A
E
116
140
170±0.1
222
Ra3.2
0.04
D
M10-6H
C
A—A
Ra12.5
Ra3.2
44
Ra1.6
82
4
11
9
29
11
Φ72H8
D
0.04
E
C
R12
34
B—B
R8
75
24
70
技术要求
1.铸件不许有裂纹、气孔、疏松等缺陷。
2.未注圆角半径为R3。
3.锐角倒钝。
4.零件加工表面上，不应有划痕、擦伤等损伤零件表面的缺陷。
5.未注公差原则按GB/T 4249—2009的要求。
6.未注形位公差应符合GB/T 1184—1996的要求。
制图
校核
支架
1:2
HT150
内蒙古工业大学
LJ-CJL-01

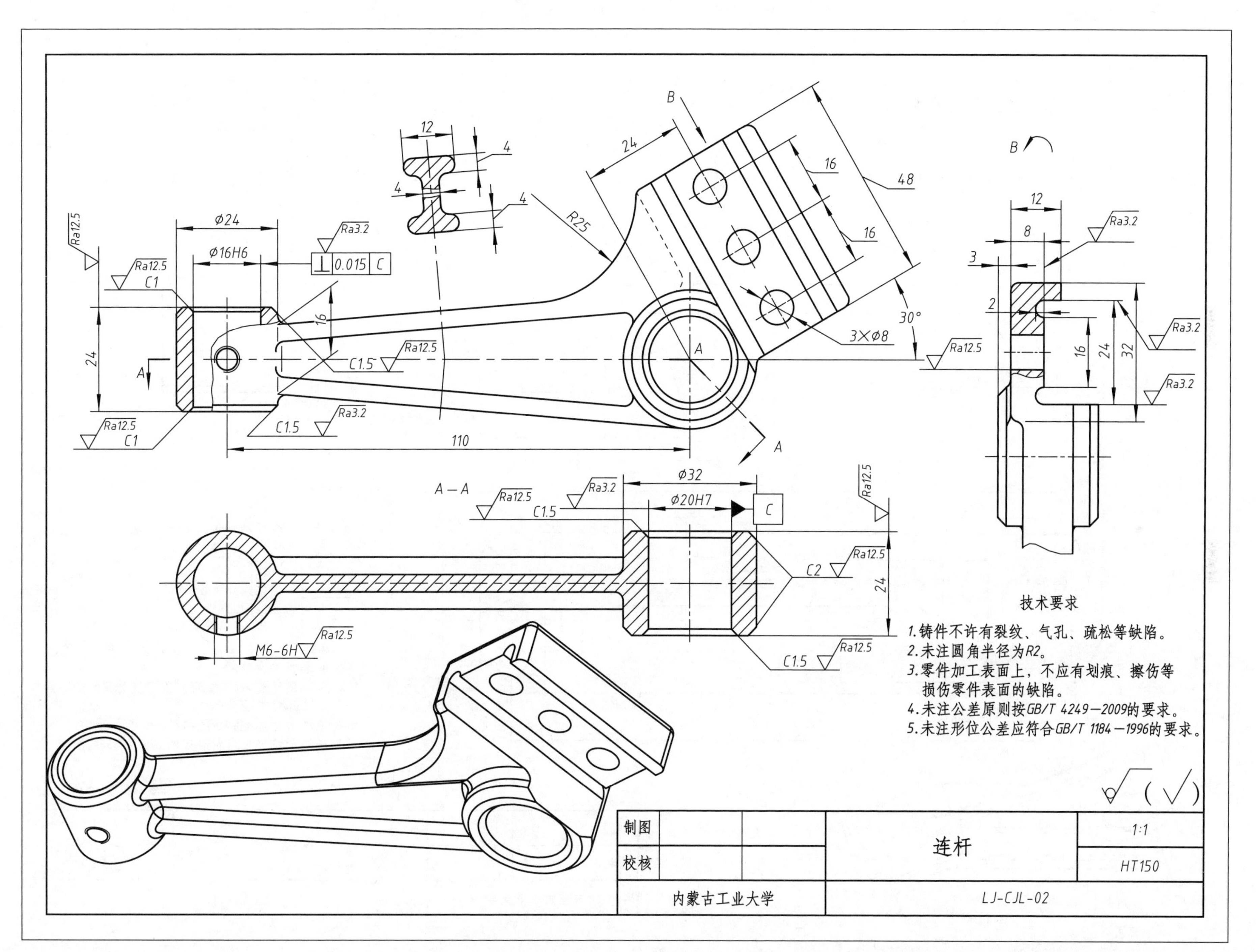

B
24
16
48
16
30°
3×Ø8
B
12
8
3
Ra3.2
2
Ra3.2
16
24
32
Ra3.2
Ra12.5
12
4
4
4
R25
Ø24
Ø16H6
Ra3.2
⊥ 0.015 C
Ra12.5
Ra12.5
C1
16
24
A
C1.5
Ra12.5
A
C1.5
Ra3.2
Ra12.5
C1
110
A
A—A
Ra12.5
Ra3.2
Ø32
Ø20H7
C
C1.5
Ra12.5
C2
Ra12.5
24
M6-6H
Ra12.5
C1.5
Ra12.5
技术要求
1.铸件不许有裂纹、气孔、疏松等缺陷。
2.未注圆角半径为R2。
3.零件加工表面上，不应有划痕、擦伤等损伤零件表面的缺陷。
4.未注公差原则按GB/T 4249—2009的要求。
5.未注形位公差应符合GB/T 1184—1996的要求。
制图
校核
连杆
1:1
HT150
内蒙古工业大学
LJ-CJL-02

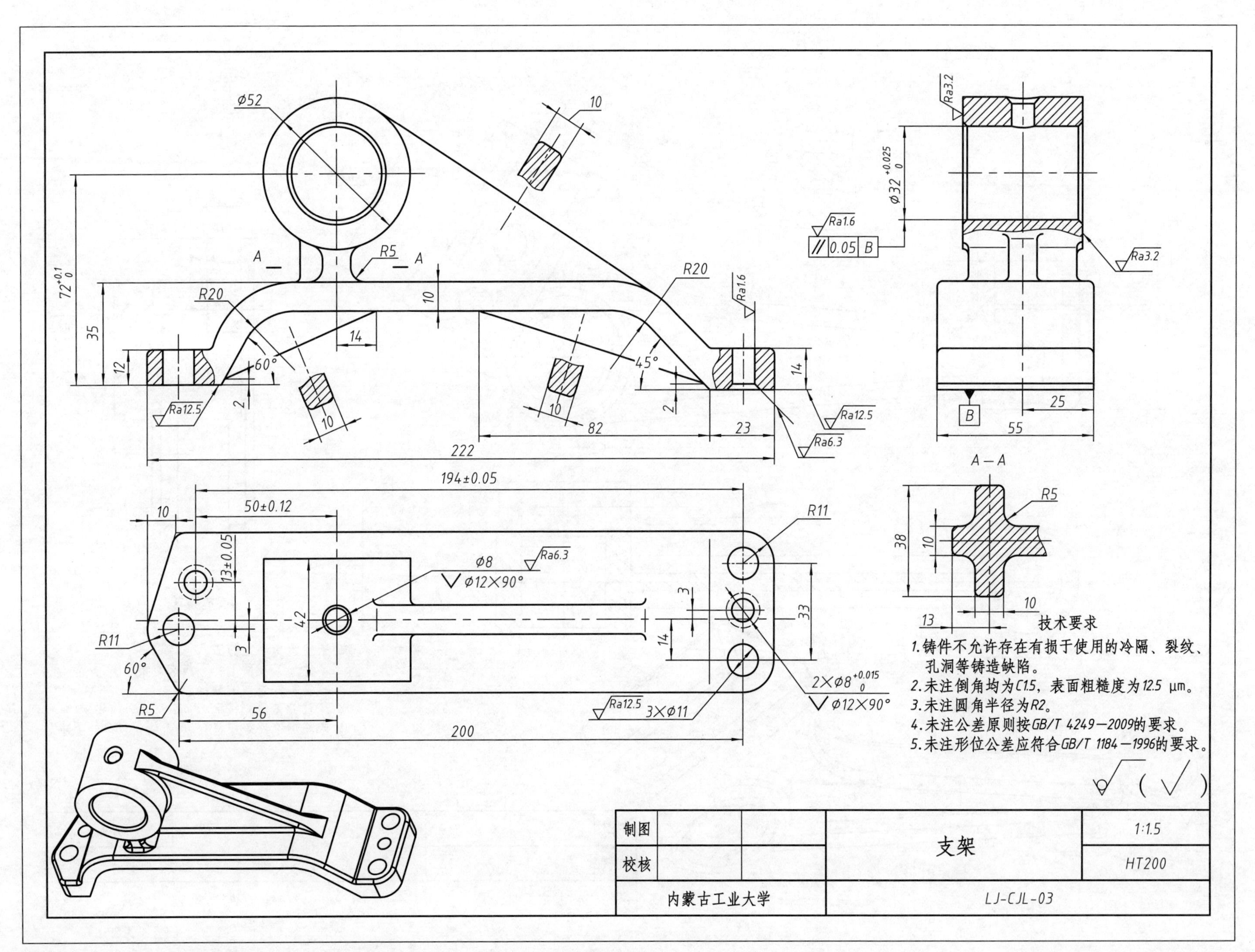
Ø52
10
A
R5
A
72 +0.1 0
R20
R20
10
35
14
12
60°
45°
Ra1.6
14
2
2
Ra12.5
10
10
82
23
Ra12.5
Ra6.3
222
Ra3.2
Ø32 +0.025 0
Ra1.6
// 0.05 B
Ra3.2
B
25
55
A—A
R5
38
10
10
13
194±0.05
50±0.12
10
R11
13±0.05
Ø8
Ra6.3
⌵ Ø12×90°
42
3
33
3
14
R11
60°
2×Ø8 +0.015 0
⌵ Ø12×90°
R5
Ra12.5
3×Ø11
56
200
技术要求
1.铸件不允许存在有损于使用的冷隔、裂纹、孔洞等铸造缺陷。
2.未注倒角均为C1.5，表面粗糙度为12.5 μm。
3.未注圆角半径为R2。
4.未注公差原则按GB/T 4249—2009的要求。
5.未注形位公差应符合GB/T 1184—1996的要求。
制图
校核
支架
1:1.5
HT200
内蒙古工业大学
LJ-CJL-03

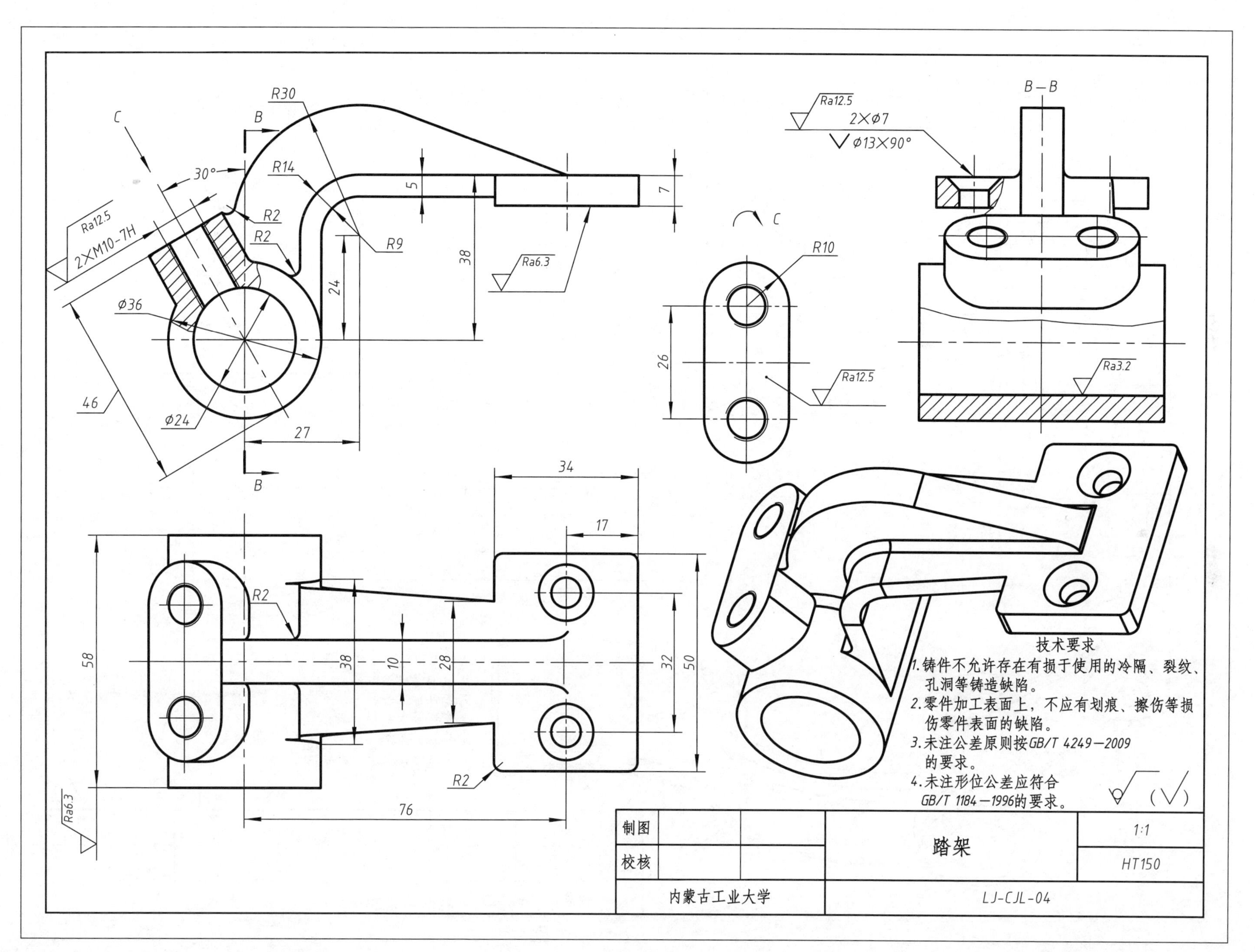
R30
B
C
30°
R14
5
7
R2
R2
R9
Ra12.5
2×M10-7H
38
24
Ra6.3
Φ36
46
Φ24
27
B
C
R10
26
Ra12.5
B－B
Ra12.5
2×Φ7
Φ13×90°
Ra3.2
34
17
R2
58
38
10
28
32
50
R2
76
Ra6.3
技术要求
1.铸件不允许存在有损于使用的冷隔、裂纹、孔洞等铸造缺陷。
2.零件加工表面上，不应有划痕、擦伤等损伤零件表面的缺陷。
3.未注公差原则按GB/T 4249—2009的要求。
4.未注形位公差应符合GB/T 1184—1996的要求。
(√)
制图
校核
踏架
1:1
HT150
内蒙古工业大学
LJ-CJL-04

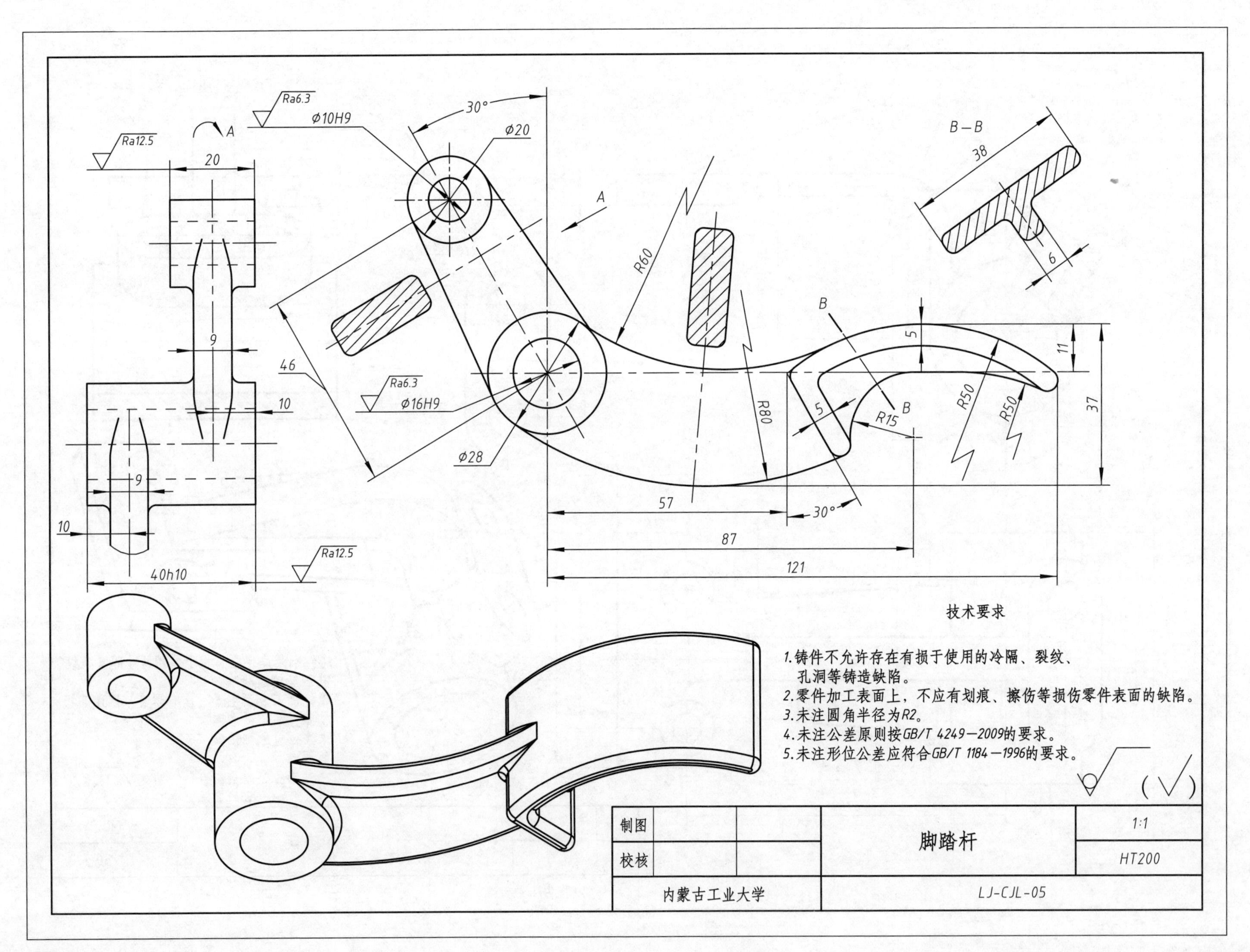
Ra6.3
Ra12.5
A
20
φ10H9
30°
φ20
A
B－B
38
6
R60
9
46
Ra6.3
φ16H9
10
B
5
11
5
R15
B
R50
R50
37
R80
φ28
9
57
30°
87
121
10
Ra12.5
40h10
技术要求
1.铸件不允许存在有损于使用的冷隔、裂纹、
孔洞等铸造缺陷。
2.零件加工表面上，不应有划痕、擦伤等损伤零件表面的缺陷。
3.未注圆角半径为R2。
4.未注公差原则按GB/T 4249—2009的要求。
5.未注形位公差应符合GB/T 1184—1996的要求。
制图
校核
脚踏杆
1:1
HT200
内蒙古工业大学
LJ-CJL-05

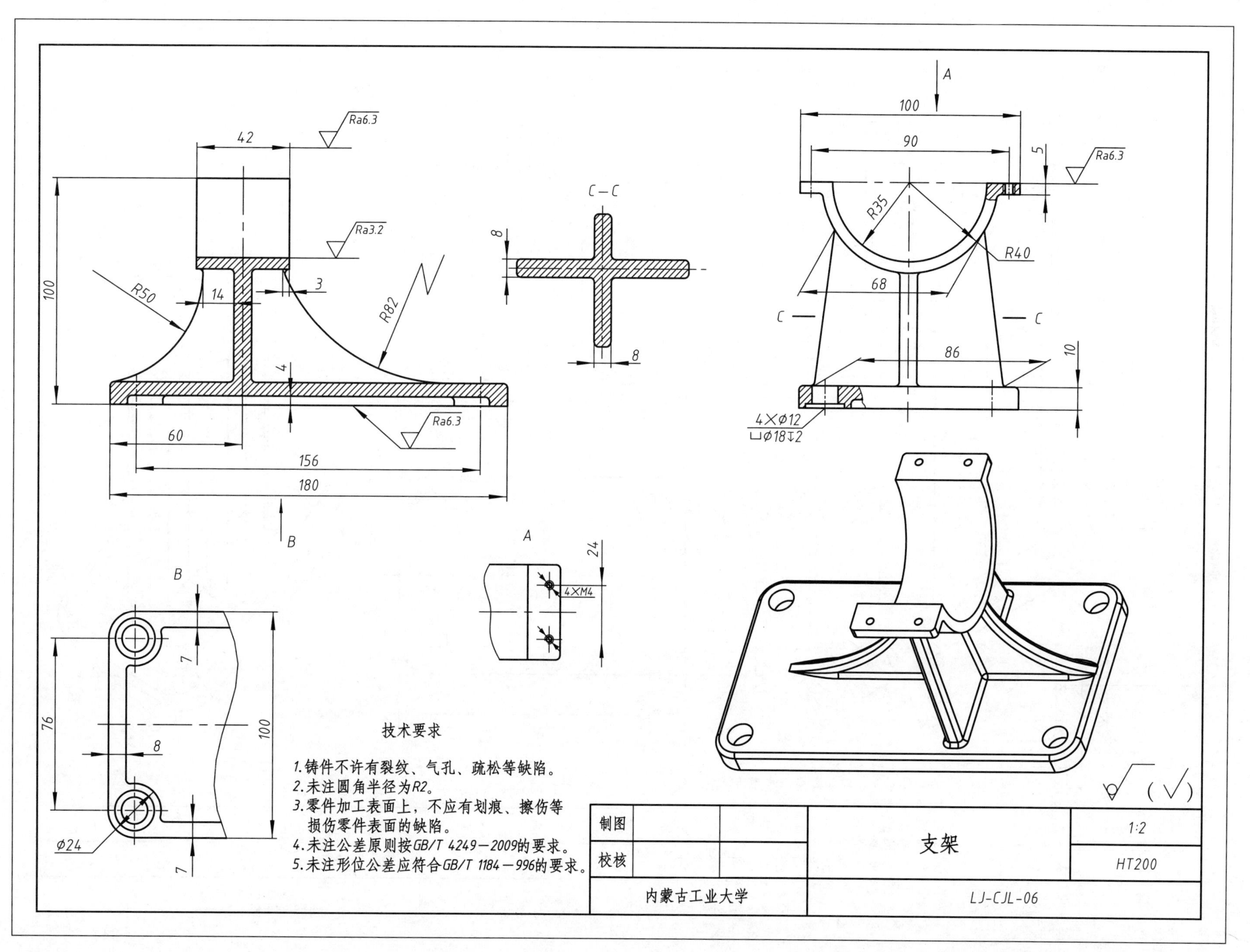
Ra6.3
42
Ra3.2
100
R50
14
3
R82
4
Ra6.3
60
156
180
B
C—C
8
8
A
100
90
5
Ra6.3
R35
R40
68
C
C
86
10
4×Φ12
⊔Φ18↧2
A
24
4×M4
B
7
76
8
100
Φ24
7
技术要求
1.铸件不许有裂纹、气孔、疏松等缺陷。
2.未注圆角半径为R2。
3.零件加工表面上，不应有划痕、擦伤等损伤零件表面的缺陷。
4.未注公差原则按GB/T 4249—2009的要求。
5.未注形位公差应符合GB/T 1184—996的要求。
(√)
制图
校核
支架
1:2
HT200
内蒙古工业大学
LJ-CJL-06

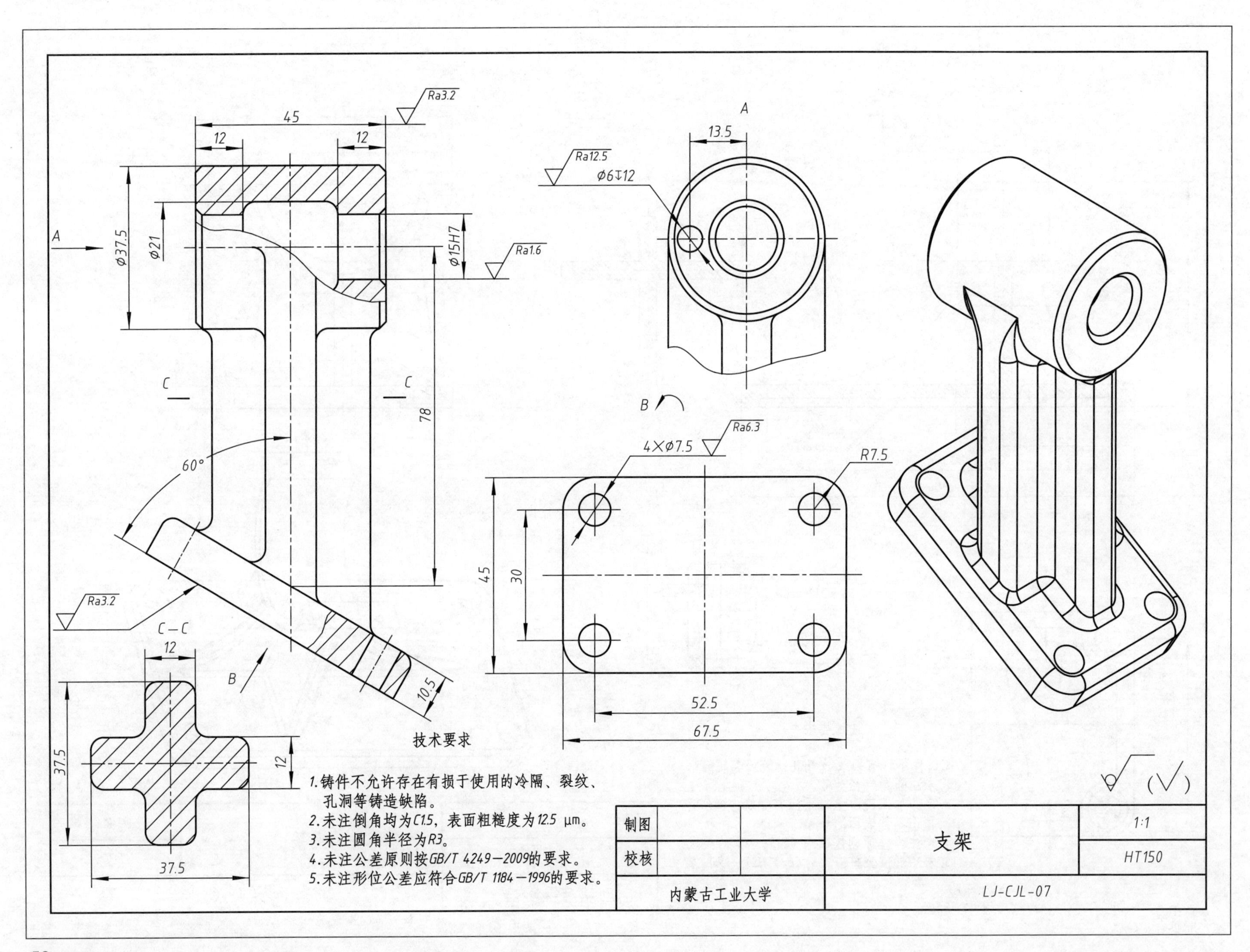

Ra3.2
45
12
12
Ra12.5
Φ6↧12
A
13.5
A
Φ37.5
Φ21
Φ15H7
Ra1.6
C
C
78
B
Ra6.3
4×Φ7.5
R7.5
60°
45
30
Ra3.2
C—C
12
B
10.5
52.5
67.5
37.5
12
37.5
技术要求
1.铸件不允许存在有损于使用的冷隔、裂纹、孔洞等铸造缺陷。
2.未注倒角均为C1.5，表面粗糙度为12.5 μm。
3.未注圆角半径为R3。
4.未注公差原则按GB/T 4249—2009的要求。
5.未注形位公差应符合GB/T 1184—1996的要求。
制图
校核
内蒙古工业大学
支架
1:1
HT150
LJ-CJL-07

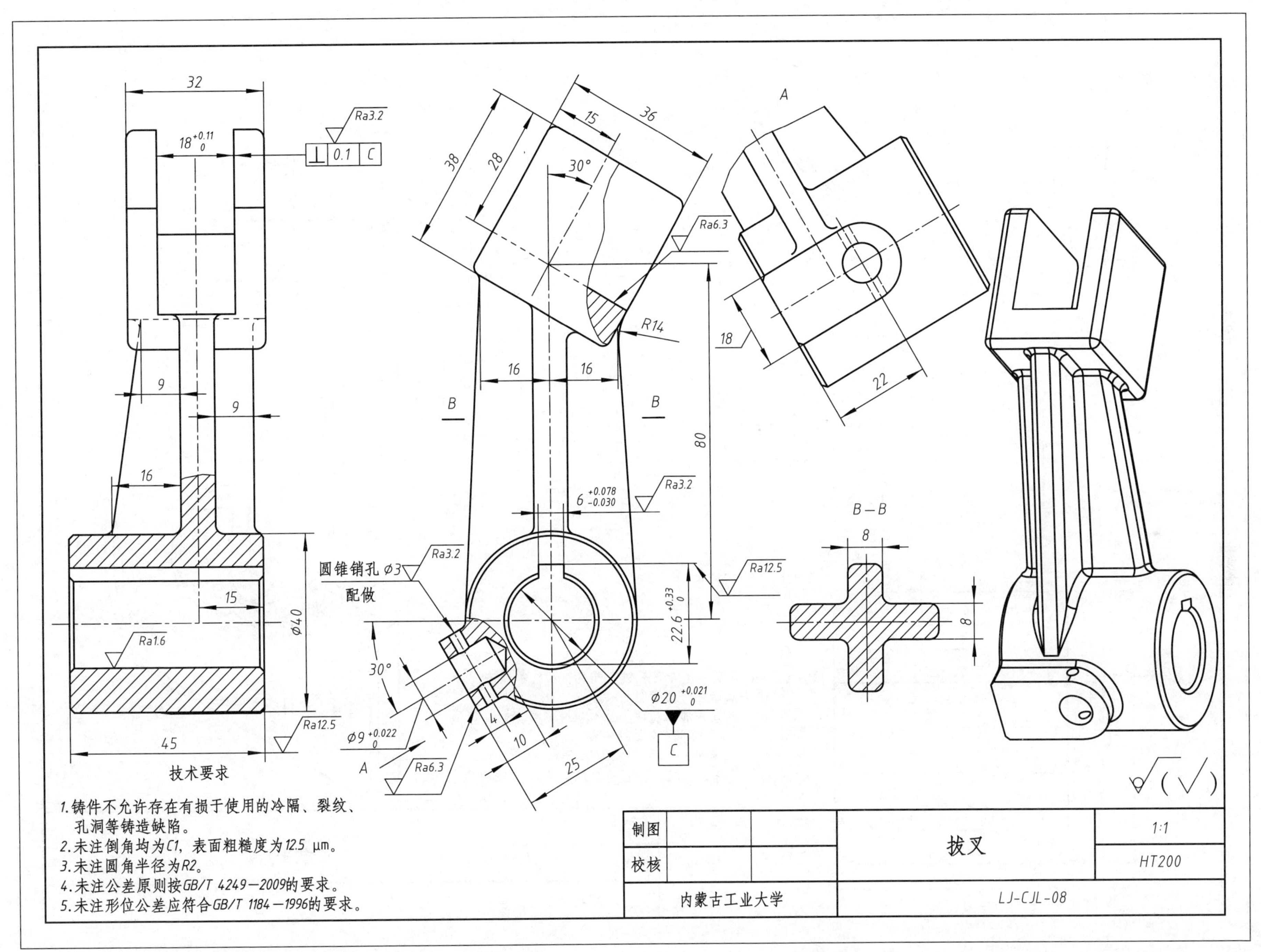
32
Ra3.2
18 +0.11 0
⊥ 0.1 C
9
9
16
15
Ra1.6
Φ40
Ra12.5
45
38
28
15
36
30°
Ra6.3
R14
16
16
B
B
80
6 +0.078 −0.030
Ra3.2
圆锥销孔 Φ3
配做
Ra3.2
Ra12.5
22.6 +0.33 0
30°
Φ9 +0.022 0
A
Ra6.3
4
10
25
Φ20 +0.021 0
C
A
18
22
B−B
8
8
技术要求
1.铸件不允许存在有损于使用的冷隔、裂纹、孔洞等铸造缺陷。
2.未注倒角均为C1，表面粗糙度为12.5 μm。
3.未注圆角半径为R2。
4.未注公差原则按GB/T 4249—2009的要求。
5.未注形位公差应符合GB/T 1184—1996的要求。
制图
校核
拔叉
1:1
HT200
内蒙古工业大学
LJ-CJL-08

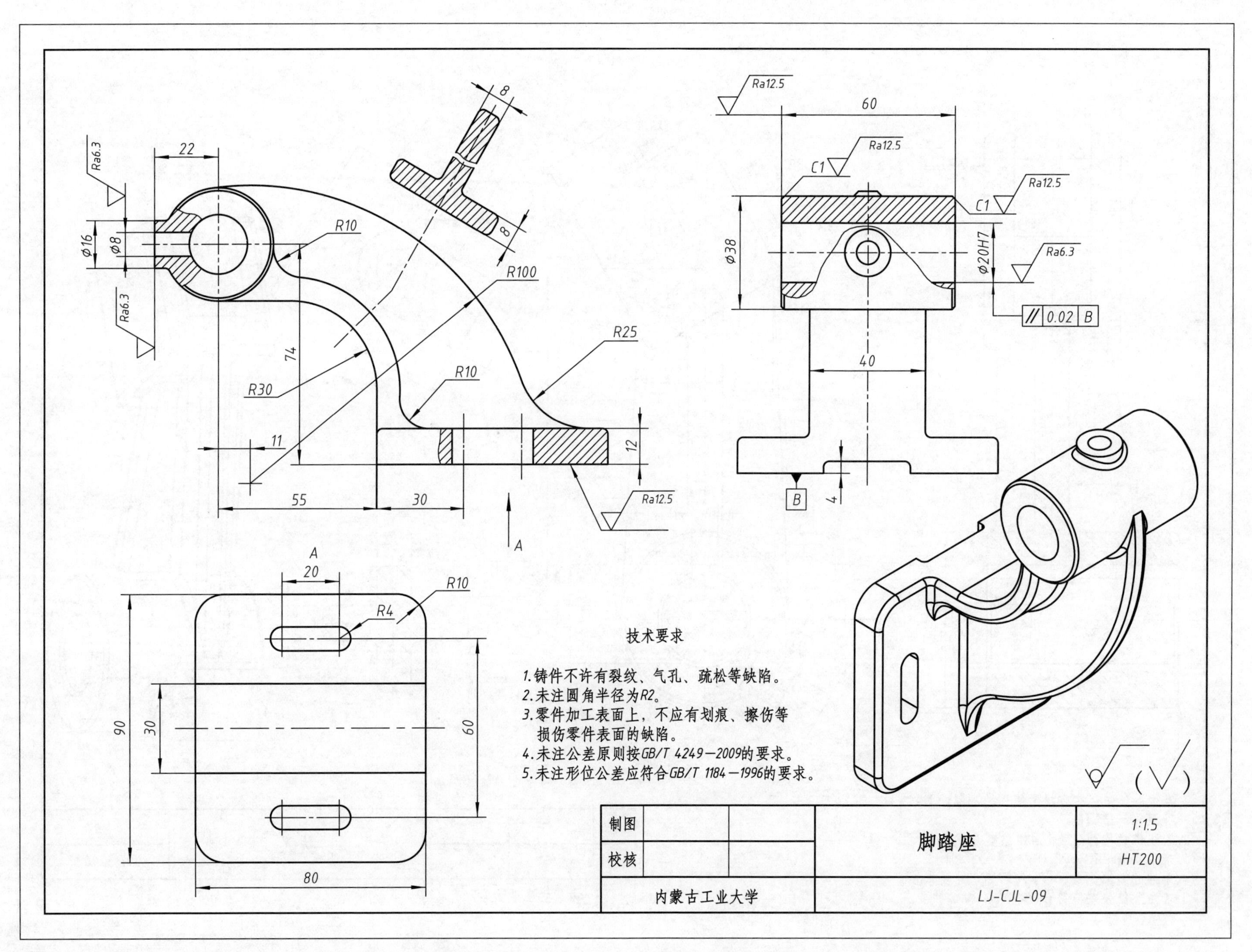

技术要求
1.铸件不许有裂纹、气孔、疏松等缺陷。
2.未注圆角半径为R2。
3.零件加工表面上，不应有划痕、擦伤等损伤零件表面的缺陷。
4.未注公差原则按GB/T 4249—2009的要求。
5.未注形位公差应符合GB/T 1184—1996的要求。
制图
校核
脚踏座
1:1.5
HT200
内蒙古工业大学
LJ-CJL-09
Ra12.5
Ra6.3
C1
Φ38
Φ20H7
Φ16
Φ8
0.02 B
R10
R100
R30
R25
R4
A
B
22
8
74
11
55
30
12
60
40
4
20
90
80

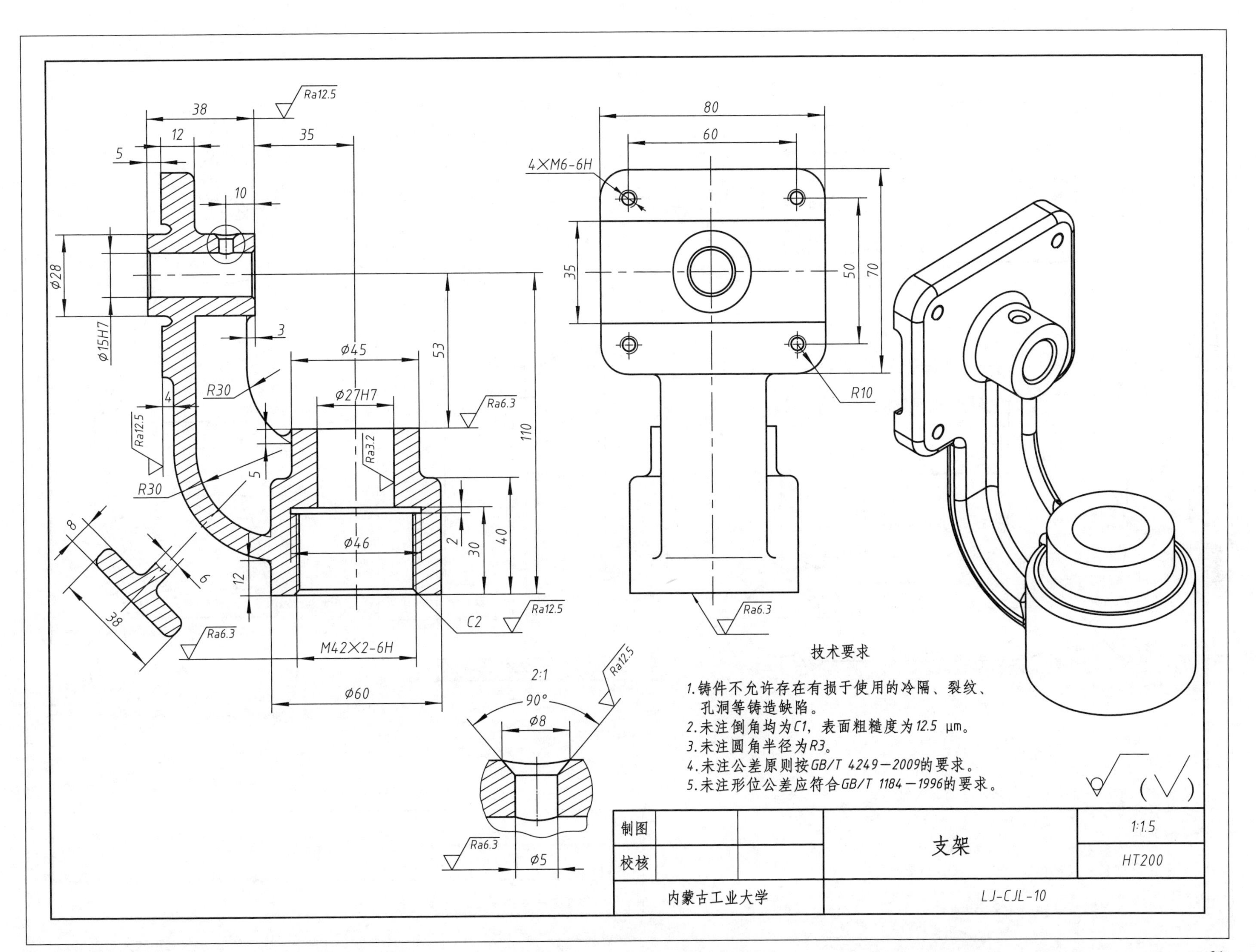
38
12
5
35
10
Ra12.5
Φ28
Φ15H7
3
Φ45
53
Φ27H7
Ra6.3
R30
4
Ra12.5
Ra3.2
110
5
R30
5
8
6
38
2
30
40
Φ46
12
Ra12.5
C2
Ra6.3
M42×2-6H
Φ60
80
60
4×M6-6H
35
50
70
R10
Ra6.3
2:1
90°
Ra12.5
Φ8
Ra6.3
Φ5
技术要求
1.铸件不允许存在有损于使用的冷隔、裂纹、孔洞等铸造缺陷。
2.未注倒角均为C1，表面粗糙度为12.5 μm。
3.未注圆角半径为R3。
4.未注公差原则按GB/T 4249—2009的要求。
5.未注形位公差应符合GB/T 1184—1996的要求。
制图
校核
支架
1:1.5
HT200
内蒙古工业大学
LJ-CJL-10

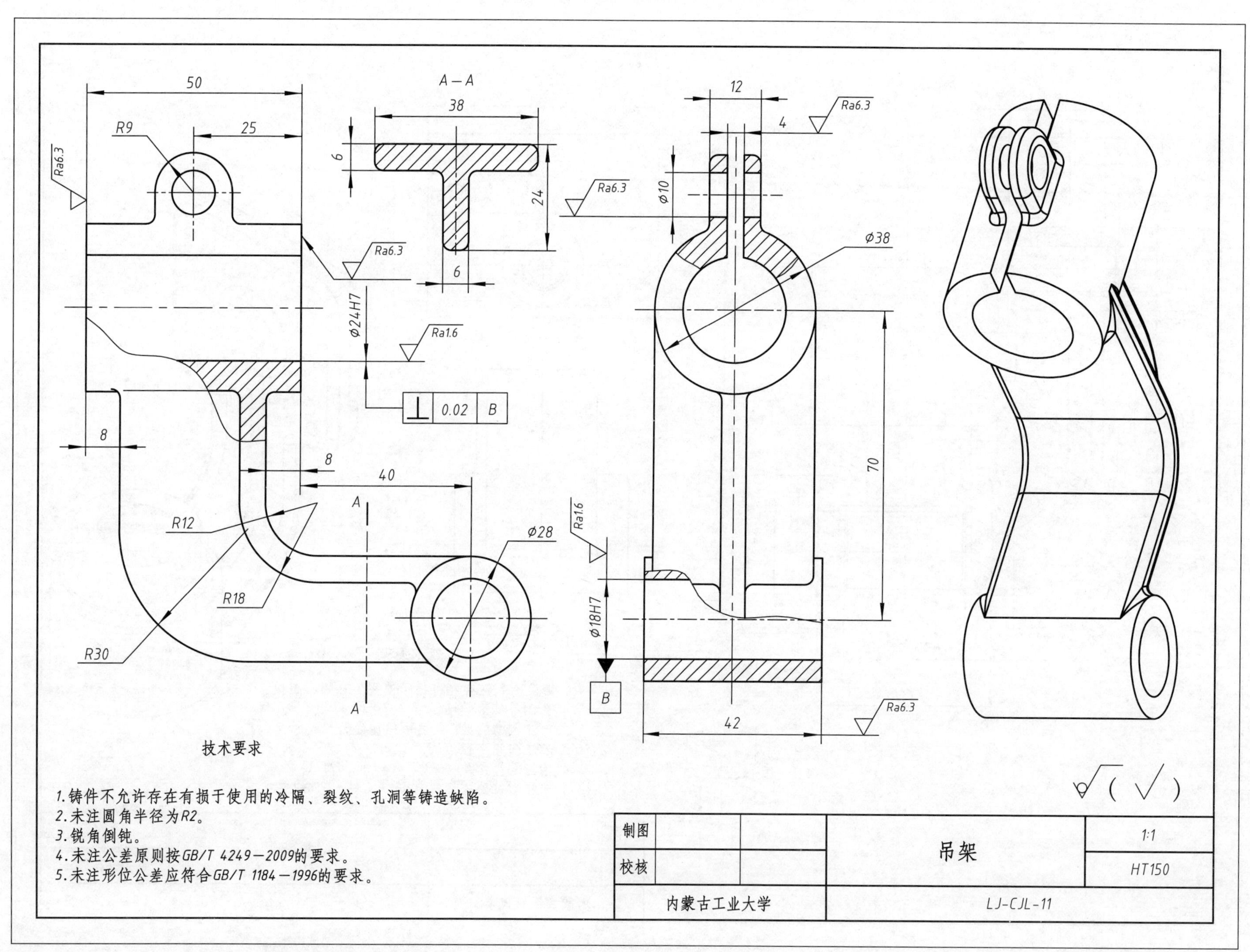
A—A
50
38
25
R9
12
4
Ra6.3
6
24
Ra6.3
ϕ10
Ra6.3
Ra6.3
ϕ38
6
ϕ24H7
Ra1.6
0.02
B
8
8
40
70
A
A
R12
Ra1.6
ϕ28
R18
ϕ18H7
R30
B
42
Ra6.3
技术要求
1.铸件不允许存在有损于使用的冷隔、裂纹、孔洞等铸造缺陷。
2.未注圆角半径为R2。
3.锐角倒钝。
4.未注公差原则按GB/T 4249—2009的要求。
5.未注形位公差应符合GB/T 1184—1996的要求。
(√)
制图
校核
吊架
1:1
HT150
内蒙古工业大学
LJ-CJL-11

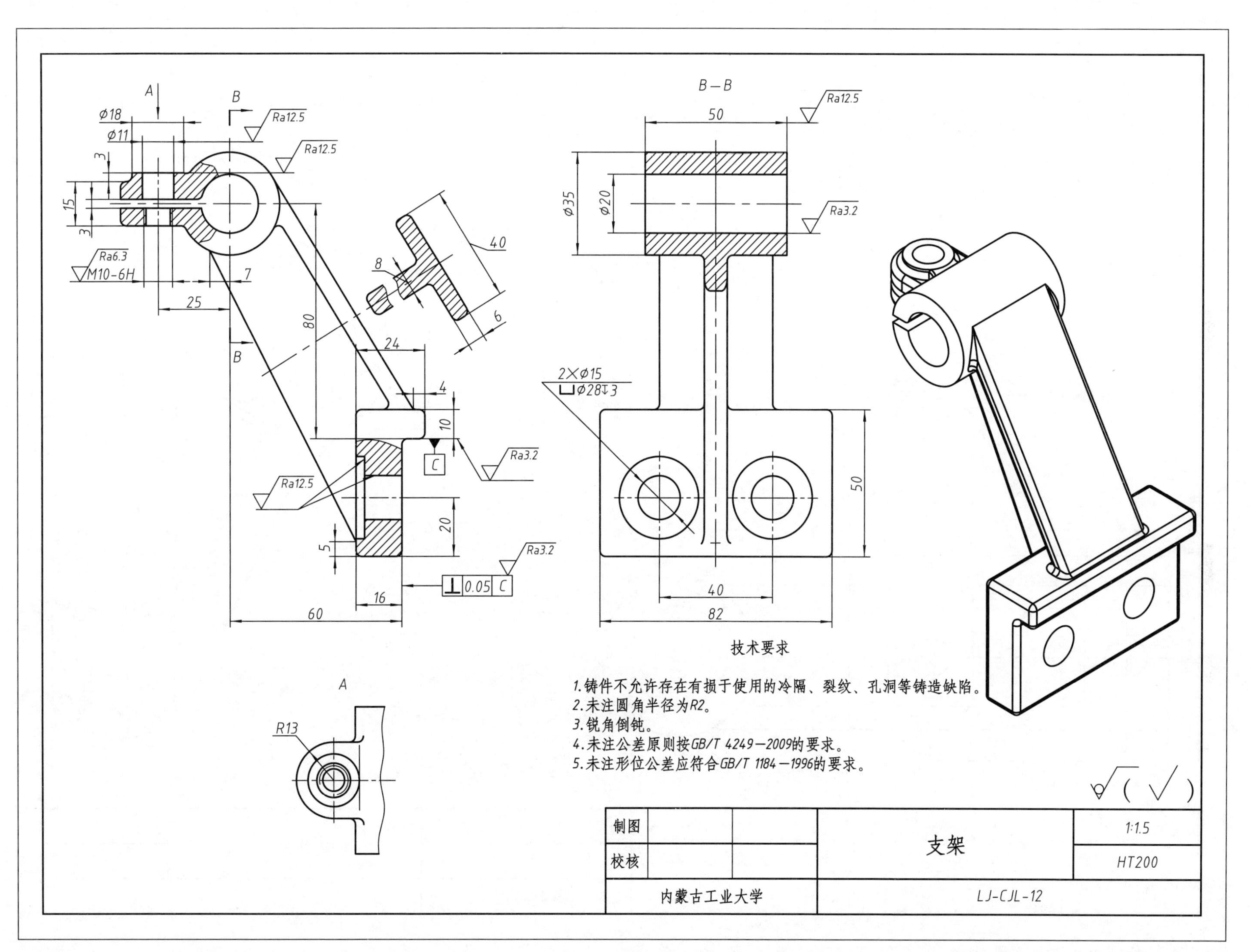
A
B
B—B
A
Ra12.5
Ra3.2
Ra6.3
M10-6H
Φ18
Φ11
Φ35
Φ20
2×Φ15
⌴Φ28↧3
R13
⊥ 0.05 C
C
技术要求
1.铸件不允许存在有损于使用的冷隔、裂纹、孔洞等铸造缺陷。
2.未注圆角半径为R2。
3.锐角倒钝。
4.未注公差原则按GB/T 4249—2009的要求。
5.未注形位公差应符合GB/T 1184—1996的要求。
制图
校核
支架
1:1.5
HT200
内蒙古工业大学
LJ-CJL-12

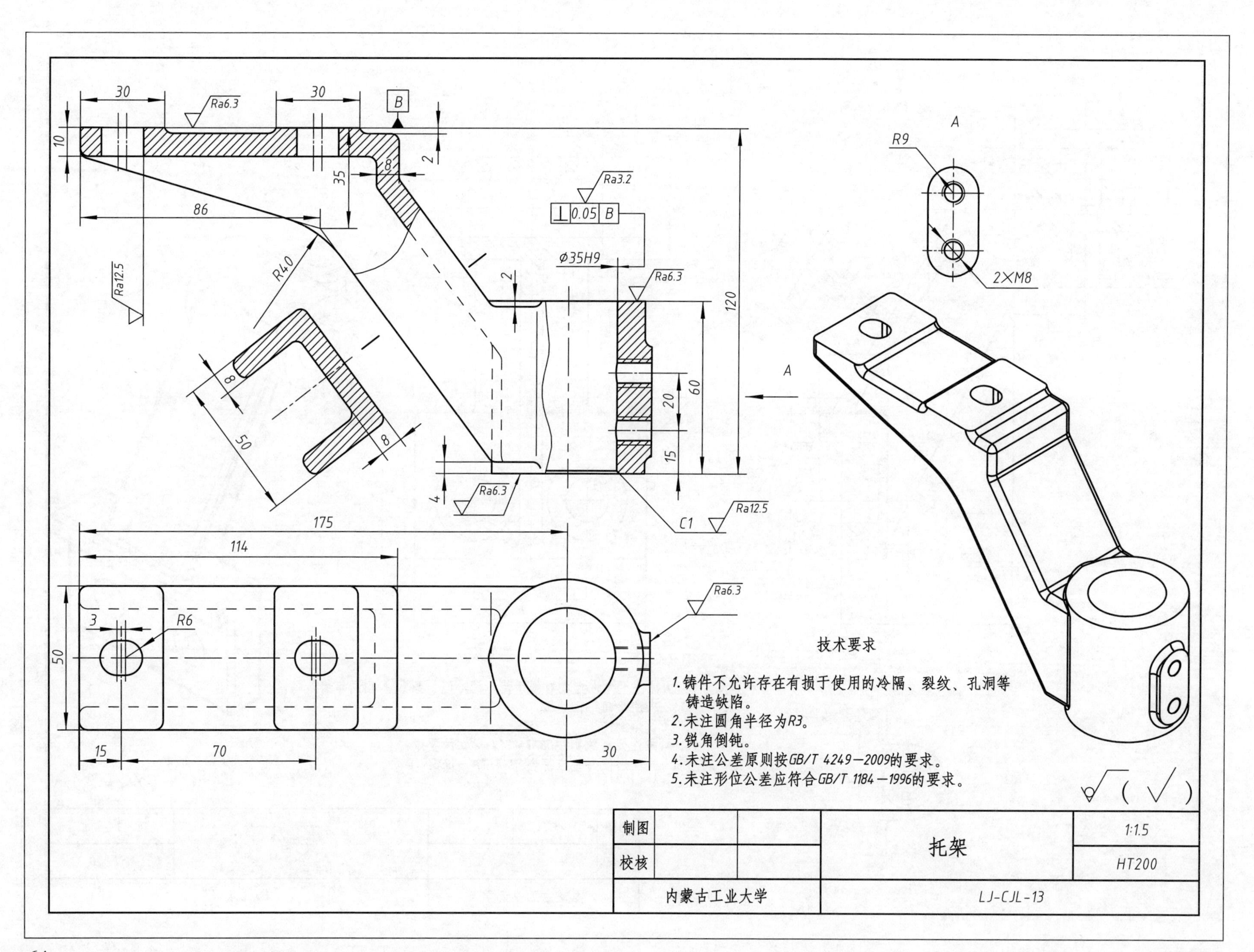

30
30
Ra6.3
B
10
2
8
35
86
Ra3.2
⊥ 0.05 B
R40
Ra12.5
Φ35H9
2
Ra6.3
120
8
A
20
60
50
8
15
4
Ra6.3
C1
Ra12.5
A
R9
2×M8
175
114
Ra6.3
3
R6
50
15
70
30
技术要求
1.铸件不允许存在有损于使用的冷隔、裂纹、孔洞等铸造缺陷。
2.未注圆角半径为R3。
3.锐角倒钝。
4.未注公差原则按GB/T 4249—2009的要求。
5.未注形位公差应符合GB/T 1184—1996的要求。
制图
校核
托架
1:1.5
HT200
内蒙古工业大学
LJ-CJL-13

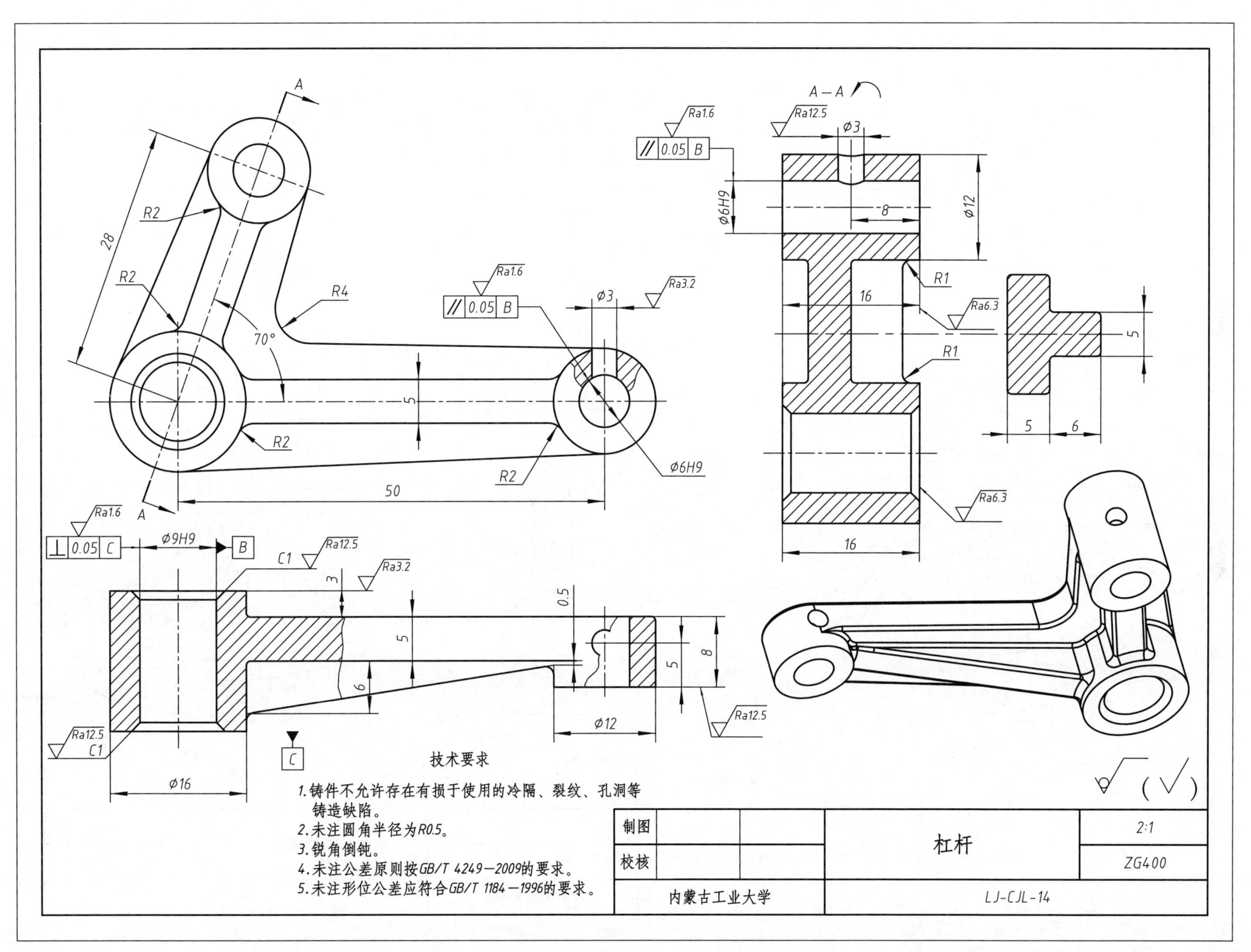
A
A
28
R2
R2
R4
70°
5
R2
R2
50
Ra1.6
// 0.05 B
φ3
Ra3.2
φ6H9
A—A
Ra1.6
// 0.05 B
Ra12.5
φ3
φ6H9
8
φ12
R1
16
Ra6.3
R1
5
5
6
Ra6.3
16
Ra1.6
⊥ 0.05 C
φ9H9
B
C1
Ra12.5
Ra3.2
3
0.5
5
6
5
8
φ12
Ra12.5
Ra12.5
C1
φ16
C
技术要求
1.铸件不允许存在有损于使用的冷隔、裂纹、孔洞等铸造缺陷。
2.未注圆角半径为R0.5。
3.锐角倒钝。
4.未注公差原则按GB/T 4249—2009的要求。
5.未注形位公差应符合GB/T 1184—1996的要求。
(√)
制图
校核
杠杆
2:1
ZG400
内蒙古工业大学
LJ-CJL-14

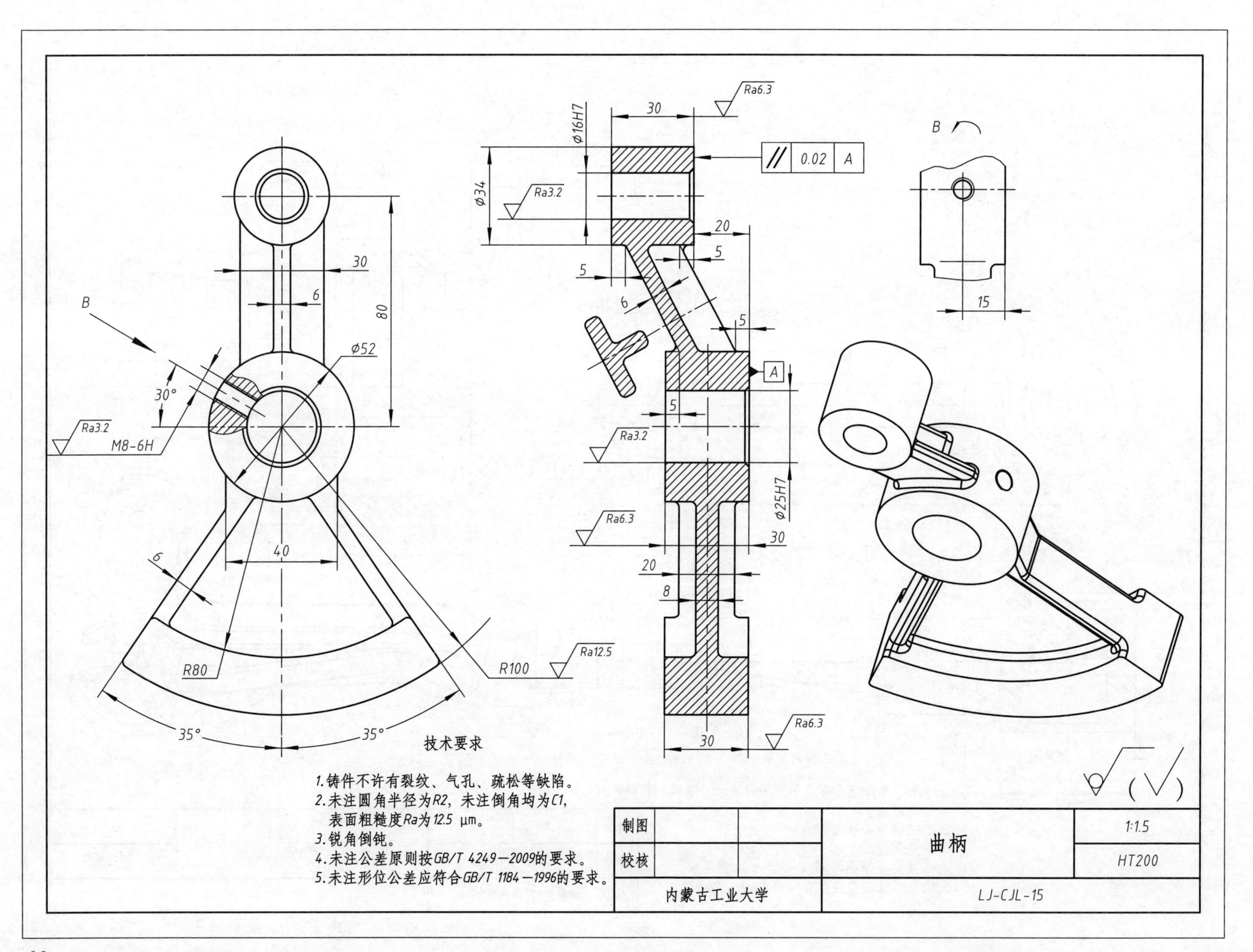

Ra6.3
30
Ø16H7
0.02
A
B
Ø34
Ra3.2
20
5
30
5
6
80
B
6
5
Ø52
A
30°
5
Ra3.2
M8-6H
Ra3.2
Ø25H7
Ra6.3
30
40
20
6
8
R80
R100
Ra12.5
Ra6.3
35°
35°
30
15
技术要求
1.铸件不许有裂纹、气孔、疏松等缺陷。
2.未注圆角半径为R2，未注倒角均为C1，
表面粗糙度Ra为12.5 μm。
3.锐角倒钝。
4.未注公差原则按GB/T 4249—2009的要求。
5.未注形位公差应符合GB/T 1184—1996的要求。
制图
校核
曲柄
1:1.5
HT200
内蒙古工业大学
LJ-CJL-15

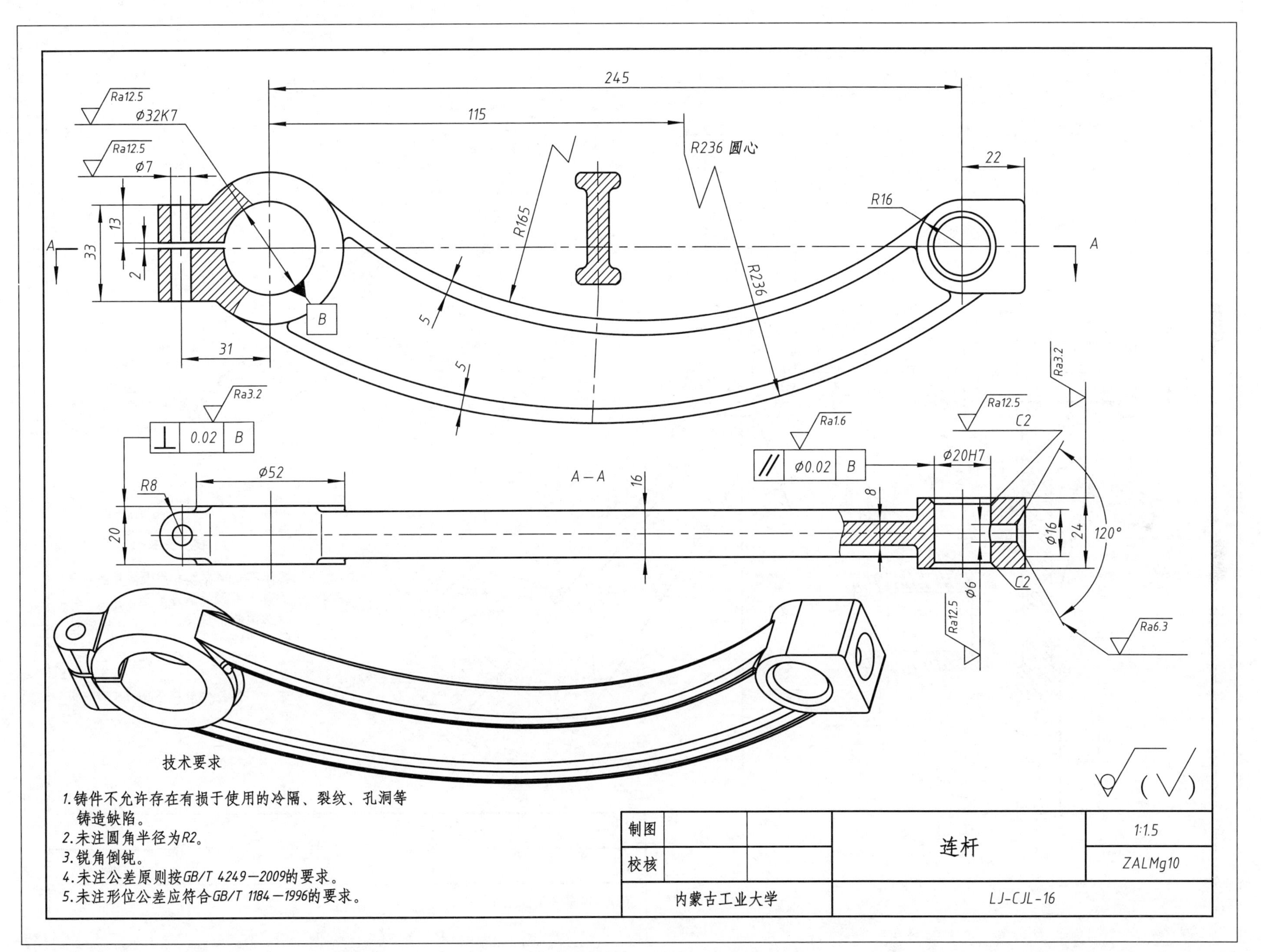

245
115
Ra12.5
Φ32K7
Ra12.5
Φ7
R236 圆心
22
R16
R165
R236
A
33
13
2
B
5
31
5
Ra3.2
0.02 B
A—A
Φ52
R8
20
16
Ra1.6
Φ0.02 B
Ra12.5
C2
Φ20H7
8
Φ16
24
120°
C2
Φ6
Ra12.5
Ra6.3
技术要求
1.铸件不允许存在有损于使用的冷隔、裂纹、孔洞等铸造缺陷。
2.未注圆角半径为R2。
3.锐角倒钝。
4.未注公差原则按GB/T 4249—2009的要求。
5.未注形位公差应符合GB/T 1184—1996的要求。
制图
校核
连杆
1:1.5
ZALMg10
内蒙古工业大学
LJ-CJL-16

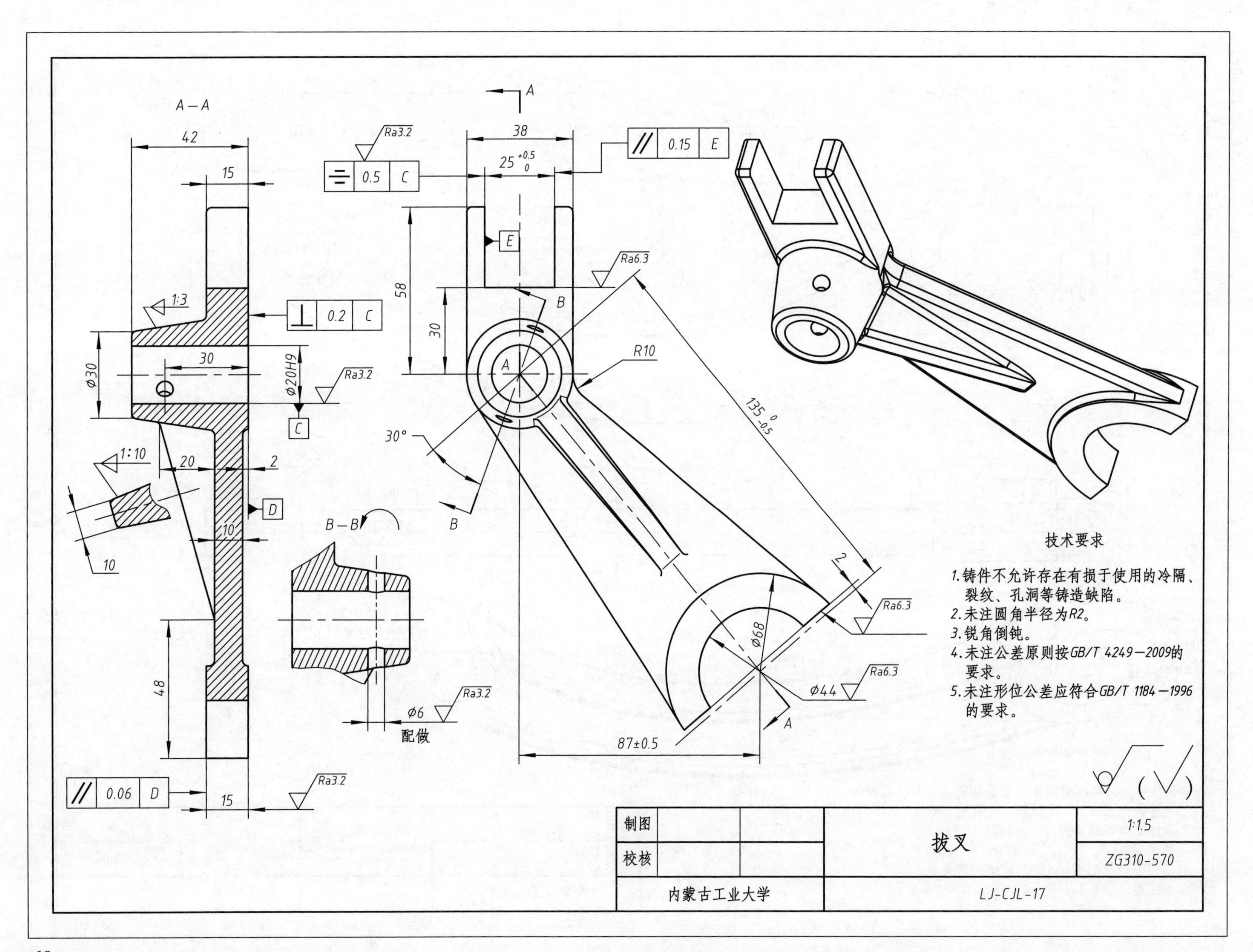
A—A
42
15
1:3
0.2
C
ϕ30
30
ϕ20H9
Ra3.2
C
1:10
20
2
D
10
10
48
0.06
D
15
Ra3.2
A
38
25 +0.5 0
Ra3.2
0.5
C
0.15
E
E
58
30
Ra6.3
B
R10
A
135 0 -0.5
30°
B
B—B
ϕ6
Ra3.2
配做
2
Ra6.3
ϕ68
ϕ44
Ra6.3
A
87±0.5
技术要求
1.铸件不允许存在有损于使用的冷隔、裂纹、孔洞等铸造缺陷。
2.未注圆角半径为R2。
3.锐角倒钝。
4.未注公差原则按GB/T 4249—2009的要求。
5.未注形位公差应符合GB/T 1184—1996的要求。
制图
校核
拔叉
1:1.5
ZG310-570
内蒙古工业大学
LJ-CJL-17

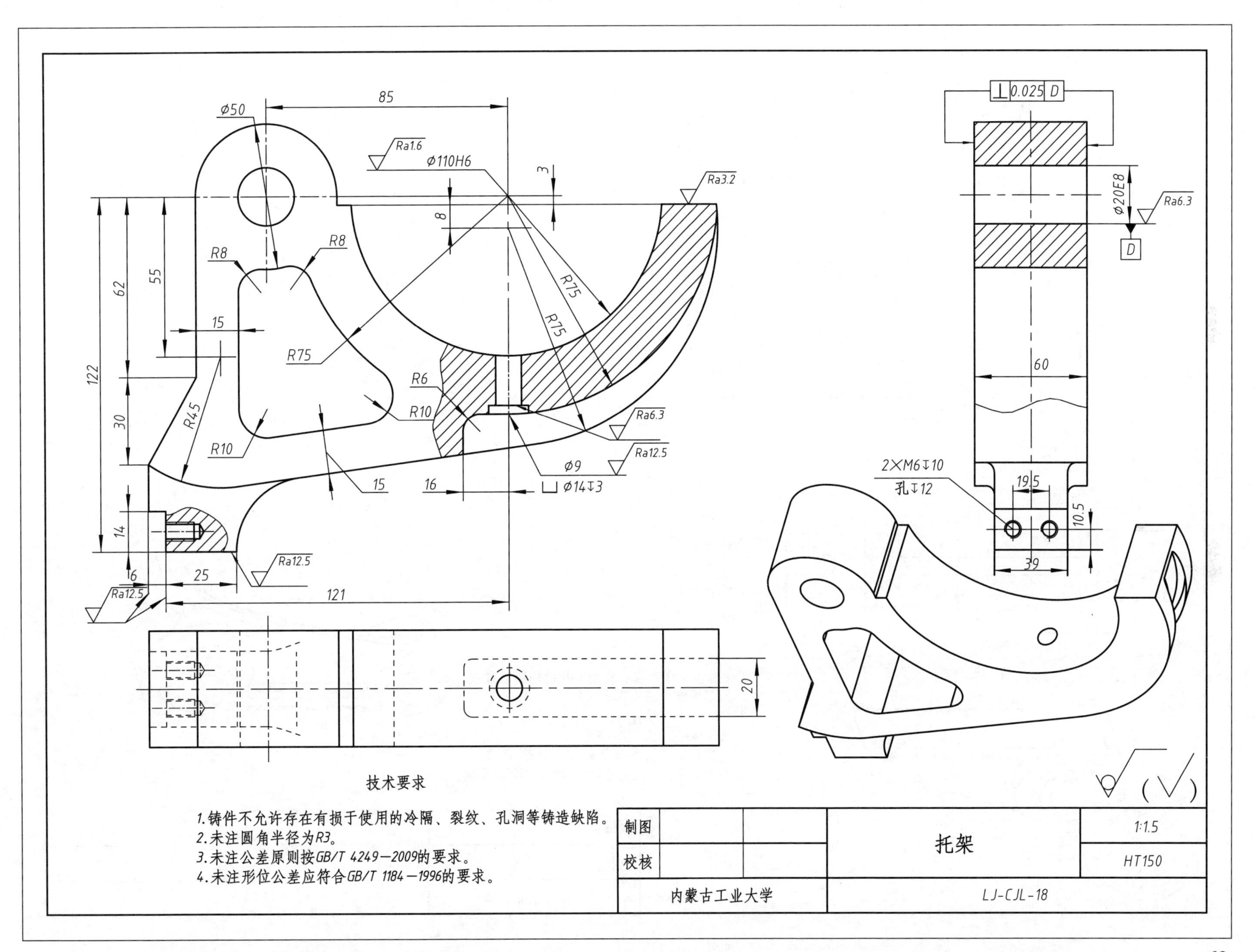

Ø50
85
Ra1.6
Ø110H6
3
Ra3.2
8
R8
R8
62
55
R75
R75
R75
15
122
R6
R10
R45
30
R10
Ra6.3
Ra12.5
Ø9
15
16
Ø14↧3
14
Ra12.5
6
25
Ra12.5
121
20
⊥ 0.025 D
Ø20E8
Ra6.3
D
60
2×M6↧10
孔↧12
19.5
10.5
39
技术要求
1.铸件不允许存在有损于使用的冷隔、裂纹、孔洞等铸造缺陷。
2.未注圆角半径为R3。
3.未注公差原则按GB/T 4249—2009的要求。
4.未注形位公差应符合GB/T 1184—1996的要求。
制图
校核
托架
1:1.5
HT150
内蒙古工业大学
LJ-CJL-18

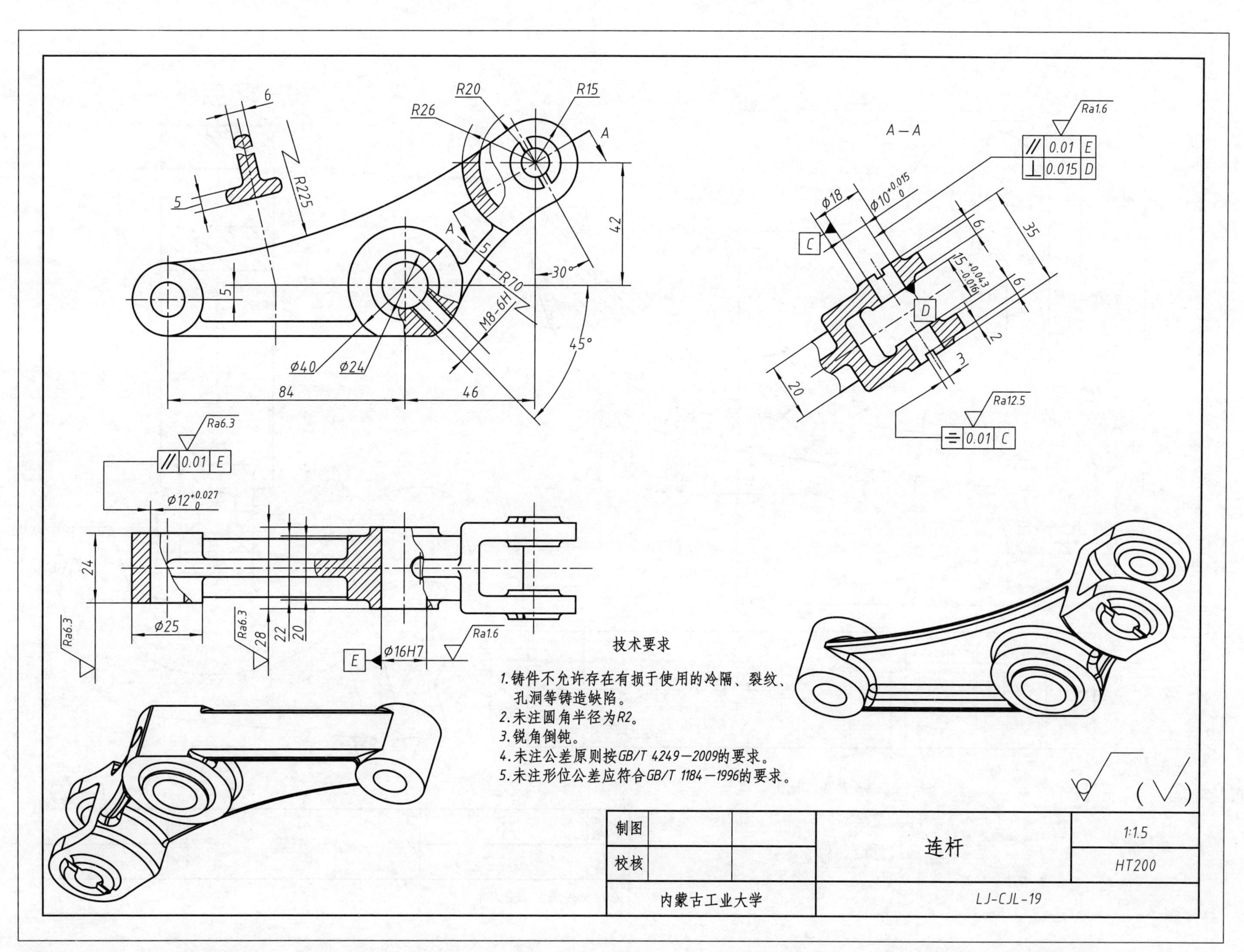
A—A
技术要求
1.铸件不允许存在有损于使用的冷隔、裂纹、孔洞等铸造缺陷。
2.未注圆角半径为R2。
3.锐角倒钝。
4.未注公差原则按GB/T 4249—2009的要求。
5.未注形位公差应符合GB/T 1184—1996的要求。
制图
校核
连杆
1:1.5
HT200
内蒙古工业大学
LJ-CJL-19
R20
R15
R26
R225
R70
6
5
42
30°
45°
M8-6H
Φ40
Φ24
84
46
Ra1.6
Ra6.3
Ra12.5
0.01 E
0.015 D
0.01 C
Φ18
Φ12
Φ25
Φ16H7
24
28
22
20
35
2
3

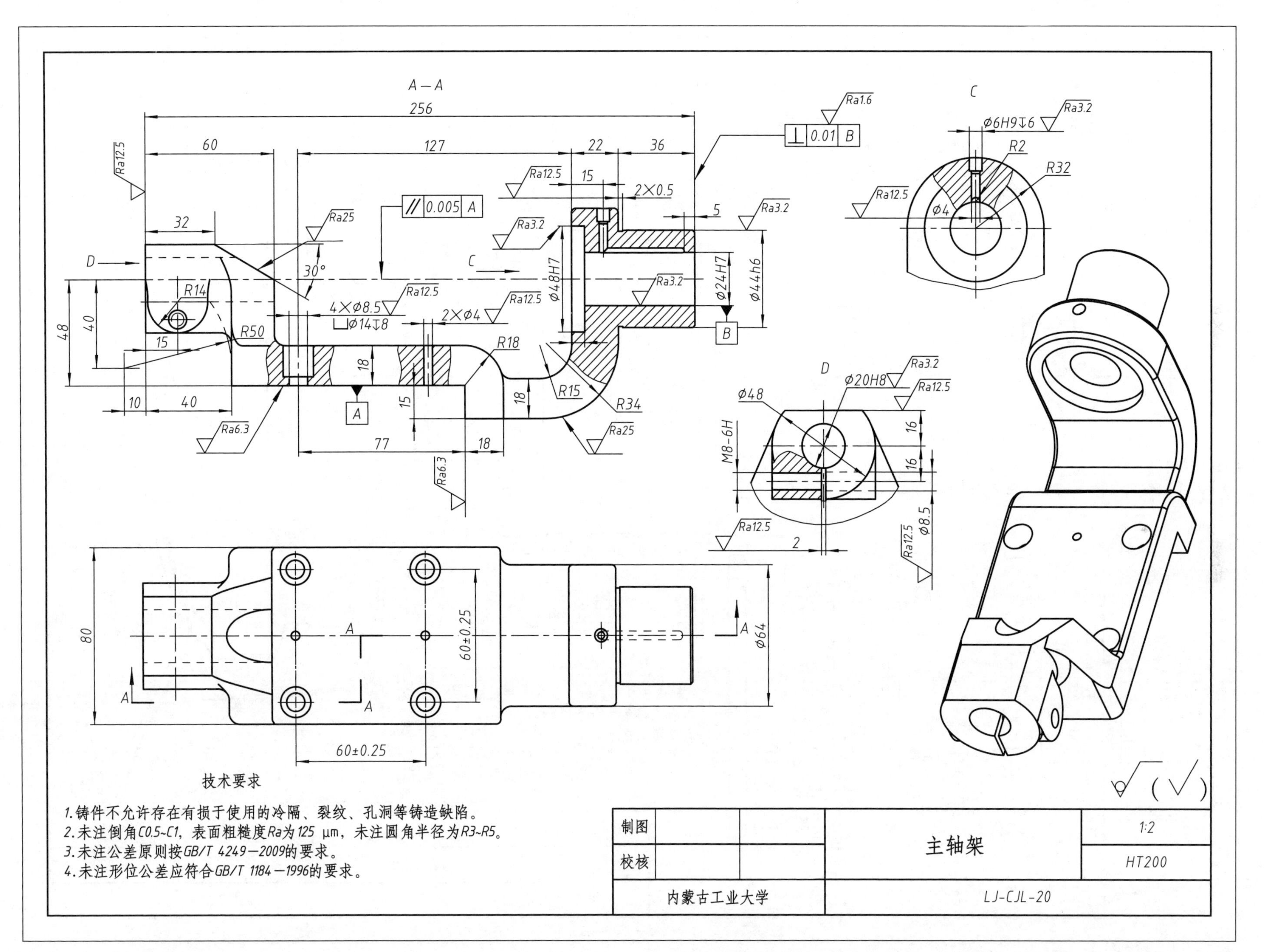
A—A
256
60
127
22
36
15
2×0.5
5
32
30°
R14
R50
15
48
40
10
40
4×Φ8.5
⌴Φ14↧8
2×Φ4
R18
R15
R34
18
77
Φ48H7
Φ24H7
Φ44h6
0.01 B
0.005 A
Ra1.6
Ra12.5
Ra25
Ra3.2
Ra6.3
C
Φ6H9↧6
R2
R32
Φ4
D
Φ48
Φ20H8
M8-6H
16
2
Φ8.5
80
60±0.25
Φ64
技术要求
1.铸件不允许存在有损于使用的冷隔、裂纹、孔洞等铸造缺陷。
2.未注倒角C0.5~C1，表面粗糙度Ra为125 μm，未注圆角半径为R3~R5。
3.未注公差原则按GB/T 4249—2009的要求。
4.未注形位公差应符合GB/T 1184—1996的要求。
制图
校核
主轴架
1:2
HT200
内蒙古工业大学
LJ-CJL-20

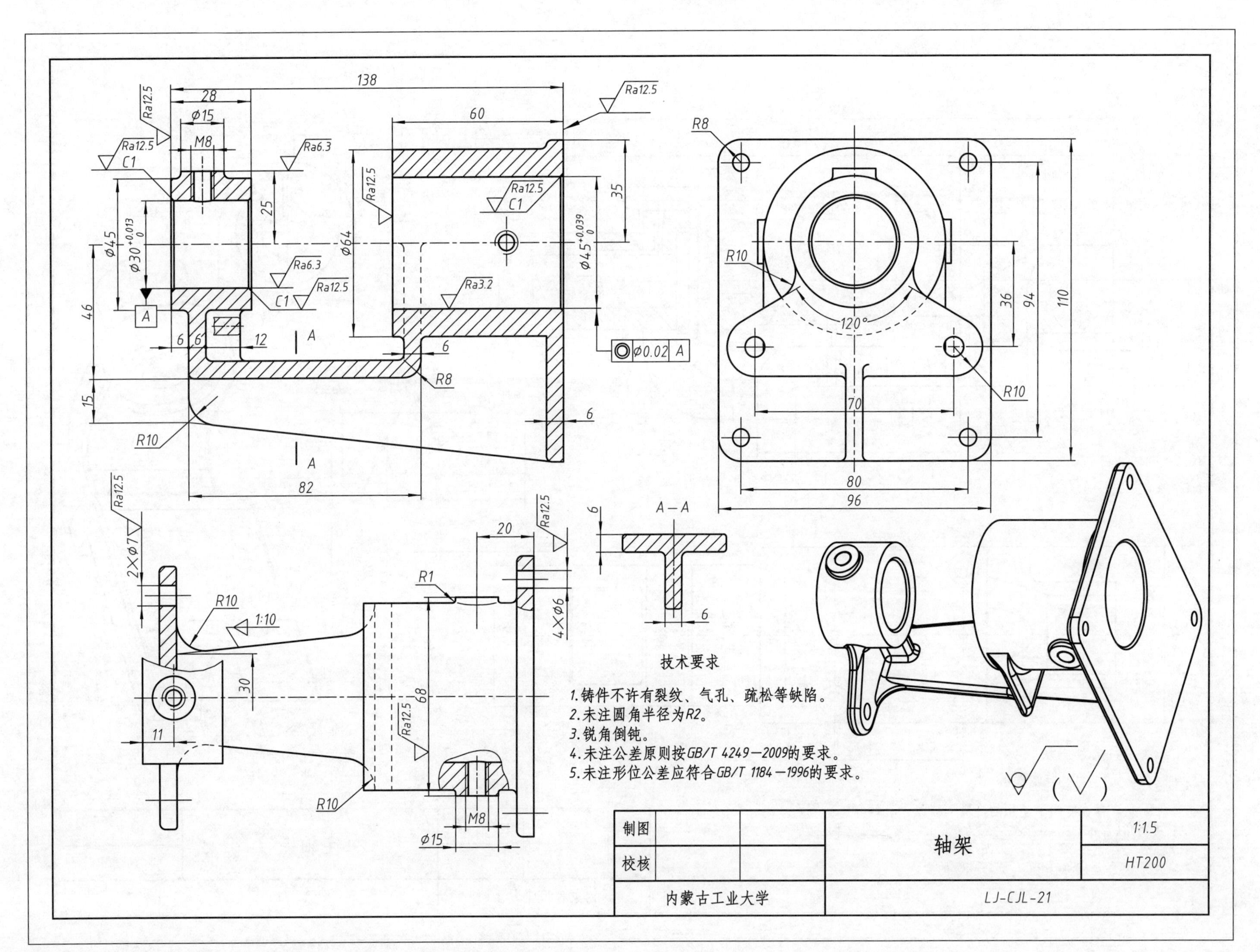

技术要求
1.铸件不许有裂纹、气孔、疏松等缺陷。
2.未注圆角半径为R2。
3.锐角倒钝。
4.未注公差原则按GB/T 4249—2009的要求。
5.未注形位公差应符合GB/T 1184—1996的要求。
A—A
制图
校核
轴架
1:1.5
HT200
内蒙古工业大学
LJ-CJL-21
138
28
60
Ø15
M8
Ra12.5
Ra6.3
Ra3.2
C1
Ø45
Ø30+0.013 0
Ø64
Ø45+0.039 0
Ø0.02 A
A
25
35
46
15
6
12
R8
R10
82
R8
R10
120°
36
94
110
70
80
96
2×Ø7
4×Ø6
R1
1:10
20
30
68
11

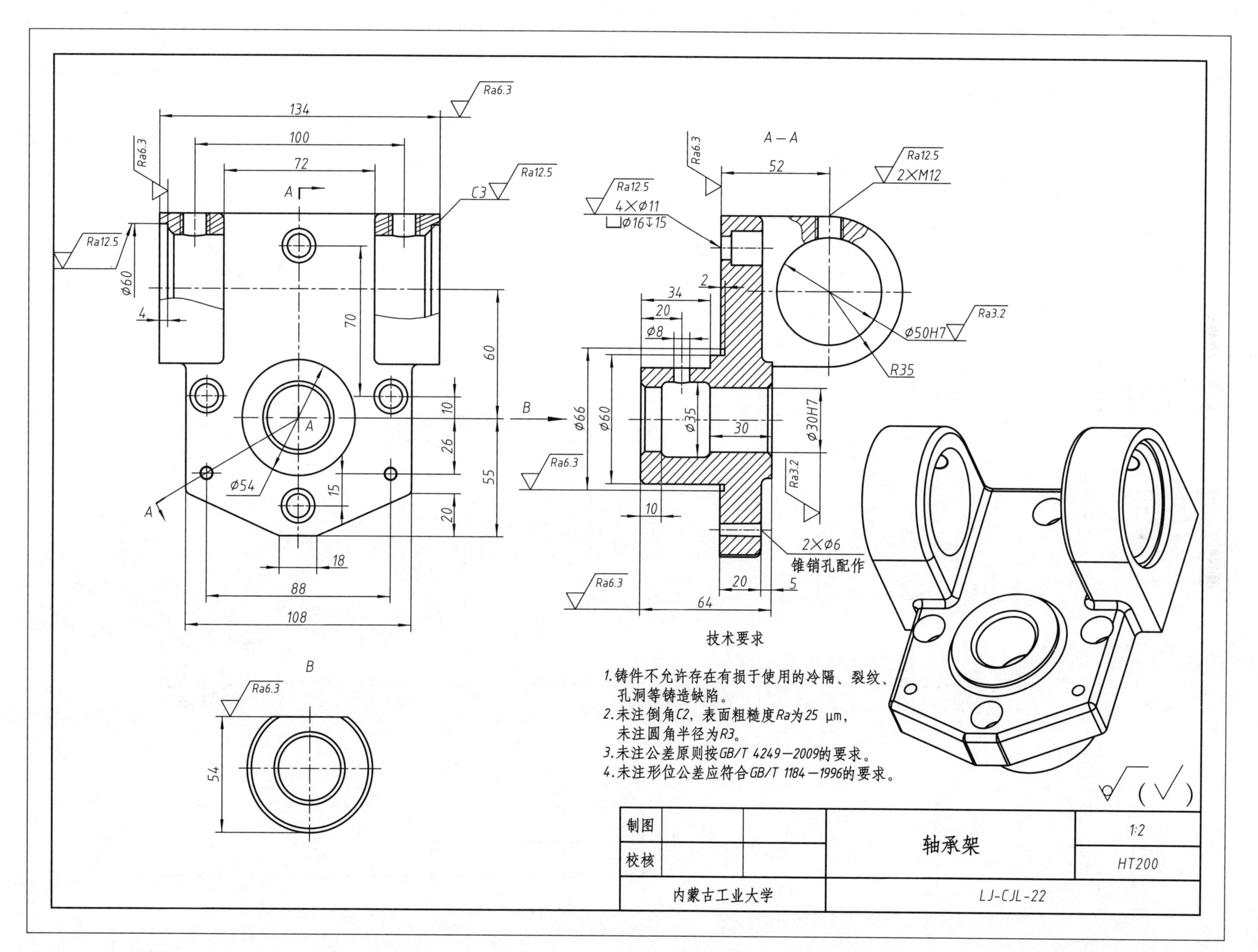
A—A
B
技术要求
1.铸件不允许存在有损于使用的冷隔、裂纹、孔洞等铸造缺陷。
2.未注倒角C2，表面粗糙度Ra为25 μm，未注圆角半径为R3。
3.未注公差原则按GB/T 4249—2009的要求。
4.未注形位公差应符合GB/T 1184—1996的要求。
4×Φ11
⌴Φ16↧15
2×M12
Φ50H7
R35
Φ30H7
2×Φ6
锥销孔配作
制图
校核
轴承架
1:2
HT200
内蒙古工业大学
LJ-CJL-22

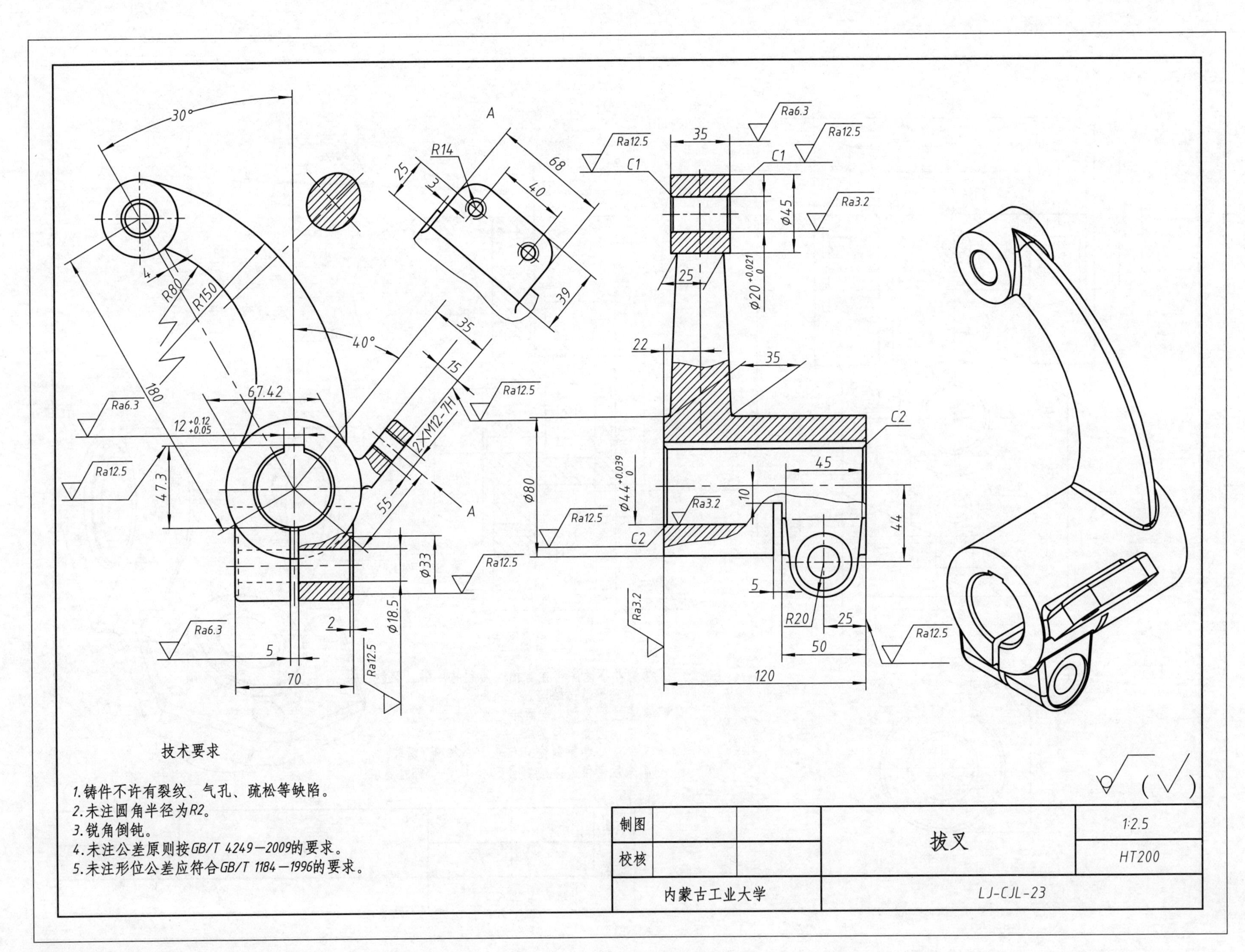

30°
A
R14
25
3
68
40
39
35
40°
15
2XM12-7H
55
A
4
R80
R150
180
67.42
Ra6.3
12 +0.12 +0.05
Ra12.5
47.3
Ra12.5
φ33
φ18.5
2
Ra6.3
5
70
Ra12.5
35
Ra6.3
Ra12.5
C1
C1
Ra12.5
φ45
Ra3.2
25
φ20 +0.021 0
22
35
Ra12.5
C2
φ80
φ44 +0.039 0
45
10
Ra3.2
Ra12.5
C2
44
5
R20
25
50
Ra3.2
120
Ra12.5
技术要求
1.铸件不许有裂纹、气孔、疏松等缺陷。
2.未注圆角半径为R2。
3.锐角倒钝。
4.未注公差原则按GB/T 4249—2009的要求。
5.未注形位公差应符合GB/T 1184—1996的要求。
制图
校核
拔叉
1:2.5
HT200
内蒙古工业大学
LJ-CJL-23

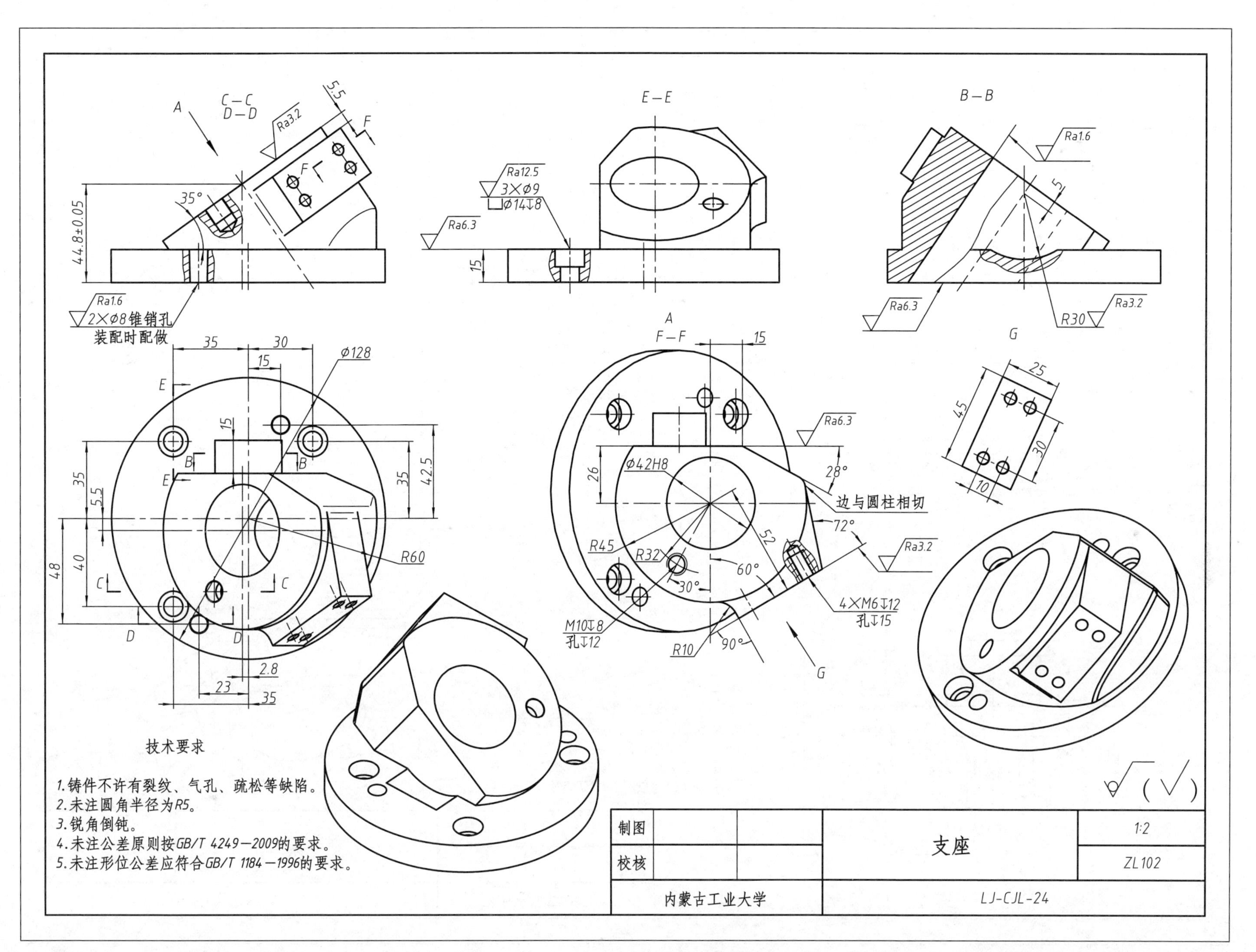
C—C
D—D
A
E—E
B—B
F—F
G
Ra3.2
Ra1.6
Ra12.5
Ra6.3
3×Ø9
⌴Ø14↧8
2×Ø8锥销孔
装配时配做
44.8±0.05
35°
5.5
15
R30
Ø128
Ø42H8
R60
R45
R32
R10
28°
72°
60°
30°
90°
52
边与圆柱相切
4×M6↧12
孔↧15
M10↧8
孔↧12
25
45
30
10
42.5
35
40
48
26
23
2.8
技术要求
1.铸件不许有裂纹、气孔、疏松等缺陷。
2.未注圆角半径为R5。
3.锐角倒钝。
4.未注公差原则按GB/T 4249—2009的要求。
5.未注形位公差应符合GB/T 1184—1996的要求。
制图
校核
支座
1:2
ZL102
内蒙古工业大学
LJ-CJL-24

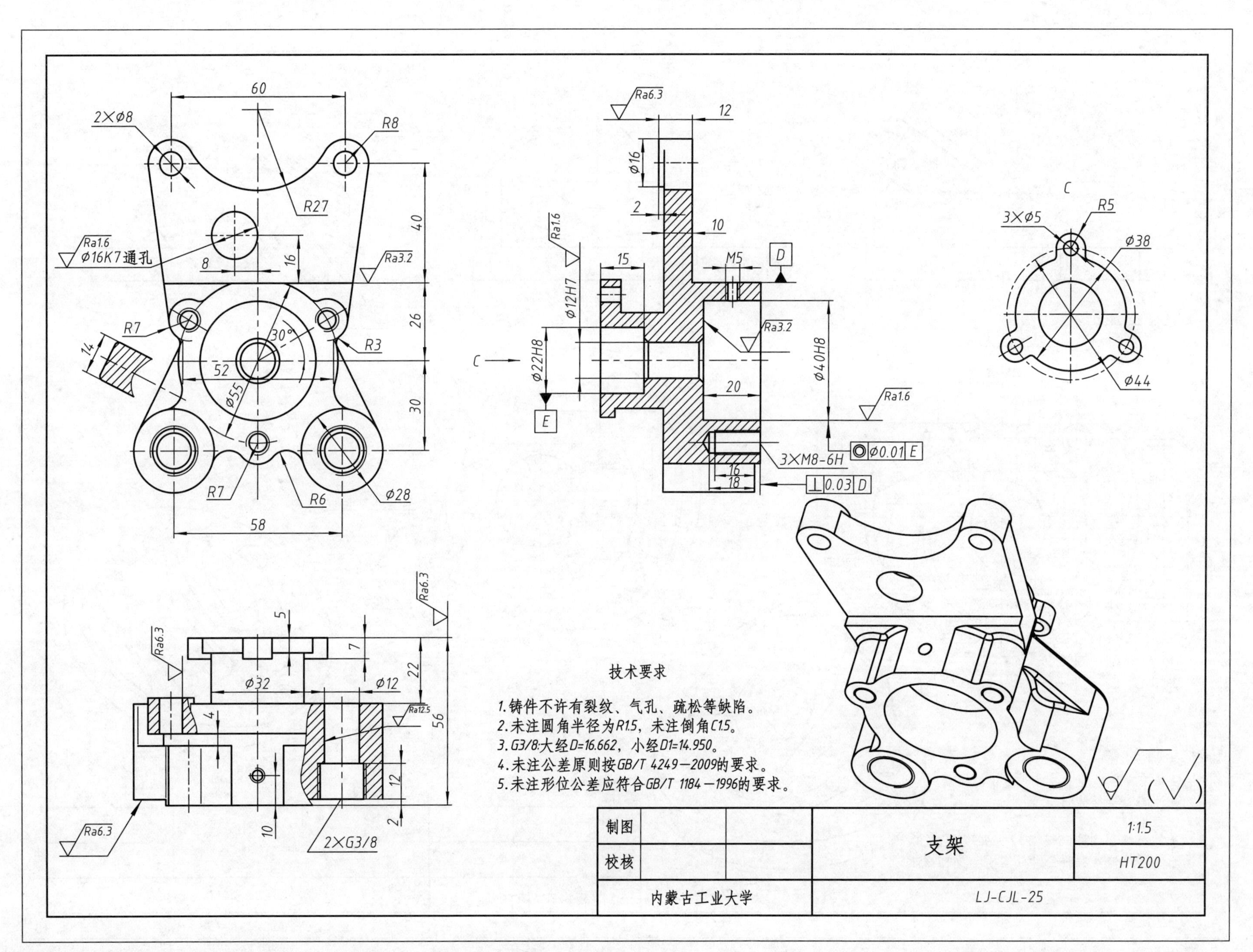

60
2×Φ8
R8
R27
40
Ra1.6
Φ16K7通孔
8
16
Ra3.2
26
R7
R3
30°
14
52
Φ55
30
R7
R6
Φ28
58
Ra6.3
12
Φ16
2
10
Ra1.6
15
M5
D
Φ12H7
Ra3.2
C
Φ22H8
Φ40H8
20
E
Ra1.6
3×M8-6H
Φ0.01 E
16
18
⊥ 0.03 D
C
R5
3×Φ5
Φ38
Φ44
Ra6.3
5
7
Ra6.3
22
Φ32
Φ12
Ra12.5
4
56
12
10
2
Ra6.3
2×G3/8
技术要求
1.铸件不许有裂纹、气孔、疏松等缺陷。
2.未注圆角半径为R1.5，未注倒角C1.5。
3.G3/8:大经D=16.662，小经D1=14.950。
4.未注公差原则按GB/T 4249—2009的要求。
5.未注形位公差应符合GB/T 1184—1996的要求。
(√)
制图
校核
支架
1:1.5
HT200
内蒙古工业大学
LJ-CJL-25

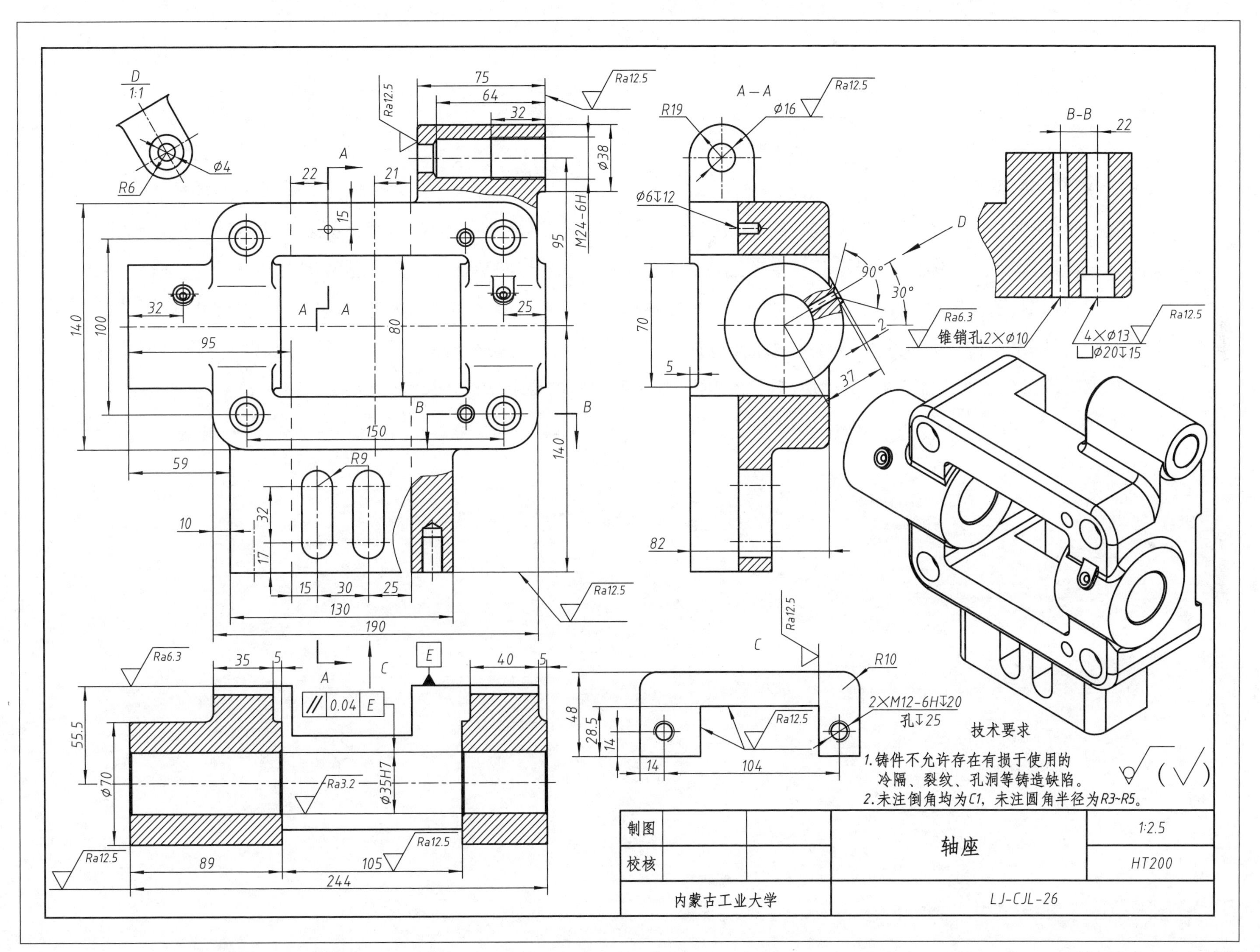
D
1:1
R6
Φ4
A — A
R19
Φ16
Ra12.5
Φ6↧12
D
90°
30°
Ra6.3
锥销孔2×Φ10
B-B
22
4×Φ13
⌴Φ20↧15
M24-6H
Φ38
Φ35H7
Φ70
// 0.04 E
Ra3.2
R10
2×M12-6H↧20
孔↧25
技术要求
1.铸件不允许存在有损于使用的
冷隔、裂纹、孔洞等铸造缺陷。
2.未注倒角均为C1，未注圆角半径为R3~R5。
制图
校核
轴座
1:2.5
HT200
内蒙古工业大学
LJ-CJL-26

1.4 箱体类零件

就一般情况而言,箱体类零件的形状、结构比前面三类零件复杂,而且加工位置的变化更多。这类零件包含阀体、泵体、减速器箱体等。在选择主视图时,主要考虑自然位置工作位置和形状特征。选用其他视图时,应根据实际情况采用适当的剖视图、断面图、局部视图和斜视图等多种辅助视图,以清晰地表达零件的内外结构。在标注尺寸方面,通常选用设计上要求的轴线、重要的安装面、接触面(或加工面)、箱体某些主要结构的对称面(宽度、长度)等作为尺寸基准。对于箱体上需要切削加工的部分,应尽可能按便于加工和检验的要求来标注尺寸。

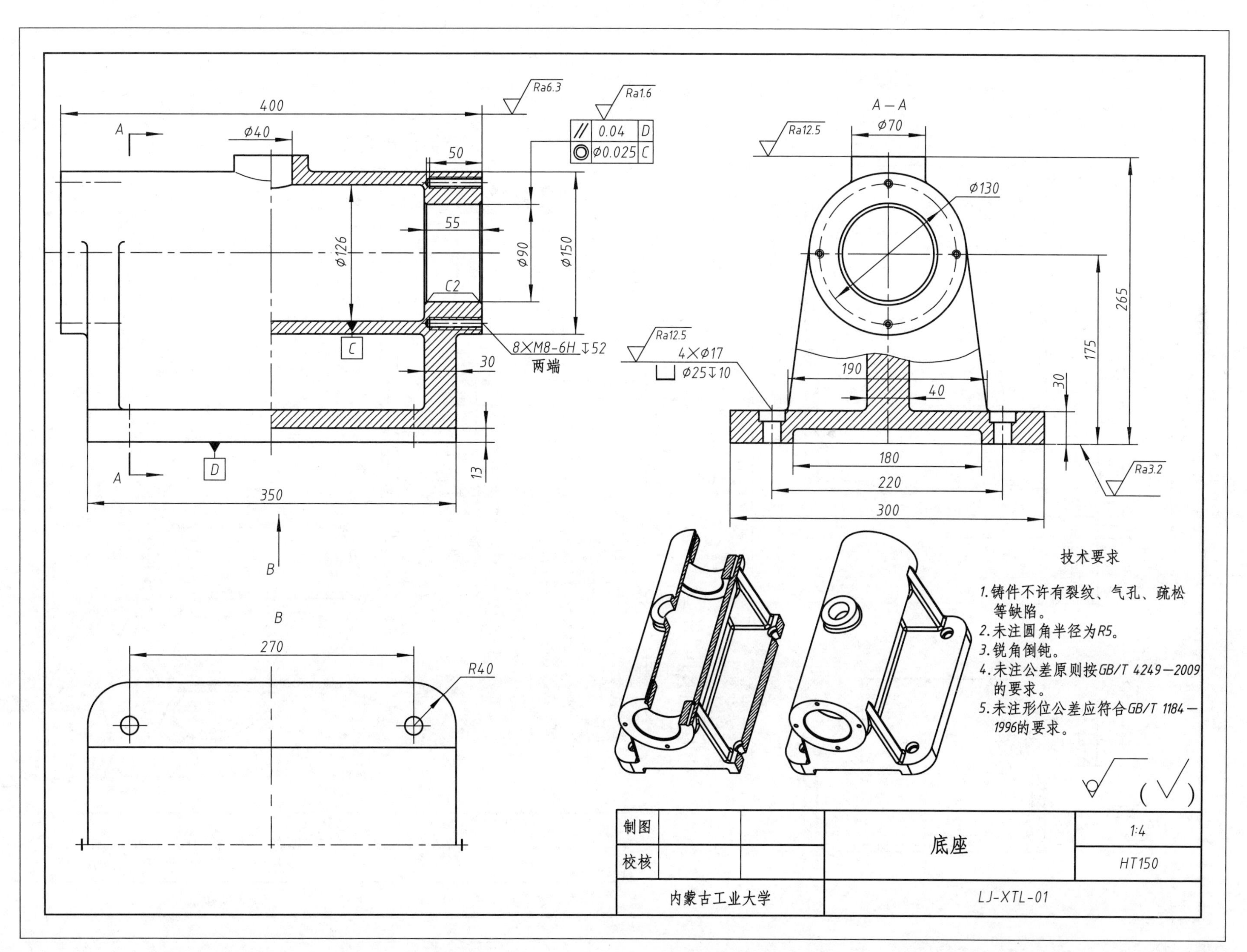
400
Ra6.3
Ra1.6
0.04 D
Ø0.025 C
A
Ø40
50
55
Ø126
Ø90
Ø150
C2
C
8×M8-6H ↧52
两端
30
D
13
A
350
B
A — A
Ø70
Ra12.5
Ø130
265
175
30
Ra12.5
4×Ø17
⌴ Ø25↧10
190
40
180
220
300
Ra3.2
B
270
R40
技术要求
1.铸件不许有裂纹、气孔、疏松等缺陷。
2.未注圆角半径为R5。
3.锐角倒钝。
4.未注公差原则按GB/T 4249—2009的要求。
5.未注形位公差应符合GB/T 1184—1996的要求。
制图
校核
底座
1:4
HT150
内蒙古工业大学
LJ-XTL-01

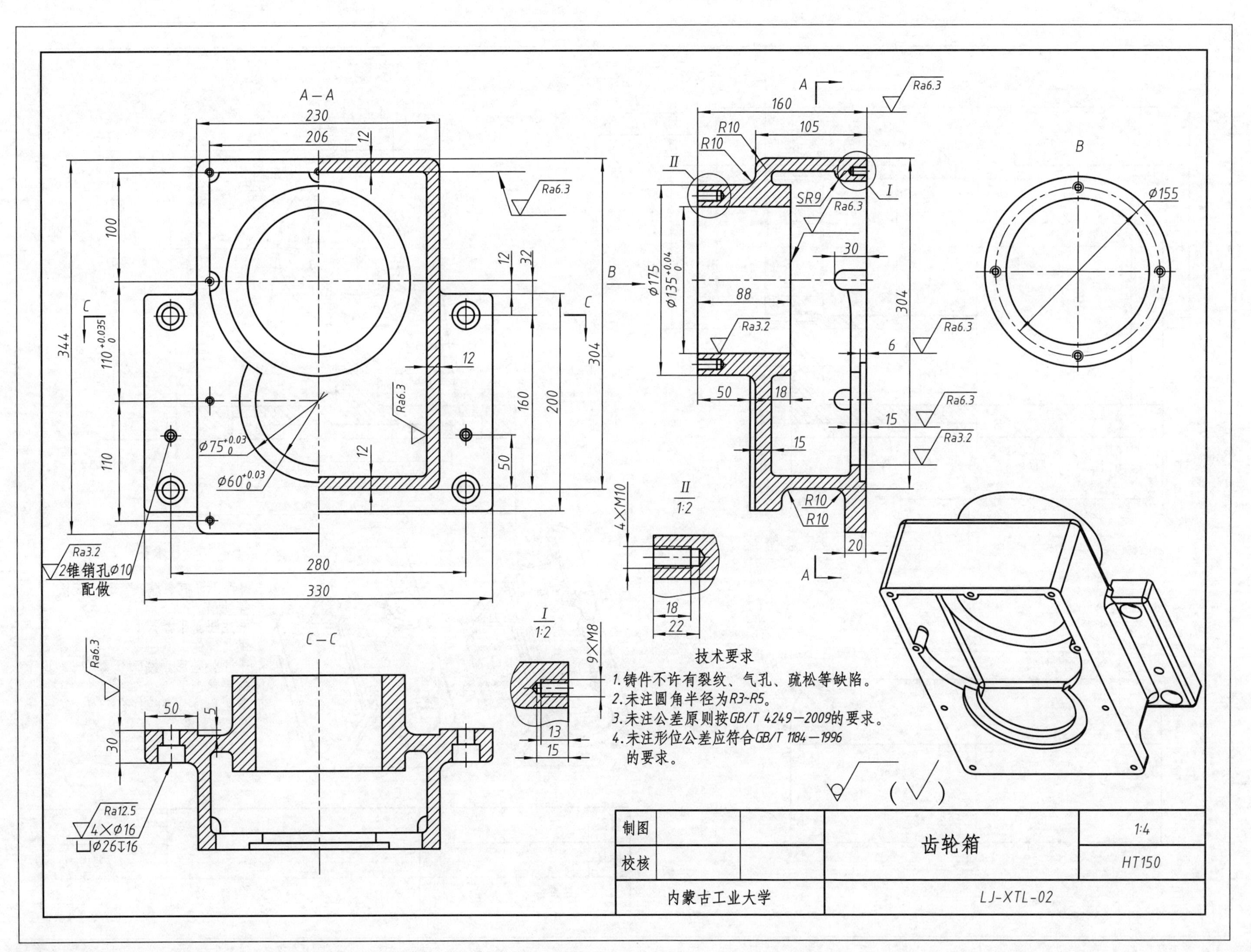
A—A
230
206
C—C
B
Ra6.3
Ra3.2
2锥销孔Ø10
配做
280
330
Ra12.5
4×Ø16
⌴Ø26↧16
II
1:2
4×M10
18
22
I
1:2
9×M8
13
15
技术要求
1.铸件不许有裂纹、气孔、疏松等缺陷。
2.未注圆角半径为R3~R5。
3.未注公差原则按GB/T 4249—2009的要求。
4.未注形位公差应符合GB/T 1184—1996
的要求。
Ø155
制图
校核
齿轮箱
1:4
HT150
内蒙古工业大学
LJ-XTL-02

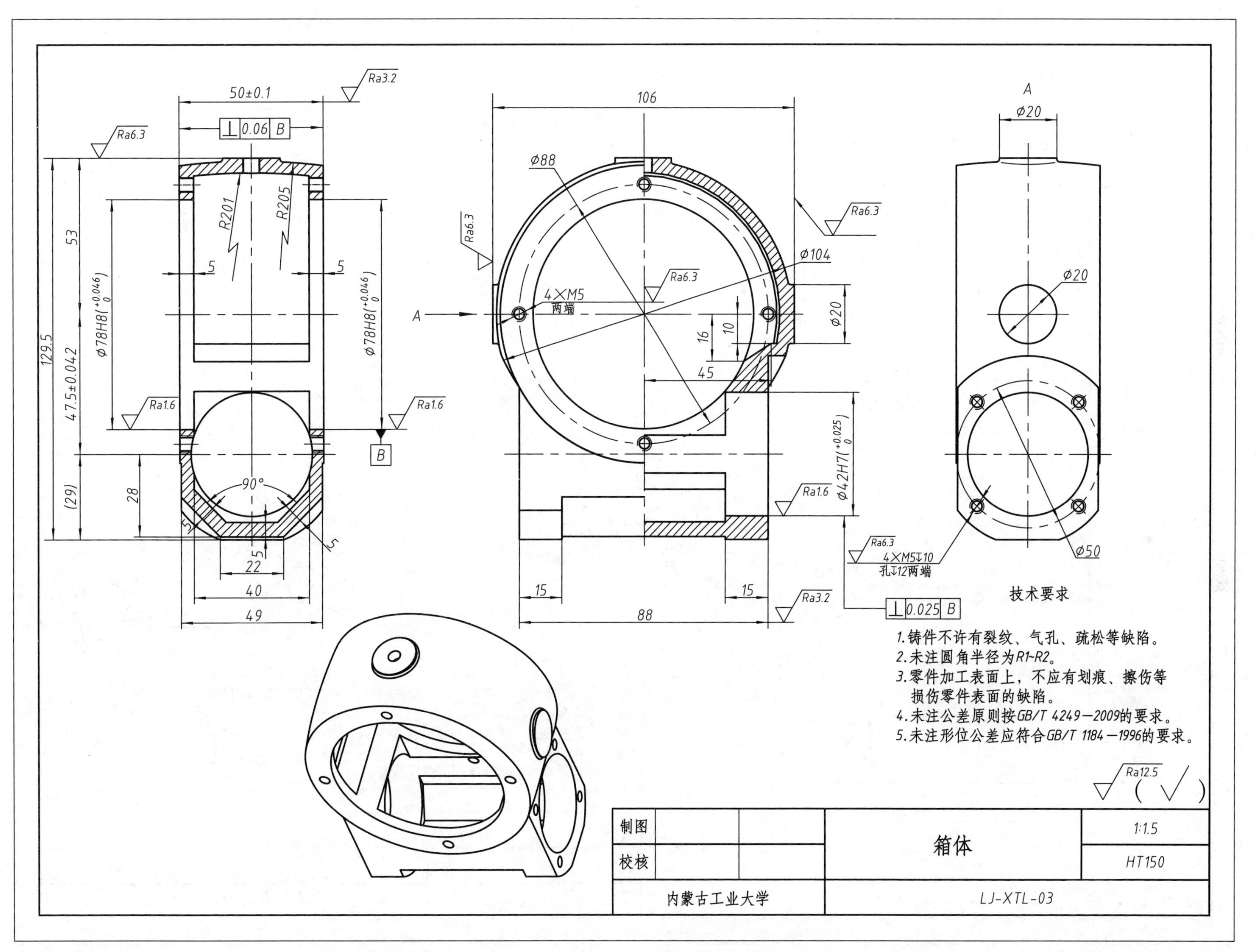
50±0.1
0.06 B
Ra3.2
Ra6.3
53
129.5
47.5±0.042
(29)
28
R201
R205
5
5
Φ78H8($^{+0.046}_{0}$)
Φ78H8($^{+0.046}_{0}$)
Ra1.6
Ra1.6
B
90°
5
5
5
22
40
49
106
Φ88
Ra6.3
Ra6.3
Φ104
Ra6.3
4×M5
两端
A
16
10
Φ20
45
Φ42H7($^{+0.025}_{0}$)
Ra1.6
Ra6.3
4×M5↧10
孔↧12两端
15
15
88
Ra3.2
0.025 B
A
Φ20
Φ20
Φ50
技术要求
1.铸件不许有裂纹、气孔、疏松等缺陷。
2.未注圆角半径为R1~R2。
3.零件加工表面上，不应有划痕、擦伤等损伤零件表面的缺陷。
4.未注公差原则按GB/T 4249—2009的要求。
5.未注形位公差应符合GB/T 1184—1996的要求。
Ra12.5
(√)
制图
校核
箱体
1:1.5
HT150
内蒙古工业大学
LJ-XTL-03

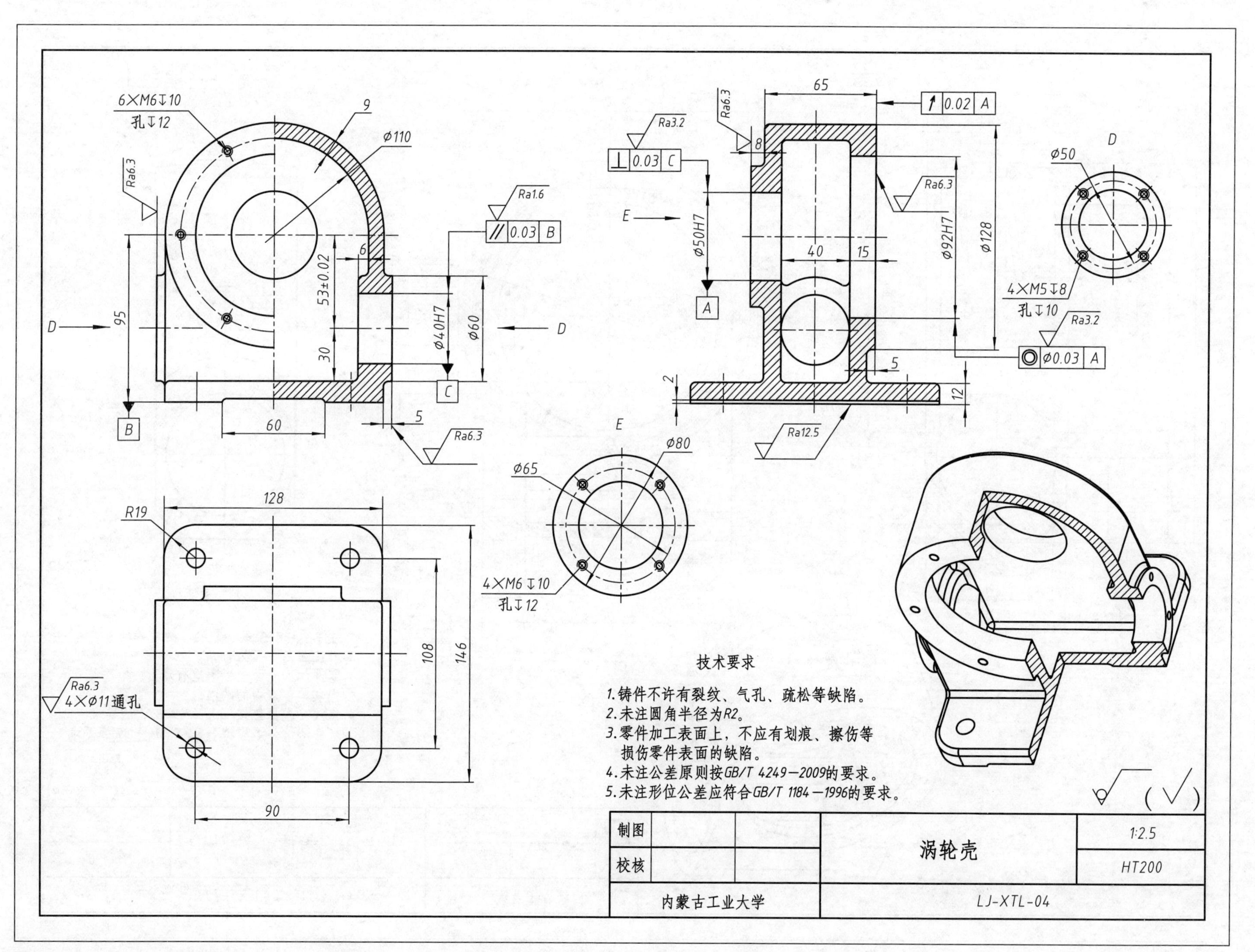

6×M6↧10
孔↧12
9
Ø110
Ra6.3
Ra1.6
// 0.03 B
6
53±0.02
95
D
D
30
Ø40H7
Ø60
C
B
60
5
Ra6.3
65
Ra6.3
Ra3.2
8
⊥ 0.03 C
↗ 0.02 A
E
Ø50H7
Ra6.3
Ø92H7
Ø128
40
15
A
D
Ø50
4×M5↧8
孔↧10
Ra3.2
◎ Ø0.03 A
5
2
12
Ra12.5
E
Ø80
Ø65
4×M6↧10
孔↧12
128
R19
108
146
Ra6.3
4×Ø11通孔
90
技术要求
1.铸件不许有裂纹、气孔、疏松等缺陷。
2.未注圆角半径为R2。
3.零件加工表面上，不应有划痕、擦伤等损伤零件表面的缺陷。
4.未注公差原则按GB/T 4249—2009的要求。
5.未注形位公差应符合GB/T 1184—1996的要求。
(√)
制图
校核
涡轮壳
1:2.5
HT200
内蒙古工业大学
LJ-XTL-04

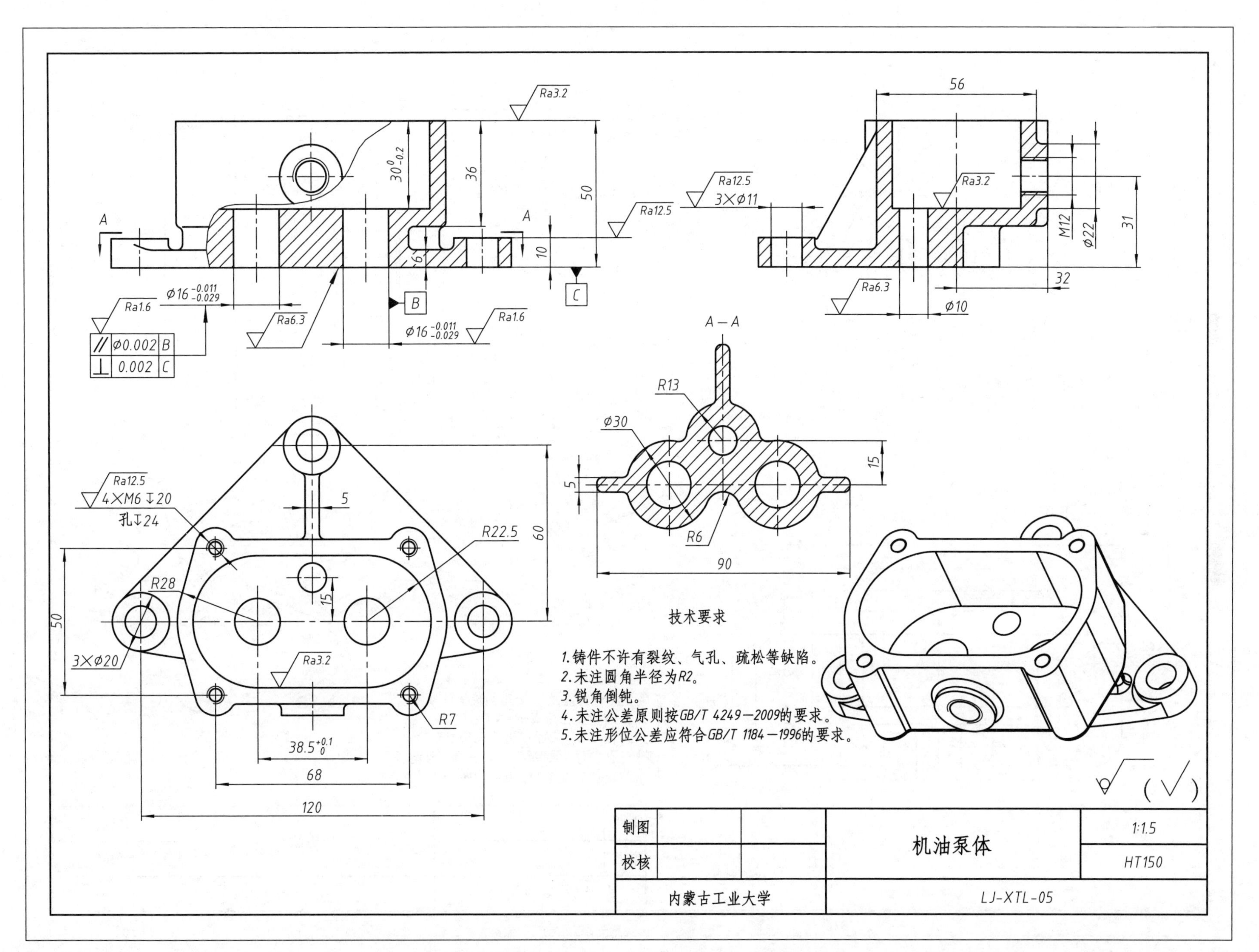
Ra3.2
30 0 -0.2
36
50
A
A
10
6
C
B
Ra1.6
Φ16 -0.011 -0.029
Ra6.3
Φ16 -0.011 -0.029
Ra1.6
// Φ0.002 B
⊥ 0.002 C
Ra12.5
3×Φ11
Ra12.5
56
Ra3.2
M12
Φ22
31
32
Ra6.3
Φ10
A—A
R13
Φ30
15
5
R6
90
Ra12.5
4×M6↧20
孔↧24
5
R22.5
60
R28
15
50
3×Φ20
Ra3.2
R7
38.5 +0.1 0
68
120
技术要求
1.铸件不许有裂纹、气孔、疏松等缺陷。
2.未注圆角半径为R2。
3.锐角倒钝。
4.未注公差原则按GB/T 4249—2009的要求。
5.未注形位公差应符合GB/T 1184—1996的要求。
(√)
制图
校核
机油泵体
1:1.5
HT150
内蒙古工业大学
LJ-XTL-05

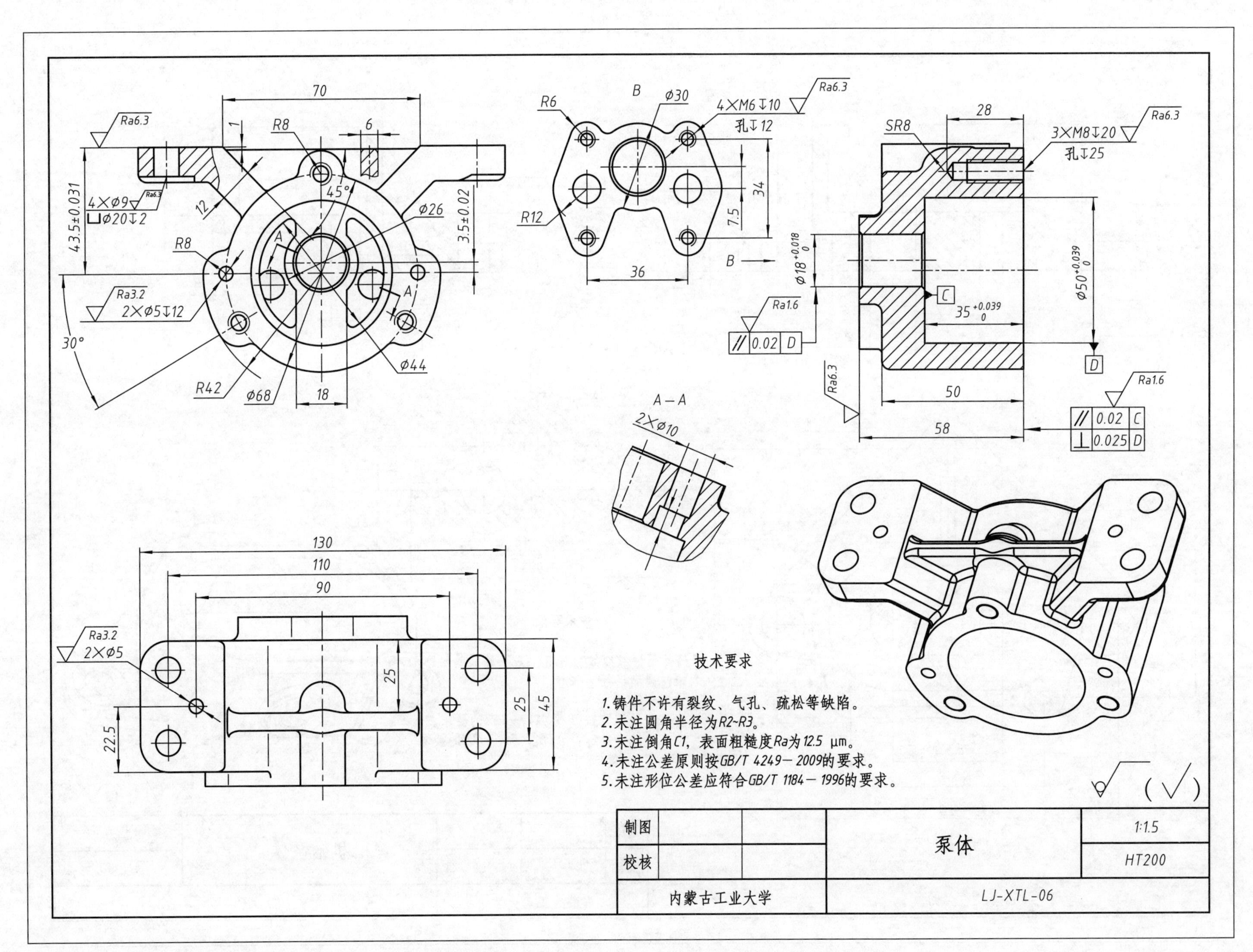
A—A
2×Φ10
技术要求
1.铸件不许有裂纹、气孔、疏松等缺陷。
2.未注圆角半径为R2~R3。
3.未注倒角C1，表面粗糙度Ra为12.5 μm。
4.未注公差原则按GB/T 4249—2009的要求。
5.未注形位公差应符合GB/T 1184—1996的要求。
制图
校核
泵体
1:1.5
HT200
内蒙古工业大学
LJ-XTL-06

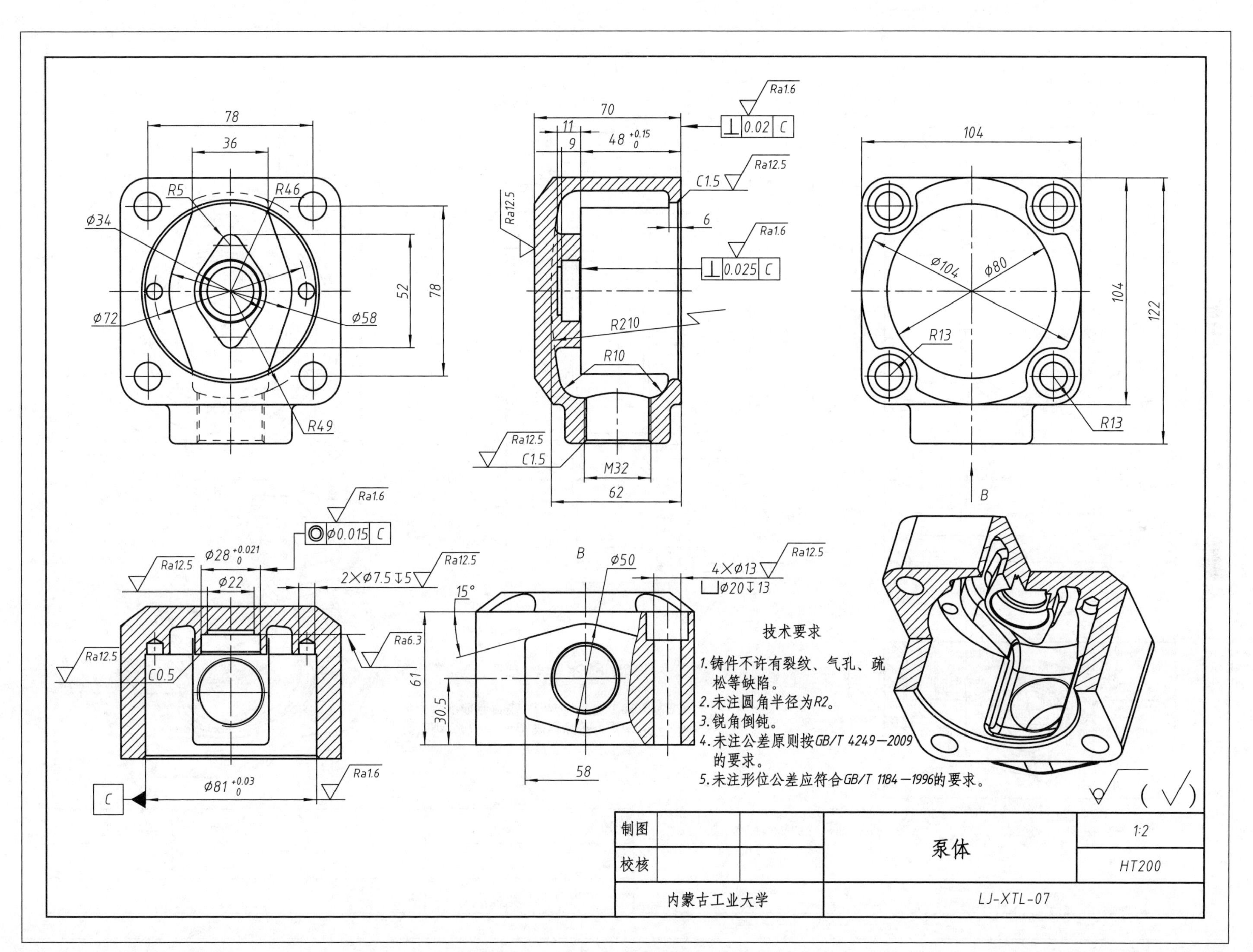

技术要求
1.铸件不许有裂纹、气孔、疏松等缺陷。
2.未注圆角半径为R2。
3.锐角倒钝。
4.未注公差原则按GB/T 4249—2009的要求。
5.未注形位公差应符合GB/T 1184—1996的要求。
制图
校核
泵体
1:2
HT200
内蒙古工业大学
LJ-XTL-07

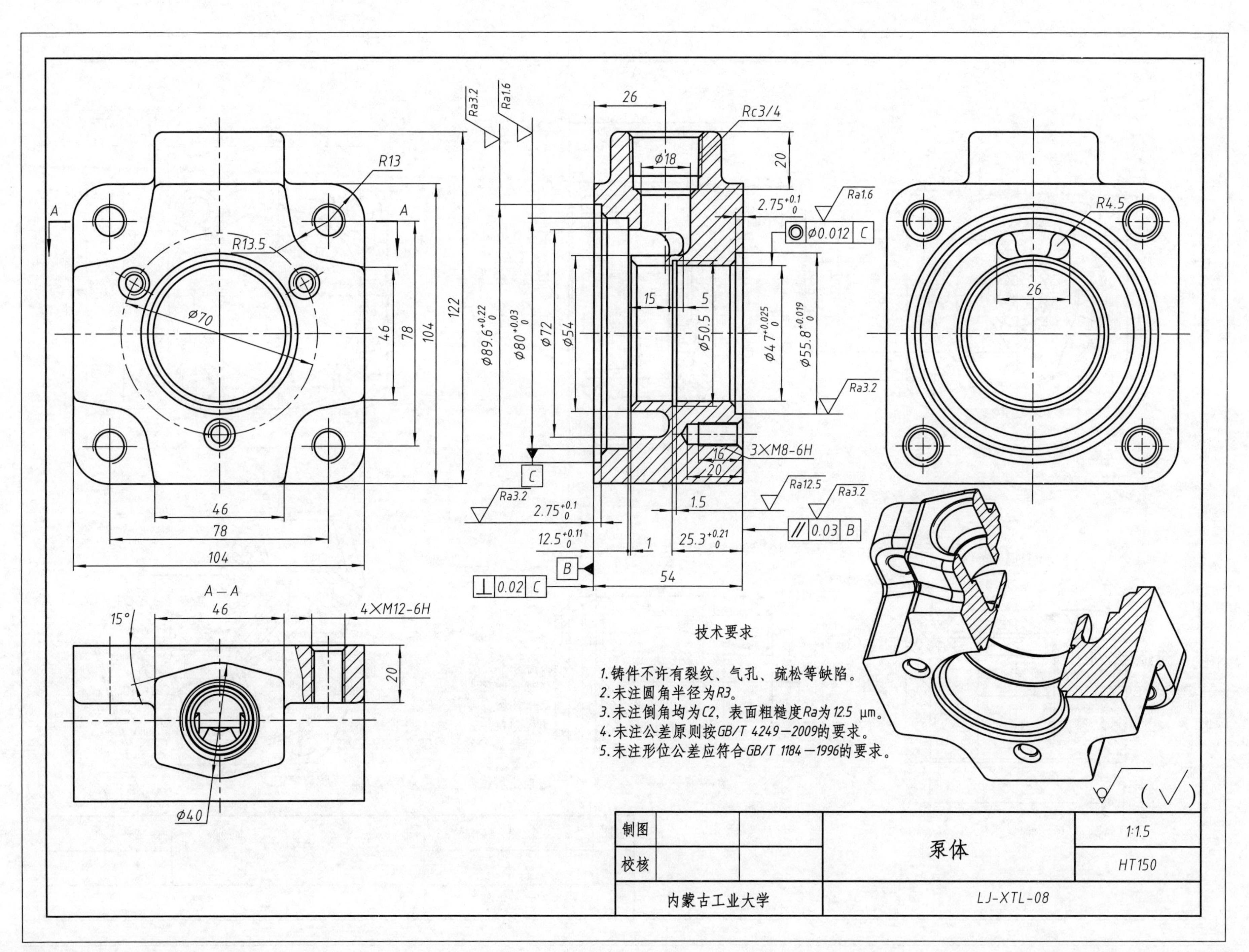

A
A
R13
R13.5
φ70
46
78
104
122
46
78
104
A—A
46
4×M12-6H
15°
20
φ40
Ra3.2
Ra1.6
φ89.6
φ80
φ72
φ54
C
26
Rc3/4
φ18
20
2.75
Ra1.6
φ0.012 C
15
5
φ50.5
φ47
φ55.8
Ra3.2
3×M8-6H
16
20
Ra3.2
2.75
12.5
1
B
⊥ 0.02 C
1.5
25.3
54
Ra12.5
Ra3.2
// 0.03 B
R4.5
26
技术要求
1.铸件不许有裂纹、气孔、疏松等缺陷。
2.未注圆角半径为R3。
3.未注倒角均为C2，表面粗糙度Ra为12.5 μm。
4.未注公差原则按GB/T 4249—2009的要求。
5.未注形位公差应符合GB/T 1184—1996的要求。
制图
校核
泵体
1:1.5
HT150
内蒙古工业大学
LJ-XTL-08

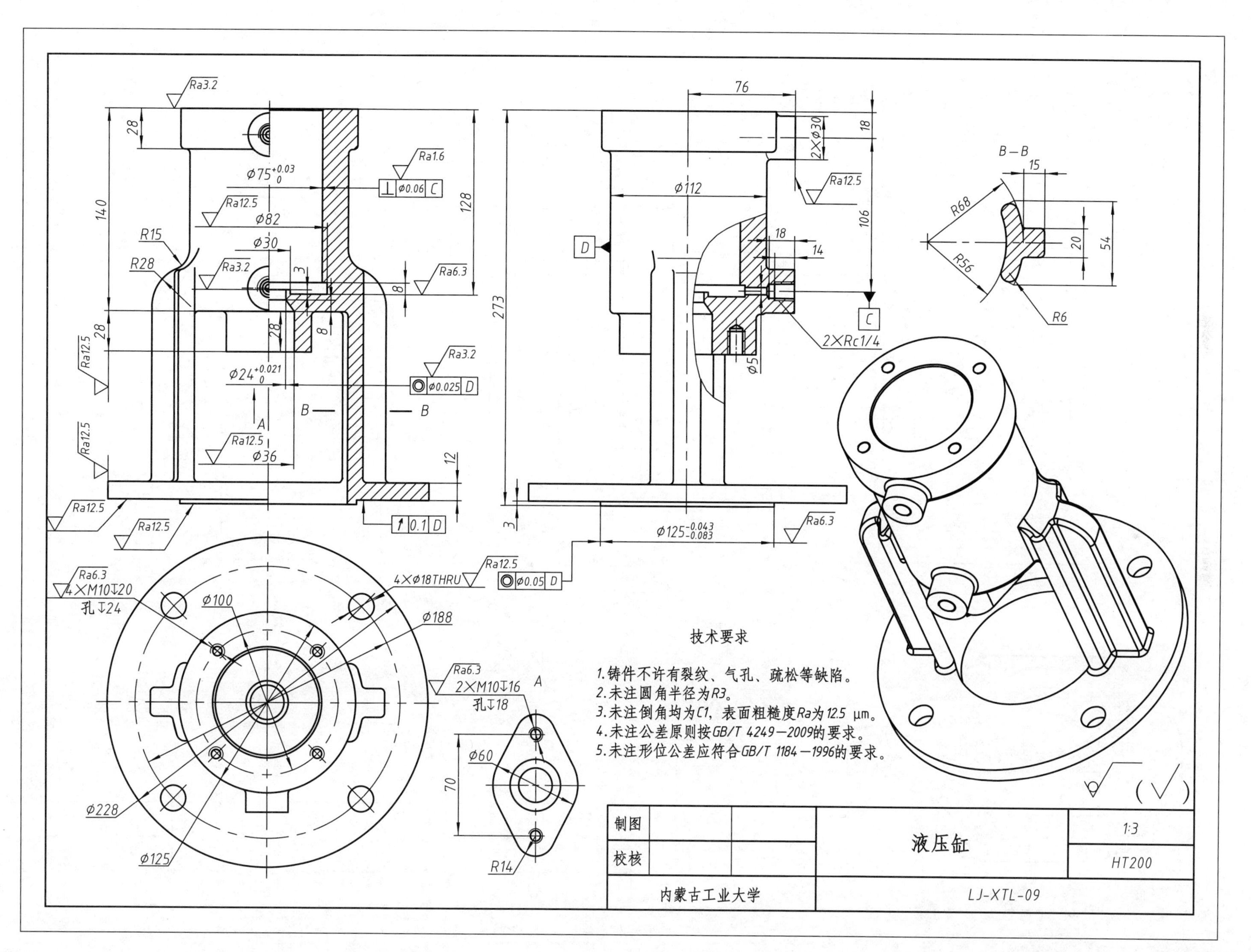

技术要求
1.铸件不许有裂纹、气孔、疏松等缺陷。
2.未注圆角半径为R3。
3.未注倒角均为C1，表面粗糙度Ra为12.5 μm。
4.未注公差原则按GB/T 4249—2009的要求。
5.未注形位公差应符合GB/T 1184—1996的要求。
B—B
A
2×Rc1/4
4×M10↧20
孔↧24
4×Φ18THRU
2×M10↧16
孔↧18
Φ75+0.03 0
Φ125-0.043 -0.083
Φ24+0.021 0
制图
校核
液压缸
1:3
HT200
内蒙古工业大学
LJ-XTL-09

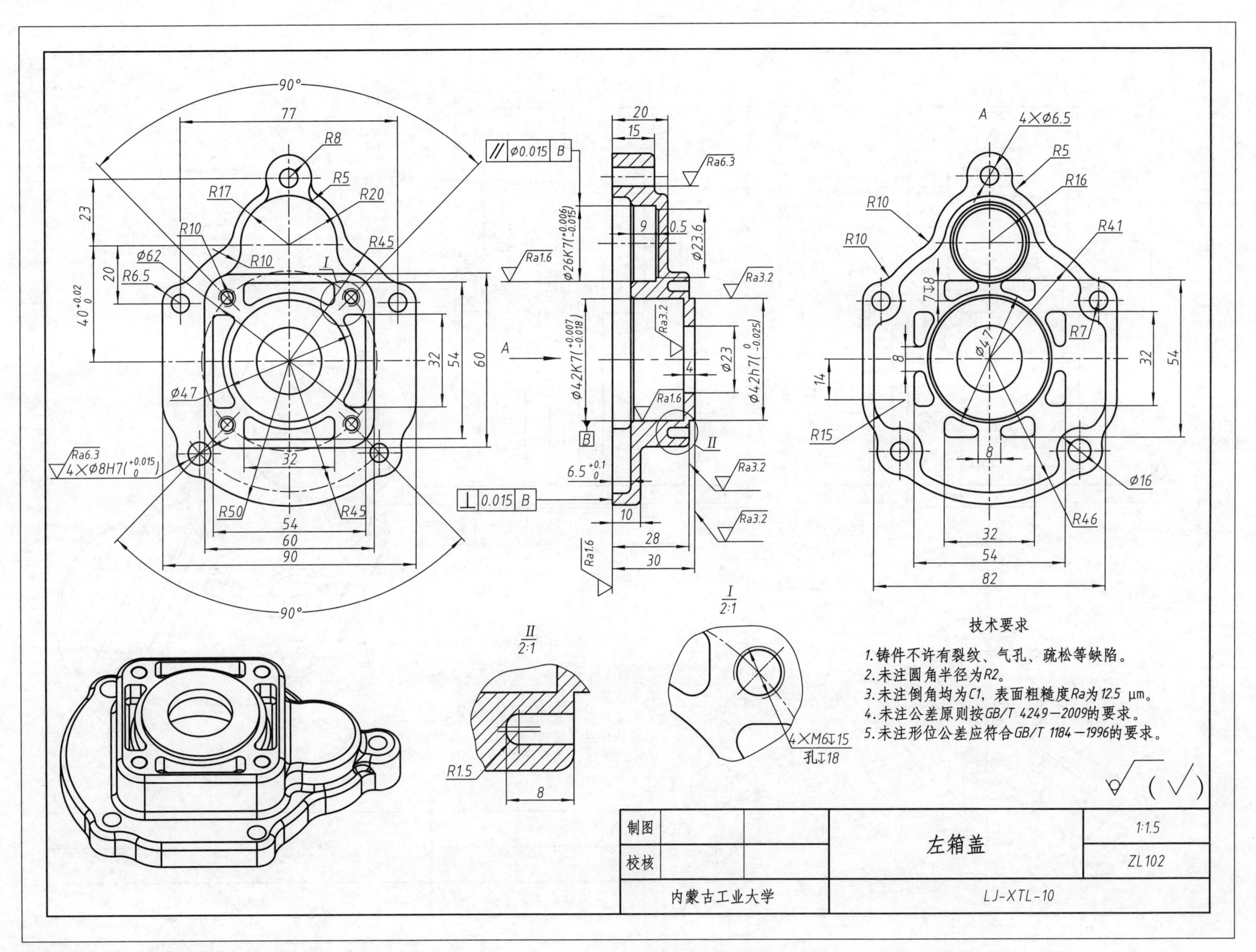
技术要求
1.铸件不许有裂纹、气孔、疏松等缺陷。
2.未注圆角半径为R2。
3.未注倒角均为C1，表面粗糙度Ra为12.5 μm。
4.未注公差原则按GB/T 4249—2009的要求。
5.未注形位公差应符合GB/T 1184—1996的要求。
制图
校核
左箱盖
1:1.5
ZL102
内蒙古工业大学
LJ-XTL-10
II
2:1
I
2:1
4×M6↧15
孔↧18
R1.5
8
4×Φ6.5
4×Φ8H7(+0.015 0)
Φ42K7(+0.007 −0.018)
Φ26K7(+0.006 −0.015)
Φ42h7(0 −0.025)
Ra6.3
Ra3.2
Ra1.6
90°
77
90
82

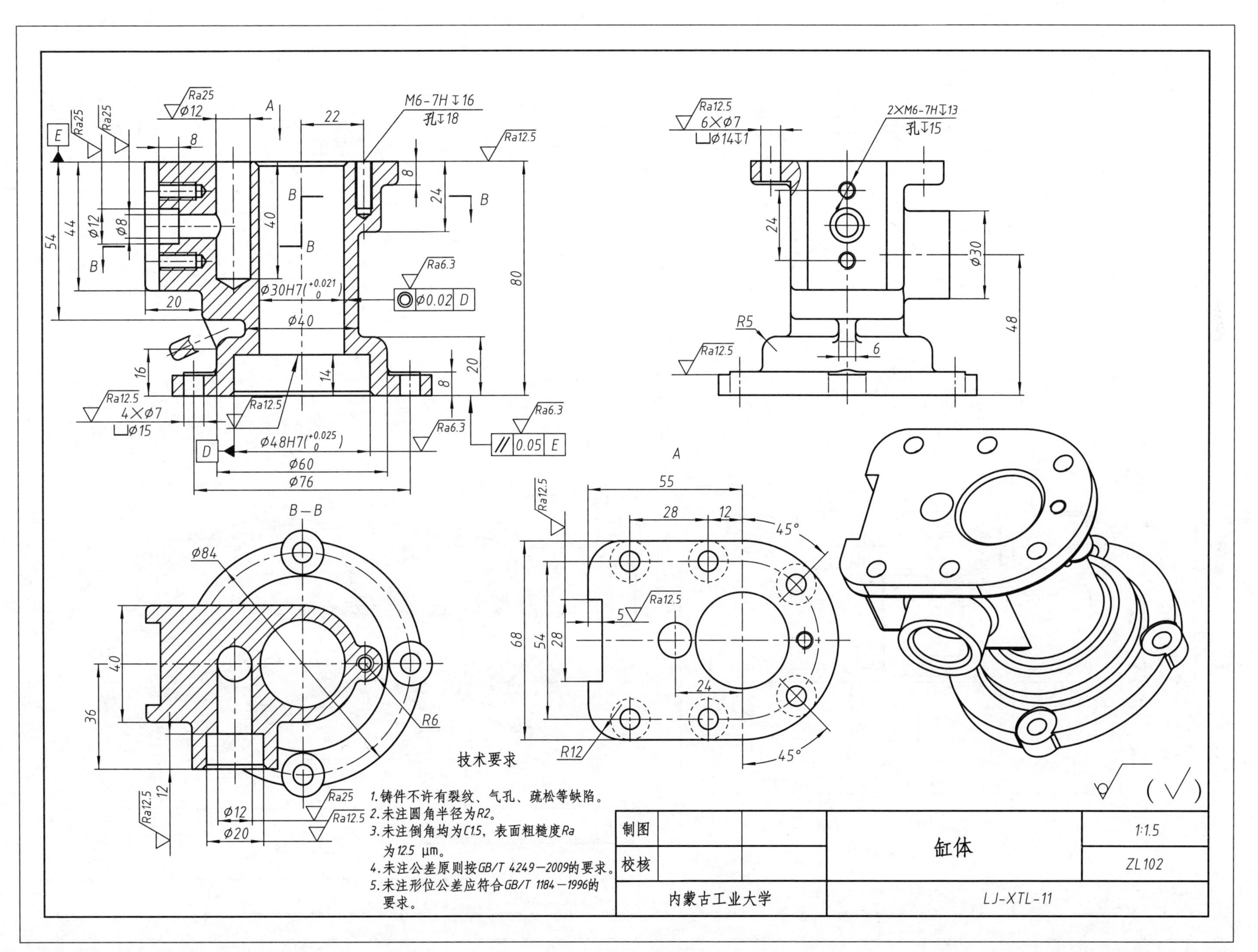
技术要求
1.铸件不许有裂纹、气孔、疏松等缺陷。
2.未注圆角半径为R2。
3.未注倒角均为C1.5，表面粗糙度Ra为12.5 μm。
4.未注公差原则按GB/T 4249—2009的要求。
5.未注形位公差应符合GB/T 1184—1996的要求。
制图
校核
缸体
1:1.5
ZL102
内蒙古工业大学
LJ-XTL-11
B—B
A
M6-7H↧16
孔↧18
2×M6-7H↧13
孔↧15
6×Ø7
⌴Ø14↧1
4×Ø7
⌴Ø15
Ø30H7(+0.021 0)
Ø48H7(+0.025 0)
Ø40
Ø60
Ø76
Ø84
Ø0.02 D
// 0.05 E
R5
R6
R12
45°

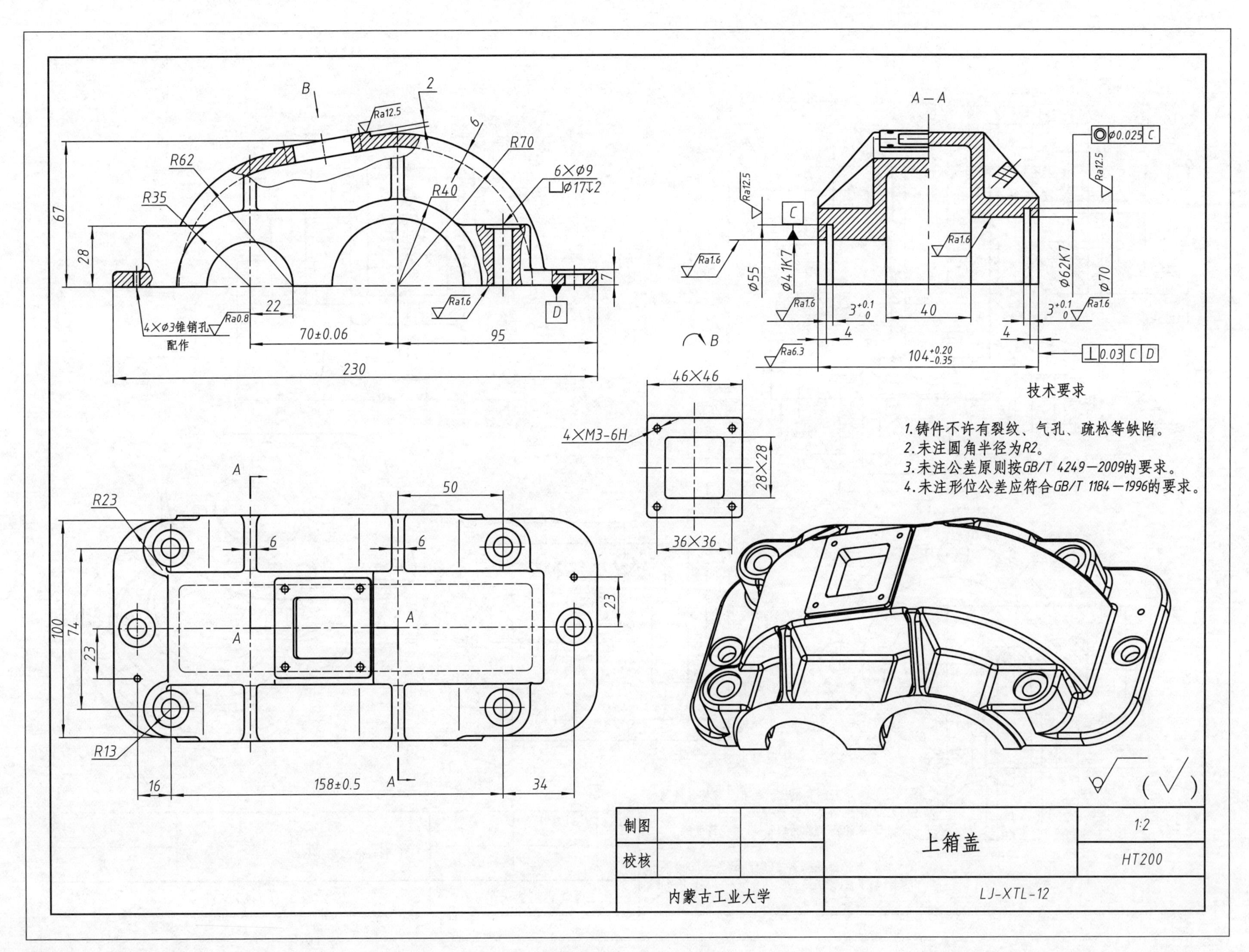
B
2
Ra12.5
6
R70
R62
6×ϕ9
⌴ϕ17↧2
R35
R40
67
28
7
Ra1.6
D
22
4×ϕ3锥销孔
配作
Ra0.8
70±0.06
95
230
A—A
ϕ0.025 C
Ra12.5
Ra12.5
C
Ra1.6
Ra1.6
ϕ55
ϕ41K7
ϕ62K7
ϕ70
Ra1.6
3 +0.1 0
40
3 +0.1 0
Ra1.6
4
4
Ra6.3
104 +0.20 −0.35
⊥ 0.03 C D
B
46×46
4×M3-6H
28×28
36×36
技术要求
1.铸件不许有裂纹、气孔、疏松等缺陷。
2.未注圆角半径为R2。
3.未注公差原则按GB/T 4249—2009的要求。
4.未注形位公差应符合GB/T 1184—1996的要求。
A
50
R23
6
6
23
100
74
23
A
A
R13
16
158±0.5
A
34
(√)
制图
校核
上箱盖
1:2
HT200
内蒙古工业大学
LJ-XTL-12

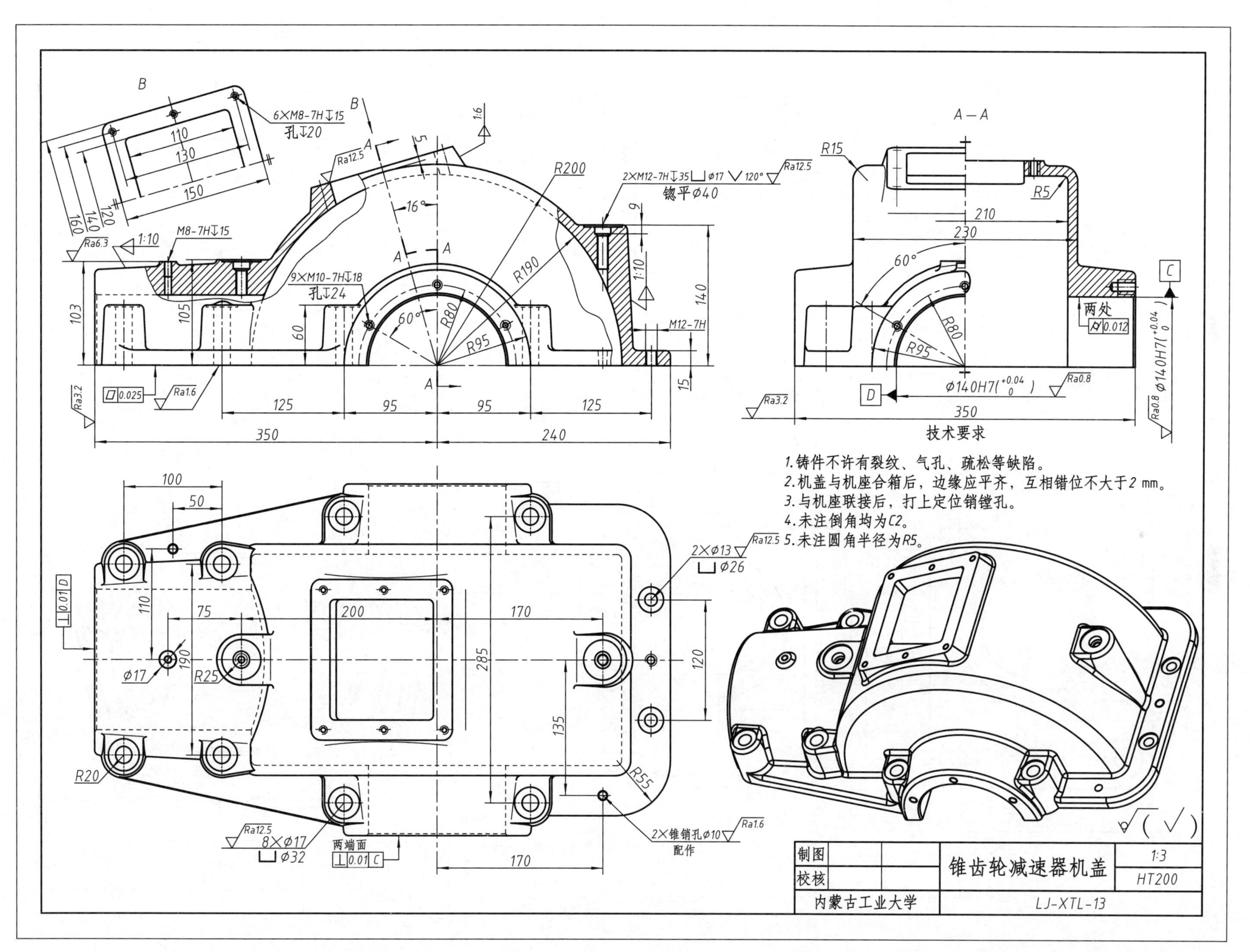
技术要求
1.铸件不许有裂纹、气孔、疏松等缺陷。
2.机盖与机座合箱后，边缘应平齐，互相错位不大于2 mm。
3.与机座联接后，打上定位销镗孔。
4.未注倒角均为C2。
5.未注圆角半径为R5。
A—A
6×M8-7H↧15
孔↧20
9×M10-7H↧18
孔↧24
2×M12-7H↧35 ⌴ ϕ17 ⌵ 120°
锪平ϕ40
M8-7H↧15
M12-7H
两处
2×ϕ13
⌴ ϕ26
8×ϕ17
⌴ ϕ32
两端面
2×锥销孔ϕ10
配作
ϕ140H7(+0.04 0)
制图
校核
内蒙古工业大学
锥齿轮减速器机盖
1:3
HT200
LJ-XTL-13

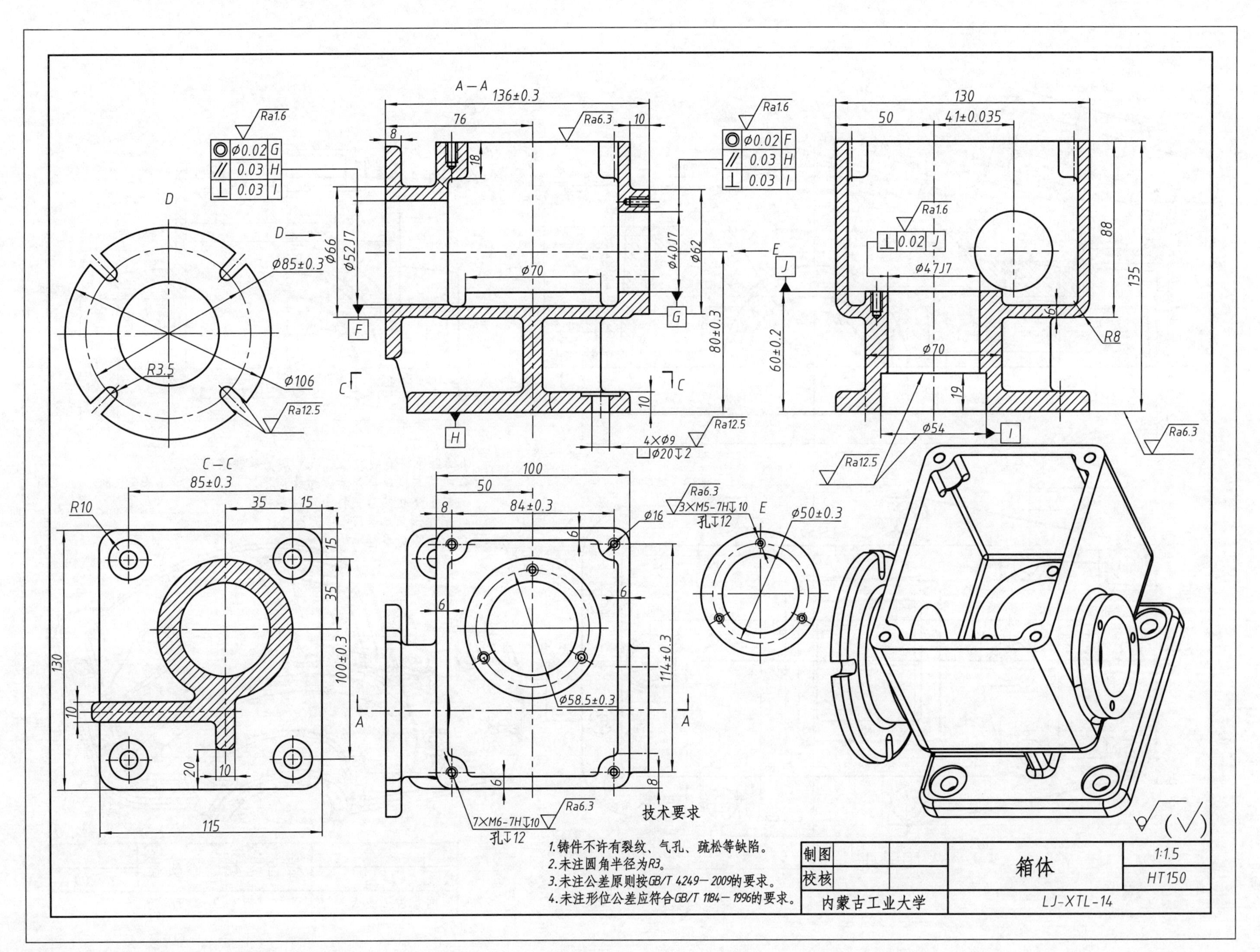
A—A
136±0.3
76
8
10
18
Ra1.6
Ra6.3
Ø0.02 G
// 0.03 H
⊥ 0.03 I
Ø0.02 F
// 0.03 H
⊥ 0.03 I
D
D
Ø85±0.3
Ø106
R3.5
Ra12.5
Ø66
Ø52J7
Ø70
Ø40J7
Ø62
E
F
G
H
80±0.3
4×Ø9
⌴Ø20↧2
C
C
130
50
41±0.035
88
135
Ø47J7
⊥ 0.02 J
J
Ø70
60±0.2
19
Ø54
I
R8
6
Ra12.5
Ra6.3
C—C
85±0.3
35
15
R10
15
35
100±0.3
130
10
20
10
115
100
50
84±0.3
8
6
6
6
Ø16
Ø58.5±0.3
114±0.3
6
8
A
A
7×M6-7H↧10
孔↧12
Ra6.3
3×M5-7H↧10
孔↧12
E
Ø50±0.3
技术要求
1.铸件不许有裂纹、气孔、疏松等缺陷。
2.未注圆角半径为R3。
3.未注公差原则按GB/T 4249—2009的要求。
4.未注形位公差应符合GB/T 1184—1996的要求。
制图
校核
内蒙古工业大学
箱体
1:1.5
HT150
LJ-XTL-14

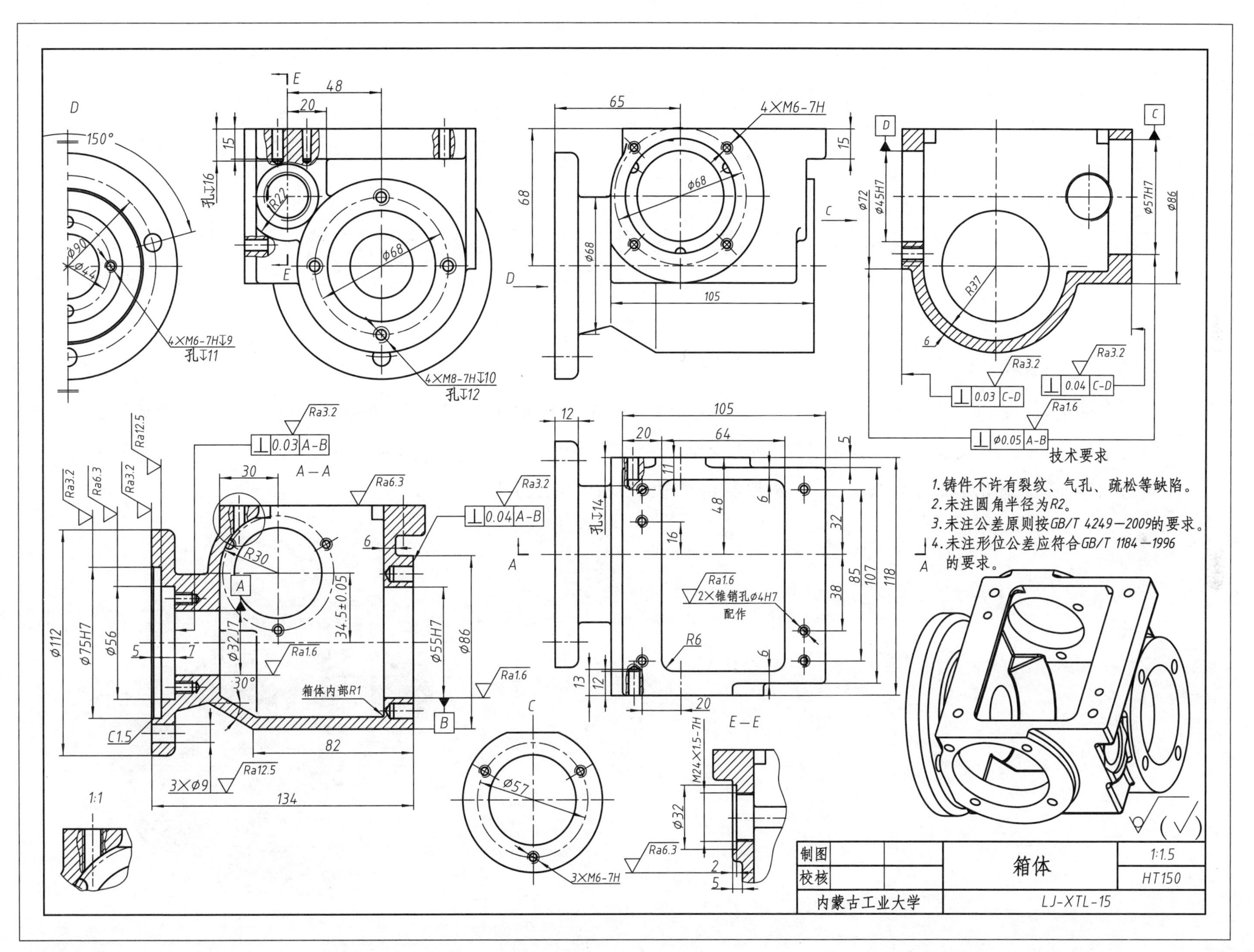
技术要求
1.铸件不许有裂纹、气孔、疏松等缺陷。
2.未注圆角半径为R2。
3.未注公差原则按GB/T 4249—2009的要求。
4.未注形位公差应符合GB/T 1184—1996的要求。
A—A
E—E
2×锥销孔ϕ4H7
配作
箱体内部R1
4×M6-7H↧9
孔↧11
4×M8-7H↧10
孔↧12
4×M6-7H
3×M6-7H
3×ϕ9
孔↧16
孔↧14
M24×1.5-7H
制图
校核
箱体
1:1.5
HT150
内蒙古工业大学
LJ-XTL-15

第二部分　机械典型装置三维实体建模及工程图

2.1　定滑轮

定滑轮的中心轴固定不动。定滑轮的功能是改变力的方向,但不能省力。当牵拉重物时,可使用定滑轮将施力方向转变为容易出力的方向。使用定滑轮时,施力牵拉的距离等于物体上升的距离,这时不省力也不费力。绳索两端的拉力相等,所以,输出力等于输入力,不计摩擦时,定滑轮的机械效率接近于1。

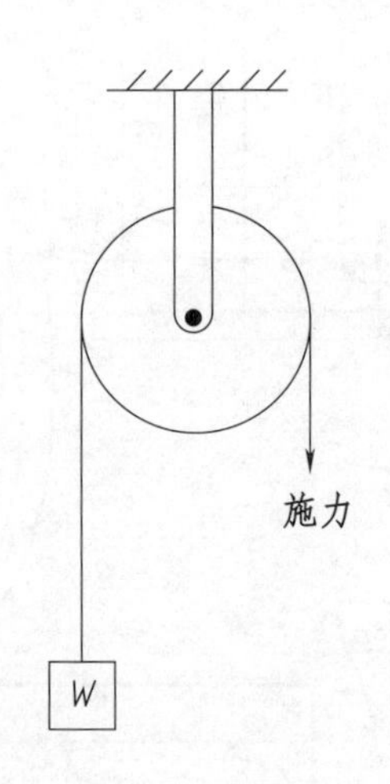

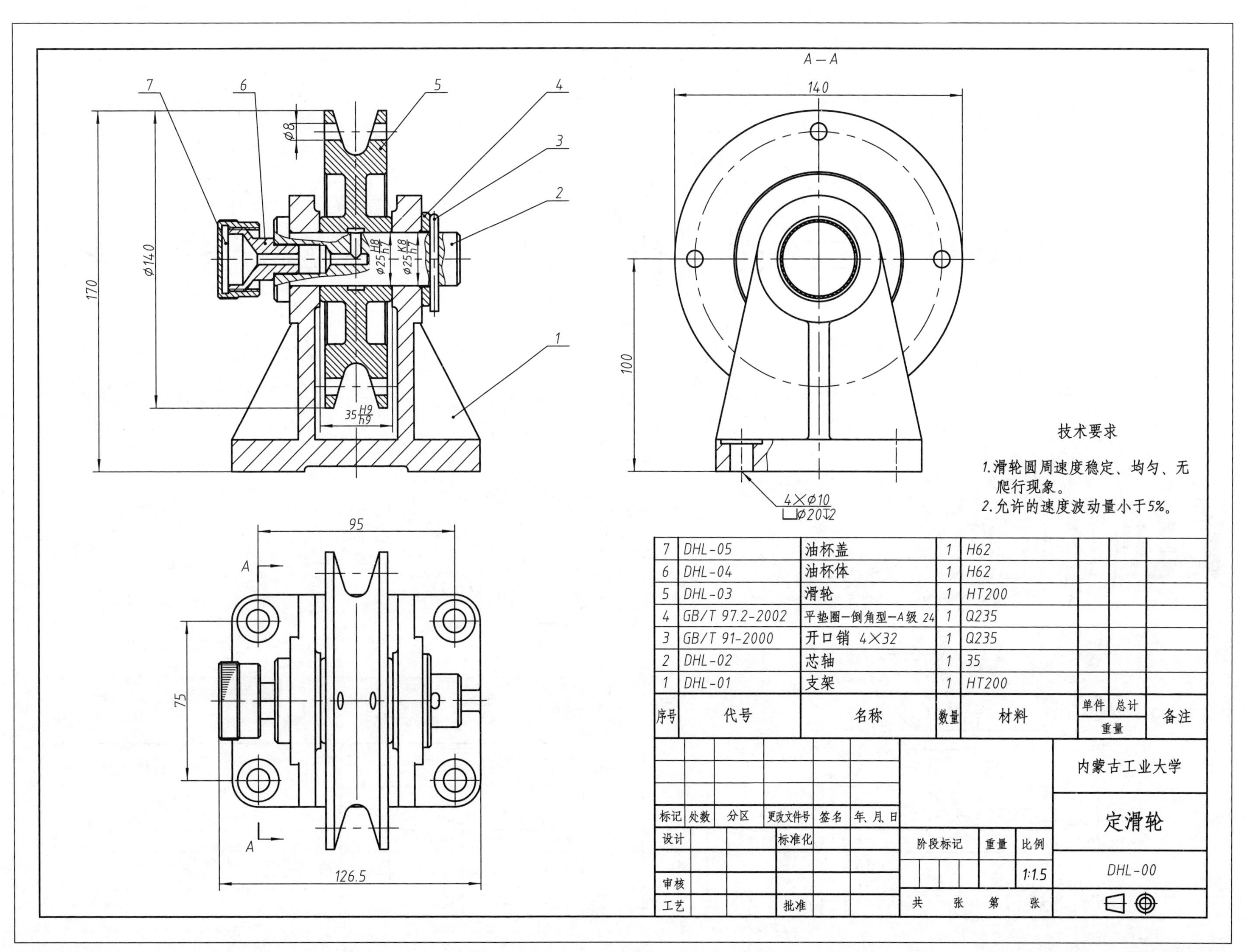
A—A
140
170
Φ140
Φ8
Φ25 H8/h7
Φ25 K8/h7
35 H9/h9
100
4×Φ10
⌴Φ20↧2
95
75
126.5
A
7
6
5
4
3
2
1
技术要求
1.滑轮圆周速度稳定、均匀、无爬行现象。
2.允许的速度波动量小于5%。
7 DHL-05 油杯盖 1 H62
6 DHL-04 油杯体 1 H62
5 DHL-03 滑轮 1 HT200
4 GB/T 97.2-2002 平垫圈—倒角型—A级 24 1 Q235
3 GB/T 91-2000 开口销 4×32 1 Q235
2 DHL-02 芯轴 1 35
1 DHL-01 支架 1 HT200
序号 代号 名称 数量 材料 单件 总计 重量 备注
标记 处数 分区 更改文件号 签名 年、月、日
设计 标准化
审核
工艺 批准
阶段标记 重量 比例
1:1.5
共 张 第 张
内蒙古工业大学
定滑轮
DHL-00

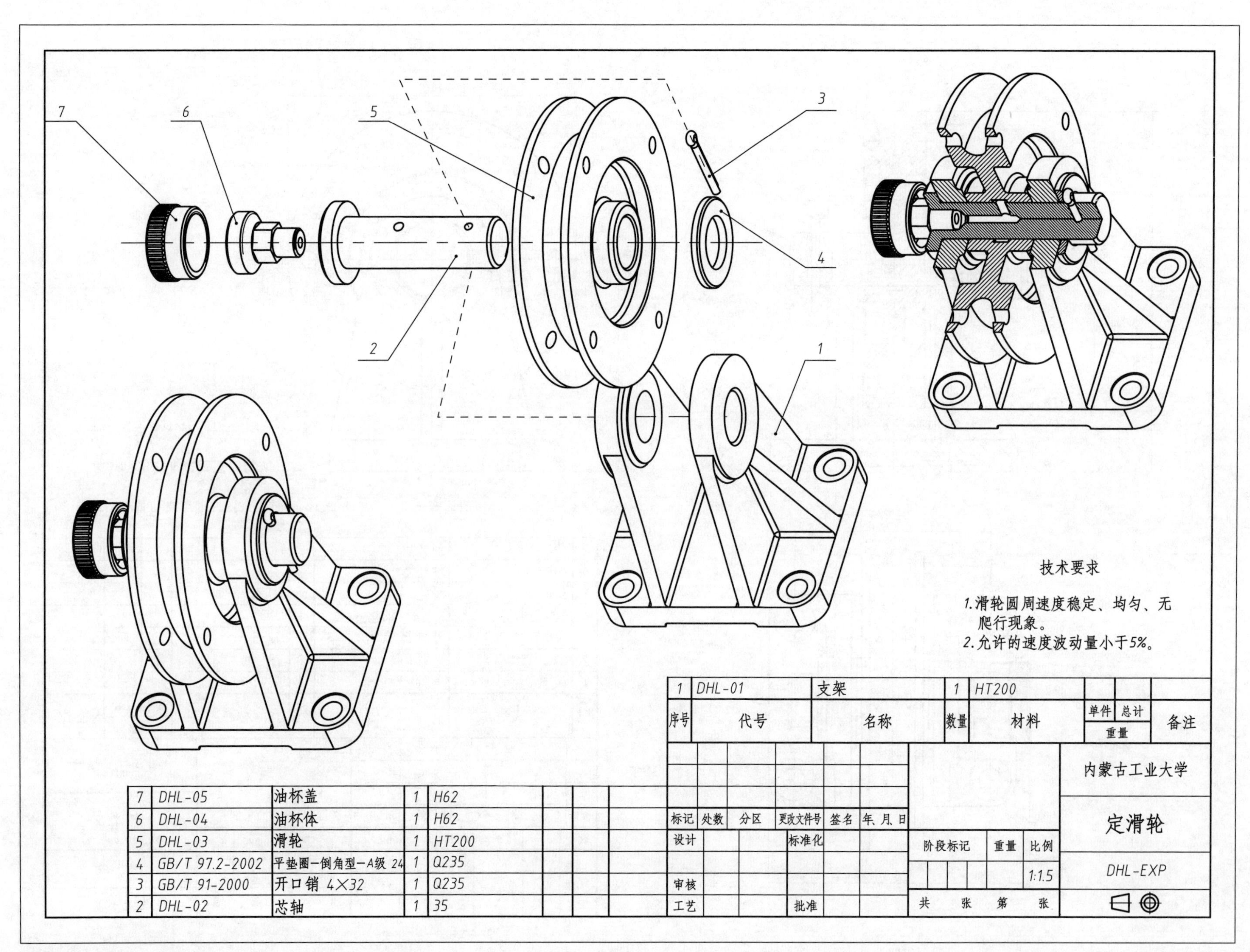

7
6
5
3
4
2
1
技术要求
1.滑轮圆周速度稳定、均匀、无爬行现象。
2.允许的速度波动量小于5%。
1 DHL-01 支架 1 HT200
序号 代号 名称 数量 材料 单件 总计 重量 备注
7 DHL-05 油杯盖 1 H62
6 DHL-04 油杯体 1 H62
5 DHL-03 滑轮 1 HT200
4 GB/T 97.2-2002 平垫圈—倒角型—A级 24 1 Q235
3 GB/T 91-2000 开口销 4×32 1 Q235
2 DHL-02 芯轴 1 35
标记 处数 分区 更改文件号 签名 年、月、日
设计 标准化
审核
工艺 批准
阶段标记 重量 比例
1:1.5
共 张 第 张
内蒙古工业大学
定滑轮
DHL-EXP

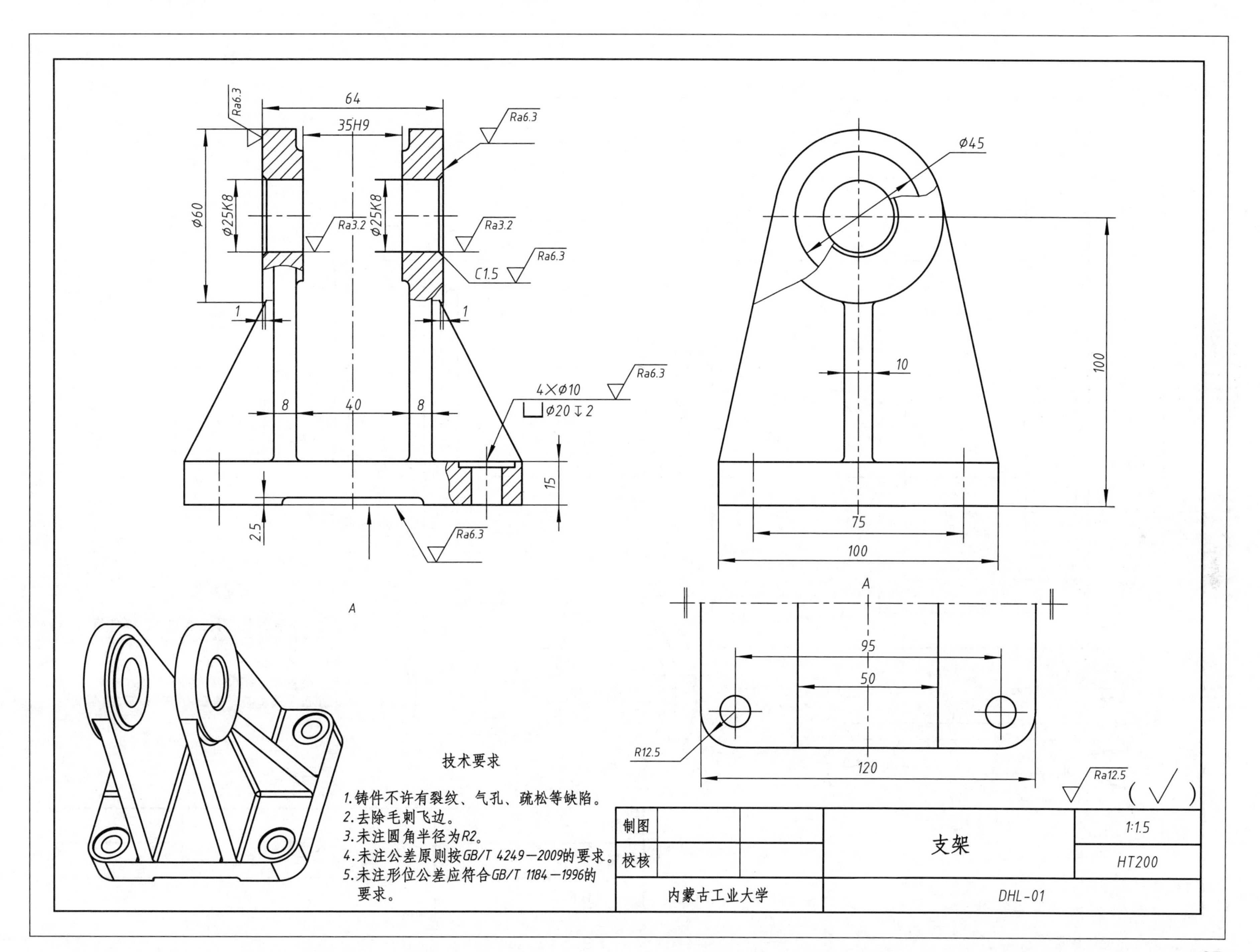
64
35H9
Ra6.3
Ra6.3
Ø45
Ø60
Ø25K8
Ø25K8
Ra3.2
Ra3.2
Ra6.3
C1.5
1
1
10
100
4×Ø10
⌴Ø20↧2
Ra6.3
8
40
8
15
2.5
Ra6.3
75
100
A
A
95
50
R12.5
120
Ra12.5
(√)
技术要求
1.铸件不许有裂纹、气孔、疏松等缺陷。
2.去除毛刺飞边。
3.未注圆角半径为R2。
4.未注公差原则按GB/T 4249—2009的要求。
5.未注形位公差应符合GB/T 1184—1996的要求。
制图
校核
支架
1:1.5
HT200
内蒙古工业大学
DHL-01

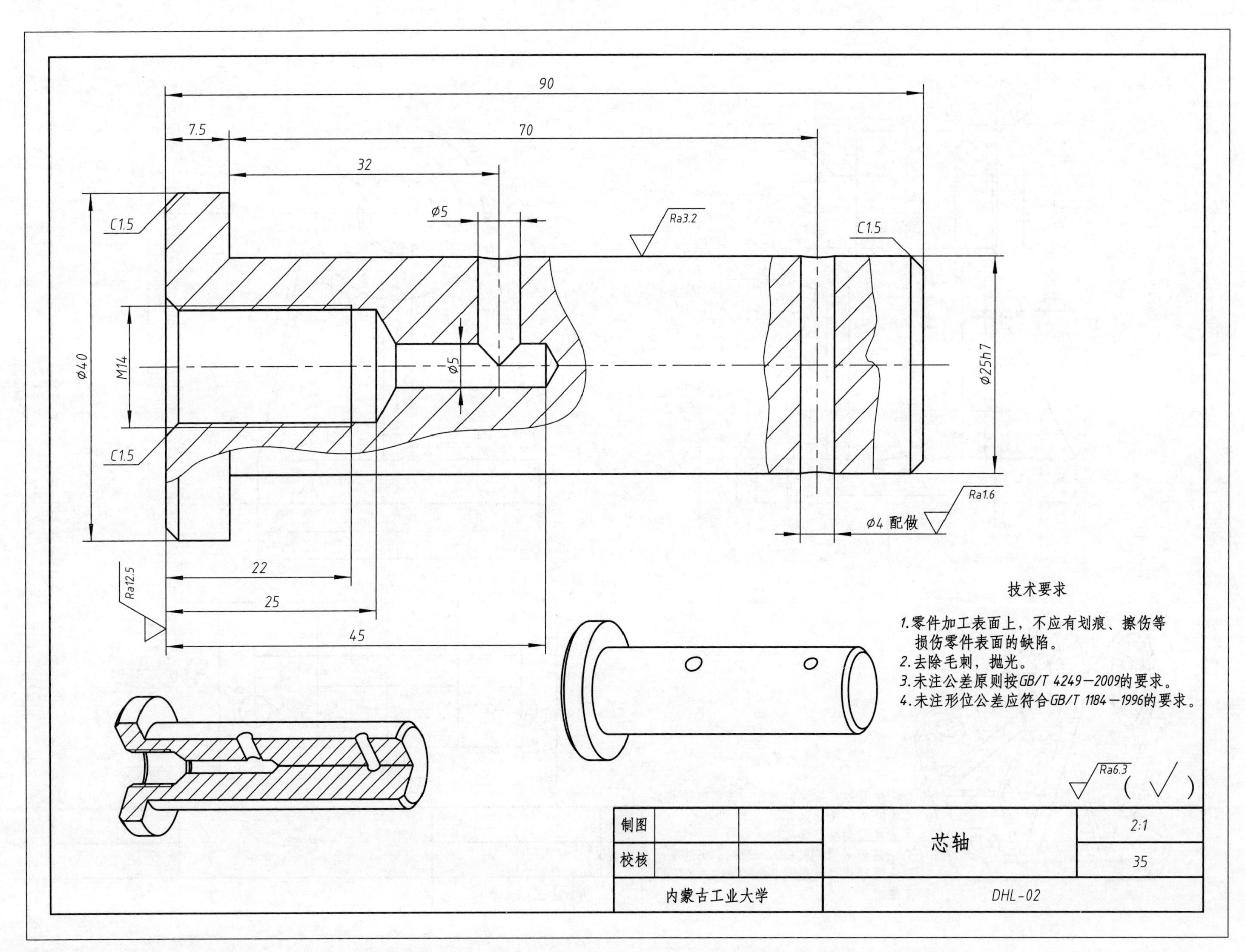
90
7.5
70
32
⌀5
Ra3.2
C1.5
C1.5
C1.5
⌀40
M14
⌀5
⌀25h7
Ra1.6
⌀4 配做
22
25
45
Ra12.5
Ra6.3
(√)
技术要求
1.零件加工表面上，不应有划痕、擦伤等损伤零件表面的缺陷。
2.去除毛刺，抛光。
3.未注公差原则按GB/T 4249—2009的要求。
4.未注形位公差应符合GB/T 1184—1996的要求。
制图
校核
芯轴
2:1
35
内蒙古工业大学
DHL-02

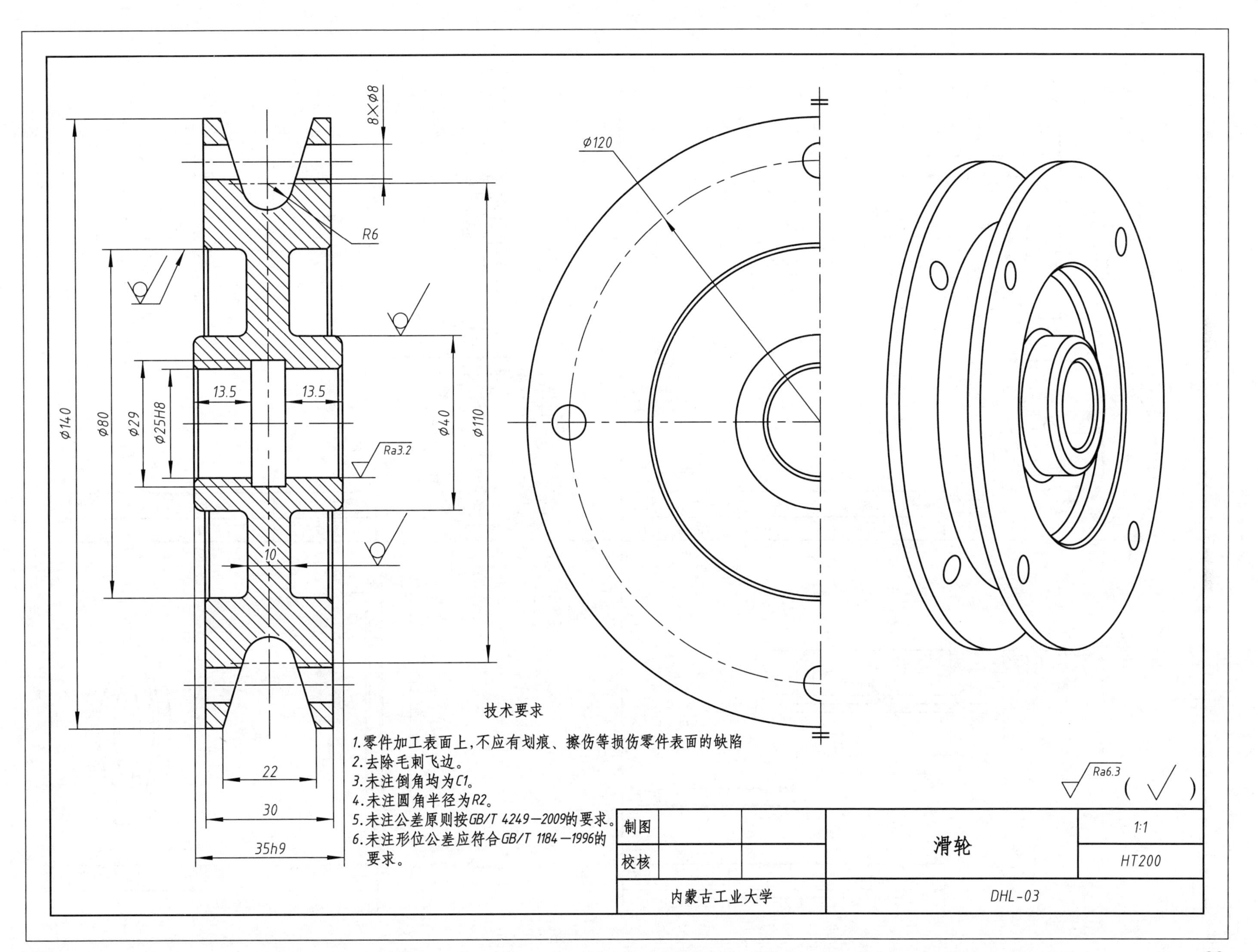
8×ϕ8
ϕ120
R6
13.5
13.5
ϕ140
ϕ80
ϕ29
ϕ25H8
ϕ40
ϕ110
Ra3.2
10
22
30
35h9
技术要求
1.零件加工表面上,不应有划痕、擦伤等损伤零件表面的缺陷
2.去除毛刺飞边。
3.未注倒角均为C1。
4.未注圆角半径为R2。
5.未注公差原则按GB/T 4249—2009的要求。
6.未注形位公差应符合GB/T 1184—1996的要求。
Ra6.3
制图
校核
滑轮
1:1
HT200
内蒙古工业大学
DHL-03

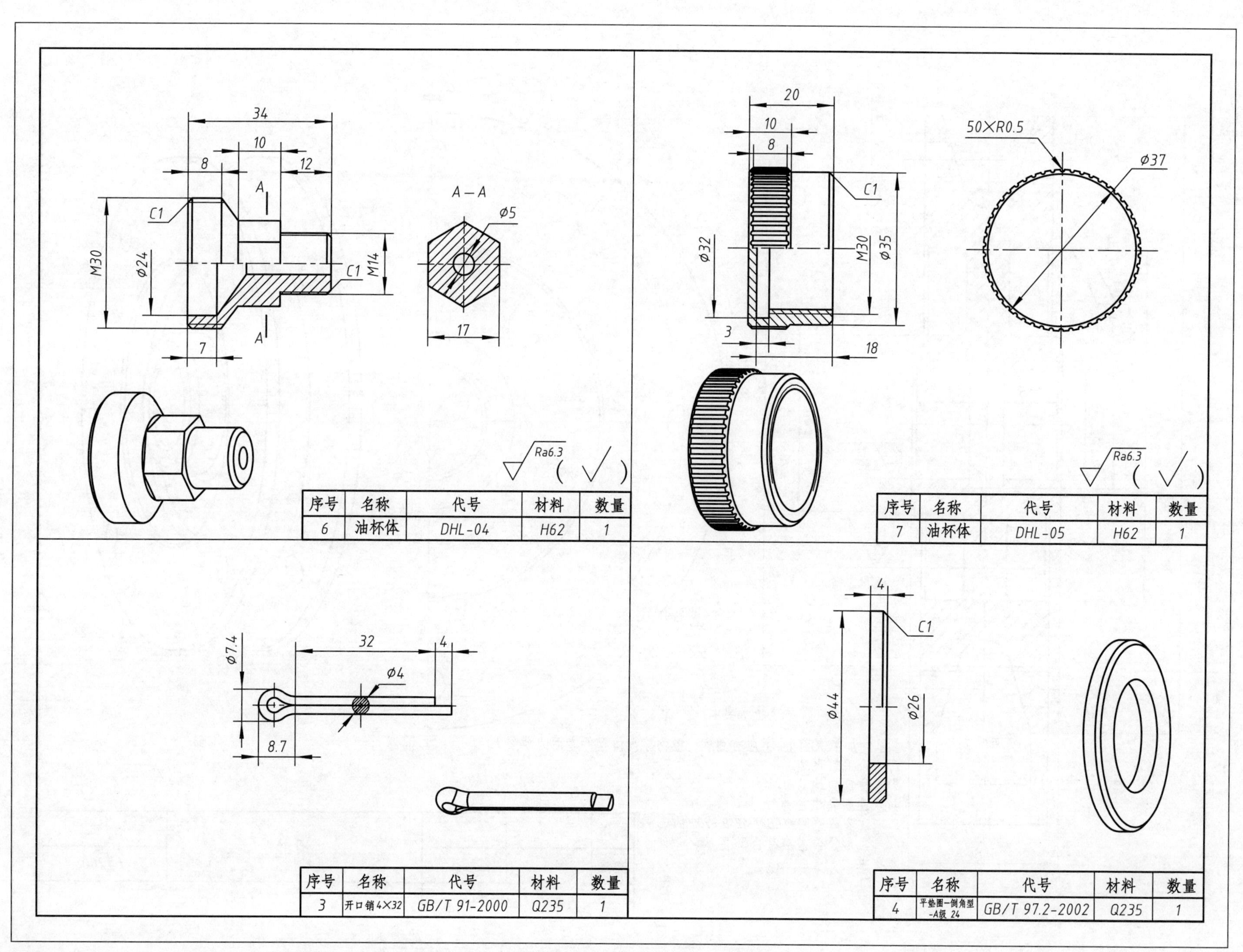

34
10
8
12
A
C1
A—A
Ø5
M30
Ø24
C1
M14
17
A
7
Ra6.3
序号 名称 代号 材料 数量
6 油杯体 DHL-04 H62 1
20
10
8
50×R0.5
Ø37
C1
Ø32
M30
Ø35
3
18
Ra6.3
序号 名称 代号 材料 数量
7 油杯体 DHL-05 H62 1
Ø7.4
32
4
Ø4
8.7
序号 名称 代号 材料 数量
3 开口销4×32 GB/T 91-2000 Q235 1
4
C1
Ø44
Ø26
序号 名称 代号 材料 数量
4 平垫圈—倒角型—A级 24 GB/T 97.2-2002 Q235 1

2.2 千斤顶

千斤顶是一种起重高度较小(小于 1m)的最简单的起重设备,用钢性顶举件作为工作装置,通过顶部托座或底部托爪在行程内顶升重物的轻小起重设备。分机械式和液压式两种,千斤顶主要用于厂矿、交通运输等部门作为车辆修理及其他起重、支承等装置。其结构轻巧坚固、灵活可靠,一人即可携带和操作。千斤顶作为一种使用范围广泛的工具,采用了最优质的材料铸造,保证了千斤顶的质量和使用寿命。

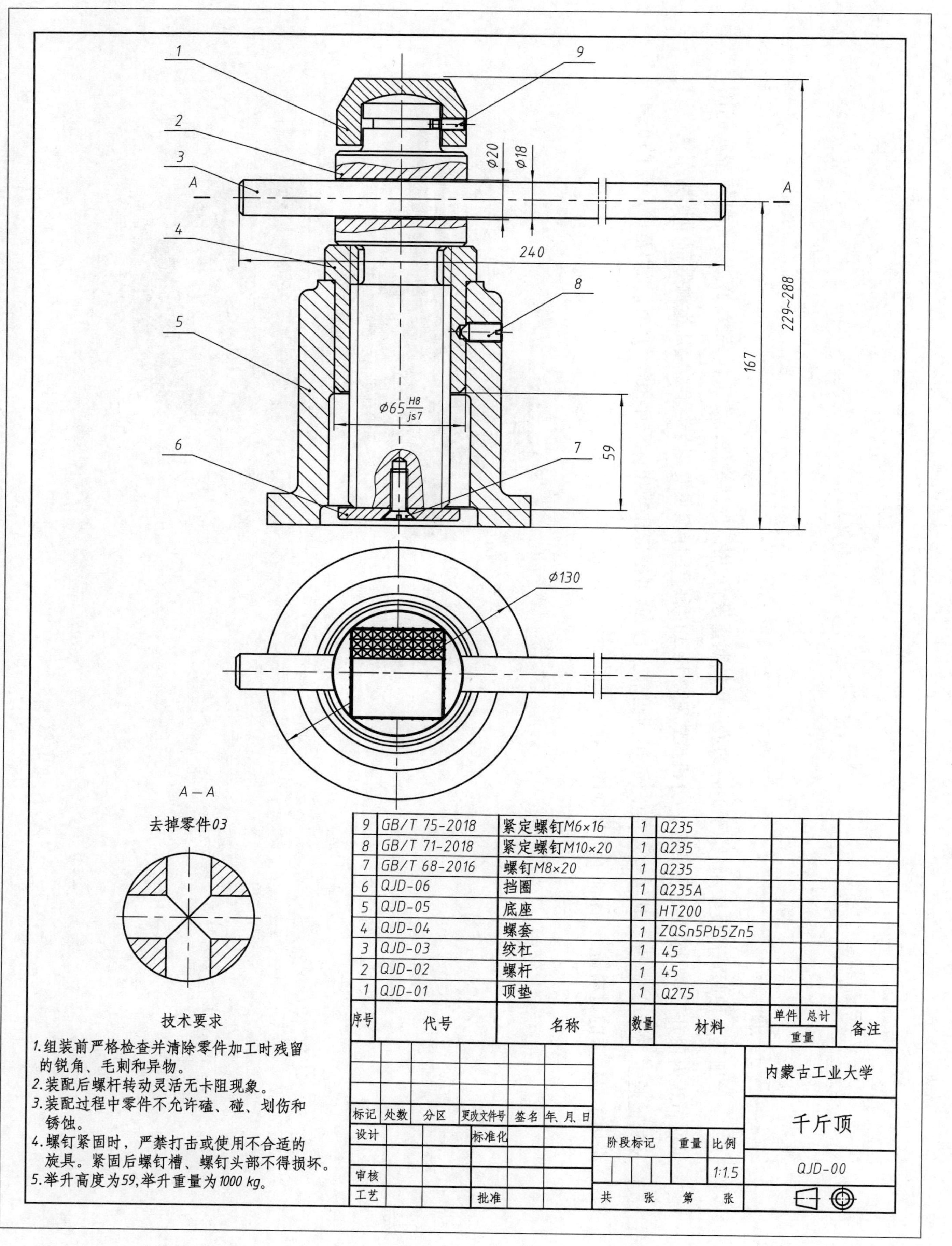
1
2
3
4
5
6
7
8
9
A
A
Φ20
Φ18
240
229~288
167
Φ65 H8/js7
59
Φ130
A—A
去掉零件03
技术要求
1.组装前严格检查并清除零件加工时残留的锐角、毛刺和异物。
2.装配后螺杆转动灵活无卡阻现象。
3.装配过程中零件不允许磕、碰、划伤和锈蚀。
4.螺钉紧固时，严禁打击或使用不合适的旋具。紧固后螺钉槽、螺钉头部不得损坏。
5.举升高度为59,举升重量为1000 kg。
9 GB/T 75-2018 紧定螺钉M6×16 1 Q235
8 GB/T 71-2018 紧定螺钉M10×20 1 Q235
7 GB/T 68-2016 螺钉M8×20 1 Q235
6 QJD-06 挡圈 1 Q235A
5 QJD-05 底座 1 HT200
4 QJD-04 螺套 1 ZQSn5Pb5Zn5
3 QJD-03 绞杠 1 45
2 QJD-02 螺杆 1 45
1 QJD-01 顶垫 1 Q275
序号 代号 名称 数量 材料 单件 总计 重量 备注
标记 处数 分区 更改文件号 签名 年、月、日
设计 标准化
审核
工艺 批准
阶段标记 重量 比例
1:1.5
共 张 第 张
内蒙古工业大学
千斤顶
QJD-00

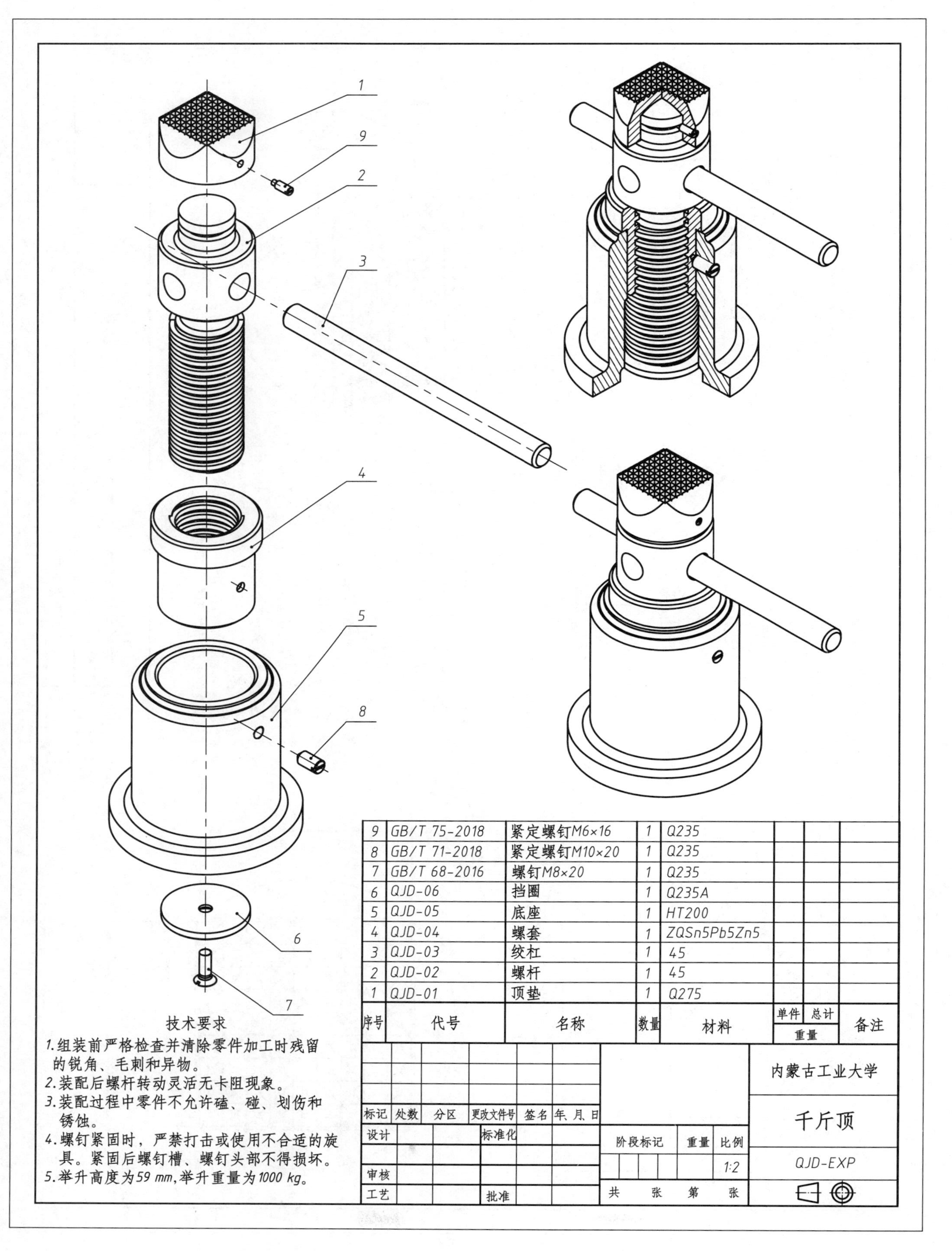

序号	代号	名称	数量	材料	单件 重量	总计 重量	备注
9	GB/T 75-2018	紧定螺钉M6×16	1	Q235			
8	GB/T 71-2018	紧定螺钉M10×20	1	Q235			
7	GB/T 68-2016	螺钉M8×20	1	Q235			
6	QJD-06	挡圈	1	Q235A			
5	QJD-05	底座	1	HT200			
4	QJD-04	螺套	1	ZQSn5Pb5Zn5			
3	QJD-03	绞杠	1	45			
2	QJD-02	螺杆	1	45			
1	QJD-01	顶垫	1	Q275			

技术要求

1. 组装前严格检查并清除零件加工时残留的锐角、毛刺和异物。
2. 装配后螺杆转动灵活无卡阻现象。
3. 装配过程中零件不允许磕、碰、划伤和锈蚀。
4. 螺钉紧固时，严禁打击或使用不合适的旋具。紧固后螺钉槽、螺钉头部不得损坏。
5. 举升高度为59 mm，举升重量为1000 kg。

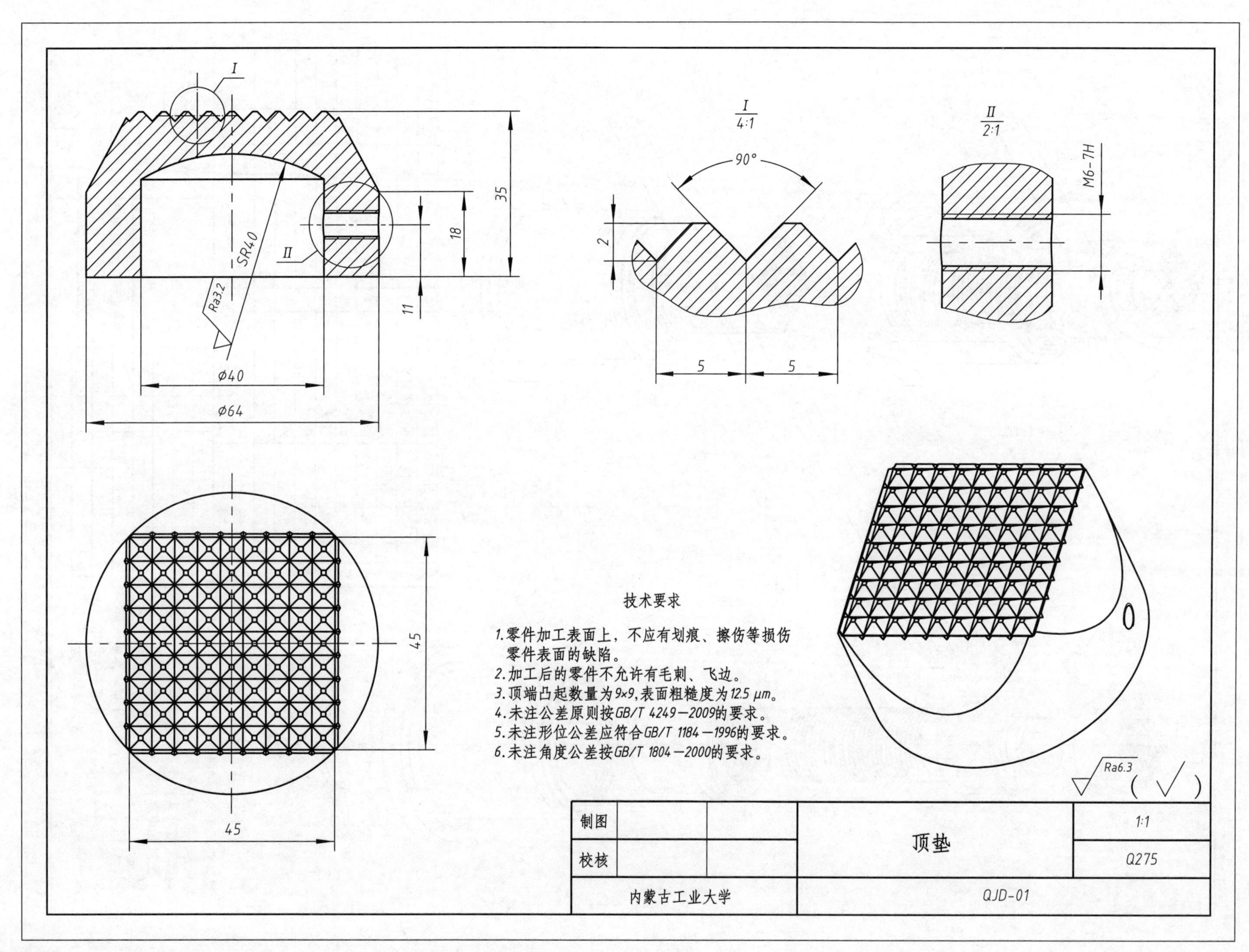
I
II
SR40
Ra3.2
35
18
11
Ø40
Ø64
I
4:1
90°
2
5
5
II
2:1
M6-7H
45
45
技术要求
1.零件加工表面上，不应有划痕、擦伤等损伤零件表面的缺陷。
2.加工后的零件不允许有毛刺、飞边。
3.顶端凸起数量为9×9,表面粗糙度为12.5 μm。
4.未注公差原则按GB/T 4249—2009的要求。
5.未注形位公差应符合GB/T 1184—1996的要求。
6.未注角度公差按GB/T 1804—2000的要求。
Ra6.3
制图
校核
顶垫
1:1
Q275
内蒙古工业大学
QJD-01

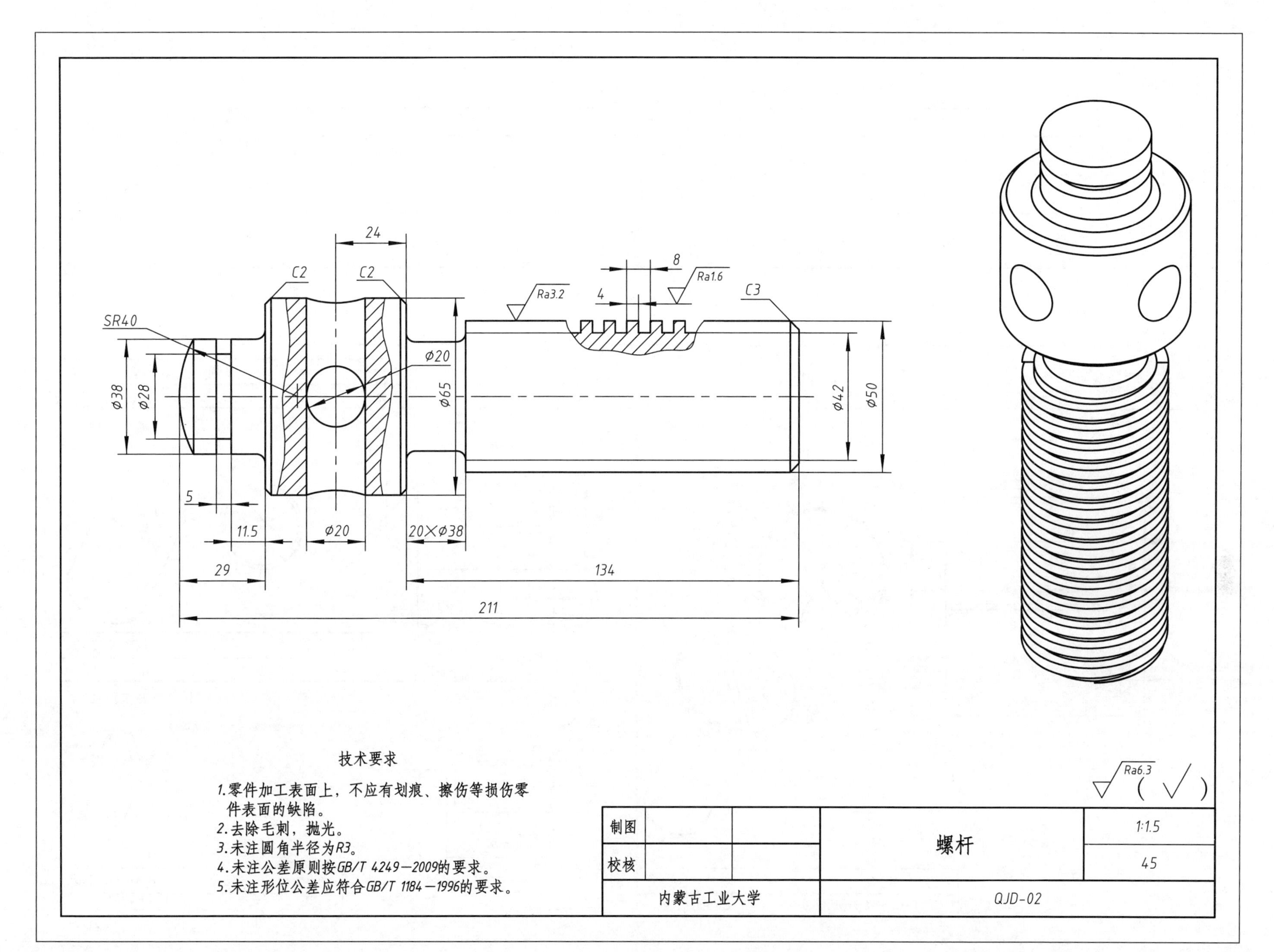
24
C2
C2
8
Ra1.6
Ra3.2
4
C3
SR40
Φ20
Φ38
Φ28
Φ65
Φ42
Φ50
5
11.5
Φ20
20×Φ38
29
134
211
技术要求
1.零件加工表面上，不应有划痕、擦伤等损伤零件表面的缺陷。
2.去除毛刺，抛光。
3.未注圆角半径为R3。
4.未注公差原则按GB/T 4249—2009的要求。
5.未注形位公差应符合GB/T 1184—1996的要求。
Ra6.3
制图
校核
螺杆
1:1.5
45
内蒙古工业大学
QJD-02

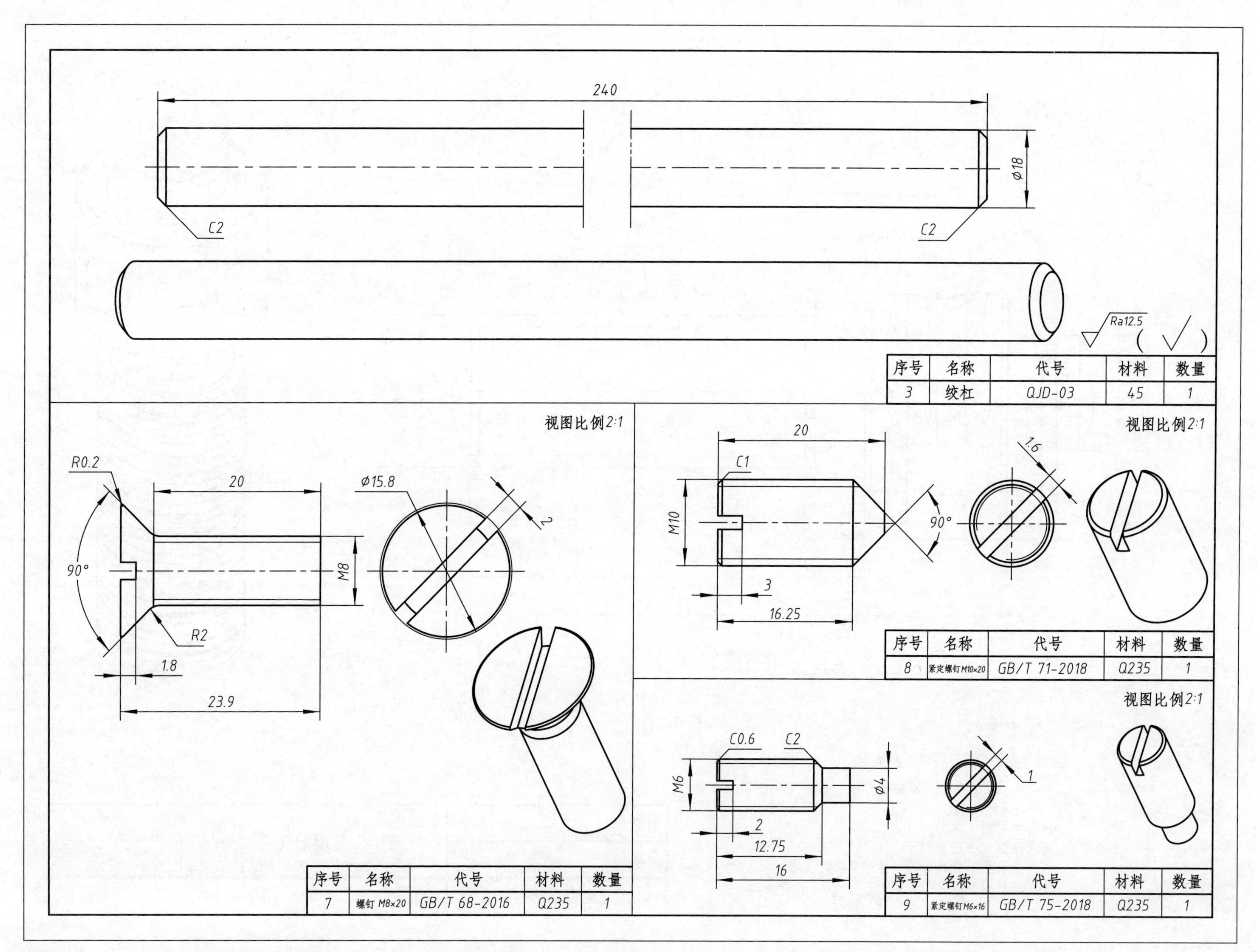

序号	名称	代号	材料	数量
3	绞杠	QJD-03	45	1

序号	名称	代号	材料	数量
7	螺钉 M8×20	GB/T 68-2016	Q235	1

序号	名称	代号	材料	数量
8	紧定螺钉M10×20	GB/T 71-2018	Q235	1

序号	名称	代号	材料	数量
9	紧定螺钉M6×16	GB/T 75-2018	Q235	1

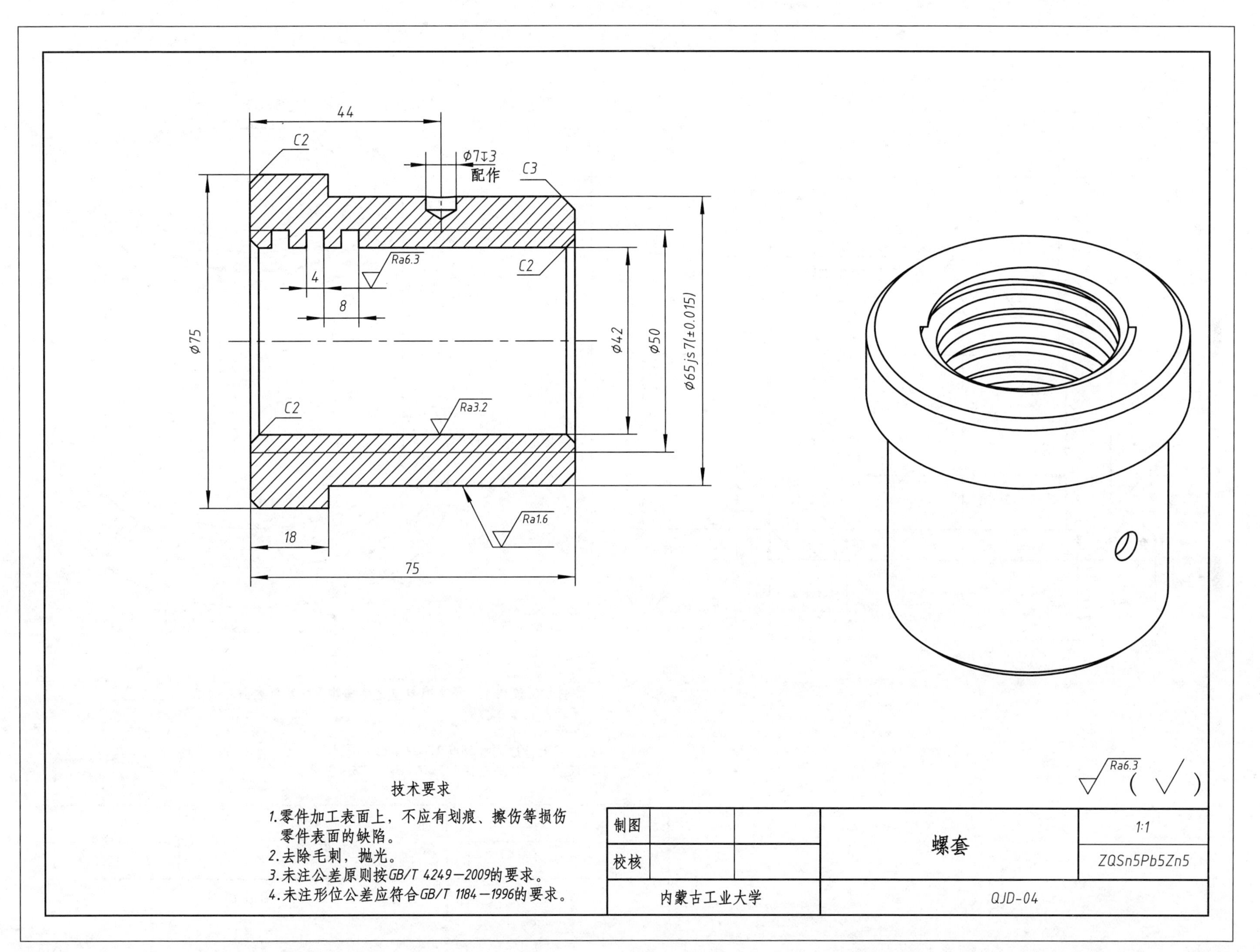
44
C2
φ7↧3
配作
C3
C2
Ra6.3
4
8
φ75
φ42
φ50
φ65js7(±0.015)
C2
Ra3.2
Ra1.6
18
75
Ra6.3
(√)
技术要求
1.零件加工表面上，不应有划痕、擦伤等损伤零件表面的缺陷。
2.去除毛刺，抛光。
3.未注公差原则按GB/T 4249—2009的要求。
4.未注形位公差应符合GB/T 1184—1996的要求。
制图
校核
螺套
1:1
ZQSn5Pb5Zn5
内蒙古工业大学
QJD-04

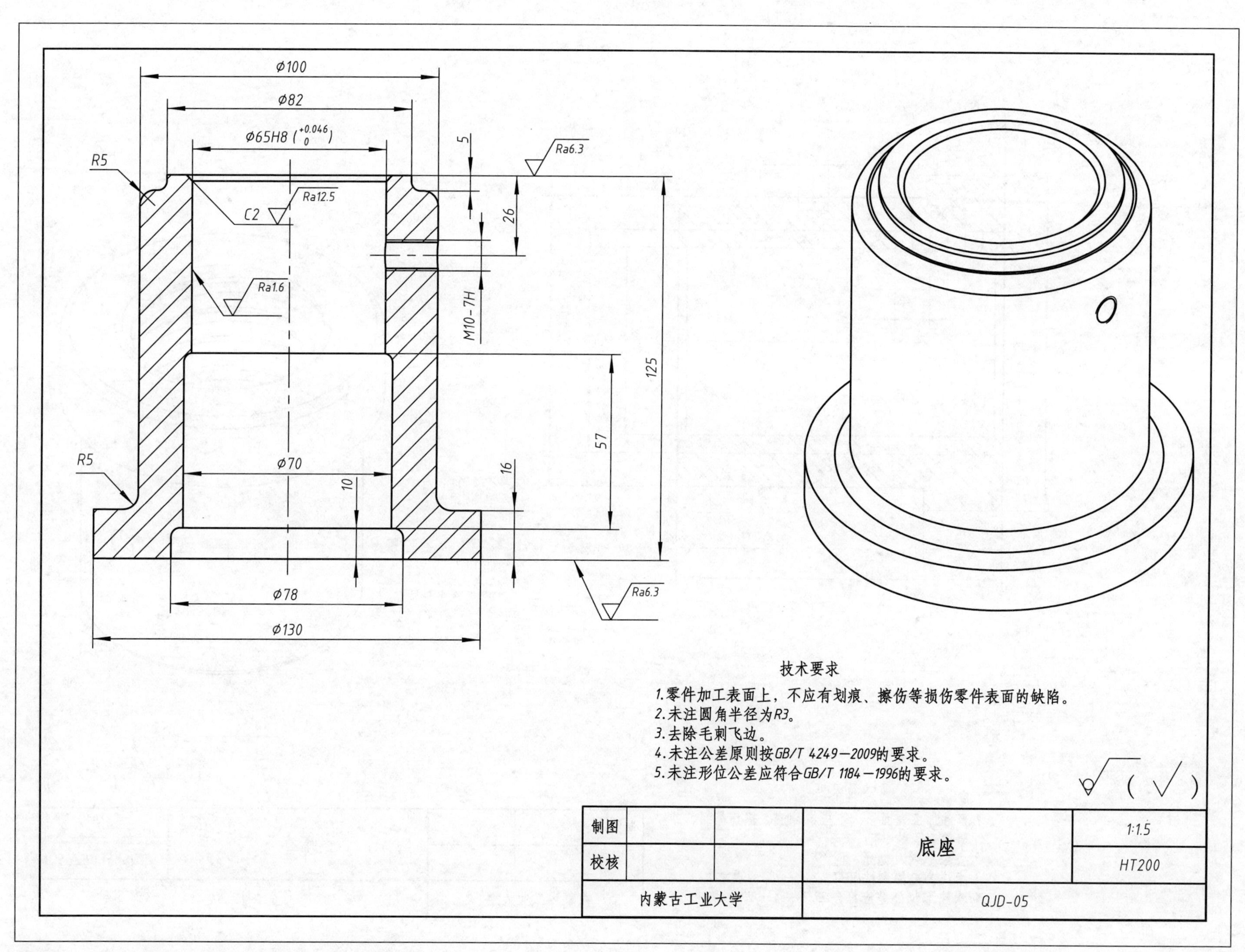

Ø100
Ø82
Ø65H8 ($^{+0.046}_{0}$)
R5
Ra12.5
C2
Ra6.3
5
26
Ra1.6
M10-7H
125
57
Ø70
16
10
R5
Ø78
Ø130
Ra6.3
技术要求
1.零件加工表面上，不应有划痕、擦伤等损伤零件表面的缺陷。
2.未注圆角半径为R3。
3.去除毛刺飞边。
4.未注公差原则按GB/T 4249—2009的要求。
5.未注形位公差应符合GB/T 1184—1996的要求。
制图
校核
底座
1:1.5
HT200
内蒙古工业大学
QJD-05

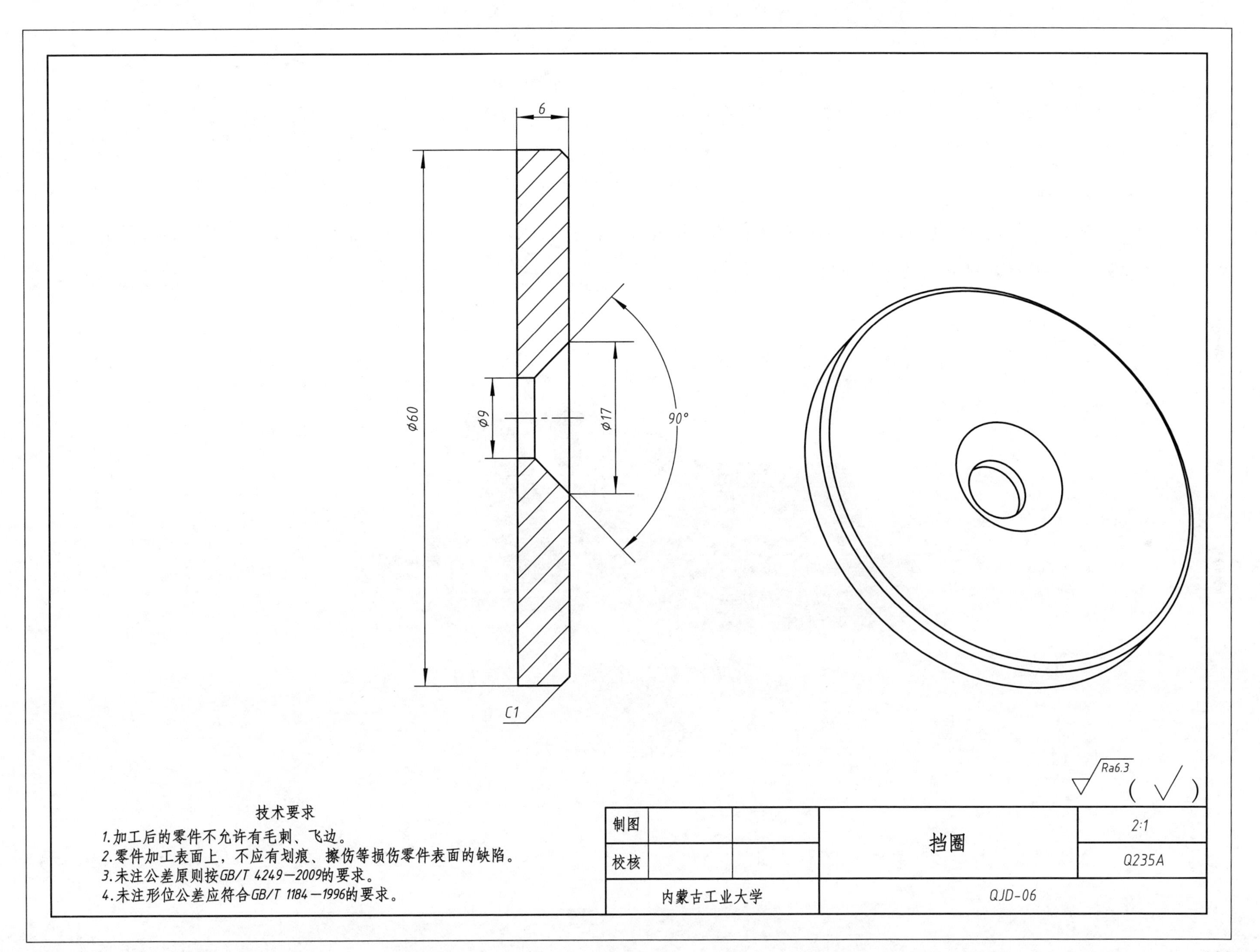
6
Φ60
Φ9
Φ17
90°
C1
Ra6.3
(√)
技术要求
1.加工后的零件不允许有毛刺、飞边。
2.零件加工表面上，不应有划痕、擦伤等损伤零件表面的缺陷。
3.未注公差原则按GB/T 4249—2009的要求。
4.未注形位公差应符合GB/T 1184—1996的要求。
制图
校核
挡圈
2:1
Q235A
内蒙古工业大学
QJD-06

2.3 虎钳

台虎钳,又称虎钳。台虎钳是用来夹持工件的通用夹具。装置在工作台上,用以夹紧加工工件,为钳工车间必备工具。转盘式的钳体可旋转,使工件旋转到合适的工作位置。

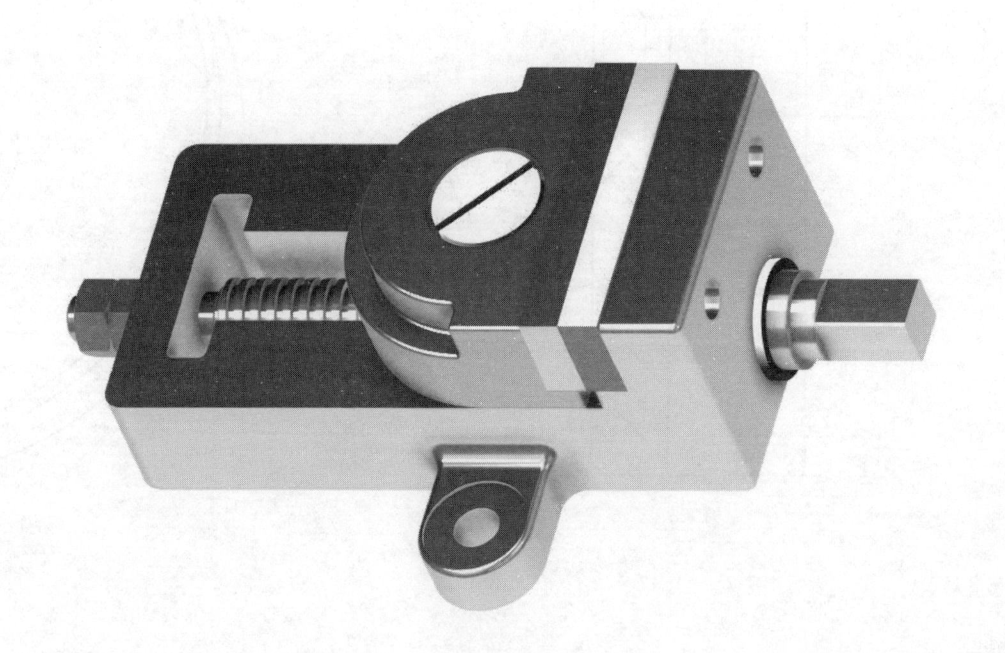

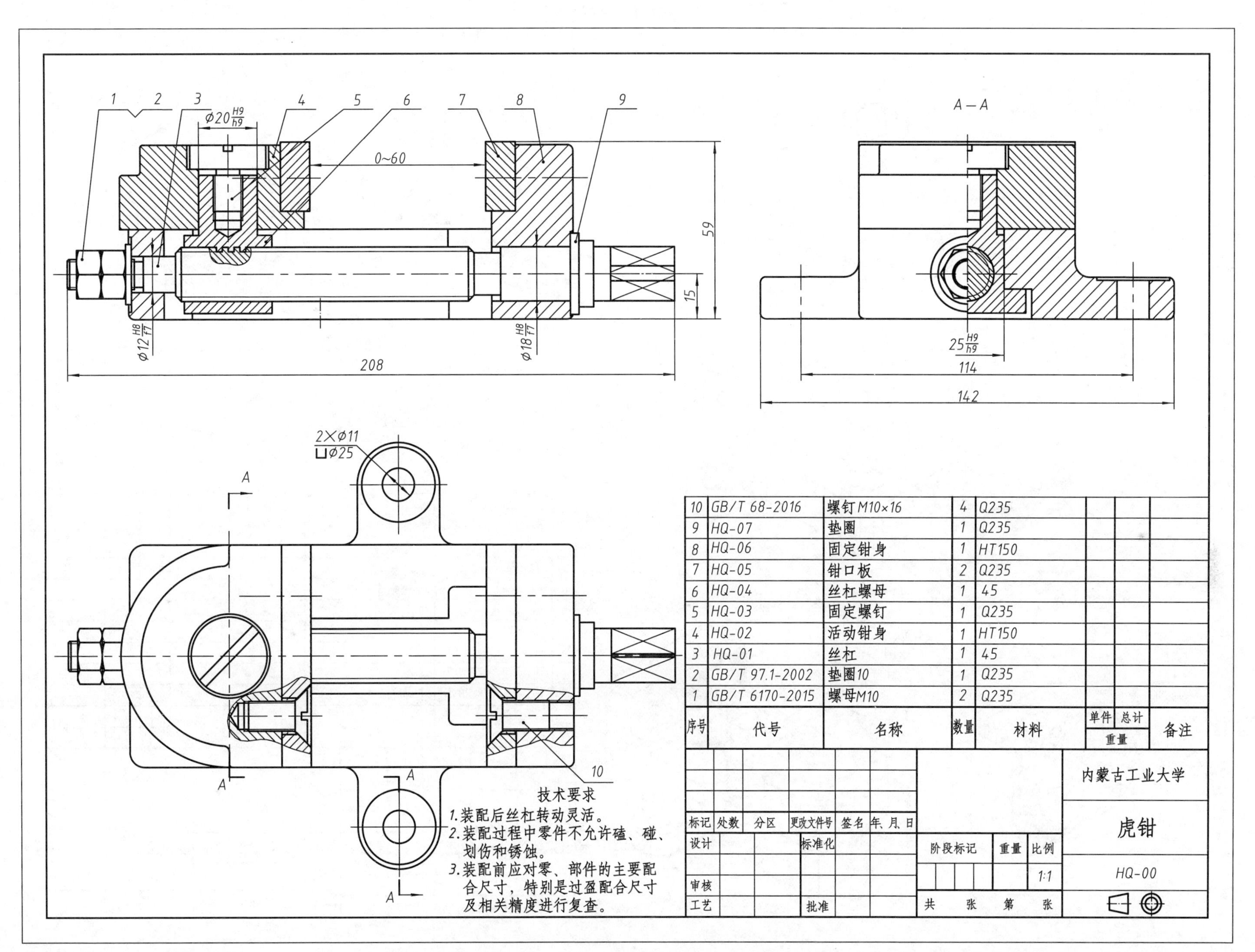

1 2 3 4 5 6 7 8 9
Ø20 H9/h9
0~60
59
15
Ø12 H8/f7
Ø18 H8/f7
208
A—A
25 H9/h9
114
142
2×Ø11
⊔Ø25
A
10
10 GB/T 68-2016 螺钉M10×16 4 Q235
9 HQ-07 垫圈 1 Q235
8 HQ-06 固定钳身 1 HT150
7 HQ-05 钳口板 2 Q235
6 HQ-04 丝杠螺母 1 45
5 HQ-03 固定螺钉 1 Q235
4 HQ-02 活动钳身 1 HT150
3 HQ-01 丝杠 1 45
2 GB/T 97.1-2002 垫圈10 1 Q235
1 GB/T 6170-2015 螺母M10 2 Q235
序号 代号 名称 数量 材料 单件 总计 重量 备注
内蒙古工业大学
标记 处数 分区 更改文件号 签名 年、月、日
虎钳
设计 标准化 阶段标记 重量 比例
1:1
HQ-00
审核
工艺 批准 共 张 第 张
技术要求
1.装配后丝杠转动灵活。
2.装配过程中零件不允许磕、碰、划伤和锈蚀。
3.装配前应对零、部件的主要配合尺寸，特别是过盈配合尺寸及相关精度进行复查。

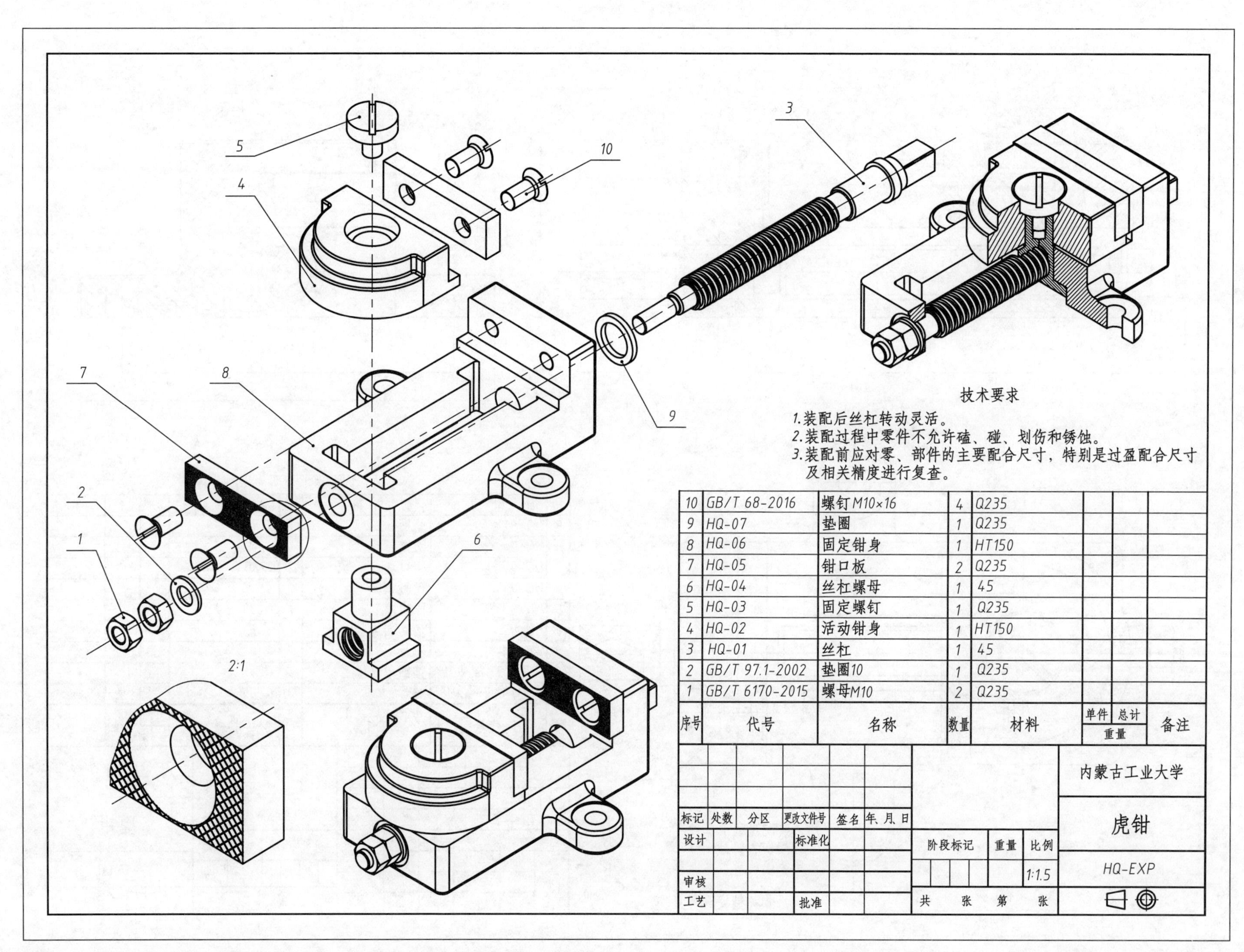

5
10
3
4
7
8
9
2
1
6
2:1
技术要求
1.装配后丝杠转动灵活。
2.装配过程中零件不允许磕、碰、划伤和锈蚀。
3.装配前应对零、部件的主要配合尺寸，特别是过盈配合尺寸及相关精度进行复查。
10 GB/T 68-2016 螺钉M10×16 4 Q235
9 HQ-07 垫圈 1 Q235
8 HQ-06 固定钳身 1 HT150
7 HQ-05 钳口板 2 Q235
6 HQ-04 丝杠螺母 1 45
5 HQ-03 固定螺钉 1 Q235
4 HQ-02 活动钳身 1 HT150
3 HQ-01 丝杠 1 45
2 GB/T 97.1-2002 垫圈10 1 Q235
1 GB/T 6170-2015 螺母M10 2 Q235
序号 代号 名称 数量 材料 单件 总计 重量 备注
内蒙古工业大学
标记 处数 分区 更改文件号 签名 年、月、日
设计 标准化
阶段标记 重量 比例
虎钳
1:1.5
HQ-EXP
审核
工艺 批准
共 张 第 张

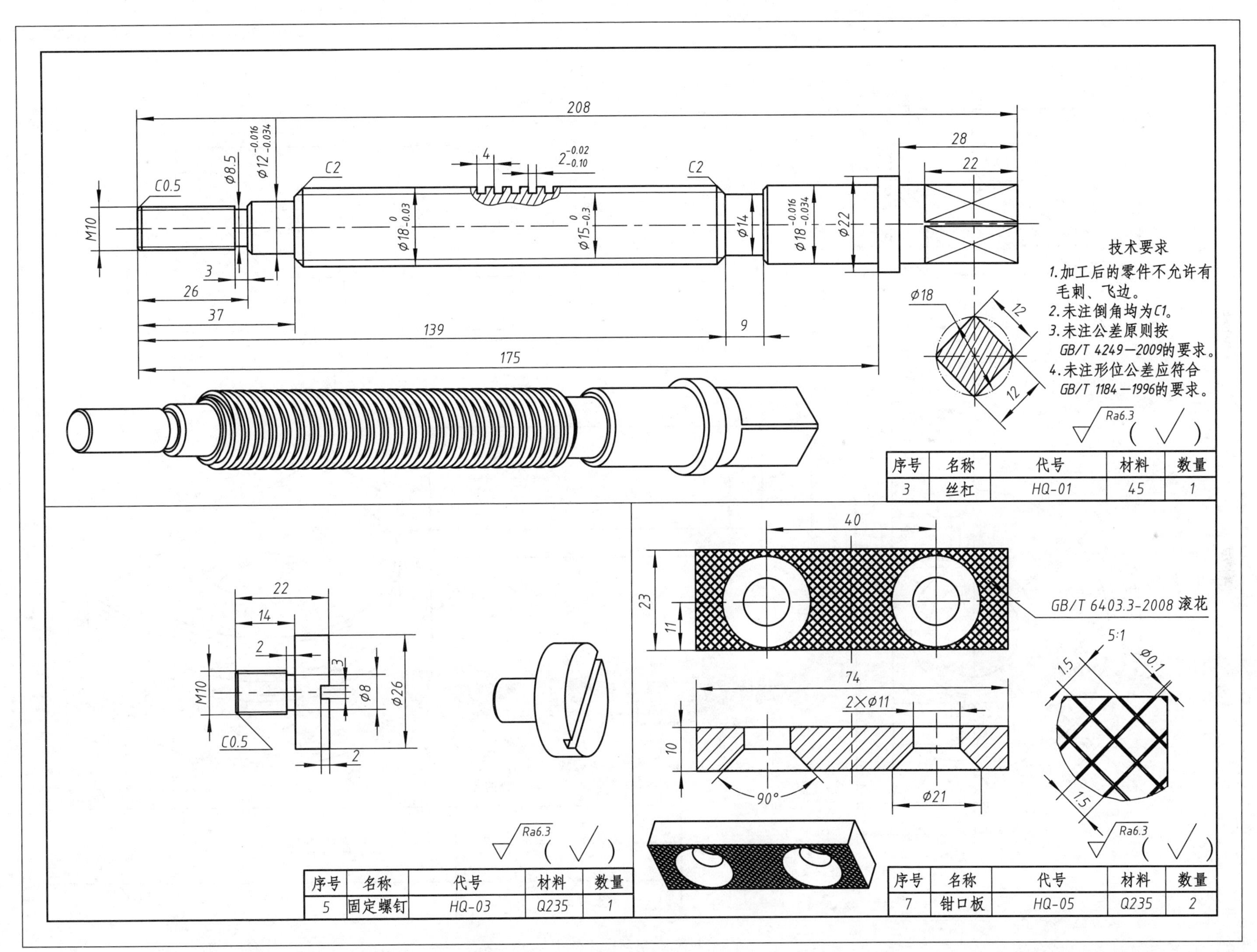
208
28
22
4
$2^{-0.02}_{-0.10}$
C2
C2
C0.5
φ8.5
$\phi12^{-0.016}_{-0.034}$
M10
$\phi18^{0}_{-0.03}$
$\phi15^{0}_{-0.3}$
φ14
$\phi18^{-0.016}_{-0.034}$
φ22
3
26
37
139
9
175
φ18
12
12
技术要求
1.加工后的零件不允许有毛刺、飞边。
2.未注倒角均为C1。
3.未注公差原则按GB/T 4249—2009的要求。
4.未注形位公差应符合GB/T 1184—1996的要求。
Ra6.3
序号 名称 代号 材料 数量
3 丝杠 HQ-01 45 1
22
14
2
3
M10
φ8
φ26
C0.5
2
Ra6.3
序号 名称 代号 材料 数量
5 固定螺钉 HQ-03 Q235 1
40
23
11
GB/T 6403.3-2008 滚花
5:1
1.5
φ0.1
74
2×φ11
10
90°
φ21
1.5
Ra6.3
序号 名称 代号 材料 数量
7 钳口板 HQ-05 Q235 2

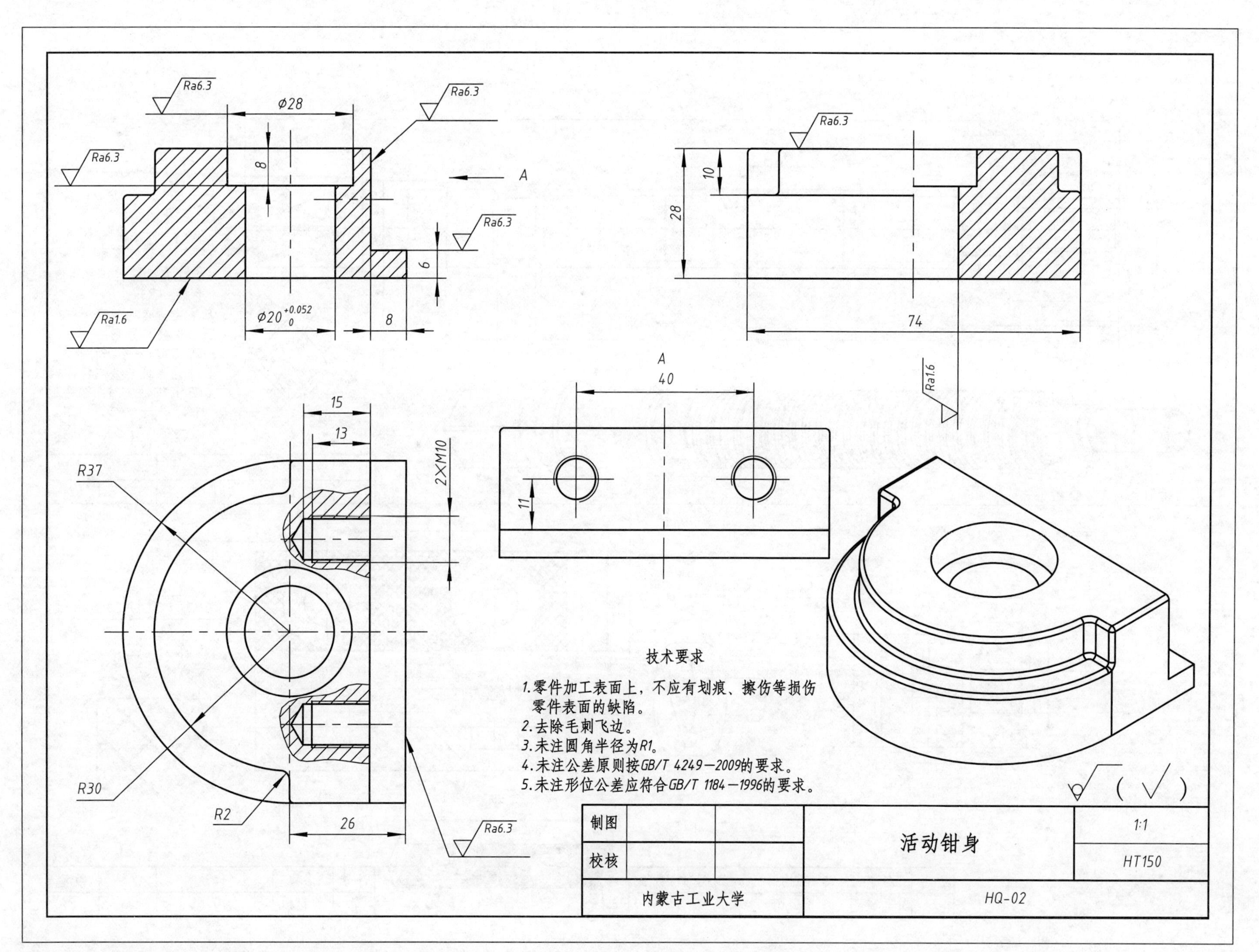
Ra6.3
Ø28
Ra6.3
Ra6.3
8
A
Ra6.3
6
Ra1.6
Ø20 +0.052 0
8
Ra6.3
10
28
74
A
40
Ra1.6
15
13
R37
2×M10
11
R30
R2
26
Ra6.3
技术要求
1.零件加工表面上，不应有划痕、擦伤等损伤零件表面的缺陷。
2.去除毛刺飞边。
3.未注圆角半径为R1。
4.未注公差原则按GB/T 4249—2009的要求。
5.未注形位公差应符合GB/T 1184—1996的要求。
制图
校核
活动钳身
1:1
HT150
内蒙古工业大学
HQ-02

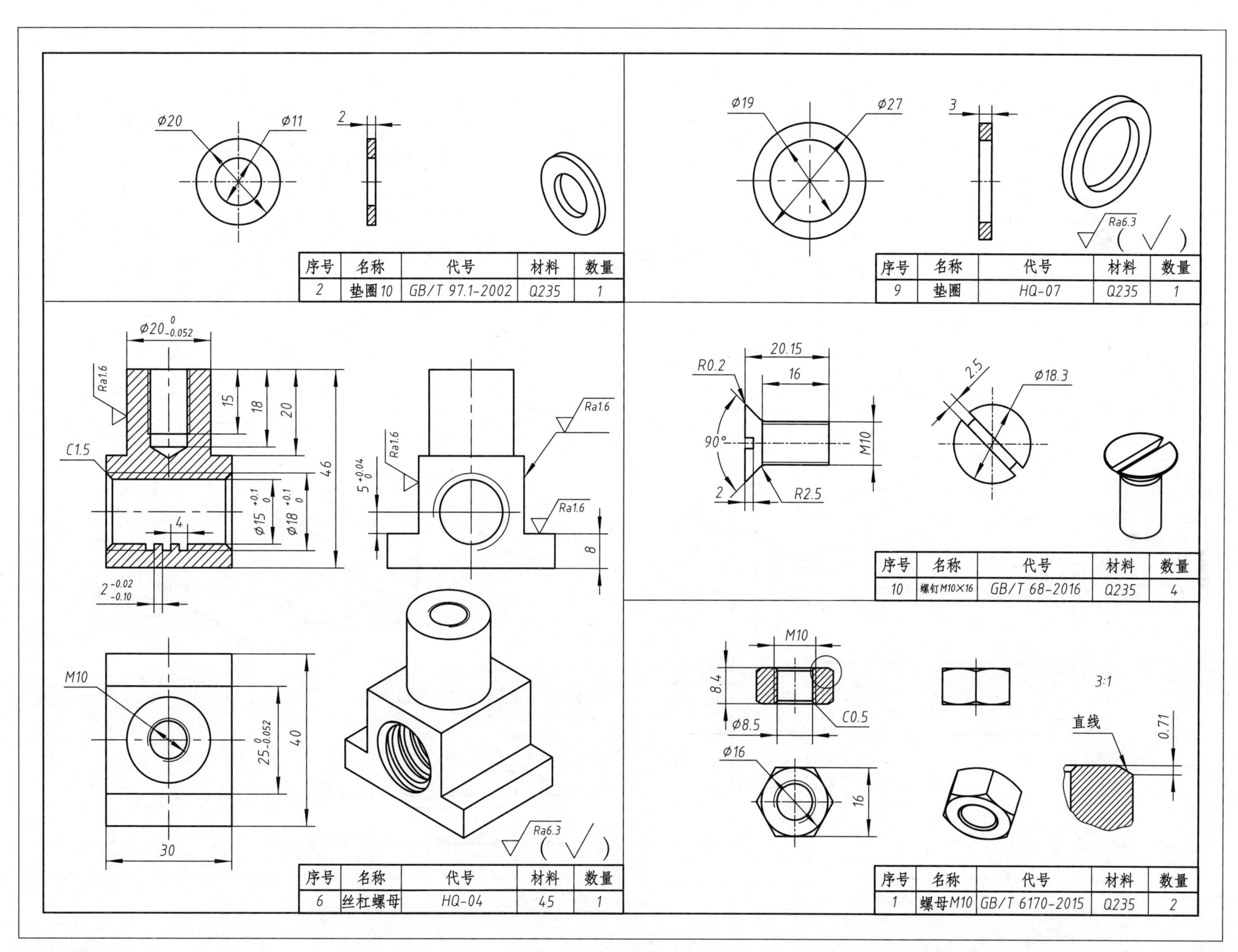

序号	名称	代号	材料	数量
2	垫圈10	GB/T 97.1-2002	Q235	1

序号	名称	代号	材料	数量
9	垫圈	HQ-07	Q235	1

序号	名称	代号	材料	数量
6	丝杠螺母	HQ-04	45	1

序号	名称	代号	材料	数量
10	螺钉M10×16	GB/T 68-2016	Q235	4

序号	名称	代号	材料	数量
1	螺母M10	GB/T 6170-2015	Q235	2

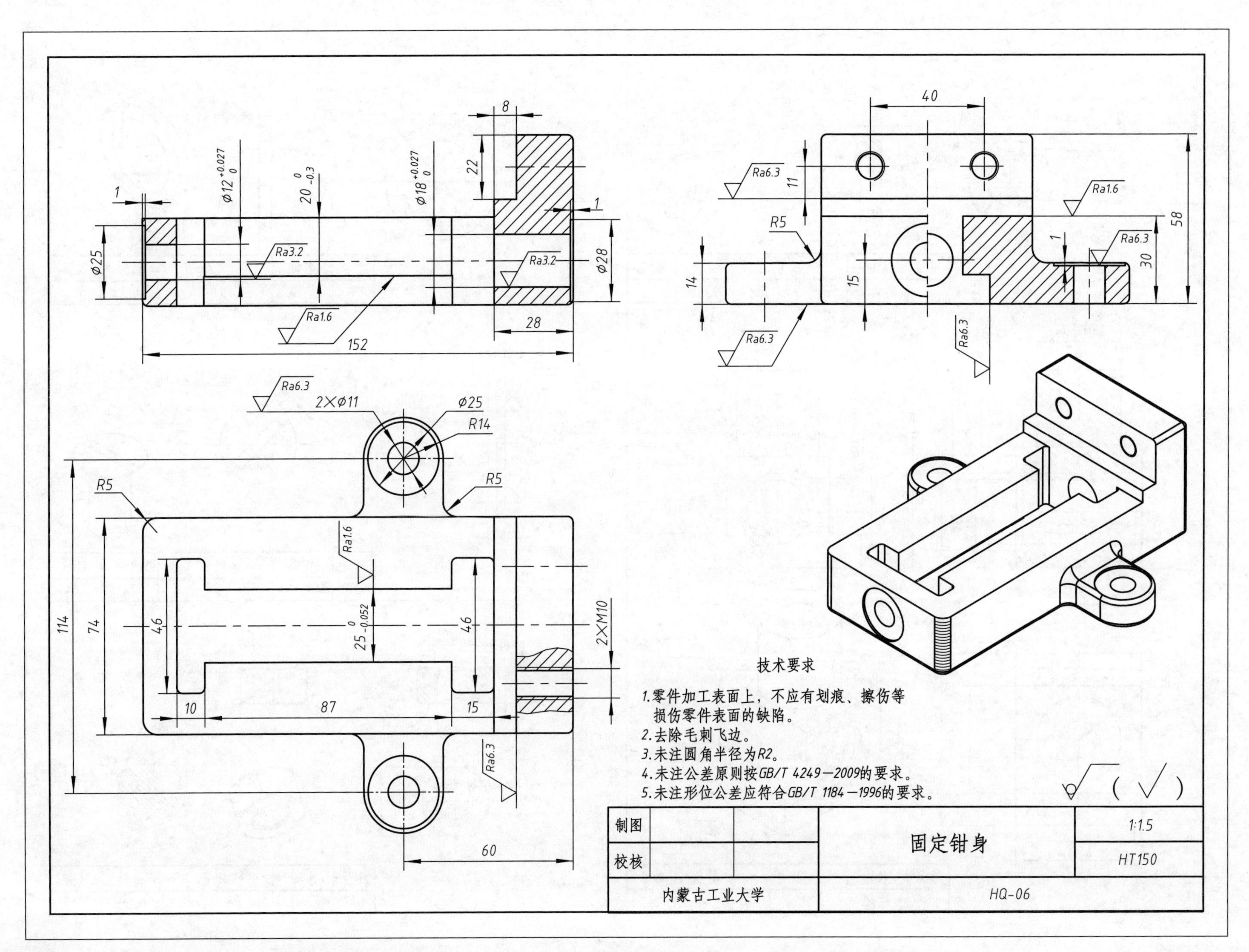

技术要求
1.零件加工表面上，不应有划痕、擦伤等损伤零件表面的缺陷。
2.去除毛刺飞边。
3.未注圆角半径为R2。
4.未注公差原则按GB/T 4249—2009的要求。
5.未注形位公差应符合GB/T 1184—1996的要求。
制图
校核
内蒙古工业大学
固定钳身
HQ-06
1:1.5
HT150

2.4 铣刀头

铣刀头是铣床上的专用部件,铣刀装在铣刀盘上,铣刀盘通过键与轴连接,当动力通过 V 带传给带轮,经键传到轴,即可带动铣刀盘转动,对零件进行铣削加工。铣刀是用于铣削加工的、具有一个或多个刀齿的旋转刀具。工作时各刀齿依次间歇地切去工件的余量。铣刀主要用于在铣床上加工平面、台阶、沟槽、成形表面和切断工件等。

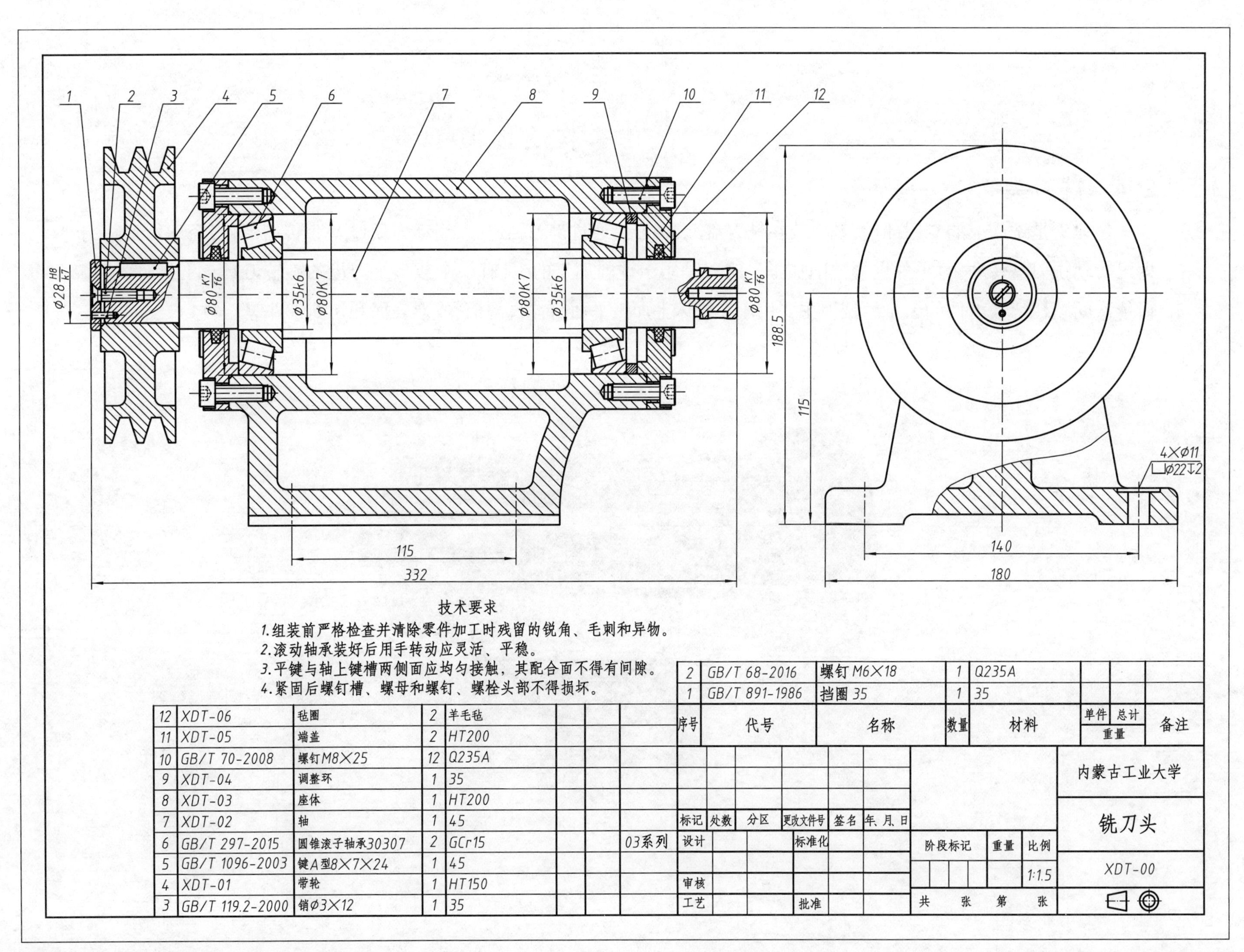
1
2
3
4
5
6
7
8
9
10
11
12
φ28 H8/k7
φ80 K7/f6
φ35k6
φ80K7
φ80K7
φ35k6
φ80 K7/f6
188.5
115
115
332
4×φ11
⌴φ22↧2
140
180
技术要求
1.组装前严格检查并清除零件加工时残留的锐角、毛刺和异物。
2.滚动轴承装好后用手转动应灵活、平稳。
3.平键与轴上键槽两侧面应均匀接触，其配合面不得有间隙。
4.紧固后螺钉槽、螺母和螺钉、螺栓头部不得损坏。
2 GB/T 68-2016 螺钉M6×18 1 Q235A
1 GB/T 891-1986 挡圈35 1 35
12 XDT-06 毡圈 2 羊毛毡
11 XDT-05 端盖 2 HT200
10 GB/T 70-2008 螺钉M8×25 12 Q235A
9 XDT-04 调整环 1 35
8 XDT-03 座体 1 HT200
7 XDT-02 轴 1 45
6 GB/T 297-2015 圆锥滚子轴承30307 2 GCr15
5 GB/T 1096-2003 键A型8×7×24 1 45
4 XDT-01 带轮 1 HT150
3 GB/T 119.2-2000 销φ3×12 1 35
序号 代号 名称 数量 材料 单件 总计 重量 备注
03系列
标记 处数 分区 更改文件号 签名 年、月、日
设计 标准化
审核
工艺 批准
阶段标记 重量 比例
1:1.5
共 张 第 张
内蒙古工业大学
铣刀头
XDT-00

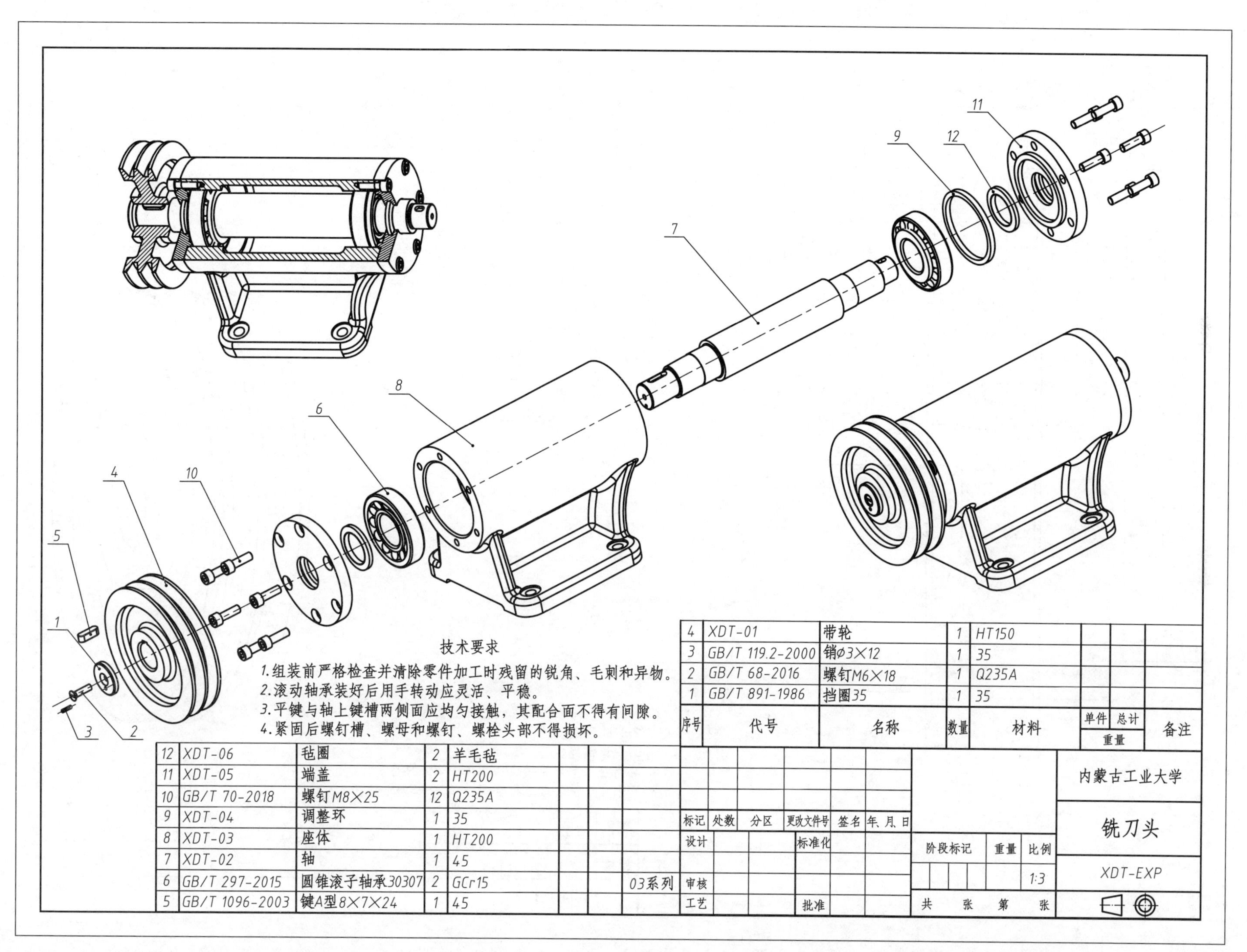

11
9
12
7
8
6
4
10
5
1
3
2
技术要求
1.组装前严格检查并清除零件加工时残留的锐角、毛刺和异物。
2.滚动轴承装好后用手转动应灵活、平稳。
3.平键与轴上键槽两侧面应均匀接触，其配合面不得有间隙。
4.紧固后螺钉槽、螺母和螺钉、螺栓头部不得损坏。
4 XDT-01 带轮 1 HT150
3 GB/T 119.2-2000 销ø3×12 1 35
2 GB/T 68-2016 螺钉M6×18 1 Q235A
1 GB/T 891-1986 挡圈35 1 35
序号 代号 名称 数量 材料 单件 总计 重量 备注
12 XDT-06 毡圈 2 羊毛毡
11 XDT-05 端盖 2 HT200
10 GB/T 70-2018 螺钉M8×25 12 Q235A
9 XDT-04 调整环 1 35
8 XDT-03 座体 1 HT200
7 XDT-02 轴 1 45
6 GB/T 297-2015 圆锥滚子轴承30307 2 GCr15
5 GB/T 1096-2003 键A型8×7×24 1 45
03系列
标记 处数 分区 更改文件号 签名 年、月、日
设计 标准化
审核
工艺 批准
阶段标记 重量 比例
1:3
共 张 第 张
内蒙古工业大学
铣刀头
XDT-EXP

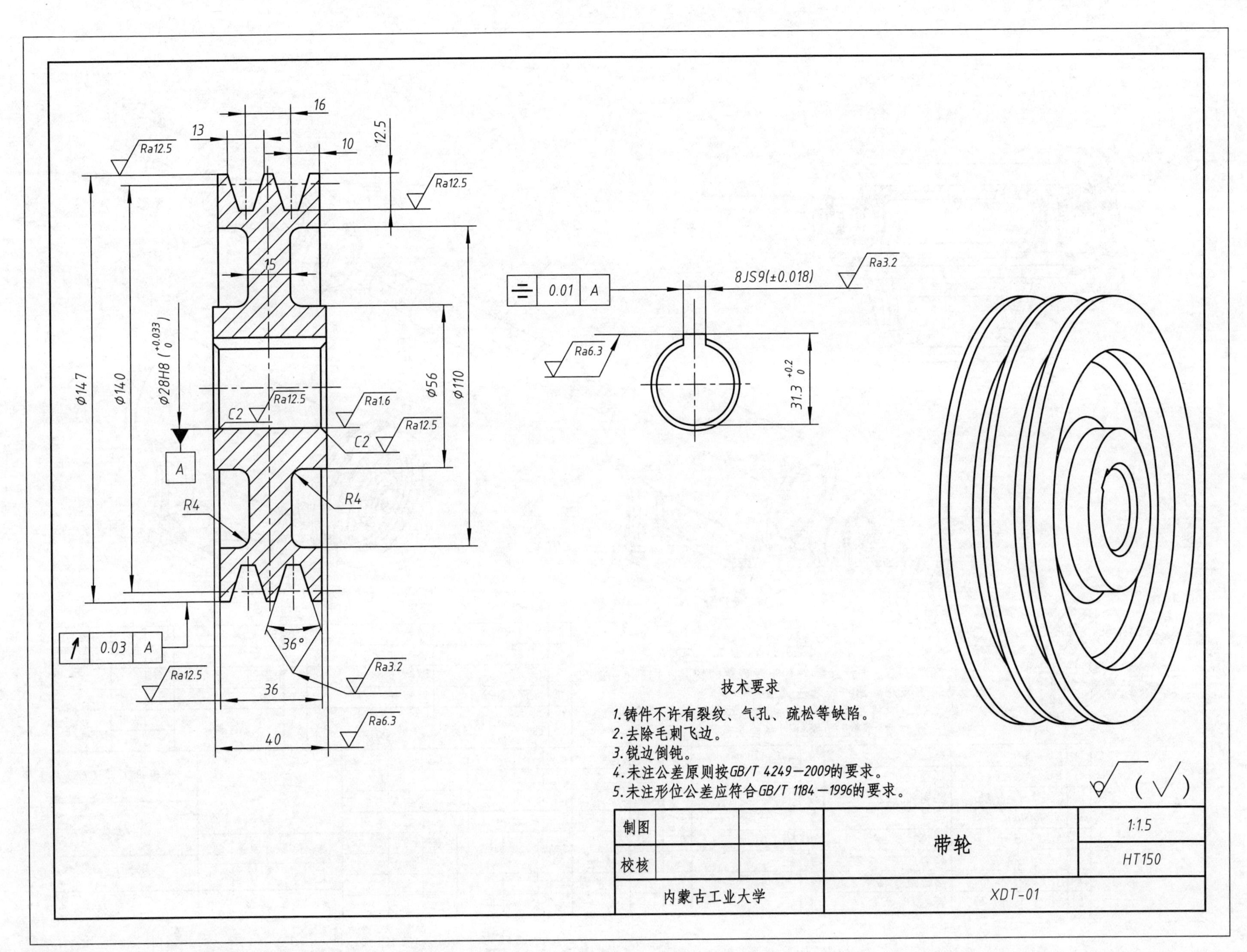
16
13
10
12.5
Ra12.5
Ra12.5
15
0.01 A
8JS9(±0.018)
Ra3.2
Ra6.3
31.3 $^{+0.2}_{0}$
ϕ147
ϕ140
ϕ28H8 ($^{+0.033}_{0}$)
ϕ56
ϕ110
Ra12.5
Ra1.6
C2
Ra12.5
C2
A
R4
R4
0.03 A
36°
Ra3.2
Ra12.5
36
Ra6.3
40
技术要求
1.铸件不许有裂纹、气孔、疏松等缺陷。
2.去除毛刺飞边。
3.锐边倒钝。
4.未注公差原则按GB/T 4249—2009的要求。
5.未注形位公差应符合GB/T 1184—1996的要求。
制图
校核
带轮
1:1.5
HT150
内蒙古工业大学
XDT-01

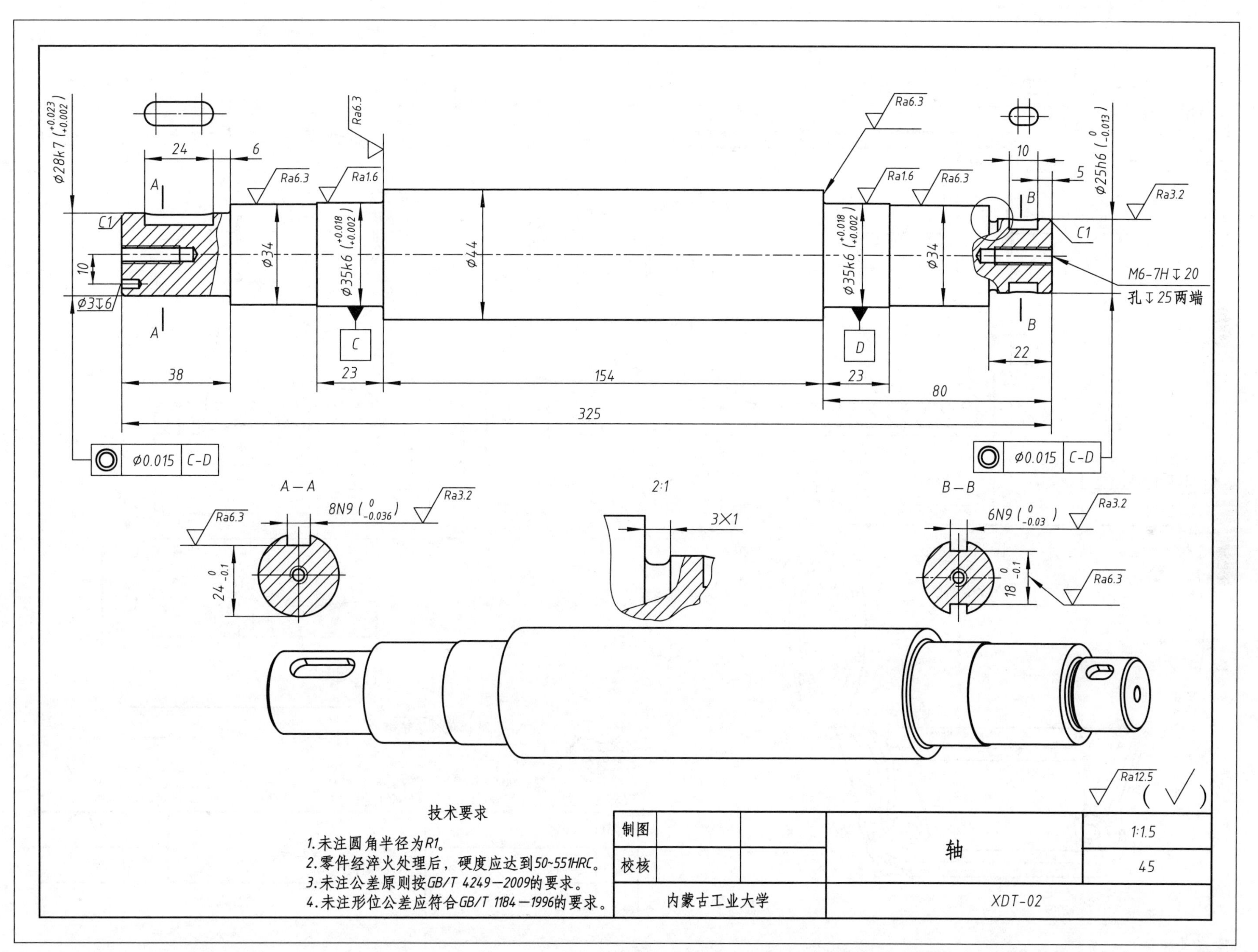
技术要求
1.未注圆角半径为R1。
2.零件经淬火处理后，硬度应达到50~551HRC。
3.未注公差原则按GB/T 4249—2009的要求。
4.未注形位公差应符合GB/T 1184—1996的要求。
制图
校核
轴
1:1.5
45
内蒙古工业大学
XDT-02
Ra12.5
A—A
B—B
2:1
3×1
8N9
6N9
M6-7H↧20
孔↧25两端
Ra6.3
Ra3.2
Ra1.6
C1
C
D
⌀0.015
C-D
⌀44
⌀34
⌀35k6
⌀28k7
⌀25h6
⌀3↧6
325
154
80
38
23
24
22
10
6
5

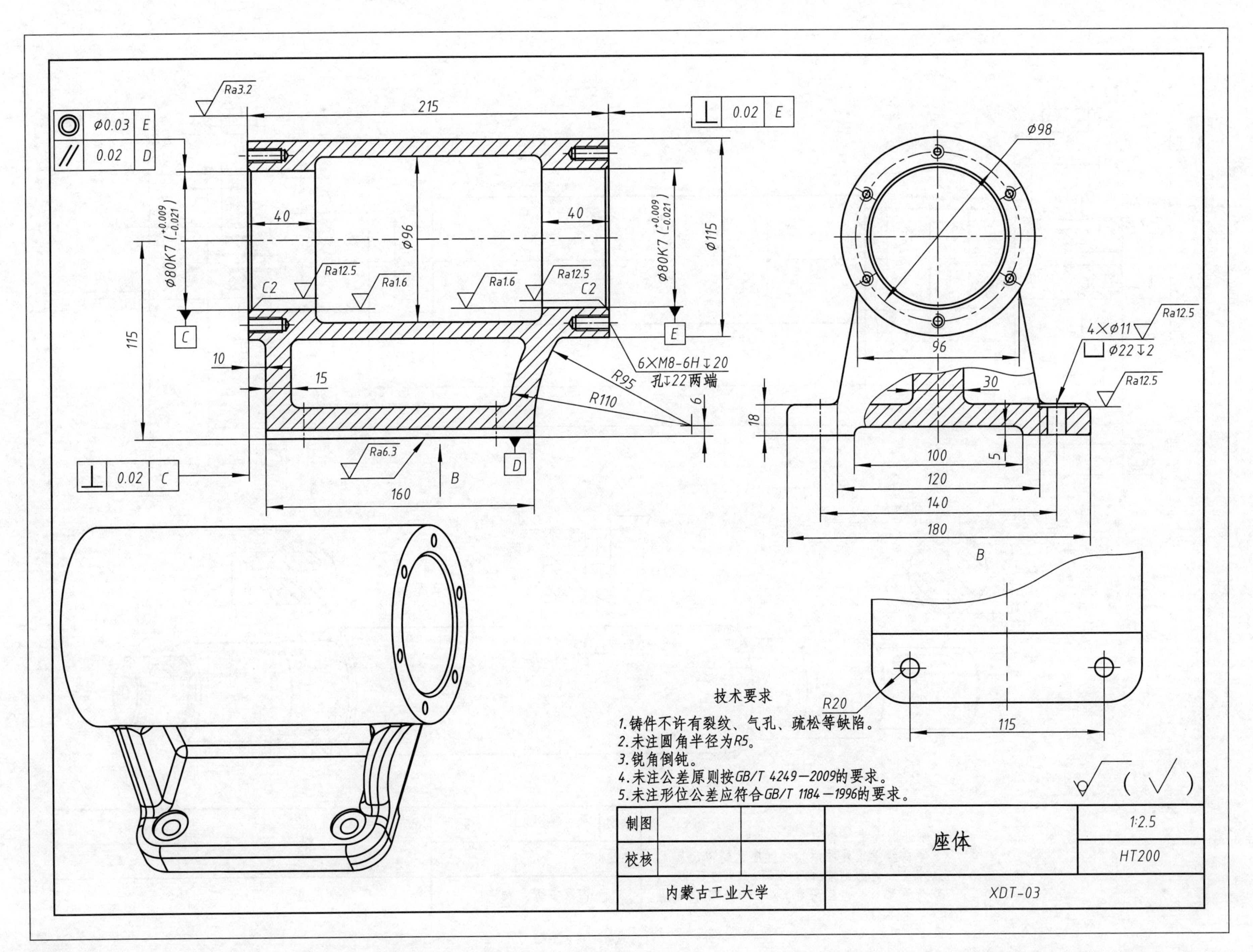

Ra3.2
215
⊥ 0.02 E
◎ Ø0.03 E
// 0.02 D
Ø98
40
40
Ø96
Ø80K7 (+0.009 −0.021)
Ø80K7 (+0.009 −0.021)
Ø115
Ra12.5
Ra1.6
Ra1.6
Ra12.5
C2
C2
C
E
115
10
15
6×M8-6H↧20
孔↧22两端
R95
R110
6
Ra6.3
D
⊥ 0.02 C
B
160
96
4×Ø11
Ra12.5
⌴Ø22↧2
Ra12.5
30
18
100
5
120
140
180
B
R20
115
技术要求
1.铸件不许有裂纹、气孔、疏松等缺陷。
2.未注圆角半径为R5。
3.锐角倒钝。
4.未注公差原则按GB/T 4249—2009的要求。
5.未注形位公差应符合GB/T 1184—1996的要求。
制图
校核
座体
1:2.5
HT200
内蒙古工业大学
XDT-03

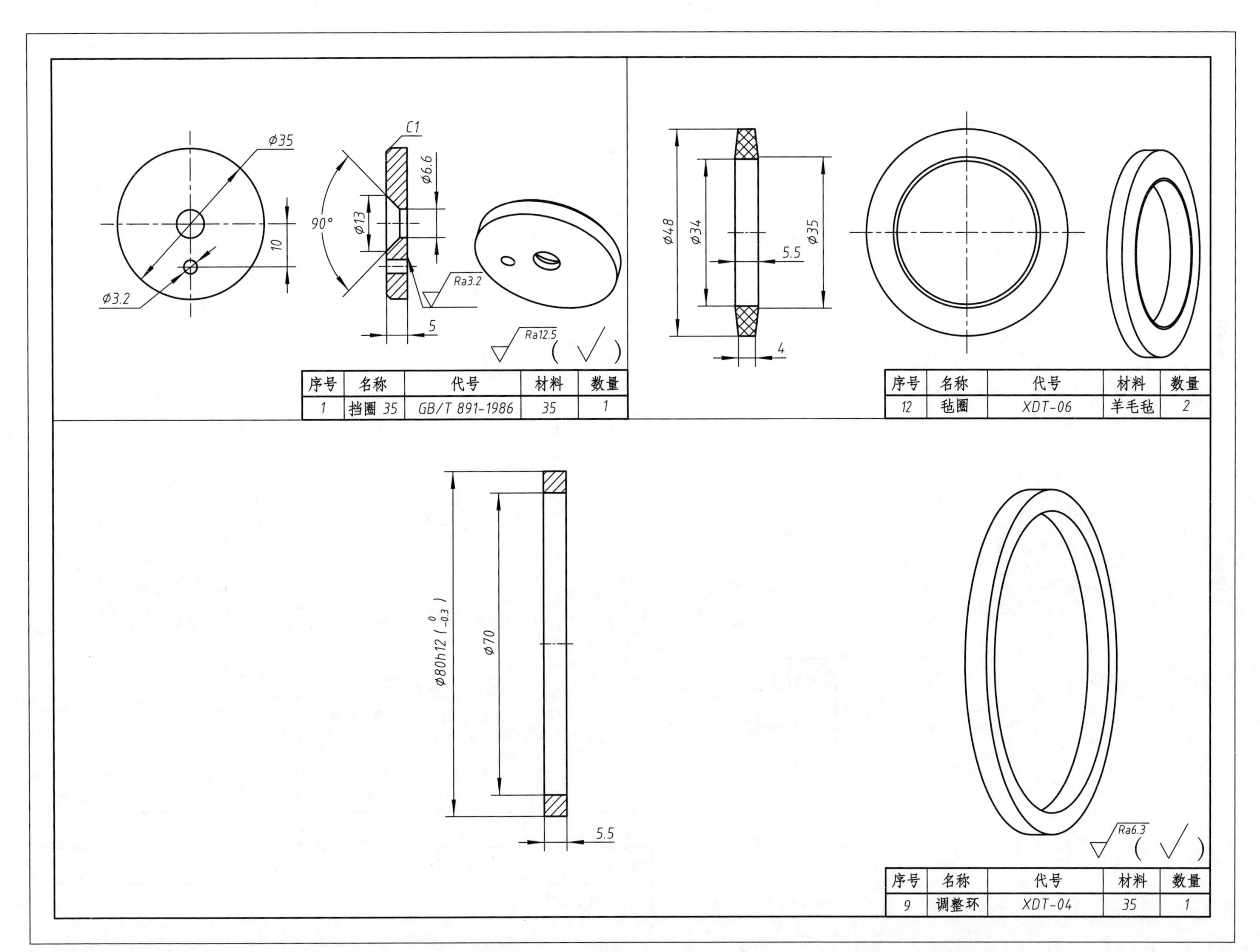

序号	名称	代号	材料	数量
1	挡圈 35	GB/T 891-1986	35	1

序号	名称	代号	材料	数量
12	毡圈	XDT-06	羊毛毡	2

序号	名称	代号	材料	数量
9	调整环	XDT-04	35	1

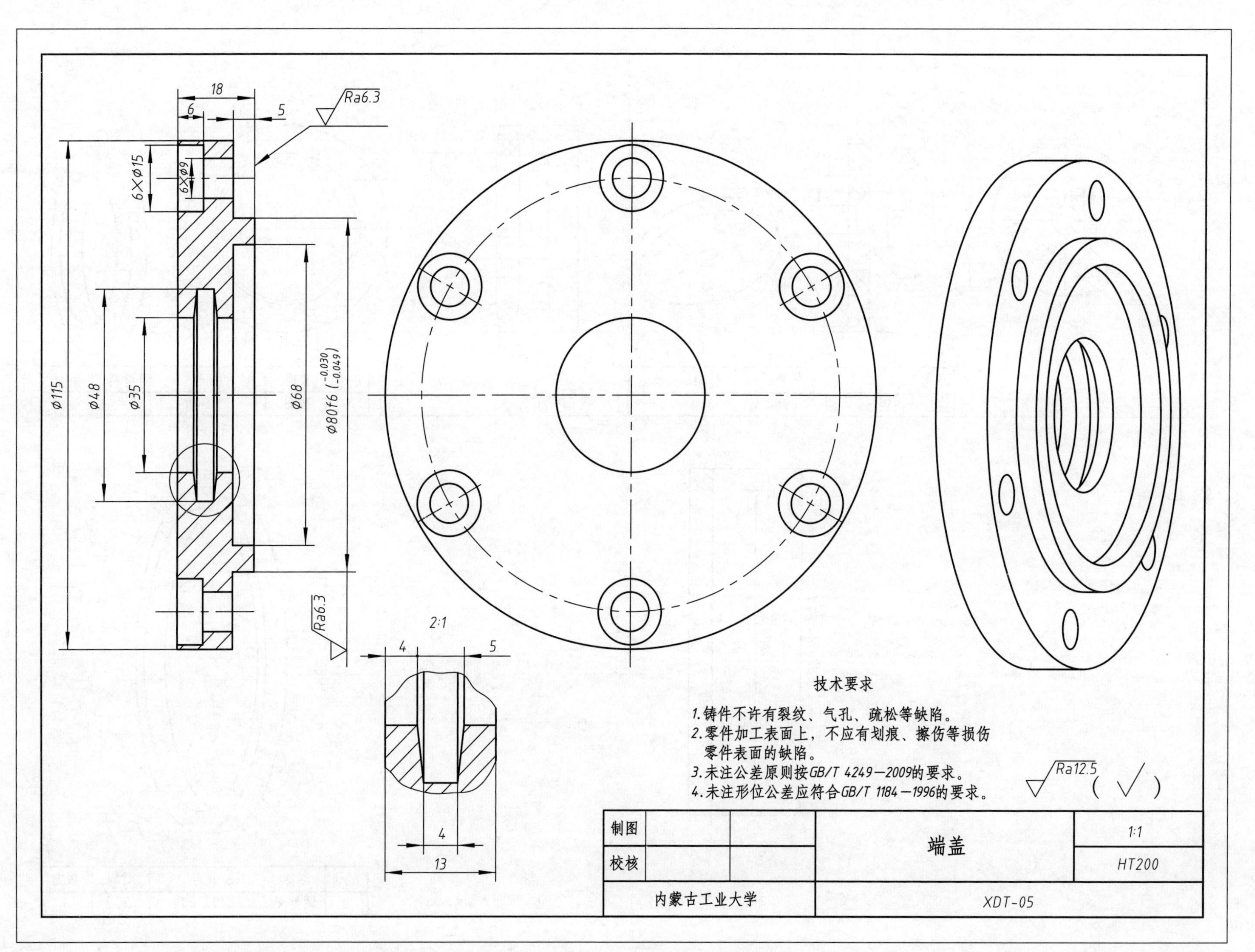
18
6
5
Ra6.3
6×Φ15
6×Φ9
Φ115
Φ48
Φ35
Φ68
Φ80f6 (−0.030 −0.049)
Ra6.3
2:1
4
5
4
13
技术要求
1.铸件不许有裂纹、气孔、疏松等缺陷。
2.零件加工表面上，不应有划痕、擦伤等损伤零件表面的缺陷。
3.未注公差原则按GB/T 4249—2009的要求。
4.未注形位公差应符合GB/T 1184—1996的要求。
Ra12.5
(√)
制图
校核
端盖
1:1
HT200
内蒙古工业大学
XDT-05

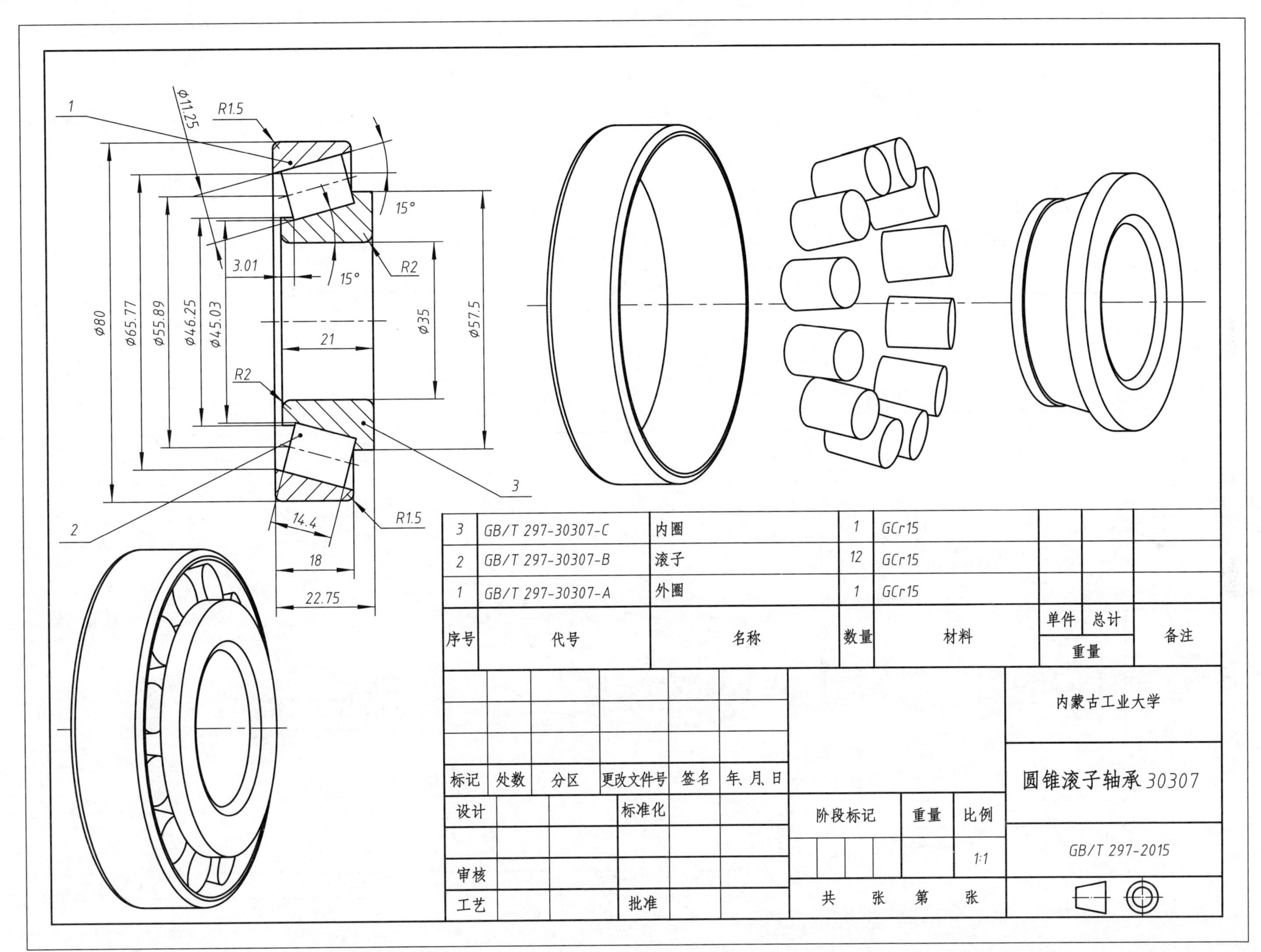
1
ϕ11.25
R1.5
15°
3.01
15°
R2
ϕ80
ϕ65.77
ϕ55.89
ϕ46.25
ϕ45.03
21
ϕ35
ϕ57.5
R2
3
2
14.4
R1.5
18
22.75
3 GB/T 297-30307-C 内圈 1 GCr15
2 GB/T 297-30307-B 滚子 12 GCr15
1 GB/T 297-30307-A 外圈 1 GCr15
序号 代号 名称 数量 材料 单件 总计 重量 备注
标记 处数 分区 更改文件号 签名 年、月、日
设计 标准化
审核
工艺 批准
阶段标记 重量 比例
1:1
共 张 第 张
内蒙古工业大学
圆锥滚子轴承30307
GB/T 297-2015

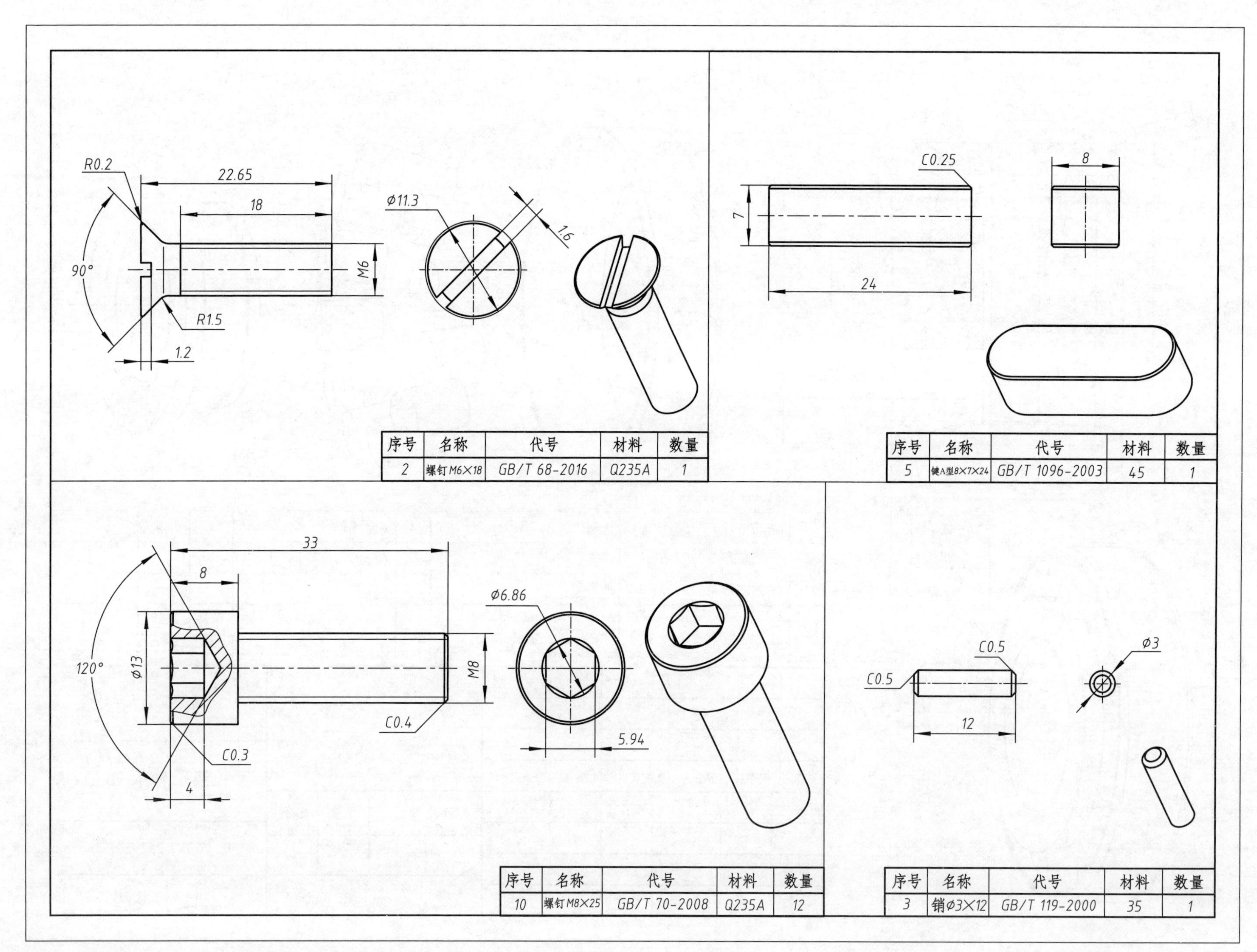

序号	名称	代号	材料	数量
2	螺钉M6×18	GB/T 68-2016	Q235A	1

序号	名称	代号	材料	数量
5	键A型8×7×24	GB/T 1096-2003	45	1

序号	名称	代号	材料	数量
10	螺钉M8×25	GB/T 70-2008	Q235A	12

序号	名称	代号	材料	数量
3	销Ø3×12	GB/T 119-2000	35	1

2.5　手压阀

手压阀是吸进或排出液体的一种手动阀门，当握住手柄向下压紧阀杆时，弹簧因受力压缩而使阀杆向下移动，此时液体入口与出口相连，阀门得以打开，手柄向下抬起时，由于弹簧弹力作用，阀杆向上压紧阀体，使液体入口与出口断开，从而关闭阀门。

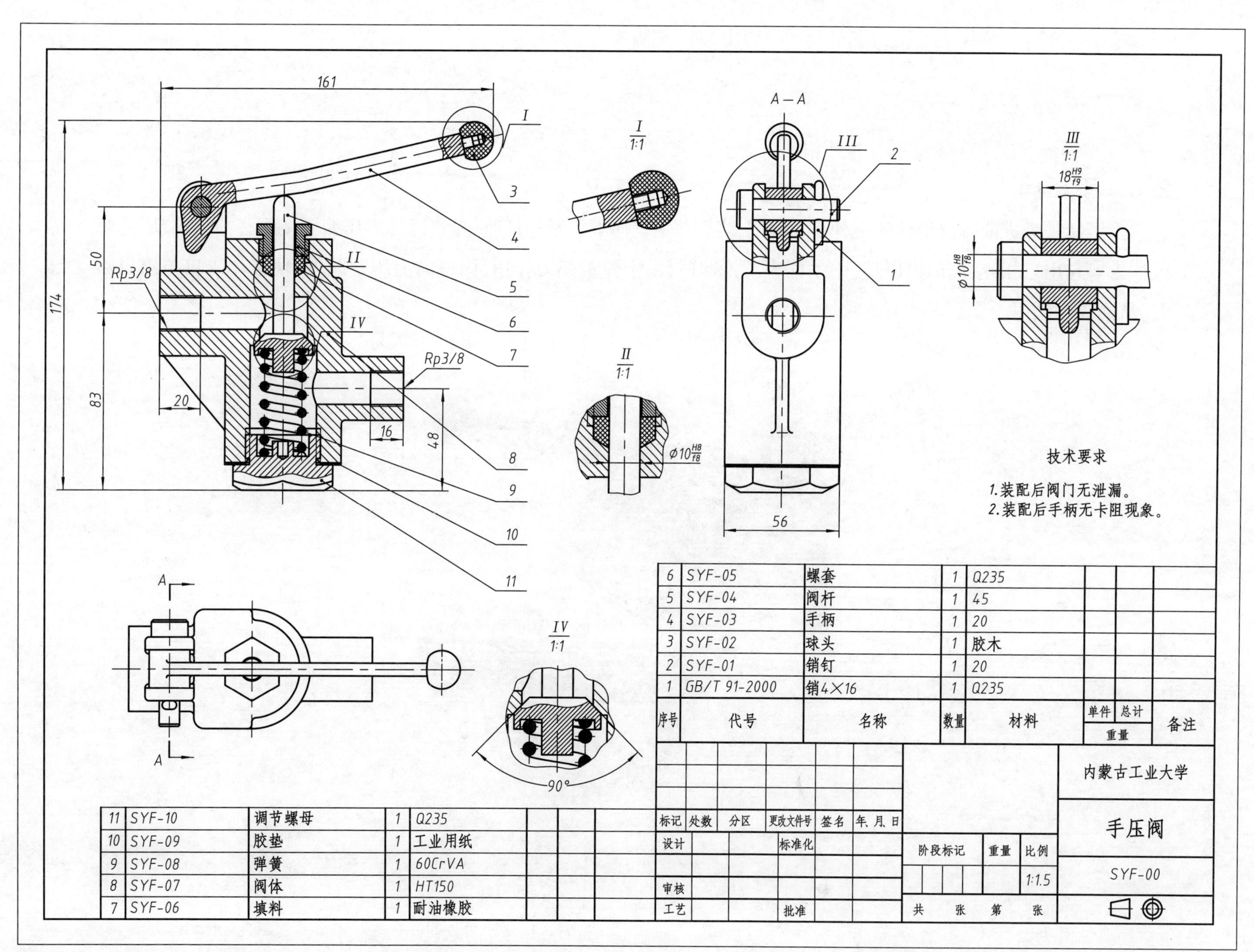
161
174
50
83
20
16
48
Rp3/8
Rp3/8
I
II
III
IV
1
2
3
4
5
6
7
8
9
10
11
I 1:1
II 1:1
$\phi 10\frac{H8}{f8}$
A—A
56
III 1:1
$18\frac{H9}{f9}$
$\phi 10\frac{H8}{f8}$
IV 1:1
90°
A
A
技术要求
1.装配后阀门无泄漏。
2.装配后手柄无卡阻现象。
6 SYF-05 螺套 1 Q235
5 SYF-04 阀杆 1 45
4 SYF-03 手柄 1 20
3 SYF-02 球头 1 胶木
2 SYF-01 销钉 1 20
1 GB/T 91-2000 销4×16 1 Q235
序号 代号 名称 数量 材料 单件 总计 重量 备注
11 SYF-10 调节螺母 1 Q235
10 SYF-09 胶垫 1 工业用纸
9 SYF-08 弹簧 1 60CrVA
8 SYF-07 阀体 1 HT150
7 SYF-06 填料 1 耐油橡胶
标记 处数 分区 更改文件号 签名 年.月.日
设计 标准化
审核
工艺 批准
阶段标记 重量 比例
1:1.5
共 张 第 张
内蒙古工业大学
手压阀
SYF-00

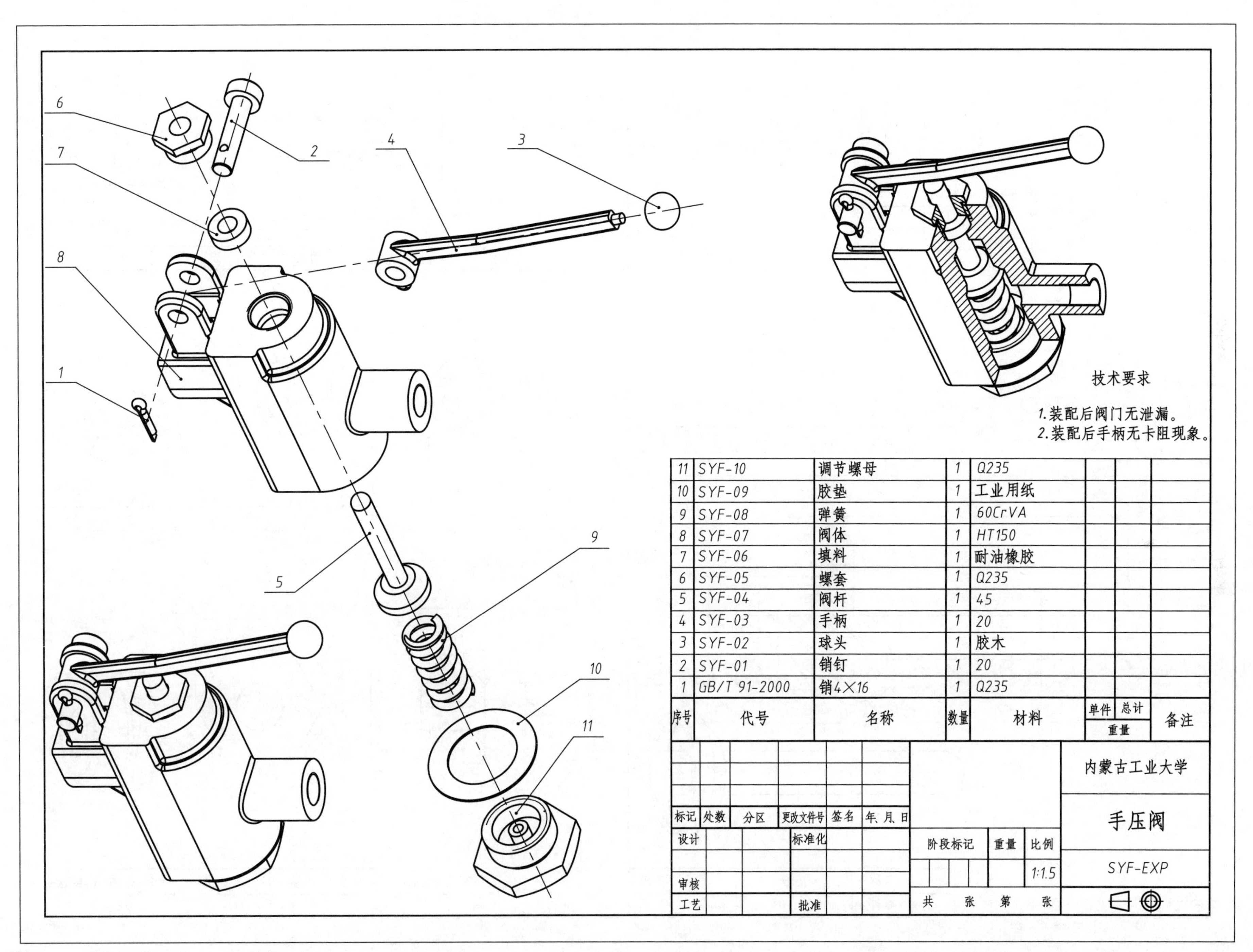

序号	代号	名称	数量	材料	单件重量	总计重量	备注
11	SYF-10	调节螺母	1	Q235			
10	SYF-09	胶垫	1	工业用纸			
9	SYF-08	弹簧	1	60CrVA			
8	SYF-07	阀体	1	HT150			
7	SYF-06	填料	1	耐油橡胶			
6	SYF-05	螺套	1	Q235			
5	SYF-04	阀杆	1	45			
4	SYF-03	手柄	1	20			
3	SYF-02	球头	1	胶木			
2	SYF-01	销钉	1	20			
1	GB/T 91-2000	销4×16	1	Q235			

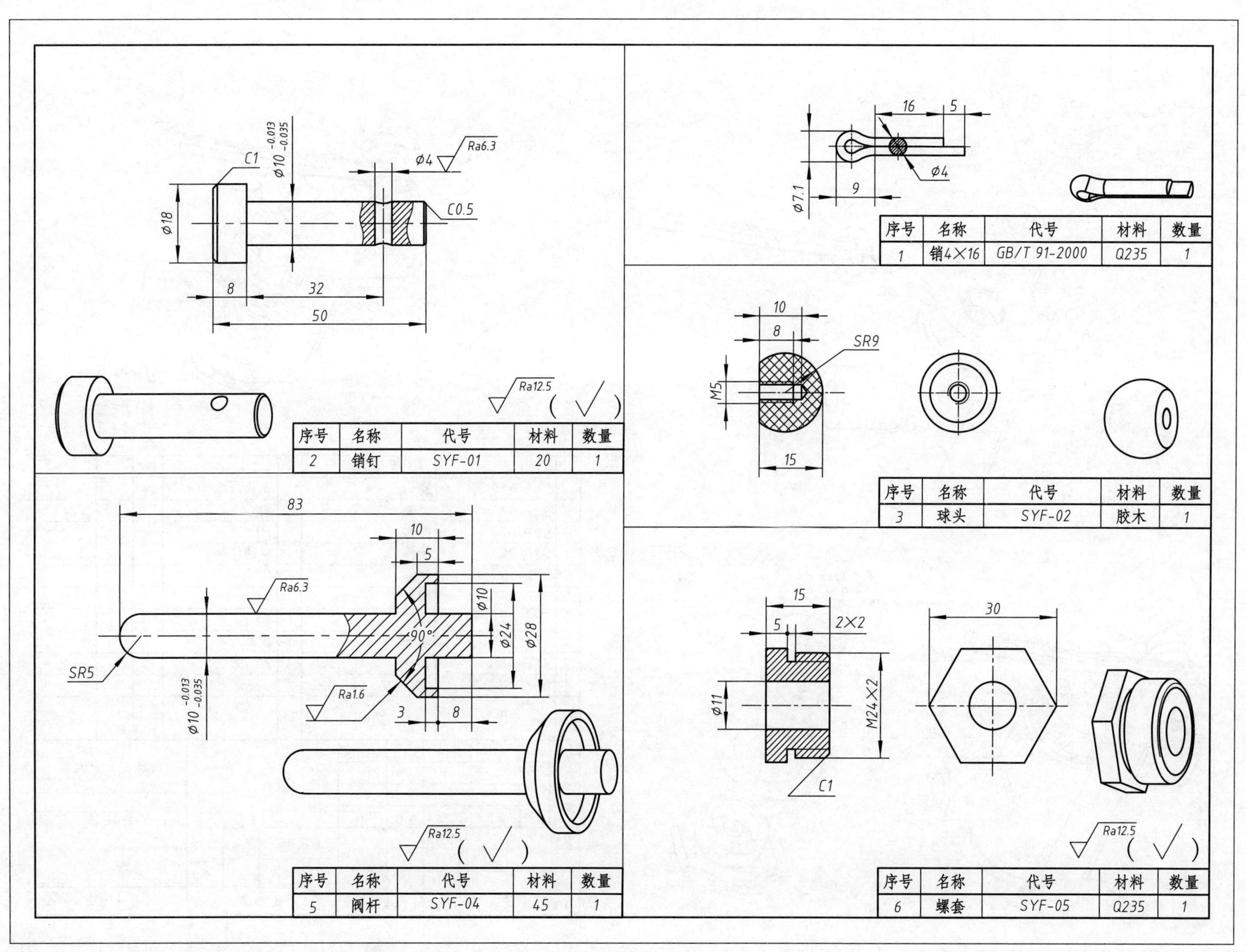
16
5
ϕ4
ϕ7.1
9
序号 名称 代号 材料 数量
1 销4×16 GB/T 91-2000 Q235 1
C1
ϕ10 -0.013 -0.035
ϕ4
Ra6.3
ϕ18
C0.5
8
32
50
Ra12.5
序号 名称 代号 材料 数量
2 销钉 SYF-01 20 1
10
8
SR9
M5
15
序号 名称 代号 材料 数量
3 球头 SYF-02 胶木 1
83
10
5
Ra6.3
ϕ10
ϕ24
ϕ28
90°
SR5
ϕ10 -0.013 -0.035
Ra1.6
3
8
Ra12.5
序号 名称 代号 材料 数量
5 阀杆 SYF-04 45 1
15
5
2×2
30
ϕ11
M24×2
C1
Ra12.5
序号 名称 代号 材料 数量
6 螺套 SYF-05 Q235 1

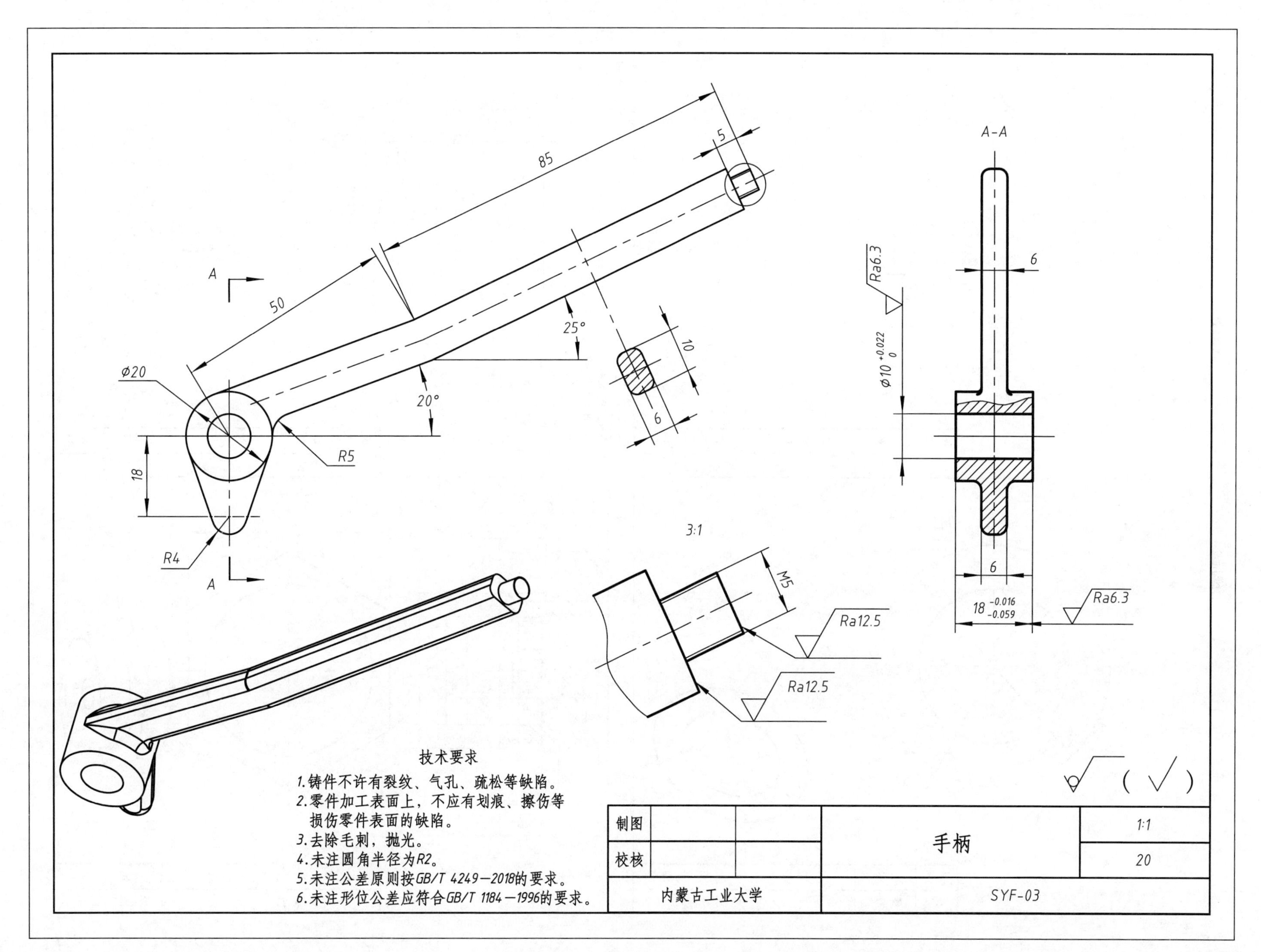

A–A
85
5
50
A
A
25°
20°
Φ20
R5
R4
18
10
6
Ra6.3
Φ10 +0.022 0
6
6
18 -0.016 -0.059
Ra6.3
3:1
M5
Ra12.5
Ra12.5
(√)
技术要求
1.铸件不许有裂纹、气孔、疏松等缺陷。
2.零件加工表面上，不应有划痕、擦伤等损伤零件表面的缺陷。
3.去除毛刺，抛光。
4.未注圆角半径为R2。
5.未注公差原则按GB/T 4249—2018的要求。
6.未注形位公差应符合GB/T 1184—1996的要求。
制图
校核
手柄
1:1
20
内蒙古工业大学
SYF-03

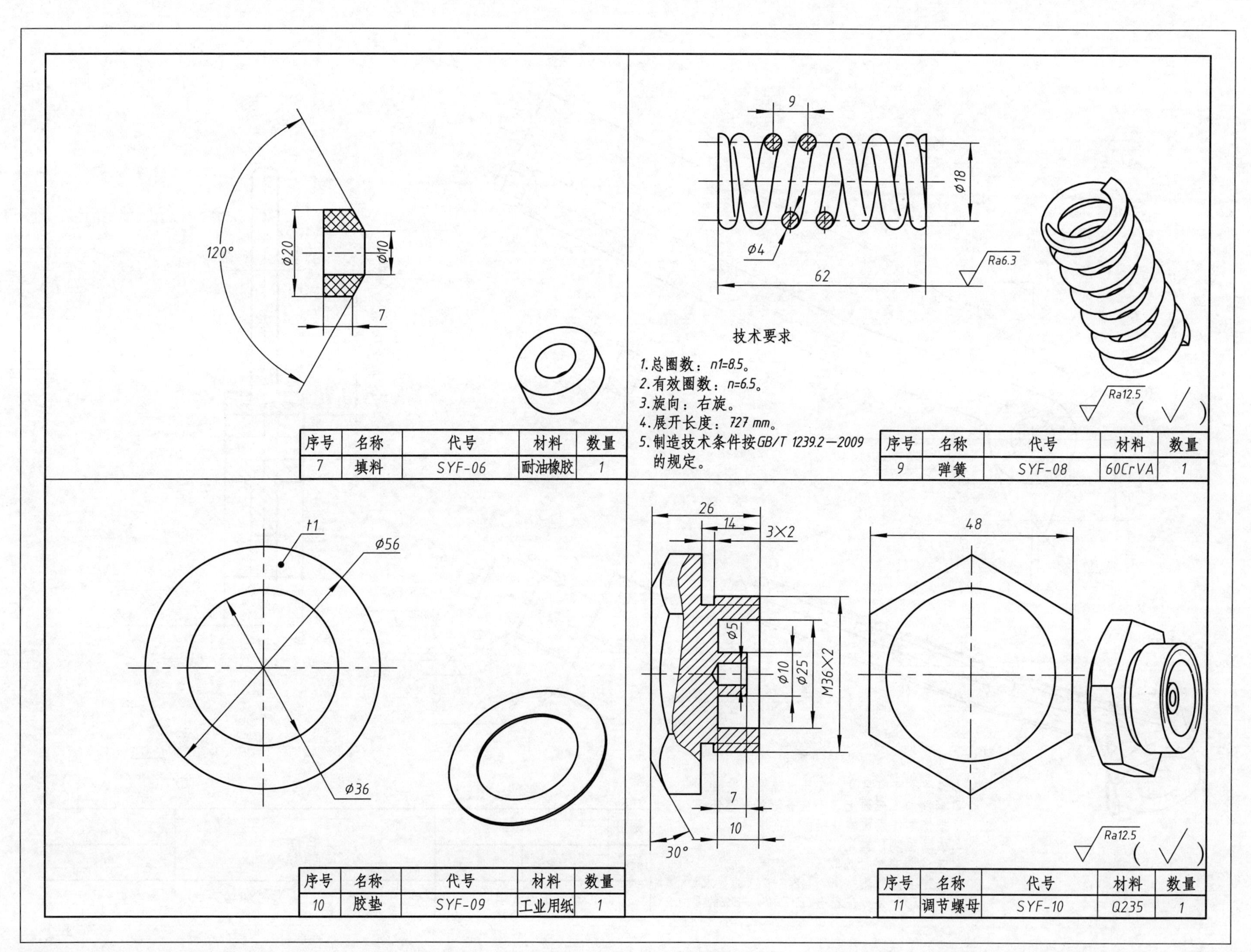
120°
ϕ20
ϕ10
7
序号 名称 代号 材料 数量
7 填料 SYF-06 耐油橡胶 1
9
ϕ18
ϕ4
62
Ra6.3
技术要求
1.总圈数：n1=8.5。
2.有效圈数：n=6.5。
3.旋向：右旋。
4.展开长度：727 mm。
5.制造技术条件按GB/T 1239.2—2009的规定。
Ra12.5
序号 名称 代号 材料 数量
9 弹簧 SYF-08 60CrVA 1
t1
ϕ56
ϕ36
序号 名称 代号 材料 数量
10 胶垫 SYF-09 工业用纸 1
26
14
3×2
ϕ5
ϕ10
ϕ25
M36×2
7
10
30°
48
Ra12.5
序号 名称 代号 材料 数量
11 调节螺母 SYF-10 Q235 1

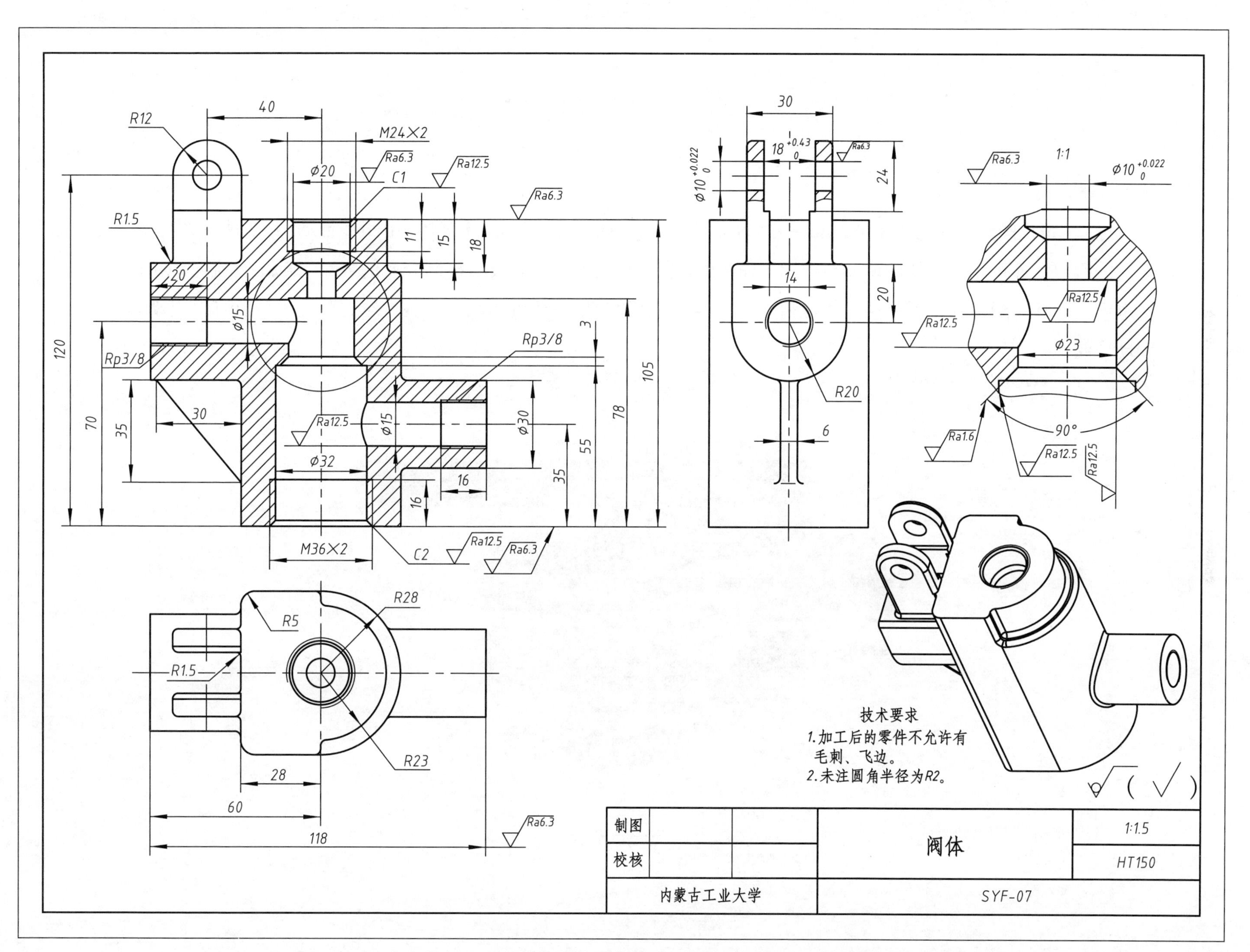

技术要求
1.加工后的零件不允许有毛刺、飞边。
2.未注圆角半径为R2。
制图
校核
阀体
1:1.5
HT150
内蒙古工业大学
SYF-07

2.6 球阀

球阀(截止阀),在标准 GB/T 21465—2008《阀门术语》中定义为:启闭件(球体)由阀杆带动,并绕球阀轴线作旋转运动的阀门。亦可用于流体的调节与控制。而多通球阀在管道上不仅可灵活控制介质的合流、分流、及流向的切换,同时也可关闭任一通道而使另外两个通道相连。本类阀门在管道中一般应当水平安装。球阀分类:气动球阀,电动球阀,手动球阀。

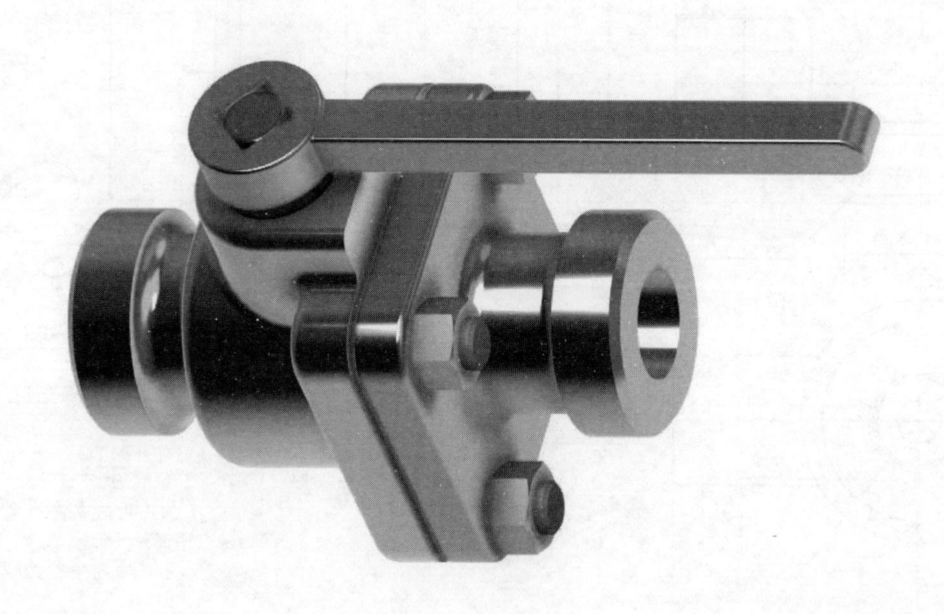

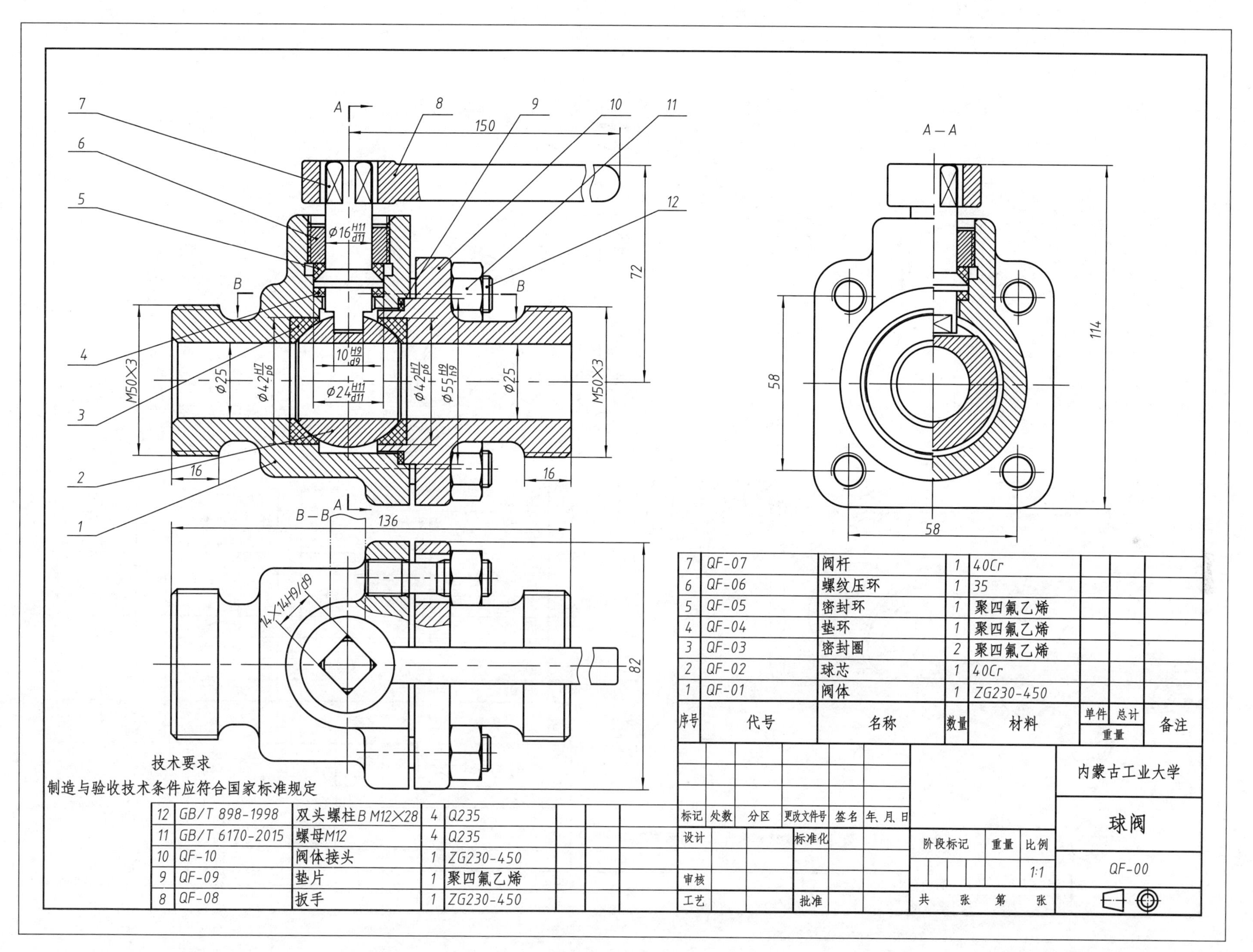

A
A—A
B—B
B
150
72
114
58
58
136
82
16
16
φ16 H11/d11
10 H9/d9
φ24 H11/d11
φ25
φ42 H7/p6
φ55 H9/h9
M50×3
14×14H9/d9
1
2
3
4
5
6
7
8
9
10
11
12
技术要求
制造与验收技术条件应符合国家标准规定
7 QF-07 阀杆 1 40Cr
6 QF-06 螺纹压环 1 35
5 QF-05 密封环 1 聚四氟乙烯
4 QF-04 垫环 1 聚四氟乙烯
3 QF-03 密封圈 2 聚四氟乙烯
2 QF-02 球芯 1 40Cr
1 QF-01 阀体 1 ZG230-450
序号 代号 名称 数量 材料 单件 总计 重量 备注
12 GB/T 898-1998 双头螺柱B M12×28 4 Q235
11 GB/T 6170-2015 螺母M12 4 Q235
10 QF-10 阀体接头 1 ZG230-450
9 QF-09 垫片 1 聚四氟乙烯
8 QF-08 扳手 1 ZG230-450
标记 处数 分区 更改文件号 签名 年、月、日
设计 标准化
审核
工艺 批准
阶段标记 重量 比例
1:1
共 张 第 张
内蒙古工业大学
球阀
QF-00

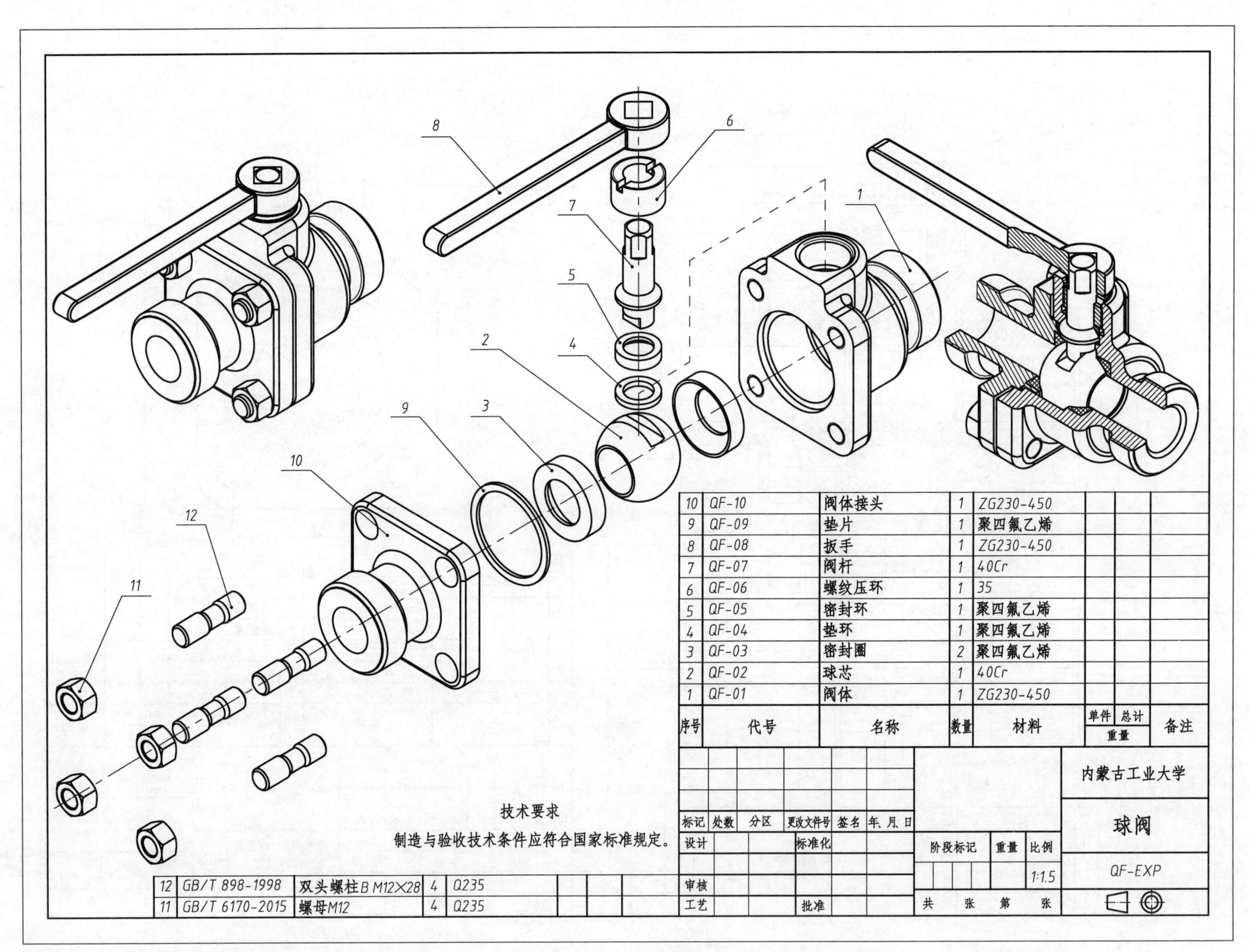
8
6
7
5
4
2
1
9
3
10
12
11
10 QF-10 阀体接头 1 ZG230-450
9 QF-09 垫片 1 聚四氟乙烯
8 QF-08 扳手 1 ZG230-450
7 QF-07 阀杆 1 40Cr
6 QF-06 螺纹压环 1 35
5 QF-05 密封环 1 聚四氟乙烯
4 QF-04 垫环 1 聚四氟乙烯
3 QF-03 密封圈 2 聚四氟乙烯
2 QF-02 球芯 1 40Cr
1 QF-01 阀体 1 ZG230-450
序号 代号 名称 数量 材料 单件 总计 重量 备注
内蒙古工业大学
标记 处数 分区 更改文件号 签名 年、月、日
设计 标准化
阶段标记 重量 比例
球阀
审核
1:1.5
QF-EXP
工艺 批准
共 张 第 张
技术要求
制造与验收技术条件应符合国家标准规定。
12 GB/T 898-1998 双头螺柱B M12×28 4 Q235
11 GB/T 6170-2015 螺母M12 4 Q235

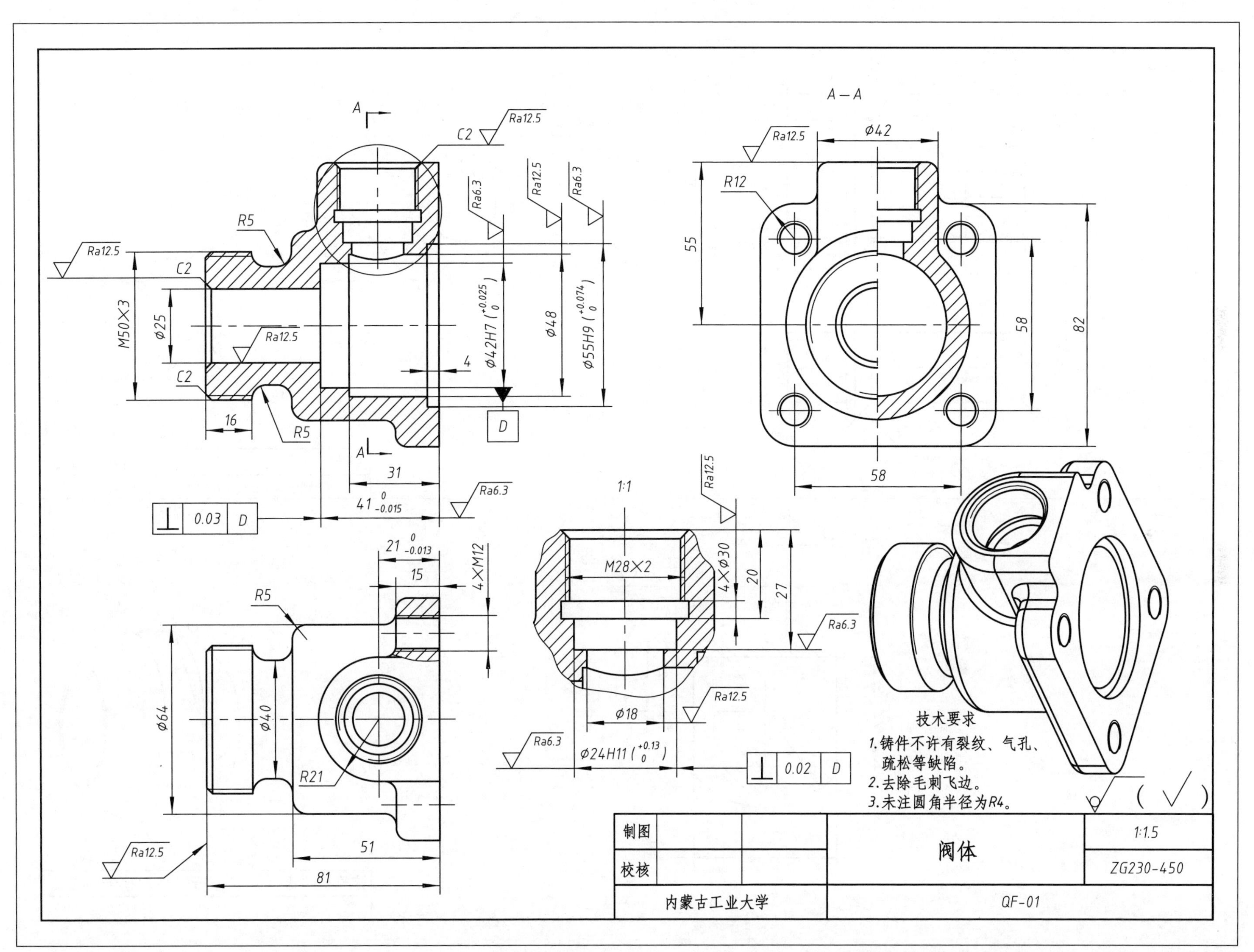
A
Ra12.5
C2
R5
Ra12.5
C2
M50×3
Φ25
Ra12.5
C2
16
R5
A
Ra6.3
Ra12.5
Ra6.3
Φ42H7 ($^{+0.025}_{0}$)
Φ48
Φ55H9 ($^{+0.074}_{0}$)
4
D
31
41 $^{0}_{-0.015}$
Ra6.3
⊥ 0.03 D
A—A
Ra12.5
Φ42
R12
55
58
82
58
1:1
Ra12.5
M28×2
4×Φ30
20
27
Ra6.3
Φ18
Ra12.5
Ra6.3
Φ24H11 ($^{+0.13}_{0}$)
⊥ 0.02 D
21 $^{0}_{-0.013}$
15
4×M12
R5
Φ64
Φ40
R21
51
81
Ra12.5
技术要求
1.铸件不许有裂纹、气孔、疏松等缺陷。
2.去除毛刺飞边。
3.未注圆角半径为R4。
(√)
制图
校核
阀体
1:1.5
ZG230-450
内蒙古工业大学
QF-01

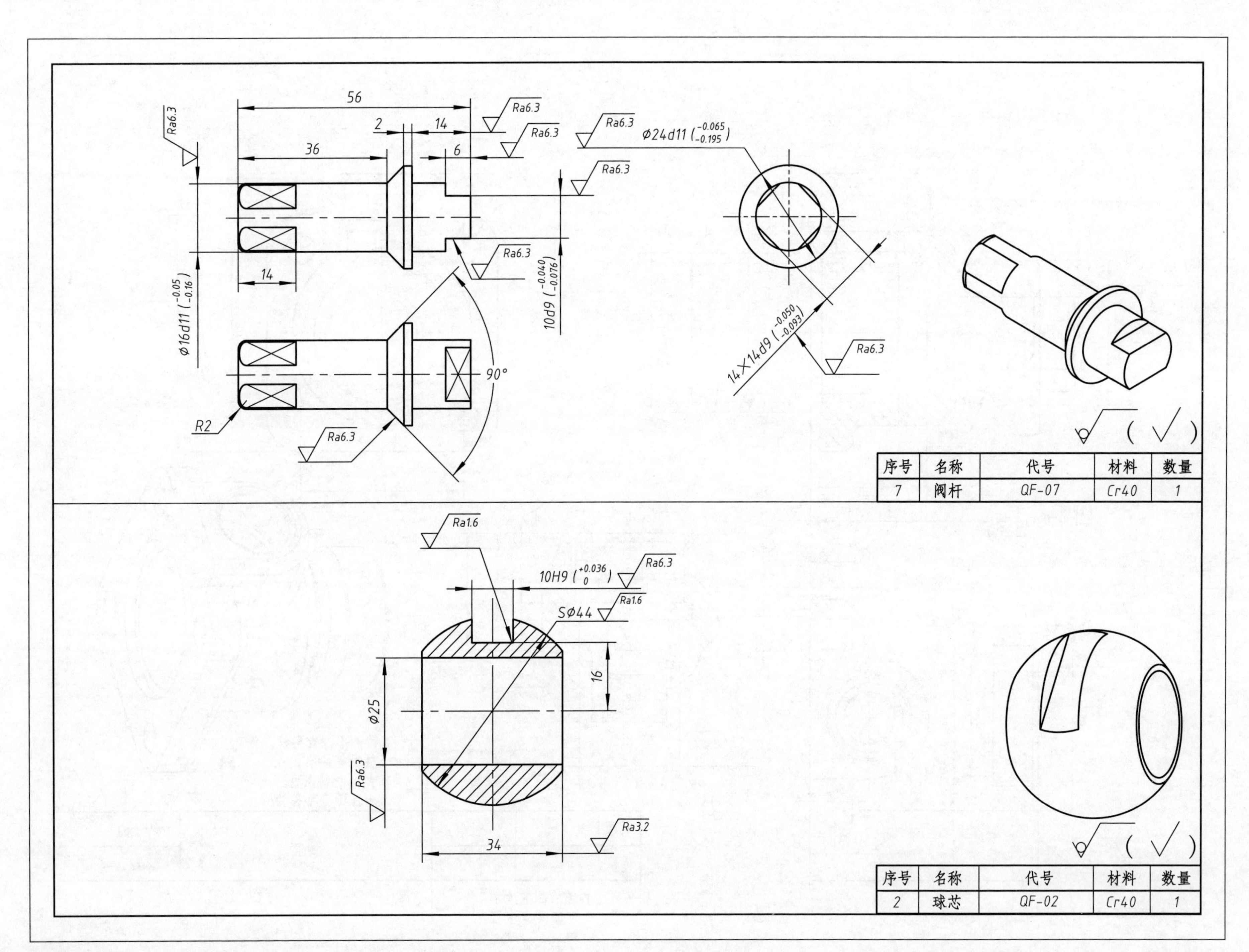
56
2
14
36
6
Ra6.3
Ø24d11 (-0.065 -0.195)
Ø16d11 (-0.05 -0.16)
10d9 (-0.040 -0.076)
14×14d9 (-0.050 -0.093)
14
R2
90°
序号 名称 代号 材料 数量
7 阀杆 QF-07 Cr40 1
Ra1.6
10H9 (+0.036 0)
SØ44
16
Ø25
34
Ra3.2
序号 名称 代号 材料 数量
2 球芯 QF-02 Cr40 1

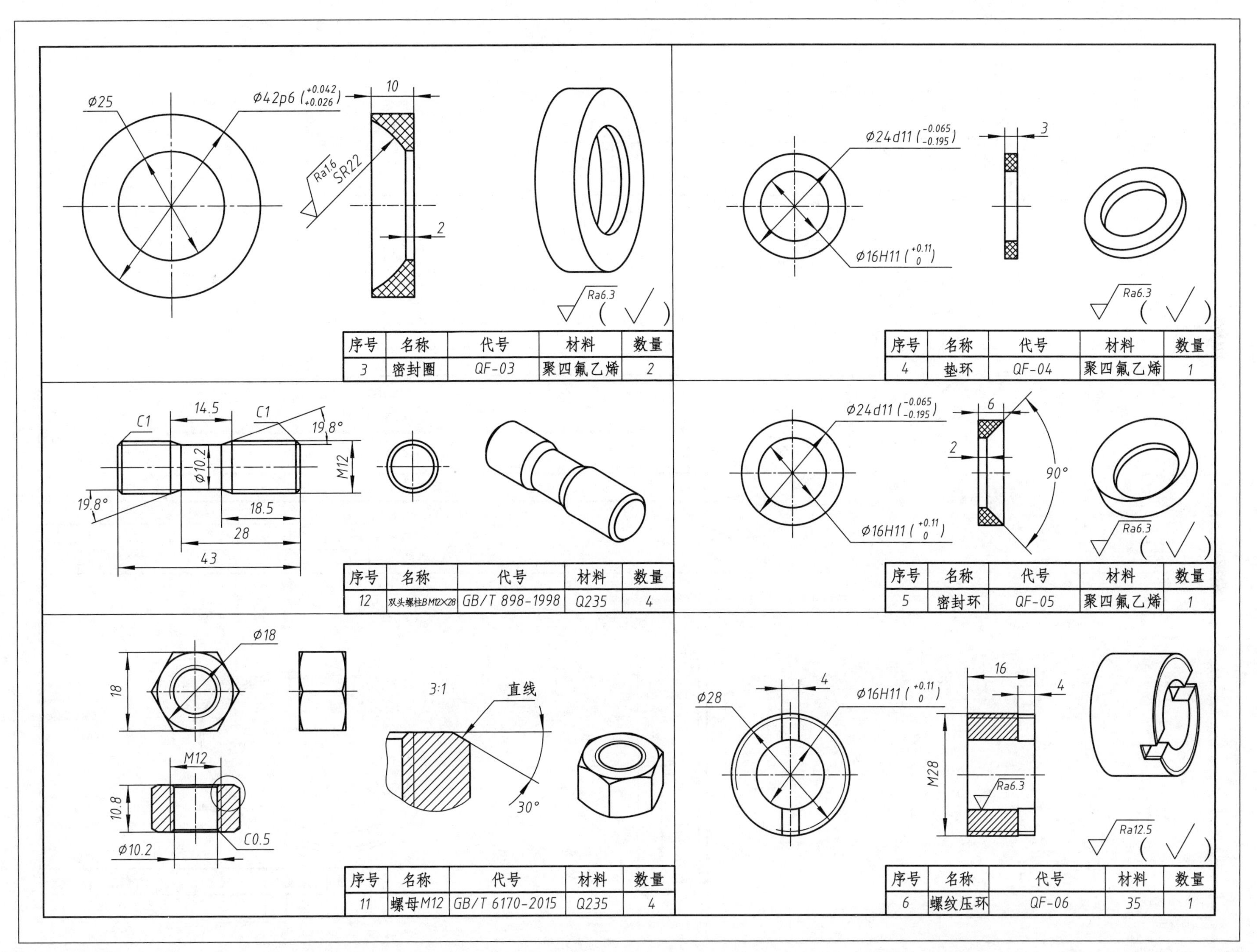

序号	名称	代号	材料	数量
3	密封圈	QF-03	聚四氟乙烯	2

序号	名称	代号	材料	数量
4	垫环	QF-04	聚四氟乙烯	1

序号	名称	代号	材料	数量
12	双头螺柱B M12×28	GB/T 898-1998	Q235	4

序号	名称	代号	材料	数量
5	密封环	QF-05	聚四氟乙烯	1

序号	名称	代号	材料	数量
11	螺母M12	GB/T 6170-2015	Q235	4

序号	名称	代号	材料	数量
6	螺纹压环	QF-06	35	1

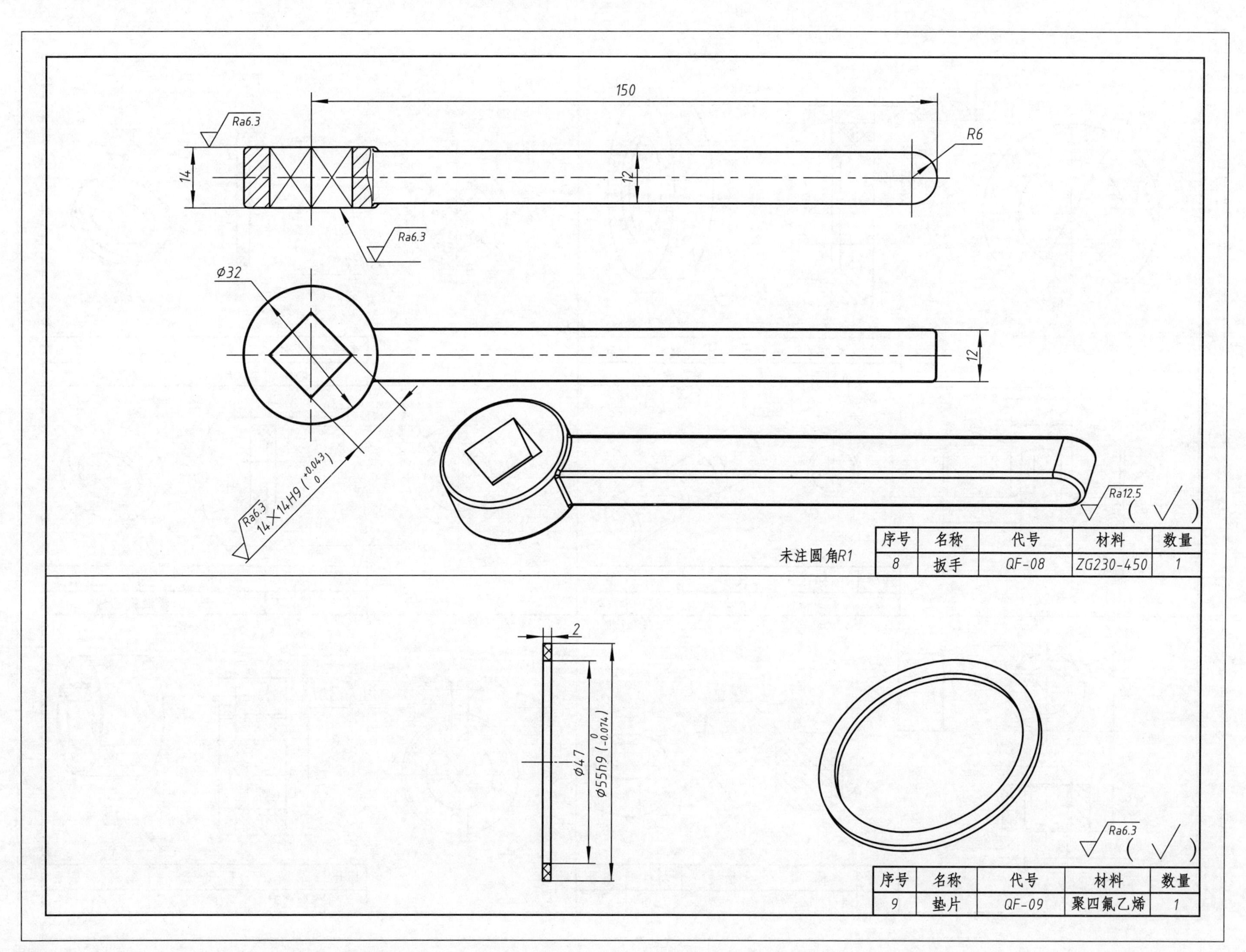
150
Ra6.3
R6
14
12
Ra6.3
φ32
12
Ra6.3
14×14H9(+0.043 0)
Ra12.5
(√)
未注圆角R1
序号 名称 代号 材料 数量
8 扳手 QF-08 ZG230-450 1
2
φ47
φ55h9(0 -0.074)
Ra6.3
(√)
序号 名称 代号 材料 数量
9 垫片 QF-09 聚四氟乙烯 1

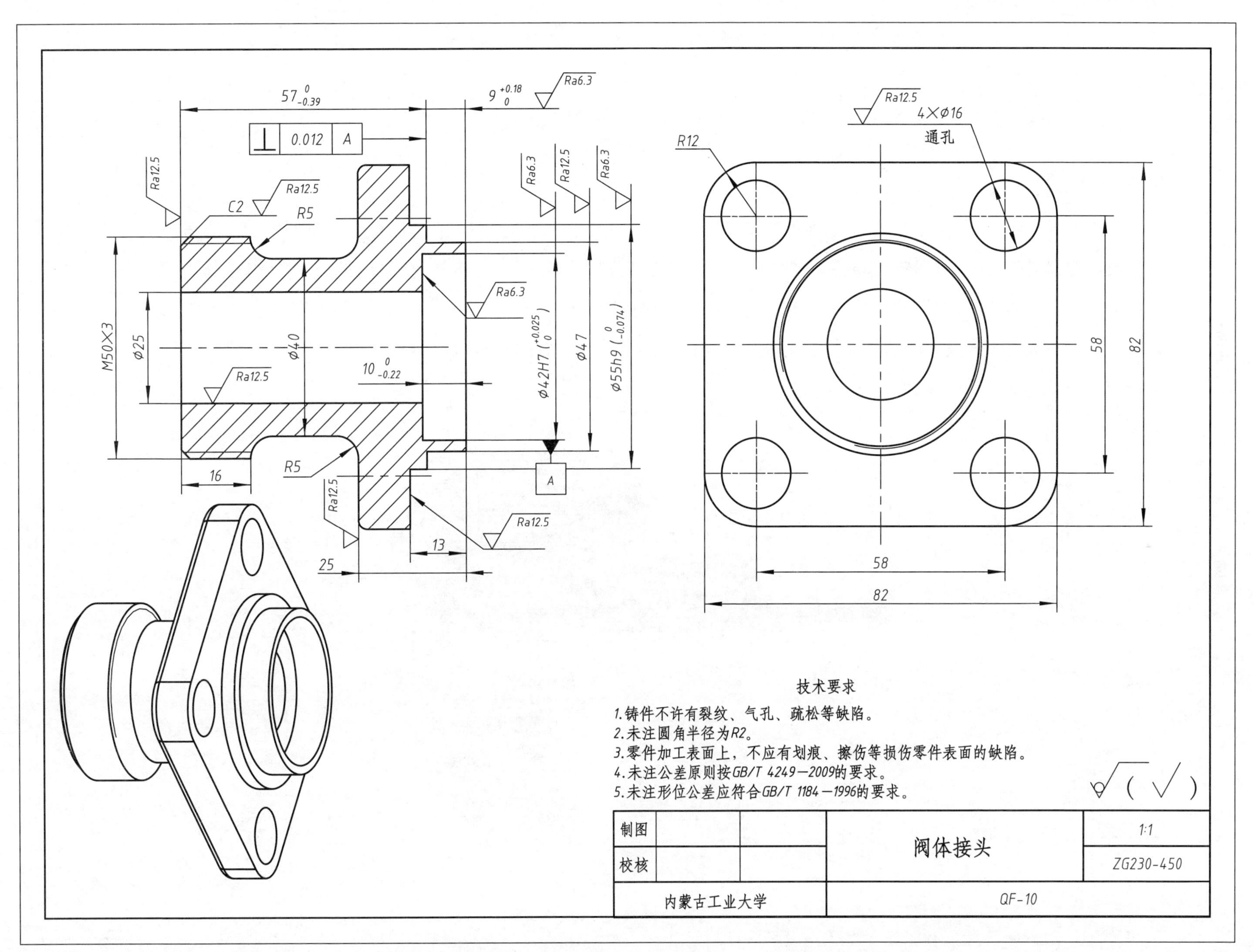
57 0 -0.39
9 +0.18 0
Ra6.3
0.012
A
Ra12.5
C2
Ra12.5
R5
Ra6.3
Ra12.5
Ra6.3
M50×3
φ25
φ40
Ra12.5
10 0 -0.22
Ra6.3
φ42H7 (+0.025 0)
φ47
φ55h9 (0 -0.074)
R5
16
Ra12.5
Ra12.5
13
25
A
Ra12.5
4×φ16
通孔
R12
58
82
58
82
技术要求
1.铸件不许有裂纹、气孔、疏松等缺陷。
2.未注圆角半径为R2。
3.零件加工表面上，不应有划痕、擦伤等损伤零件表面的缺陷。
4.未注公差原则按GB/T 4249—2009的要求。
5.未注形位公差应符合GB/T 1184—1996的要求。
制图
校核
阀体接头
1:1
ZG230-450
内蒙古工业大学
QF-10

2.7 齿轮油泵

齿轮泵是用两个齿轮相互合啮转动来工作,对介质要求不高。一般的压齿轮油泵力在 6 MPa 以下,流量较大。齿轮油泵在泵体中装有一对回转齿轮,一个主动,一个被动,依靠两齿轮的相互啮合,把泵内的整个工作腔分为两个独立的部分吸入腔和排出腔。齿轮油泵在运转时主动齿轮带动被动齿轮旋转,当齿轮从啮合到脱开时在吸入侧就形成局部真空,液体被吸入。被吸入的液体充满齿轮的各个齿谷而带到排出侧,齿轮进入啮合时液体被挤出,形成高压液体并经泵排出口排出泵外。

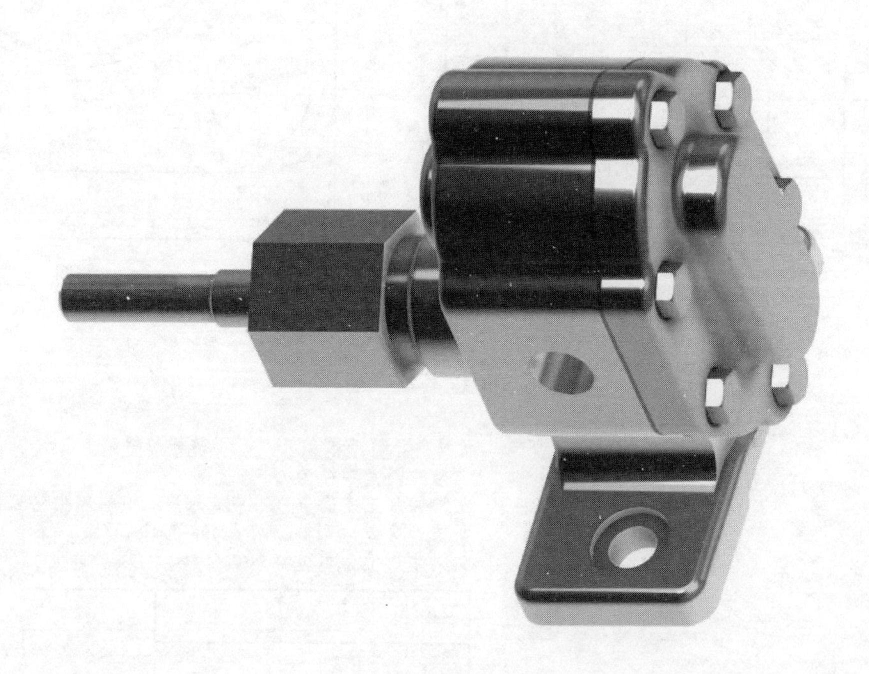

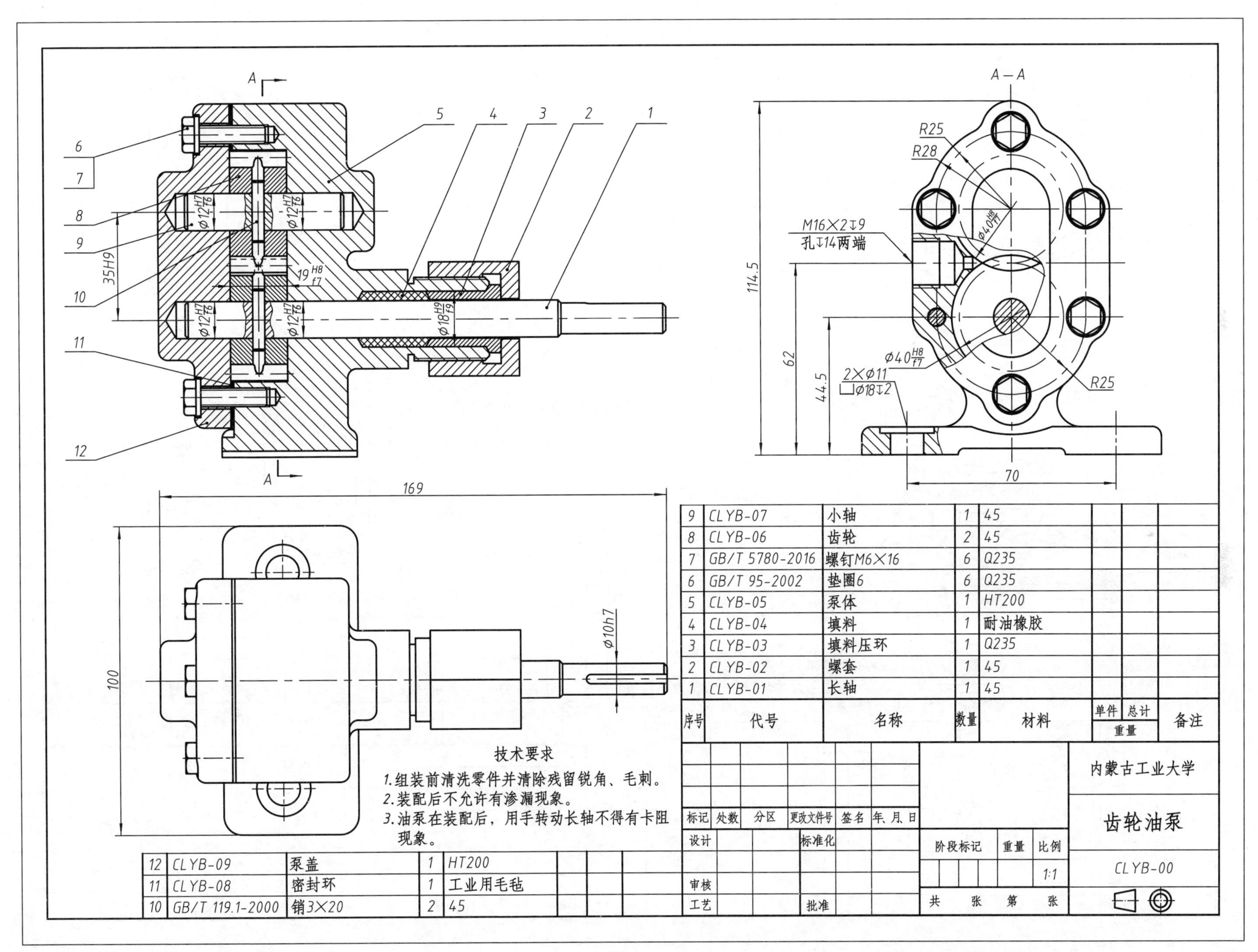

序号	代号	名称	数量	材料	单件重量	总计重量	备注
12	CLYB-09	泵盖	1	HT200			
11	CLYB-08	密封环	1	工业用毛毡			
10	GB/T 119.1-2000	销3×20	2	45			
9	CLYB-07	小轴	1	45			
8	CLYB-06	齿轮	2	45			
7	GB/T 5780-2016	螺钉M6×16	6	Q235			
6	GB/T 95-2002	垫圈6	6	Q235			
5	CLYB-05	泵体	1	HT200			
4	CLYB-04	填料	1	耐油橡胶			
3	CLYB-03	填料压环	1	Q235			
2	CLYB-02	螺套	1	45			
1	CLYB-01	长轴	1	45			

标记	处数	分区	更改文件号	签名	年、月、日		
设计		标准化		阶段标记	重量	比例	内蒙古工业大学
审核						1:1	齿轮油泵
工艺		批准		共 张 第 张			CLYB-00

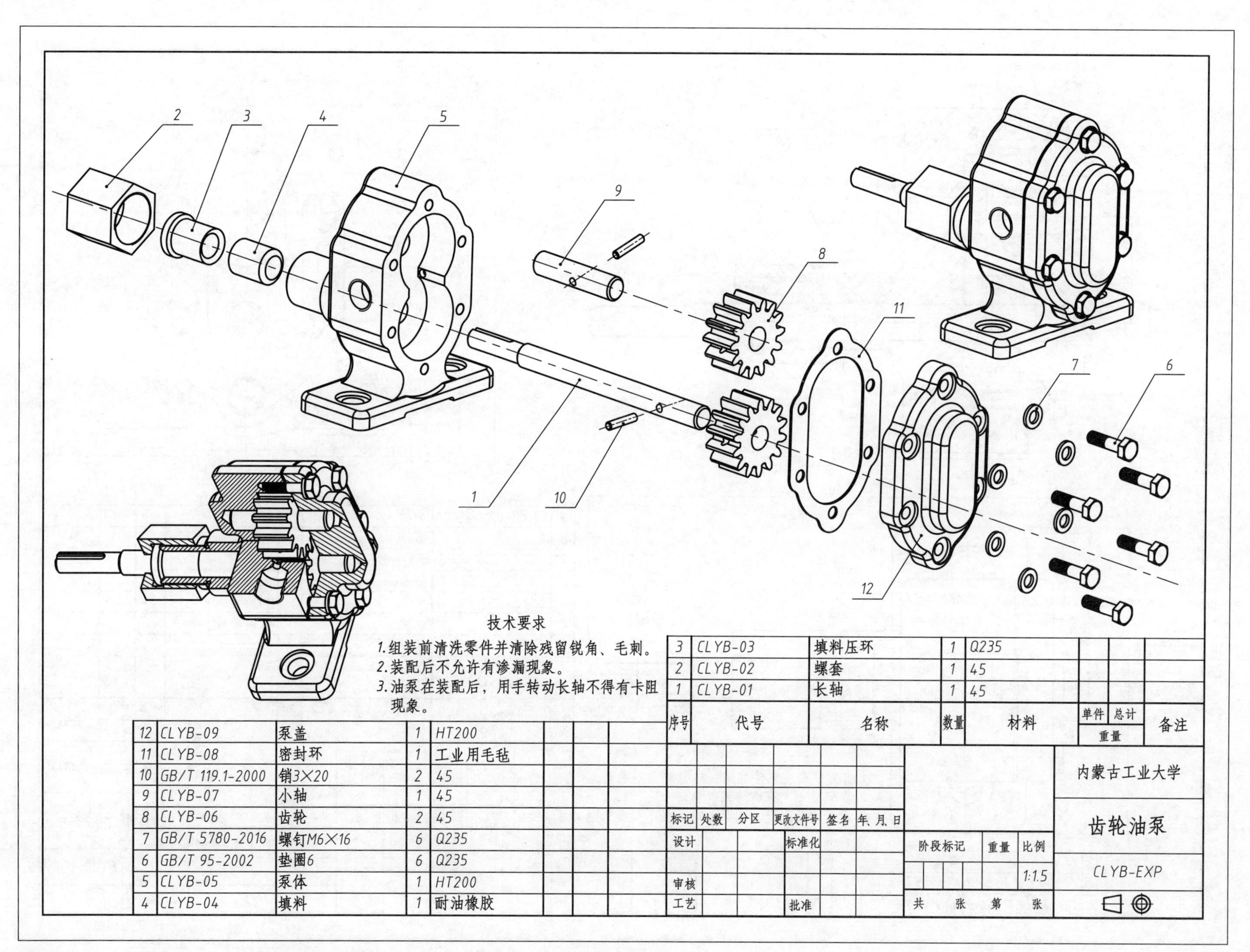

技术要求

1. 组装前清洗零件并清除残留锐角、毛刺。
2. 装配后不允许有渗漏现象。
3. 油泵在装配后，用手转动长轴不得有卡阻现象。

序号	代号	名称	数量	材料	单件重量	总计重量	备注
12	CLYB-09	泵盖	1	HT200			
11	CLYB-08	密封环	1	工业用毛毡			
10	GB/T 119.1-2000	销3×20	2	45			
9	CLYB-07	小轴	1	45			
8	CLYB-06	齿轮	2	45			
7	GB/T 5780-2016	螺钉M6×16	6	Q235			
6	GB/T 95-2002	垫圈6	6	Q235			
5	CLYB-05	泵体	1	HT200			
4	CLYB-04	填料	1	耐油橡胶			
3	CLYB-03	填料压环	1	Q235			
2	CLYB-02	螺套	1	45			
1	CLYB-01	长轴	1	45			

标记	处数	分区	更改文件号	签名	年、月、日		内蒙古工业大学
设计			标准化			阶段标记 重量 比例 1:1.5	齿轮油泵
审核							CLYB-EXP
工艺			批准			共 张 第 张	

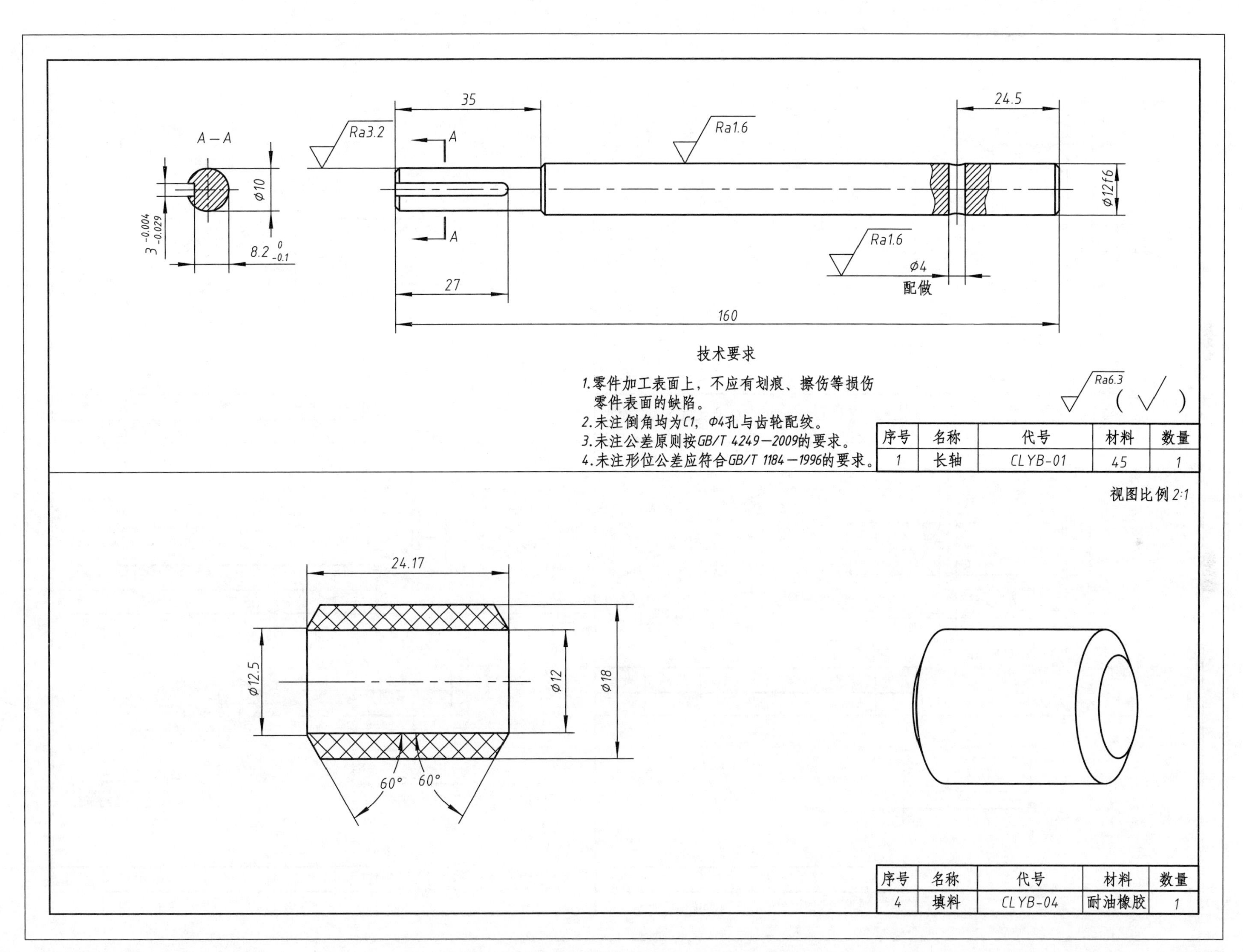
A—A
Ra3.2
35
A
Ra1.6
24.5
Φ10
Φ12f6
3 -0.004 -0.029
8.2 0 -0.1
Ra1.6
Φ4
配做
27
160
技术要求
1.零件加工表面上，不应有划痕、擦伤等损伤零件表面的缺陷。
2.未注倒角均为C1，Φ4孔与齿轮配绞。
3.未注公差原则按GB/T 4249—2009的要求。
4.未注形位公差应符合GB/T 1184—1996的要求。
Ra6.3
(√)
序号 名称 代号 材料 数量
1 长轴 CLYB-01 45 1
视图比例 2:1
24.17
Φ12.5
Φ12
Φ18
60°
60°
序号 名称 代号 材料 数量
4 填料 CLYB-04 耐油橡胶 1

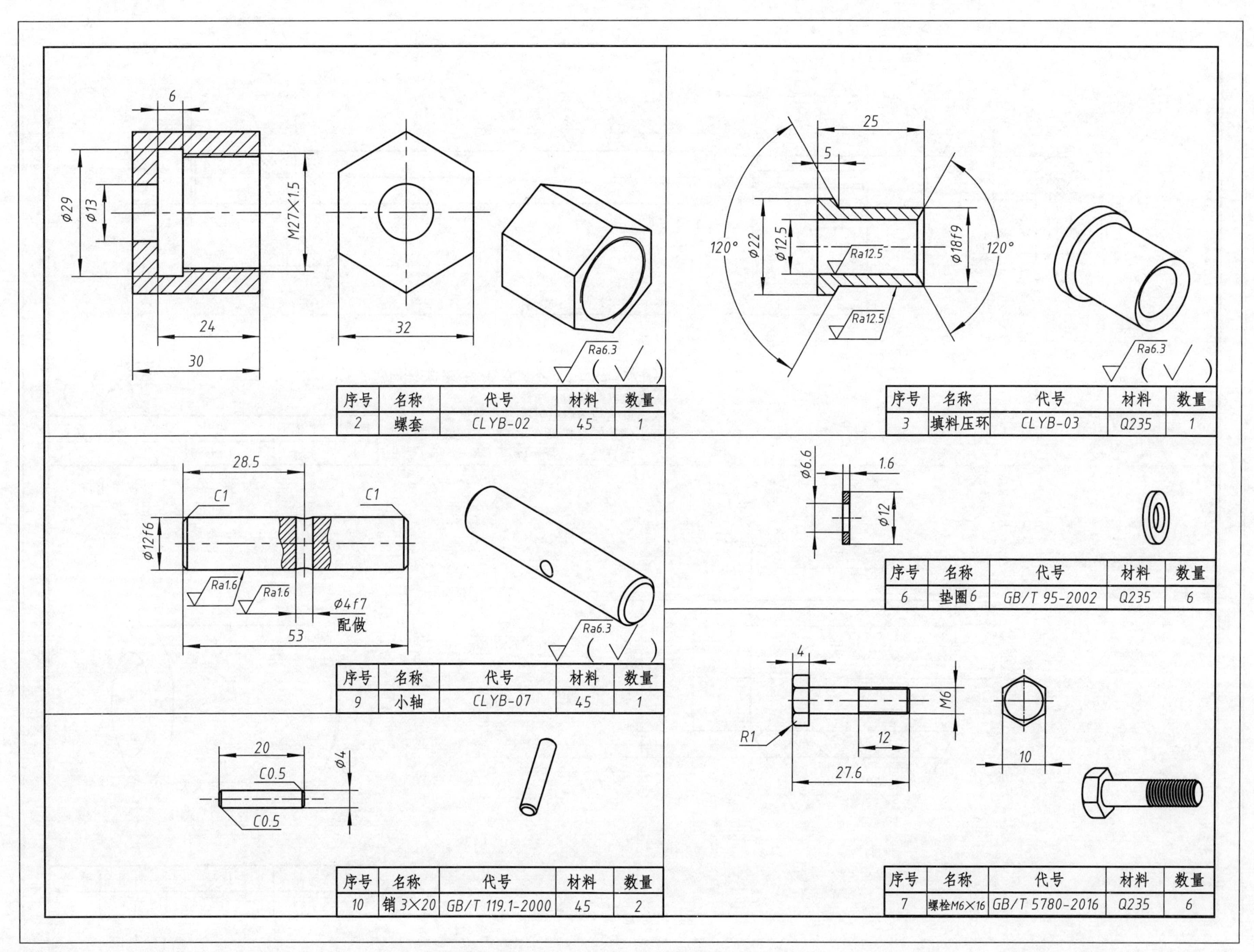

6
Φ29
Φ13
M27×1.5
24
30
32
Ra6.3
(√)
序号 名称 代号 材料 数量
2 螺套 CLYB-02 45 1
25
5
120°
Φ22
Φ12.5
Ra12.5
Φ18f9
120°
Ra12.5
Ra6.3
(√)
序号 名称 代号 材料 数量
3 填料压环 CLYB-03 Q235 1
28.5
C1
C1
Φ12f6
Ra1.6
Ra1.6
Φ4f7
配做
53
Ra6.3
(√)
序号 名称 代号 材料 数量
9 小轴 CLYB-07 45 1
Φ6.6
1.6
Φ12
序号 名称 代号 材料 数量
6 垫圈6 GB/T 95-2002 Q235 6
20
C0.5
Φ4
C0.5
序号 名称 代号 材料 数量
10 销 3×20 GB/T 119.1-2000 45 2
4
M6
R1
12
10
27.6
序号 名称 代号 材料 数量
7 螺栓M6×16 GB/T 5780-2016 Q235 6

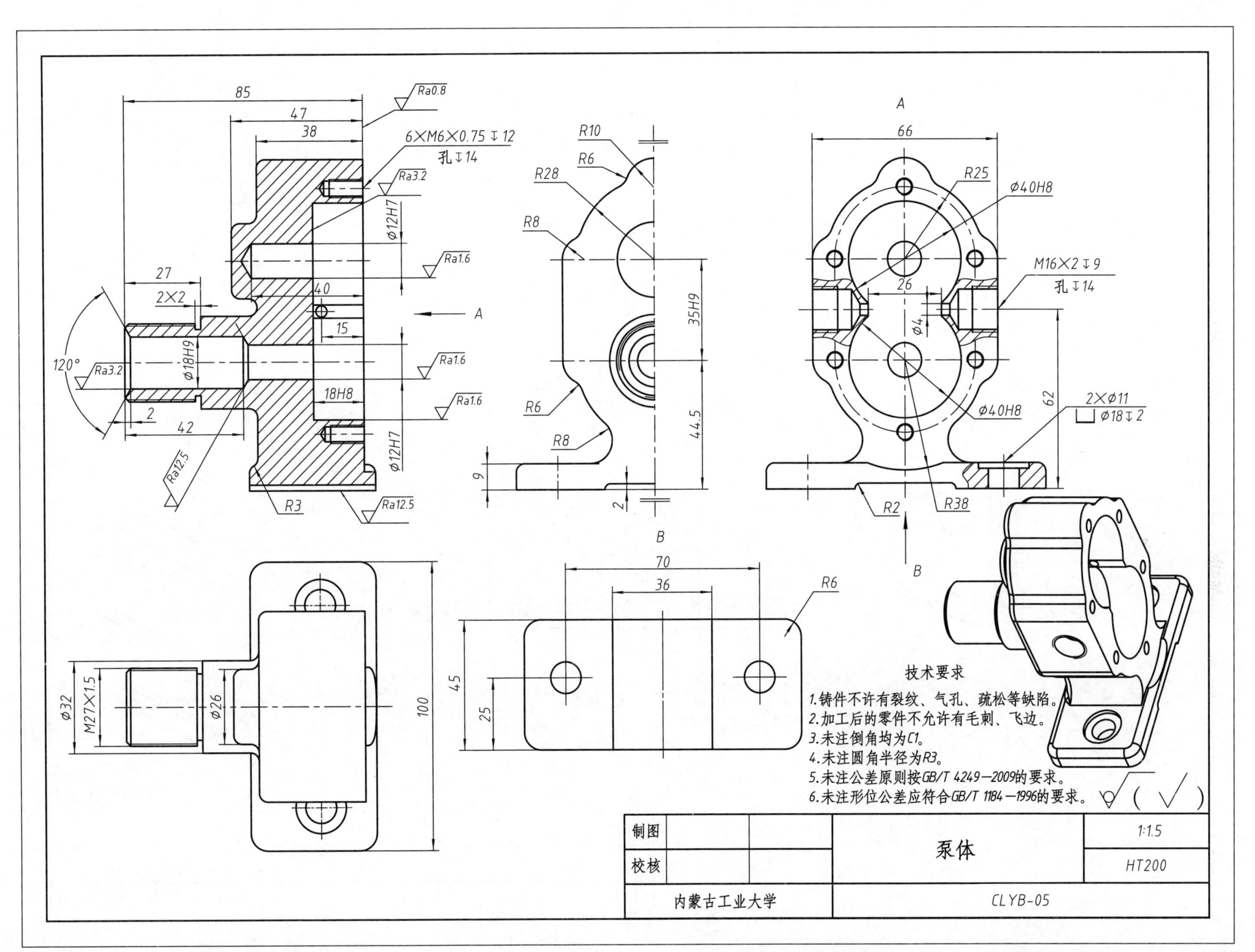
技术要求
1.铸件不许有裂纹、气孔、疏松等缺陷。
2.加工后的零件不允许有毛刺、飞边。
3.未注倒角均为C1。
4.未注圆角半径为R3。
5.未注公差原则按GB/T 4249—2009的要求。
6.未注形位公差应符合GB/T 1184—1996的要求。
制图
校核
泵体
1:1.5
HT200
内蒙古工业大学
CLYB-05
6×M6×0.75↧12
孔↧14
M16×2↧9
孔↧14
2×Φ11
⌴Φ18↧2
Φ40H8
Φ12H7
Φ18H9
18H8
35H9
M27×1.5
Ra0.8
Ra3.2
Ra1.6
Ra12.5
A
B

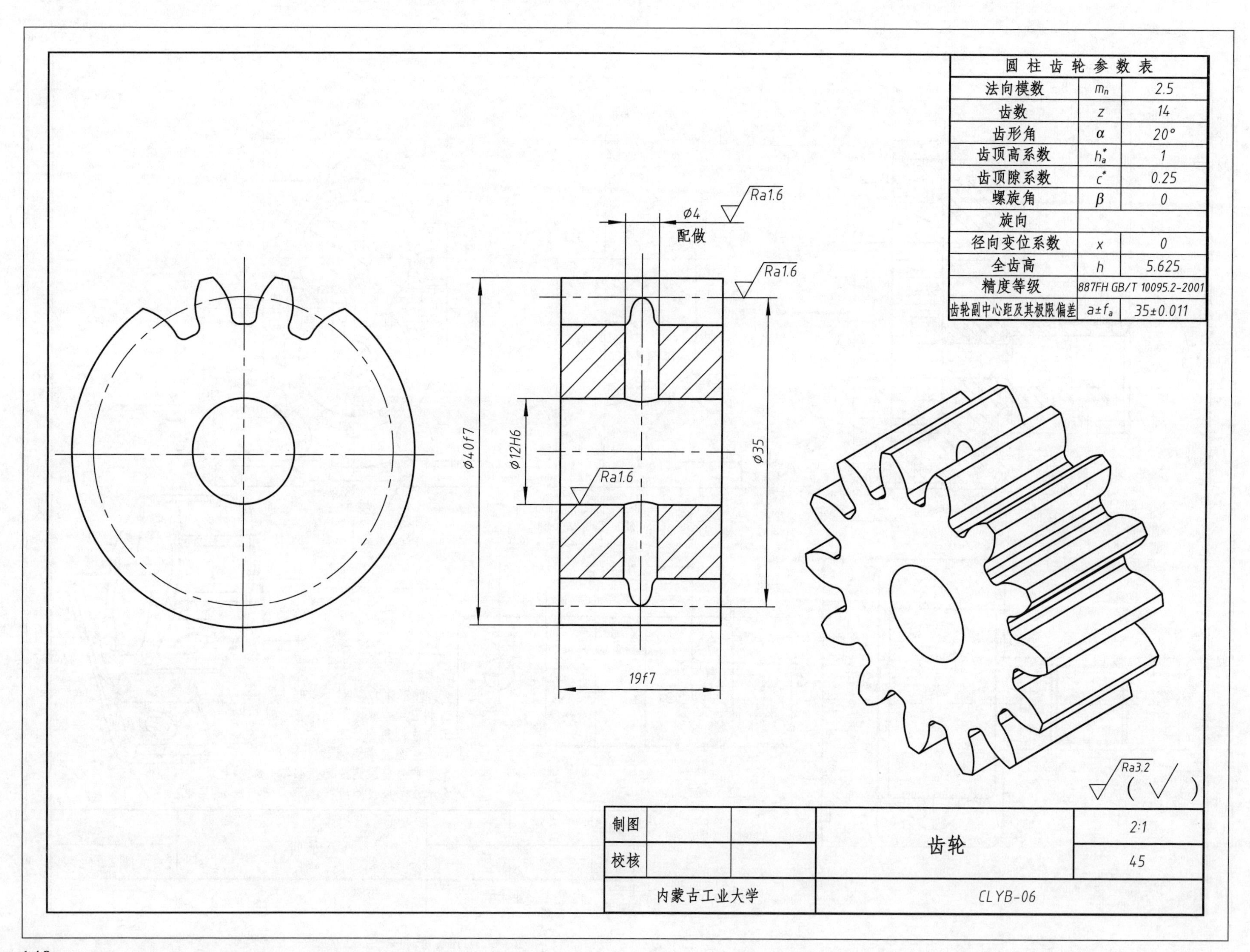

圆柱齿轮参数表
法向模数 mn 2.5
齿数 z 14
齿形角 α 20°
齿顶高系数 ha* 1
齿顶隙系数 c* 0.25
螺旋角 β 0
旋向
径向变位系数 x 0
全齿高 h 5.625
精度等级 887FH GB/T 10095.2-2001
齿轮副中心距及其极限偏差 a±fa 35±0.011
Ø4
配做
Ra1.6
Ra1.6
Ra1.6
Ø40f7
Ø12H6
Ø35
19f7
Ra3.2
制图
校核
齿轮
2:1
45
内蒙古工业大学
CLYB-06

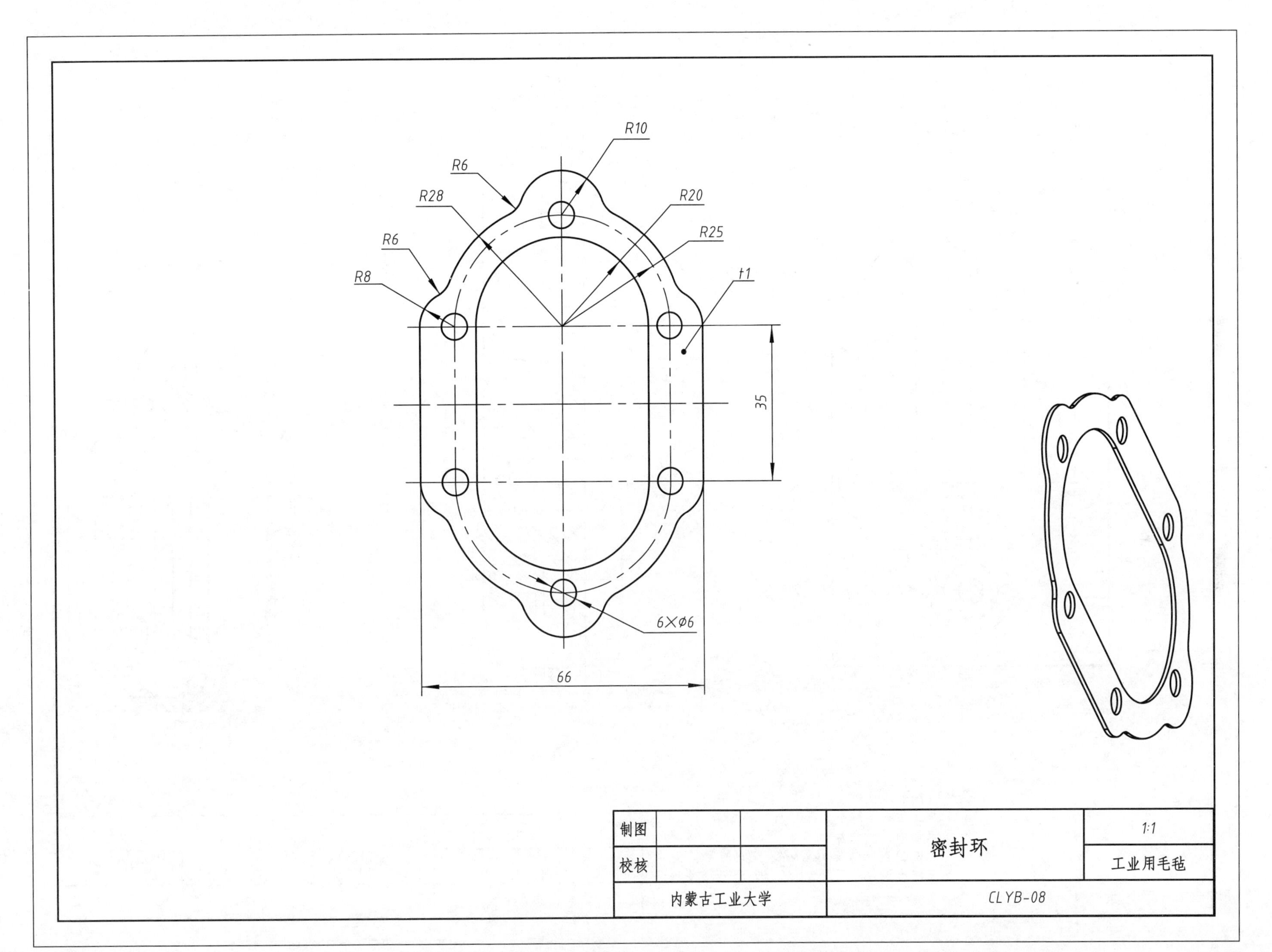
R10
R6
R28
R20
R25
R6
R8
t1
35
6×Φ6
66
制图
校核
密封环
1:1
工业用毛毡
内蒙古工业大学
CLYB-08

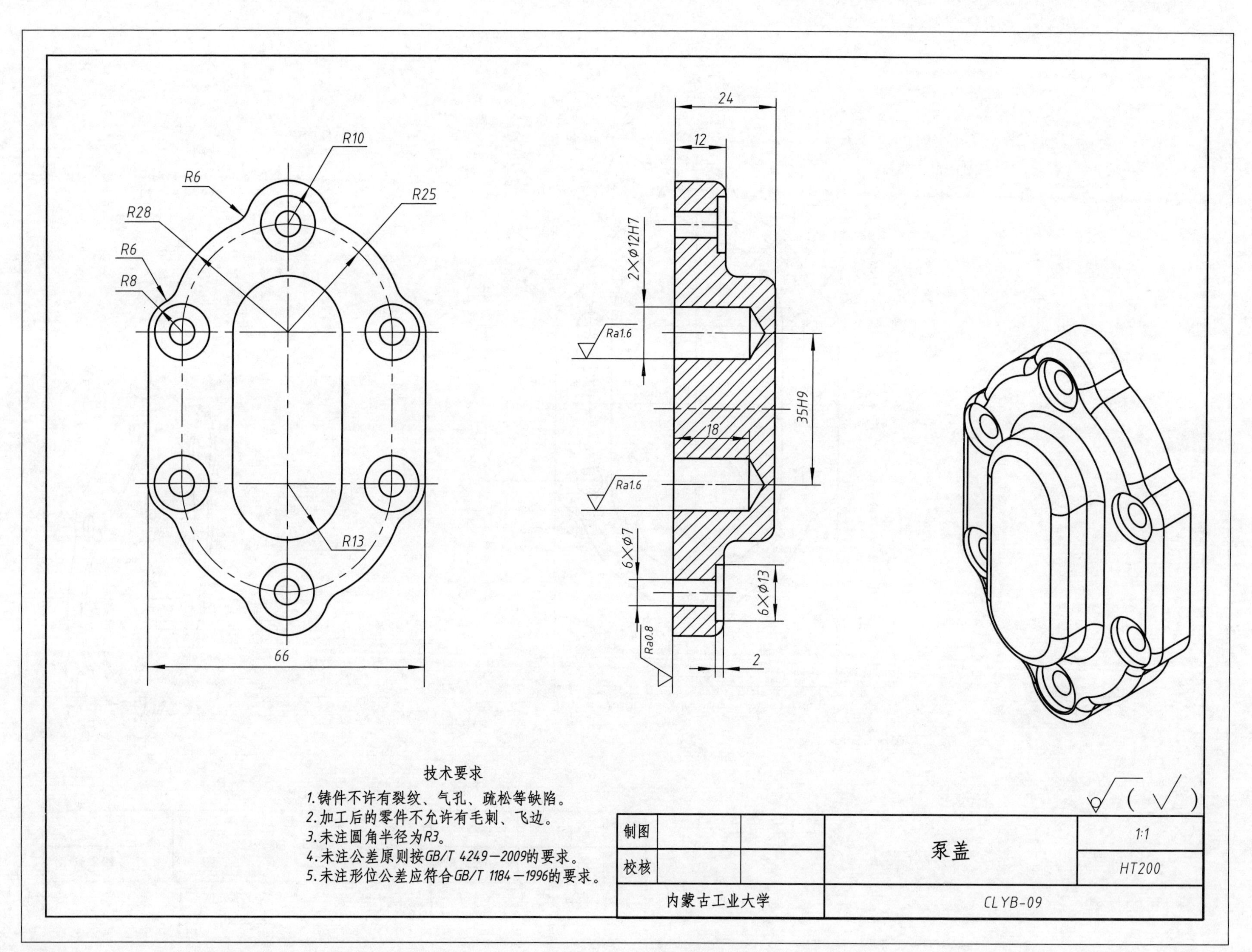
R10
R6
R25
R28
R6
R8
R13
66
24
12
2×Φ12H7
Ra1.6
35H9
18
Ra1.6
6×Φ7
6×Φ13
Ra0.8
2
技术要求
1.铸件不许有裂纹、气孔、疏松等缺陷。
2.加工后的零件不允许有毛刺、飞边。
3.未注圆角半径为R3。
4.未注公差原则按GB/T 4249—2009的要求。
5.未注形位公差应符合GB/T 1184—1996的要求。
制图
校核
泵盖
1:1
HT200
内蒙古工业大学
CLYB-09

2.8 分配阀

分配阀又称节流阀,是通过改变节流截面或节流长度以控制流体流量的阀门。将节流阀和单向阀并联则可组合成单向节流阀。节流阀和单向节流阀是简易的流量控制阀,在定量泵液压系统中,节流阀和溢流阀配合,可组成三种节流调速系统,即进油路节流调速系统、回油路节流调速系统和旁路节流调速系统。节流阀没有流量负反馈功能,不能补偿由负载变化所造成的速度不稳定,一般仅用于负载变化不大或对速度稳定性要求不高的场合。

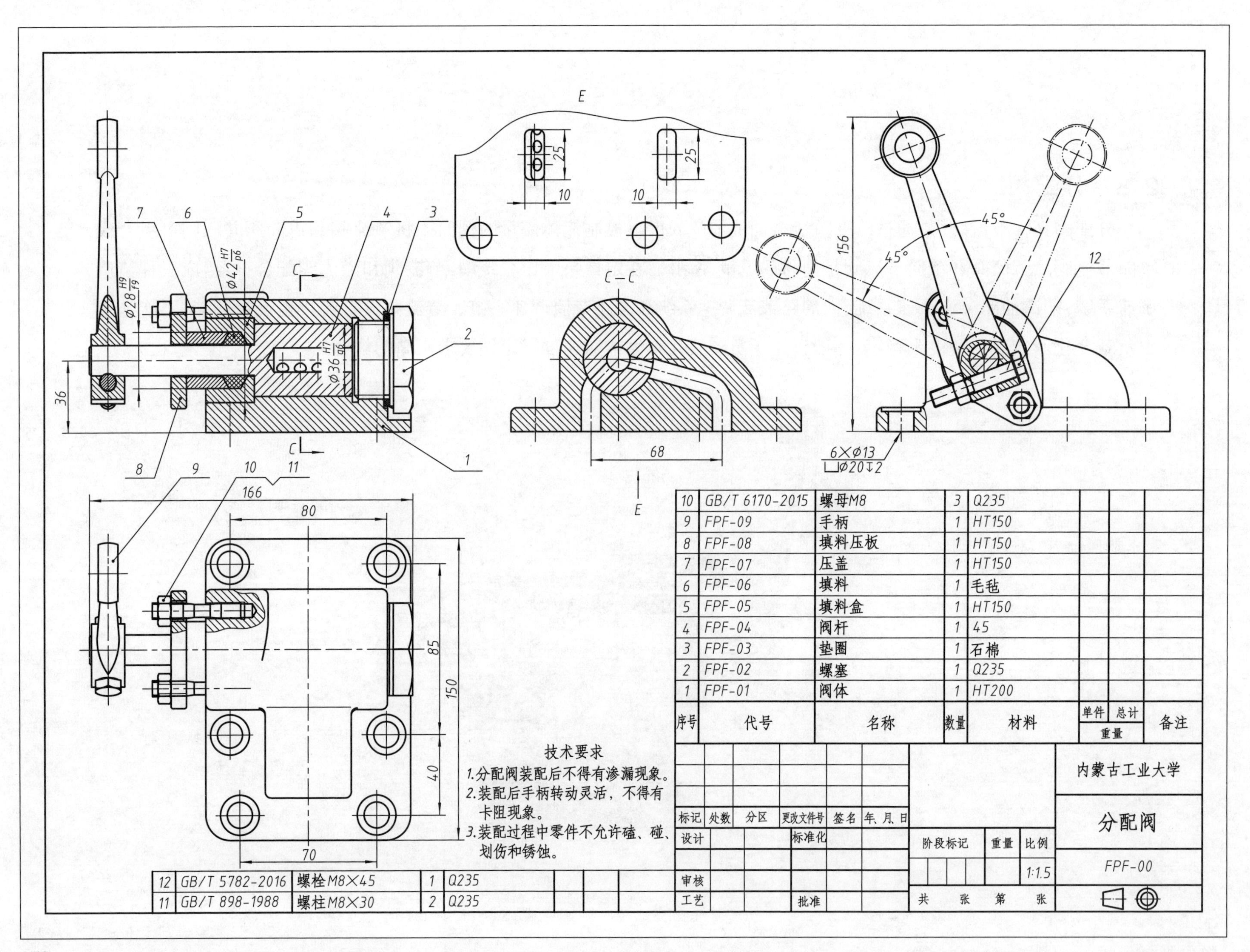
E
C—C
C
36
φ28 H9/f9
φ42 H7/p6
φ36 H7/g6
68
156
45°
45°
6×φ13
⌴φ20↧2
166
80
85
150
40
70
25
10
1
2
3
4
5
6
7
8
9
10
11
12
技术要求
1.分配阀装配后不得有渗漏现象。
2.装配后手柄转动灵活，不得有卡阻现象。
3.装配过程中零件不允许磕、碰、划伤和锈蚀。
10 GB/T 6170-2015 螺母M8 3 Q235
9 FPF-09 手柄 1 HT150
8 FPF-08 填料压板 1 HT150
7 FPF-07 压盖 1 HT150
6 FPF-06 填料 1 毛毡
5 FPF-05 填料盒 1 HT150
4 FPF-04 阀杆 1 45
3 FPF-03 垫圈 1 石棉
2 FPF-02 螺塞 1 Q235
1 FPF-01 阀体 1 HT200
序号 代号 名称 数量 材料 单件 总计 重量 备注
12 GB/T 5782-2016 螺栓M8×45 1 Q235
11 GB/T 898-1988 螺柱M8×30 2 Q235
标记 处数 分区 更改文件号 签名 年、月、日
设计 标准化
审核
工艺 批准
阶段标记 重量 比例
1:1.5
共 张 第 张
内蒙古工业大学
分配阀
FPF-00

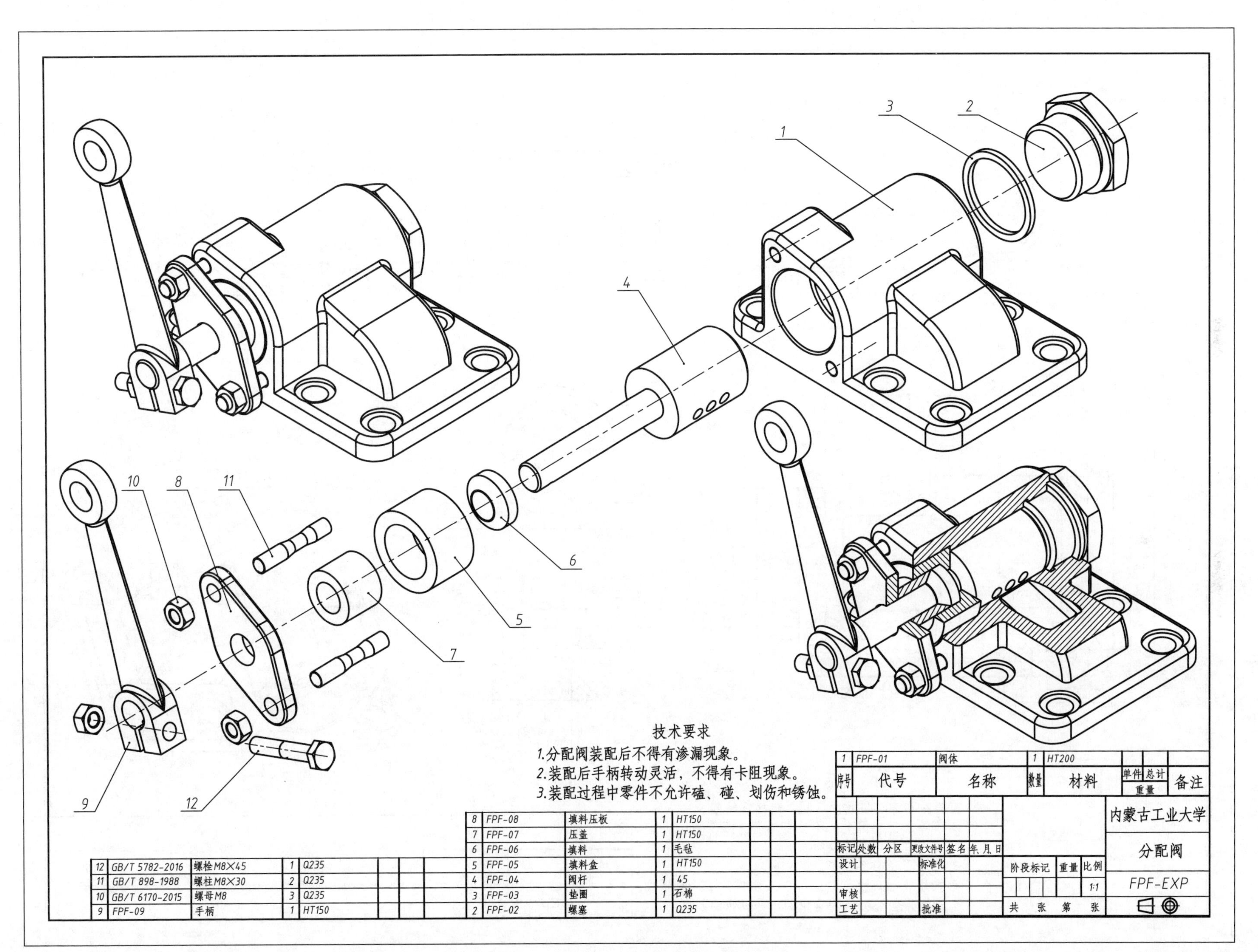

技术要求

1.分配阀装配后不得有渗漏现象。
2.装配后手柄转动灵活，不得有卡阻现象。
3.装配过程中零件不允许磕、碰、划伤和锈蚀。

序号	代号	名称	数量	材料	单件重量	总计重量	备注
12	GB/T 5782-2016	螺栓M8×45	1	Q235			
11	GB/T 898-1988	螺柱M8×30	2	Q235			
10	GB/T 6170-2015	螺母M8	3	Q235			
9	FPF-09	手柄	1	HT150			
8	FPF-08	填料压板	1	HT150			
7	FPF-07	压盖	1	HT150			
6	FPF-06	填料	1	毛毡			
5	FPF-05	填料盒	1	HT150			
4	FPF-04	阀杆	1	45			
3	FPF-03	垫圈	1	石棉			
2	FPF-02	螺塞	1	Q235			
1	FPF-01	阀体	1	HT200			

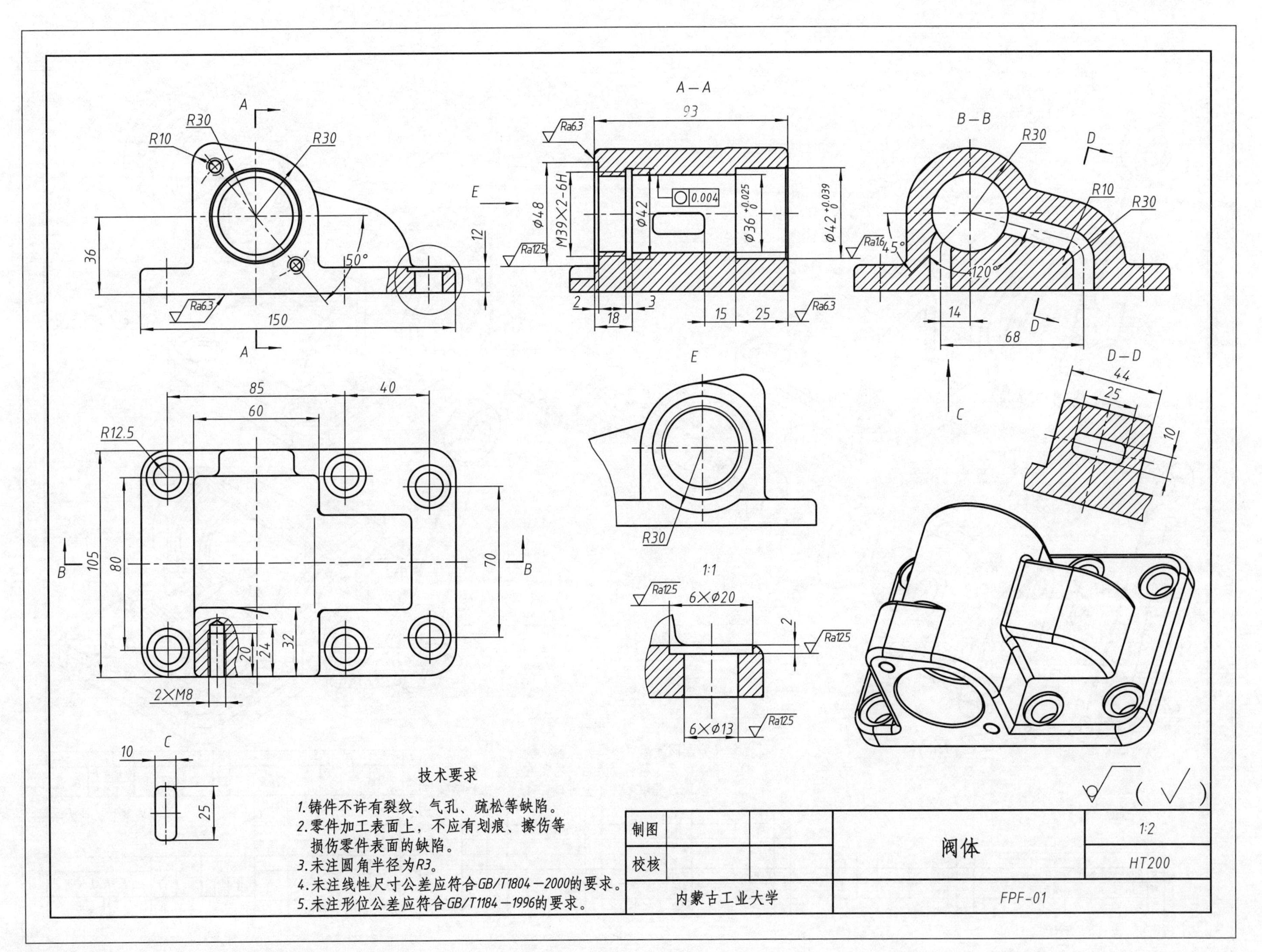

A—A
B—B
D—D
E
C
1:1
R30
R10
R12.5
Ra6.3
Ra12.5
Ra1.6
93
150
36
50°
12
Ø48
M39×2-6H
Ø42
0.004
Ø36 +0.025 0
Ø42 +0.039 0
2
18
3
15
25
45°
120°
14
68
44
10
85
40
60
105
80
70
32
20
24
2×M8
6×Ø20
6×Ø13
技术要求
1.铸件不许有裂纹、气孔、疏松等缺陷。
2.零件加工表面上，不应有划痕、擦伤等损伤零件表面的缺陷。
3.未注圆角半径为R3。
4.未注线性尺寸公差应符合GB/T1804—2000的要求。
5.未注形位公差符合GB/T1184—1996的要求。
制图
校核
阀体
1:2
HT200
内蒙古工业大学
FPF-01

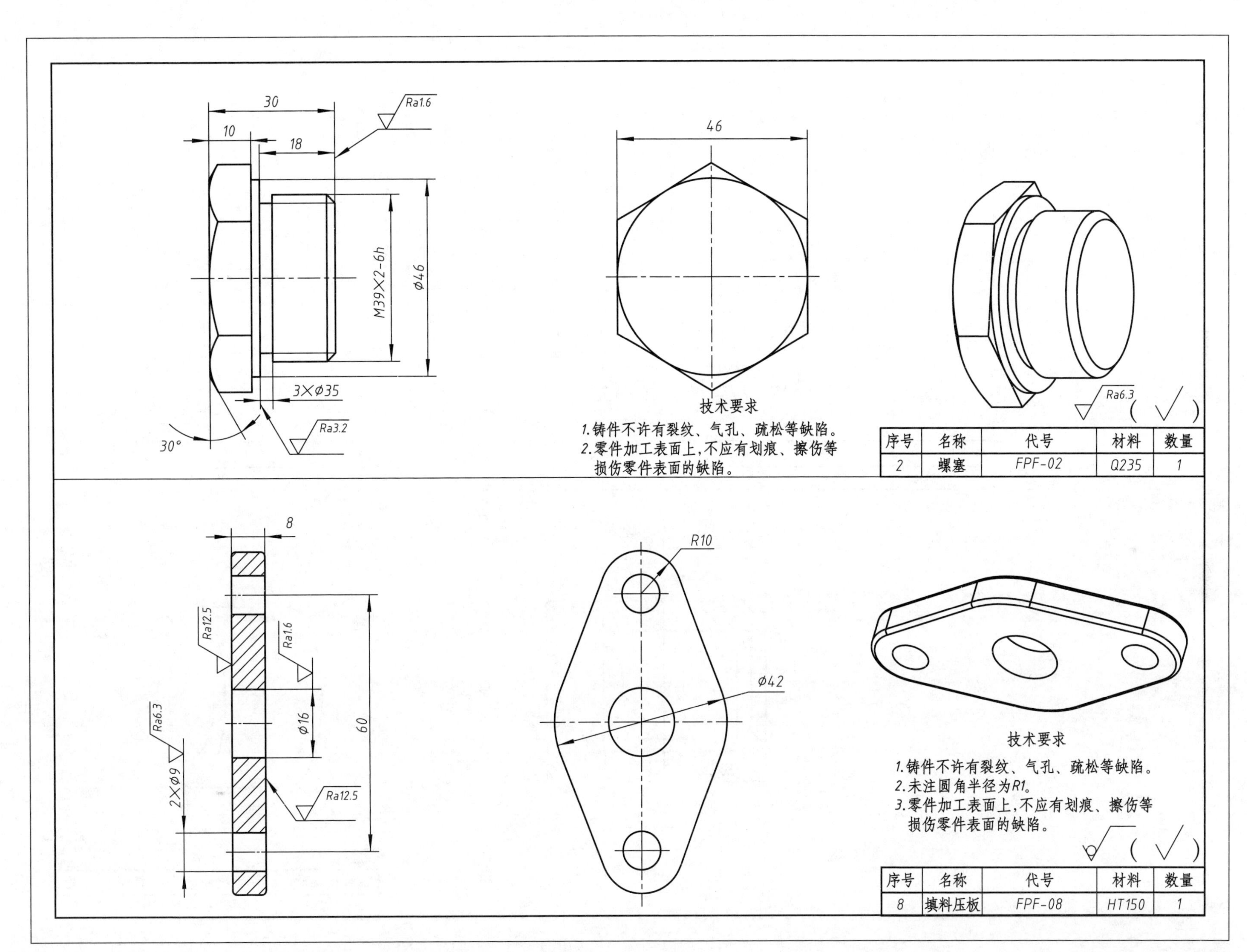

技术要求

1.铸件不许有裂纹、气孔、疏松等缺陷。
2.零件加工表面上,不应有划痕、擦伤等损伤零件表面的缺陷。

序号	名称	代号	材料	数量
2	螺塞	FPF-02	Q235	1

技术要求

1.铸件不许有裂纹、气孔、疏松等缺陷。
2.未注圆角半径为R1。
3.零件加工表面上,不应有划痕、擦伤等损伤零件表面的缺陷。

序号	名称	代号	材料	数量
8	填料压板	FPF-08	HT150	1

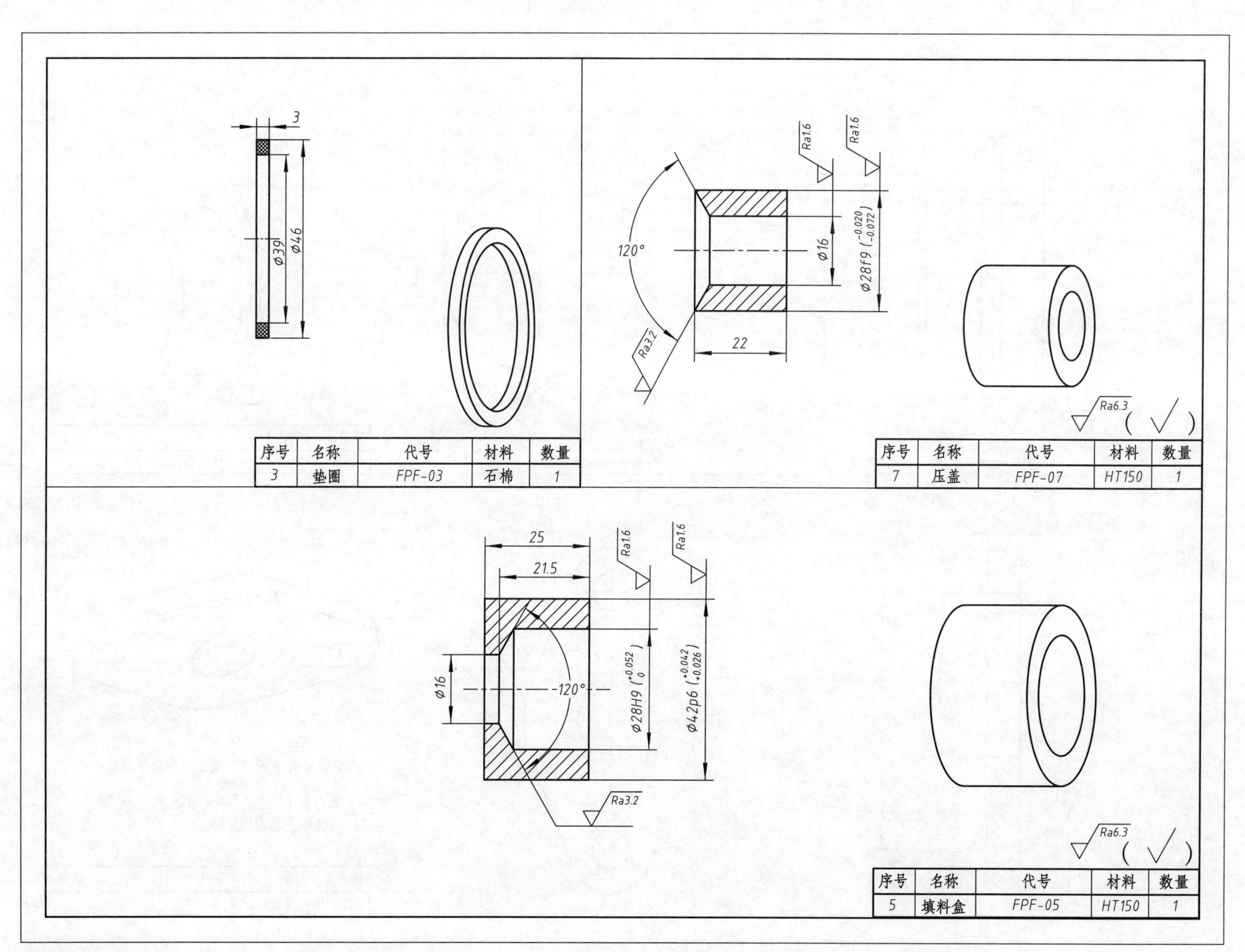
3
⌀39
⌀46
序号 名称 代号 材料 数量
3 垫圈 FPF-03 石棉 1
Ra1.6
Ra1.6
120°
⌀16
⌀28f9 (-0.020 -0.072)
22
Ra3.2
Ra6.3
(√)
序号 名称 代号 材料 数量
7 压盖 FPF-07 HT150 1
25
21.5
Ra1.6
Ra1.6
⌀16
120°
⌀28H9 (+0.052 0)
⌀42p6 (+0.042 +0.026)
Ra3.2
Ra6.3
(√)
序号 名称 代号 材料 数量
5 填料盒 FPF-05 HT150 1

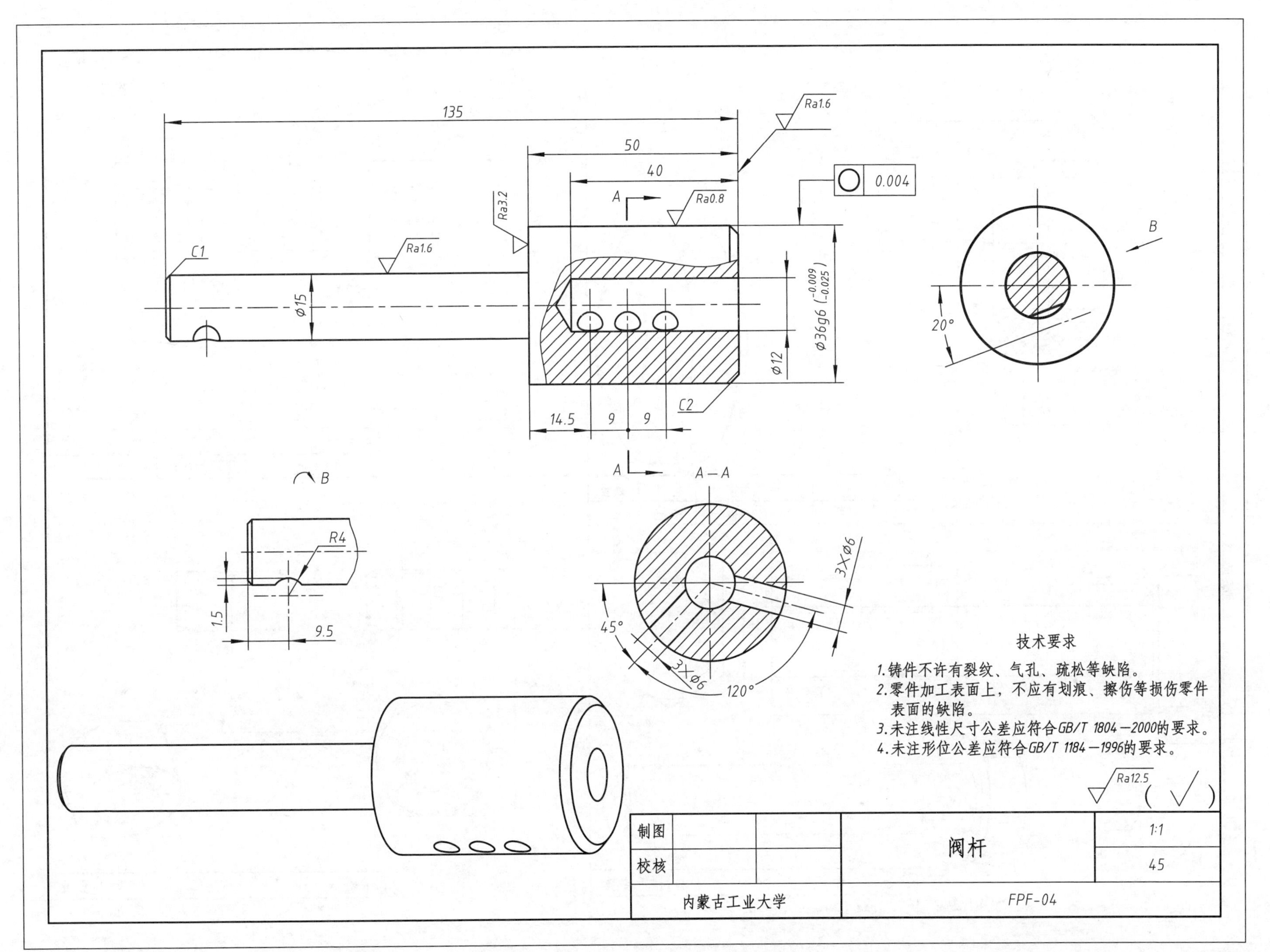
135
50
40
Ra1.6
Ra3.2
Ra0.8
Ra1.6
0.004
C1
A
A
B
Φ15
Φ36g6 (-0.009 -0.025)
Φ12
20°
C2
14.5
9
9
A—A
B
R4
1.5
9.5
3×Φ6
45°
3×Φ6
120°
Ra12.5
技术要求
1.铸件不许有裂纹、气孔、疏松等缺陷。
2.零件加工表面上，不应有划痕、擦伤等损伤零件表面的缺陷。
3.未注线性尺寸公差应符合GB/T 1804—2000的要求。
4.未注形位公差应符合GB/T 1184—1996的要求。
制图
校核
阀杆
1:1
45
内蒙古工业大学
FPF-04

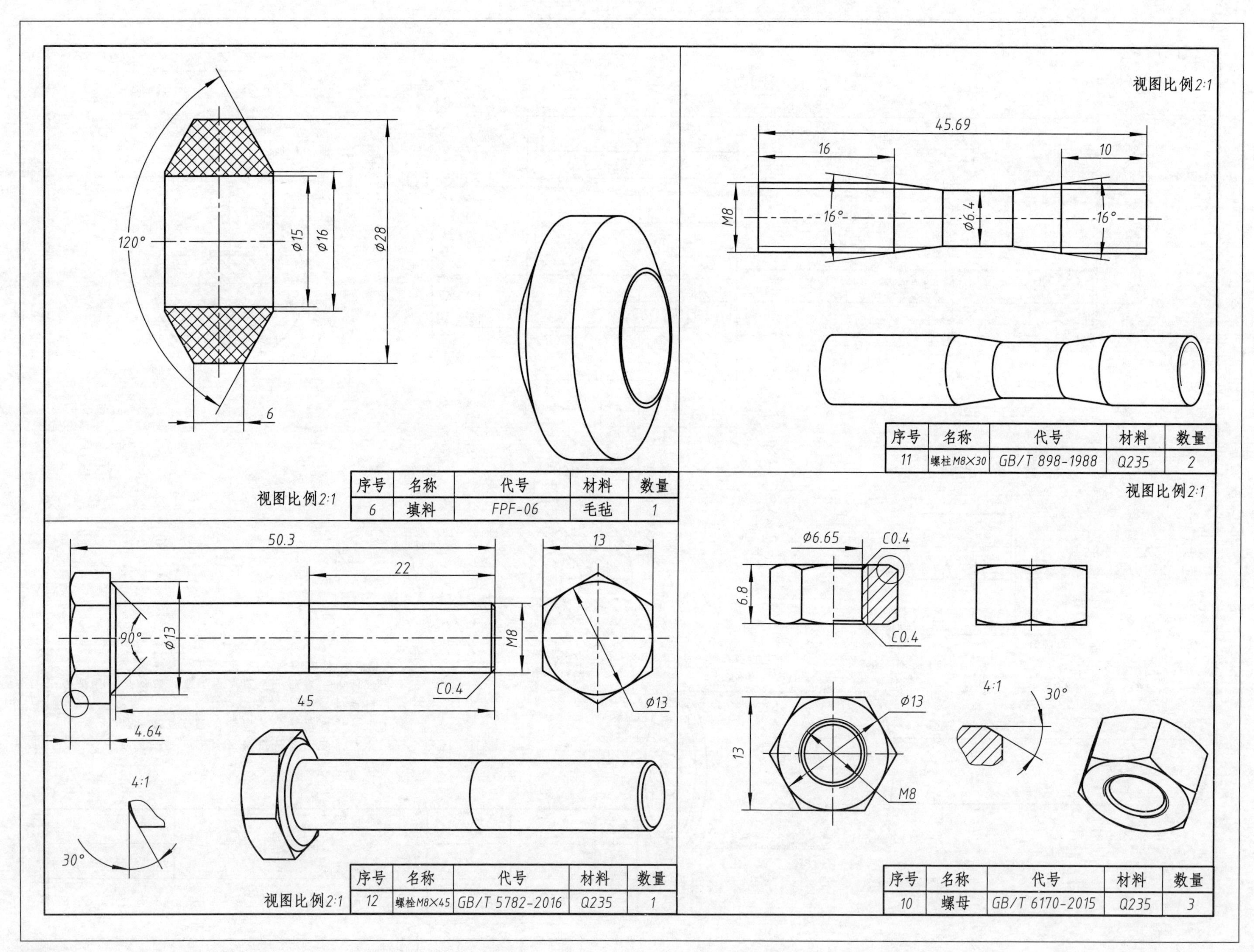
120°
ϕ15
ϕ16
ϕ28
6
视图比例2:1
序号 名称 代号 材料 数量
6 填料 FPF-06 毛毡 1
视图比例2:1
45.69
16
10
M8
16°
ϕ6.4
16°
序号 名称 代号 材料 数量
11 螺柱M8×30 GB/T 898-1988 Q235 2
视图比例2:1
50.3
22
13
90°
ϕ13
M8
C0.4
45
ϕ13
4.64
4:1
30°
视图比例2:1
序号 名称 代号 材料 数量
12 螺栓M8×45 GB/T 5782-2016 Q235 1
ϕ6.65
C0.4
6.8
C0.4
4:1
30°
ϕ13
13
M8
序号 名称 代号 材料 数量
10 螺母 GB/T 6170-2015 Q235 3

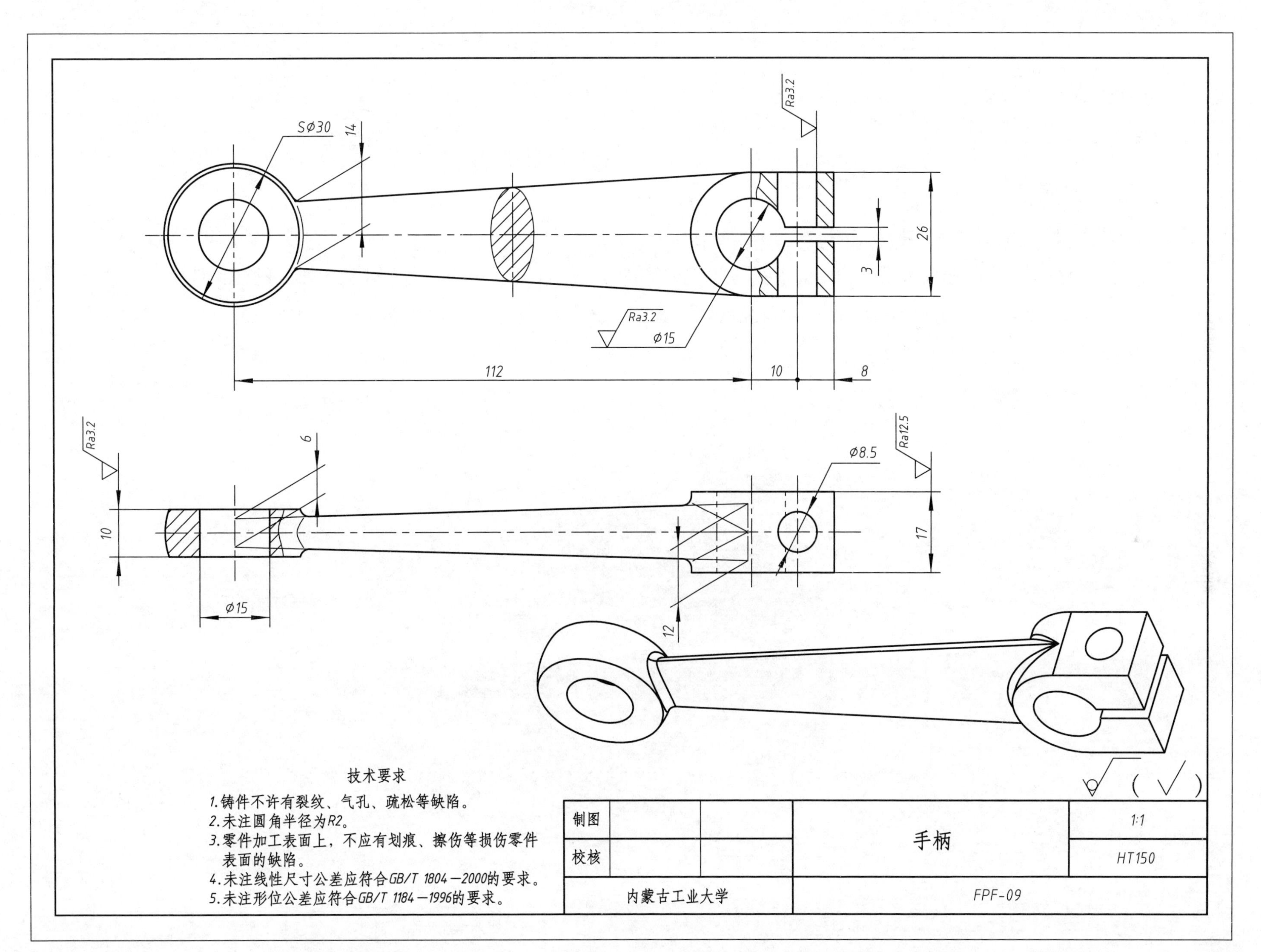
SΦ30
14
Ra3.2
26
3
Ra3.2
Φ15
112
10
8
Ra3.2
6
Φ8.5
Ra12.5
10
17
Φ15
12
技术要求
1.铸件不许有裂纹、气孔、疏松等缺陷。
2.未注圆角半径为R2。
3.零件加工表面上，不应有划痕、擦伤等损伤零件表面的缺陷。
4.未注线性尺寸公差应符合GB/T 1804—2000的要求。
5.未注形位公差应符合GB/T 1184—1996的要求。
制图
校核
手柄
1:1
HT150
内蒙古工业大学
FPF-09

2.9 调压阀

调压阀基本可以说是减压阀,减压阀的工作原理如下:高压介质通过一个小孔充到一个相对较大的腔里实现减压,实际上是靠截流减压,膜片或活塞的两面一面是出口腔,一面是人为给的压力,并且控制小孔大小的阀杆和膜片(活塞)相连,这样只要给一个固定的压力,那么出口腔的压力就会一直等于这个压力,这个人为给定的压力可以由弹簧或气源、液压源来提供。

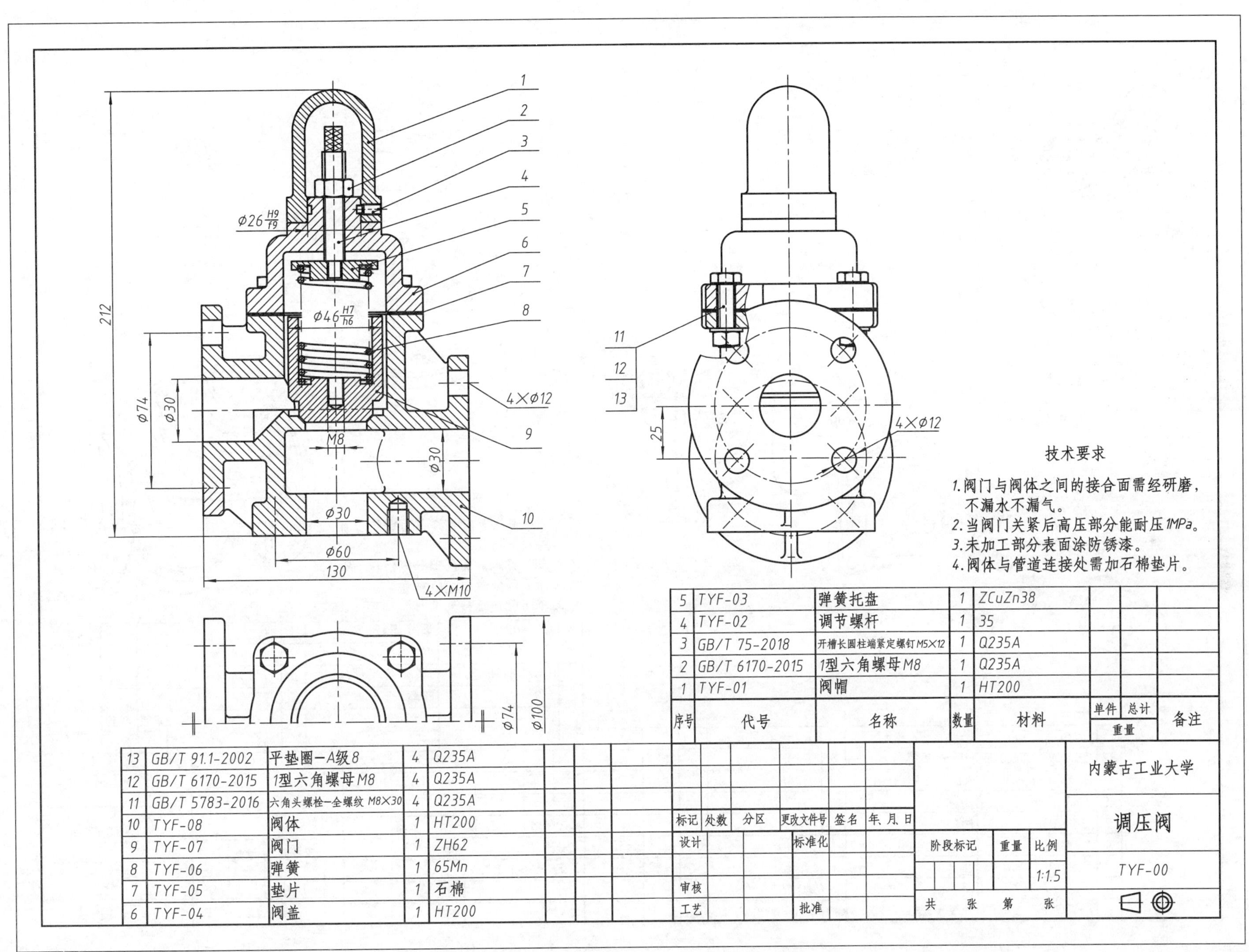

1
2
3
4
5
6
7
8
9
10
11
12
13
212
Ø26 H9/f9
Ø46 H7/h6
Ø74
Ø30
M8
Ø30
Ø30
Ø60
130
4×M10
4×Ø12
4×Ø12
25
Ø74
Ø100
技术要求
1.阀门与阀体之间的接合面需经研磨，不漏水不漏气。
2.当阀门关紧后高压部分能耐压1MPa。
3.未加工部分表面涂防锈漆。
4.阀体与管道连接处需加石棉垫片。
5 TYF-03 弹簧托盘 1 ZCuZn38
4 TYF-02 调节螺杆 1 35
3 GB/T 75-2018 开槽长圆柱端紧定螺钉M5×12 1 Q235A
2 GB/T 6170-2015 1型六角螺母M8 1 Q235A
1 TYF-01 阀帽 1 HT200
序号 代号 名称 数量 材料 单件 总计 重量 备注
13 GB/T 91.1-2002 平垫圈—A级8 4 Q235A
12 GB/T 6170-2015 1型六角螺母M8 4 Q235A
11 GB/T 5783-2016 六角头螺栓—全螺纹 M8×30 4 Q235A
10 TYF-08 阀体 1 HT200
9 TYF-07 阀门 1 ZH62
8 TYF-06 弹簧 1 65Mn
7 TYF-05 垫片 1 石棉
6 TYF-04 阀盖 1 HT200
标记 处数 分区 更改文件号 签名 年.月.日
设计 标准化
审核
工艺 批准
阶段标记 重量 比例
1:1.5
共 张 第 张
内蒙古工业大学
调压阀
TYF-00

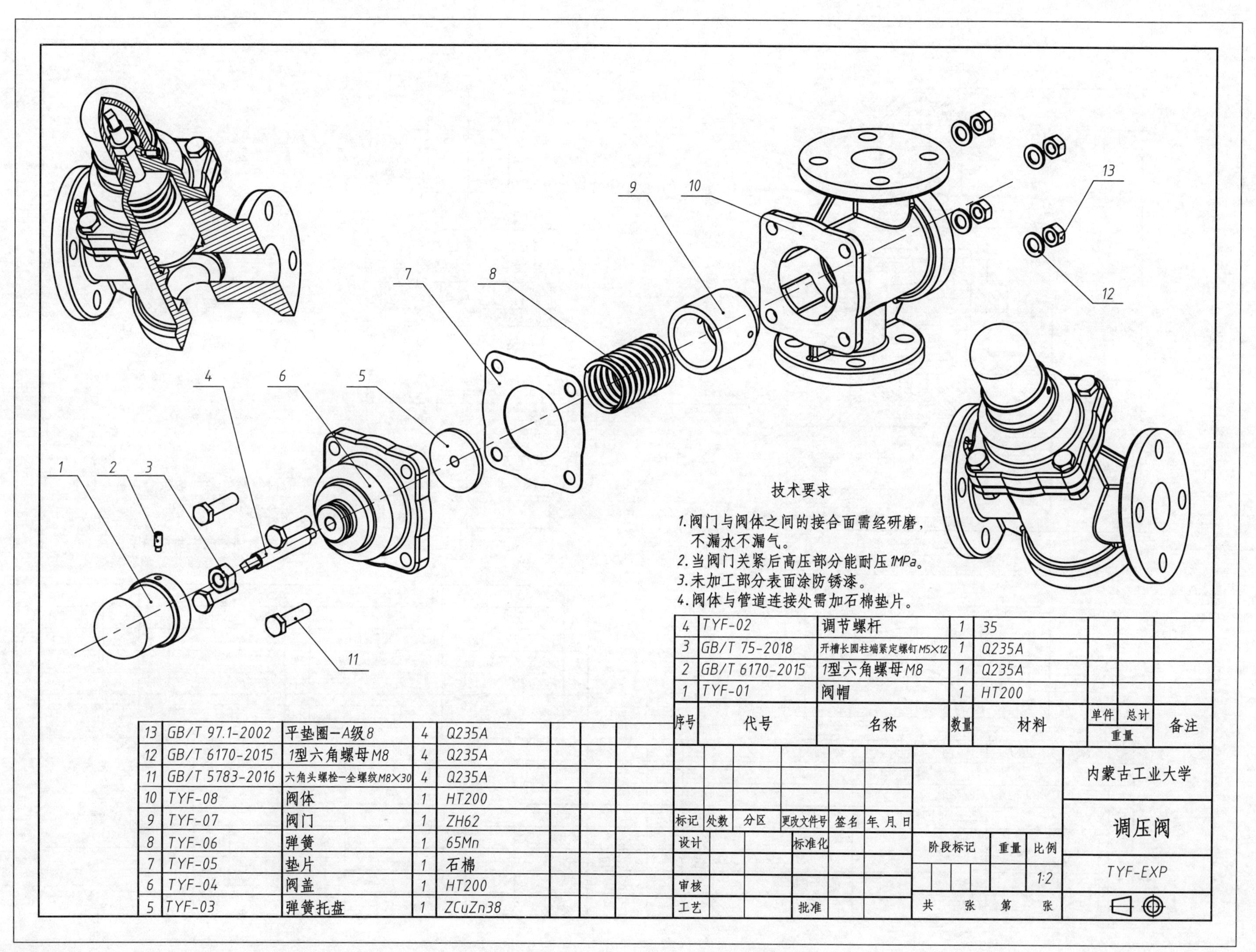

技术要求

1. 阀门与阀体之间的接合面需经研磨，不漏水不漏气。
2. 当阀门关紧后高压部分能耐压1MPa。
3. 未加工部分表面涂防锈漆。
4. 阀体与管道连接处需加石棉垫片。

序号	代号	名称	数量	材料	单件重量	总计重量	备注
13	GB/T 97.1-2002	平垫圈—A级 8	4	Q235A			
12	GB/T 6170-2015	1型六角螺母 M8	4	Q235A			
11	GB/T 5783-2016	六角头螺栓—全螺纹 M8×30	4	Q235A			
10	TYF-08	阀体	1	HT200			
9	TYF-07	阀门	1	ZH62			
8	TYF-06	弹簧	1	65Mn			
7	TYF-05	垫片	1	石棉			
6	TYF-04	阀盖	1	HT200			
5	TYF-03	弹簧托盘	1	ZCuZn38			
4	TYF-02	调节螺杆	1	35			
3	GB/T 75-2018	开槽长圆柱端紧定螺钉 M5×12	1	Q235A			
2	GB/T 6170-2015	1型六角螺母 M8	1	Q235A			
1	TYF-01	阀帽	1	HT200			

标记	处数	分区	更改文件号	签名	年、月、日		内蒙古工业大学
设计		标准化		阶段标记	重量	比例	调压阀
审核						1:2	TYF-EXP
工艺		批准		共 张 第 张			

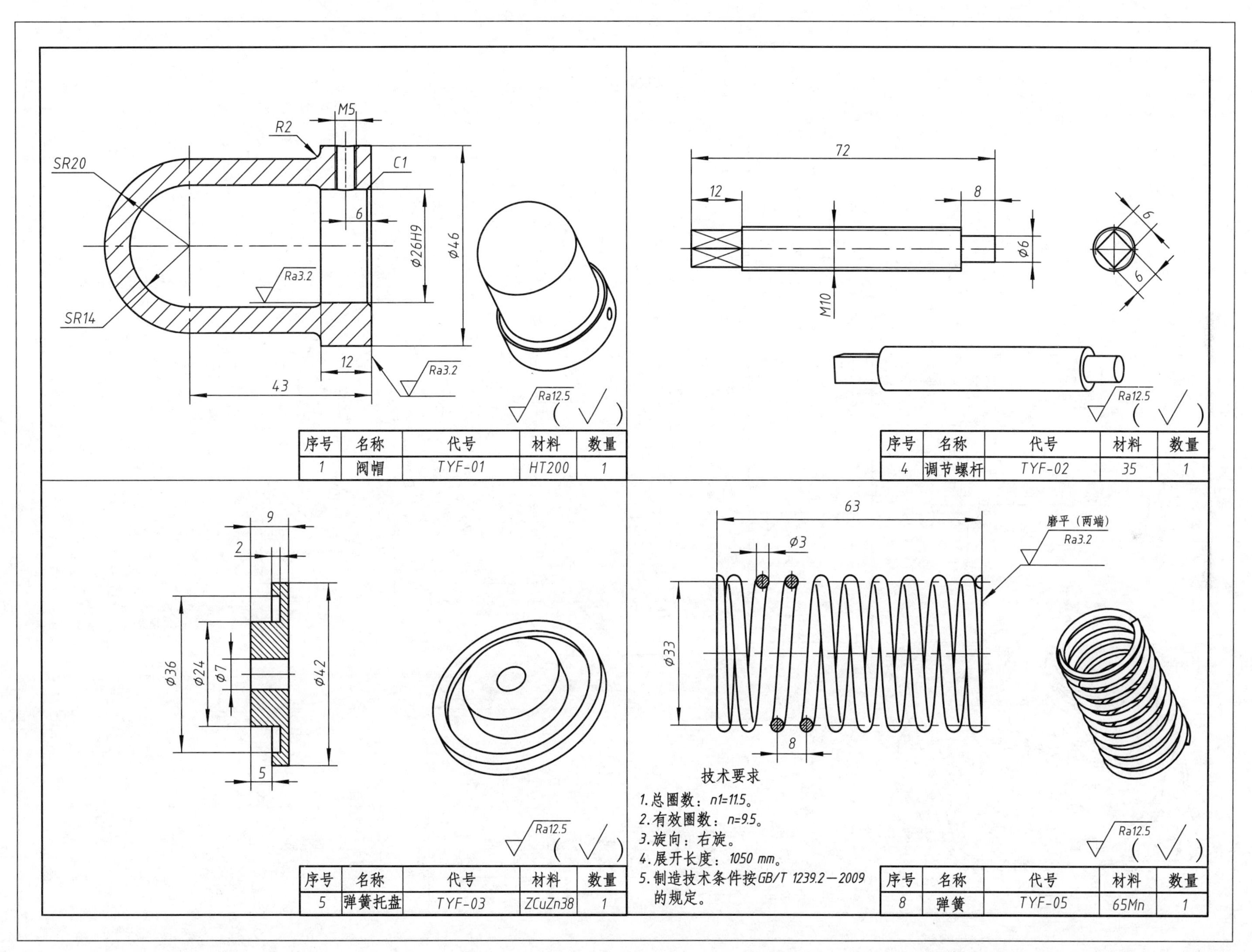
M5
R2
SR20
C1
6
Φ26H9
Φ46
Ra3.2
SR14
12
Ra3.2
43
Ra12.5
序号 名称 代号 材料 数量
1 阀帽 TYF-01 HT200 1
72
12
8
Φ6
6
6
M10
Ra12.5
序号 名称 代号 材料 数量
4 调节螺杆 TYF-02 35 1
9
2
Φ36
Φ24
Φ7
Φ42
5
Ra12.5
序号 名称 代号 材料 数量
5 弹簧托盘 TYF-03 ZCuZn38 1
63
Φ3
磨平（两端）
Ra3.2
Φ33
8
技术要求
1.总圈数：n1=11.5。
2.有效圈数：n=9.5。
3.旋向：右旋。
4.展开长度：1050 mm。
5.制造技术条件按GB/T 1239.2—2009的规定。
Ra12.5
序号 名称 代号 材料 数量
8 弹簧 TYF-05 65Mn 1

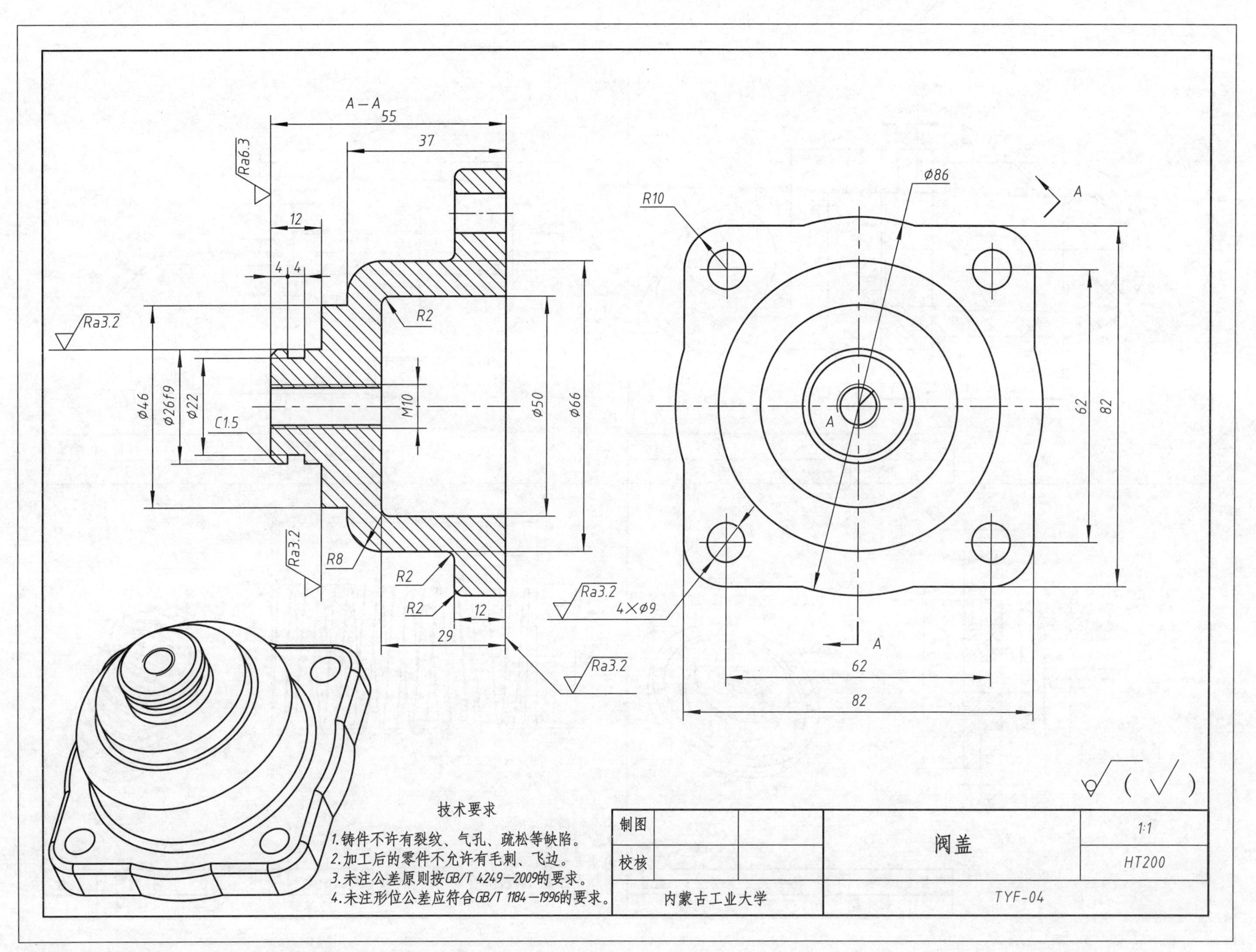
A—A
55
37
Ra6.3
12
4 4
Ra3.2
R2
φ46
φ26f9
φ22
C1.5
M10
φ50
φ66
Ra3.2
R8
R2
R2
12
29
Ra3.2
Ra3.2
φ86
R10
A
62
82
A
4×φ9
A
62
82
(√)
技术要求
1.铸件不许有裂纹、气孔、疏松等缺陷。
2.加工后的零件不允许有毛刺、飞边。
3.未注公差原则按GB/T 4249—2009的要求。
4.未注形位公差应符合GB/T 1184—1996的要求。
制图
校核
阀盖
1:1
HT200
内蒙古工业大学
TYF-04

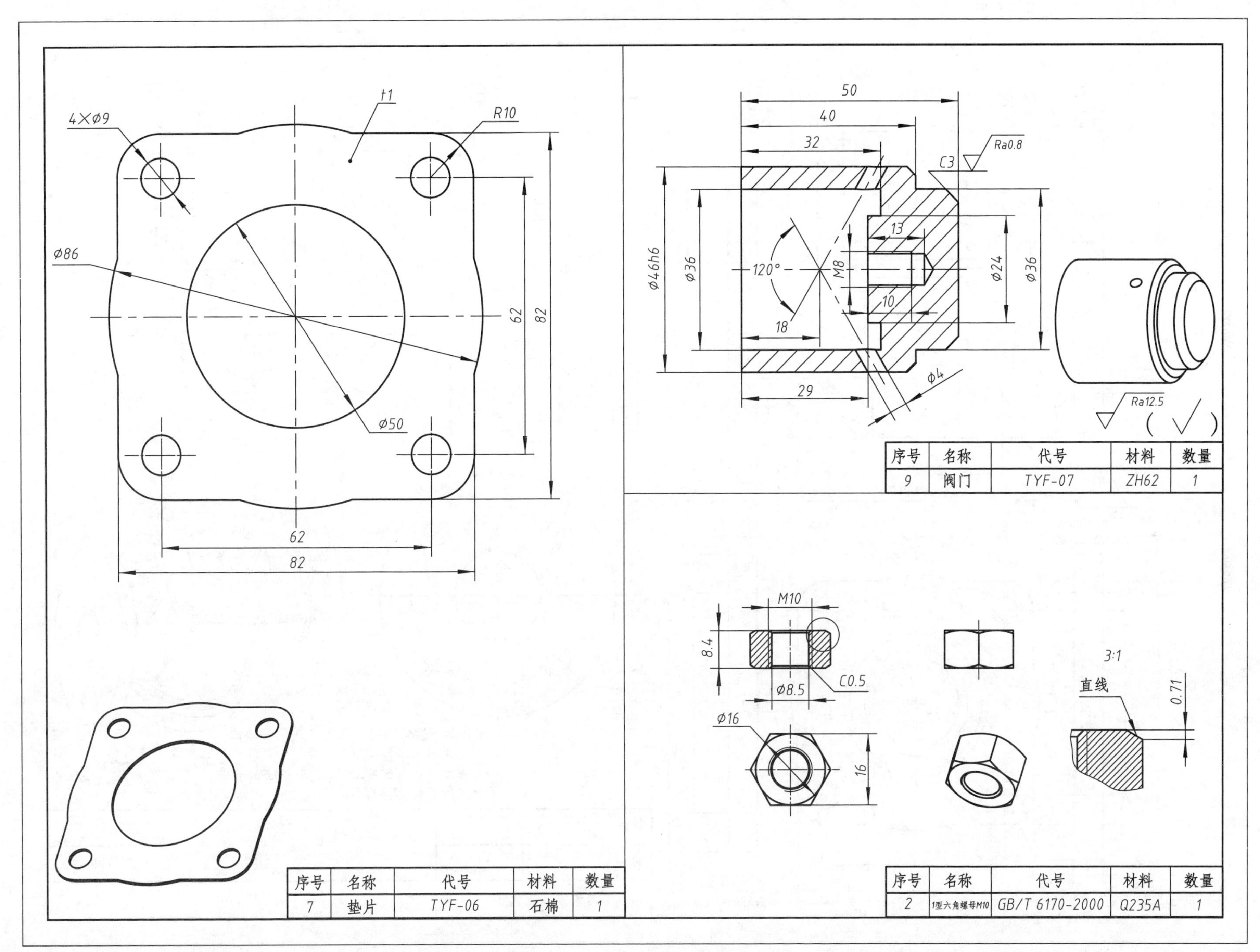

序号	名称	代号	材料	数量
9	阀门	TYF-07	ZH62	1

序号	名称	代号	材料	数量
7	垫片	TYF-06	石棉	1

序号	名称	代号	材料	数量
2	1型六角螺母M10	GB/T 6170-2000	Q235A	1

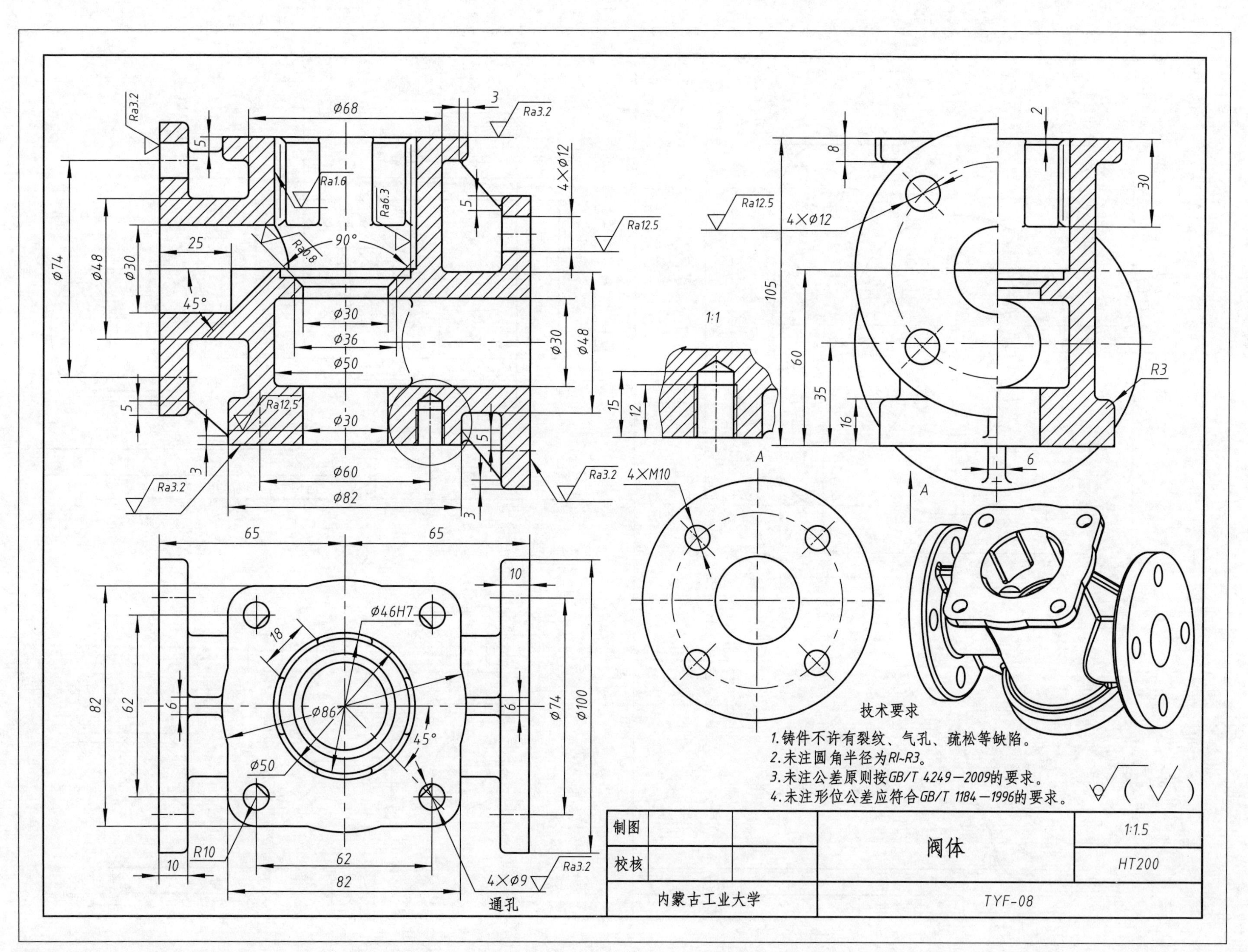
技术要求
1.铸件不许有裂纹、气孔、疏松等缺陷。
2.未注圆角半径为Rl~R3。
3.未注公差原则按GB/T 4249—2009的要求。
4.未注形位公差应符合GB/T 1184—1996的要求。
制图
校核
阀体
1:1.5
HT200
内蒙古工业大学
TYF-08
4×Φ9
通孔
4×M10
4×Φ12
Φ46H7
A
1:1

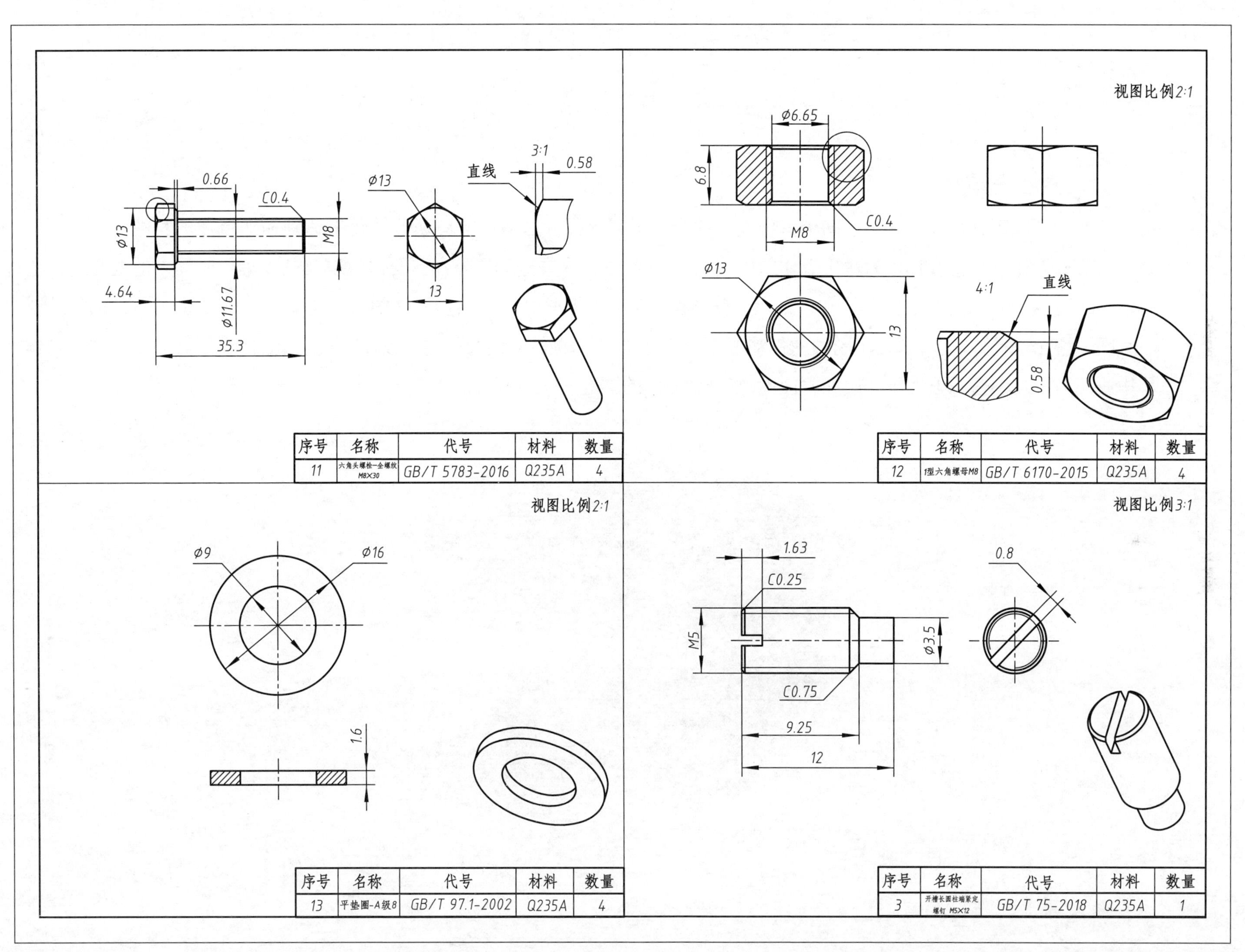

序号	名称	代号	材料	数量
11	六角头螺栓—全螺纹 M8×30	GB/T 5783-2016	Q235A	4

序号	名称	代号	材料	数量
12	1型六角螺母M8	GB/T 6170-2015	Q235A	4

序号	名称	代号	材料	数量
13	平垫圈-A级8	GB/T 97.1-2002	Q235A	4

序号	名称	代号	材料	数量
3	开槽长圆柱端紧定螺钉 M5×12	GB/T 75-2018	Q235A	1

2.10 三元子泵

三元子泵属于容积泵。它是借助于工作腔里的多个固定容积输送单位的周期性转化来达到输送流体的目的。电动机的机械能通过泵直接转化为输送流体的压力能,泵的流量只取决于工作腔容积变化值以及其在单位时间内的变化频率,而(理论上)与排出压力无关;转子泵在工作过程中实际上是通过一对同步旋转的转子进行的。转子由箱体内的一对同步齿轮进行传动,转子在主副轴的带动下,进行同步反方向旋转。使泵的容积发生变化,从而构成较高的真空度和排放压力。特别适合卫生级介质和腐蚀性、高黏度介质的输送。

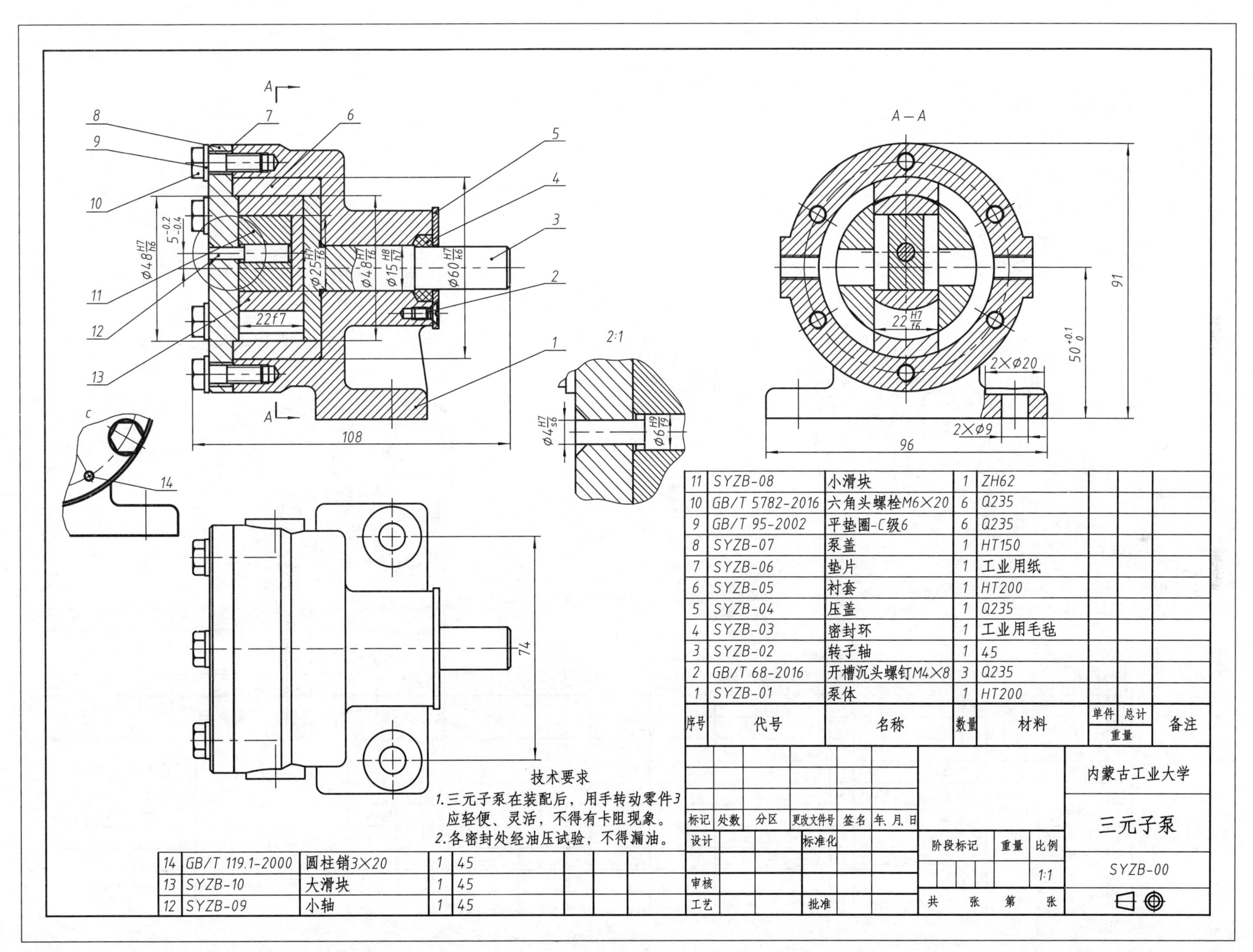
A—A
2:1
108
96
91
74
2×φ20
2×φ9
22f7
技术要求
1.三元子泵在装配后，用手转动零件3应轻便、灵活，不得有卡阻现象。
2.各密封处经油压试验，不得漏油。
11 SYZB-08 小滑块 1 ZH62
10 GB/T 5782-2016 六角头螺栓M6×20 6 Q235
9 GB/T 95-2002 平垫圈-C级6 6 Q235
8 SYZB-07 泵盖 1 HT150
7 SYZB-06 垫片 1 工业用纸
6 SYZB-05 衬套 1 HT200
5 SYZB-04 压盖 1 Q235
4 SYZB-03 密封环 1 工业用毛毡
3 SYZB-02 转子轴 1 45
2 GB/T 68-2016 开槽沉头螺钉M4×8 3 Q235
1 SYZB-01 泵体 1 HT200
序号 代号 名称 数量 材料 单件 总计 重量 备注
14 GB/T 119.1-2000 圆柱销3×20 1 45
13 SYZB-10 大滑块 1 45
12 SYZB-09 小轴 1 45
标记 处数 分区 更改文件号 签名 年、月、日
设计 标准化
审核
工艺 批准
阶段标记 重量 比例
1:1
共 张 第 张
内蒙古工业大学
三元子泵
SYZB-00

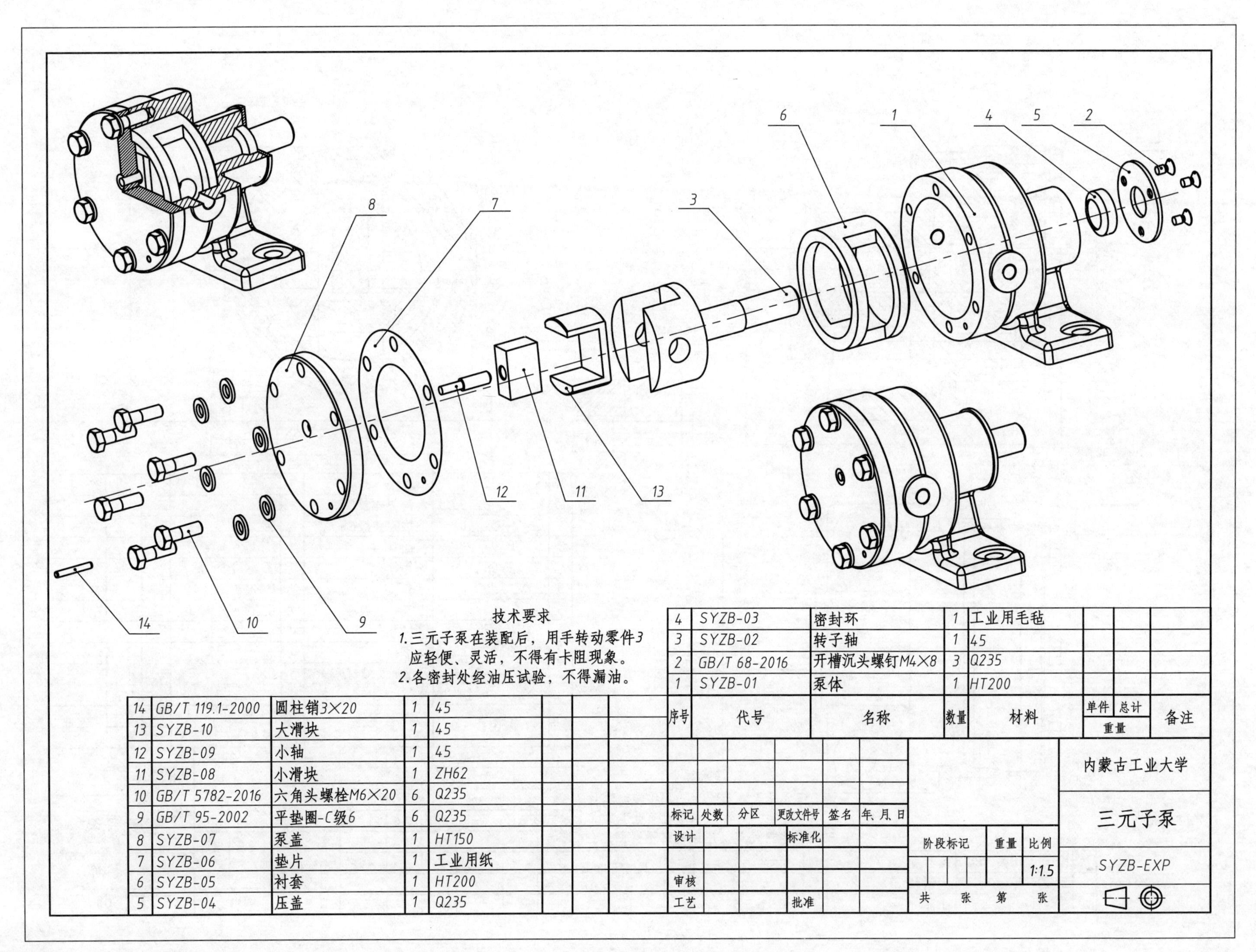

1
2
3
4
5
6
7
8
9
10
11
12
13
14
技术要求
1.三元子泵在装配后，用手转动零件3应轻便、灵活，不得有卡阻现象。
2.各密封处经油压试验，不得漏油。
4 SYZB-03 密封环 1 工业用毛毡
3 SYZB-02 转子轴 1 45
2 GB/T 68-2016 开槽沉头螺钉M4×8 3 Q235
1 SYZB-01 泵体 1 HT200
序号 代号 名称 数量 材料 单件 总计 重量 备注
14 GB/T 119.1-2000 圆柱销3×20 1 45
13 SYZB-10 大滑块 1 45
12 SYZB-09 小轴 1 45
11 SYZB-08 小滑块 1 ZH62
10 GB/T 5782-2016 六角头螺栓M6×20 6 Q235
9 GB/T 95-2002 平垫圈-C级6 6 Q235
8 SYZB-07 泵盖 1 HT150
7 SYZB-06 垫片 1 工业用纸
6 SYZB-05 衬套 1 HT200
5 SYZB-04 压盖 1 Q235
标记 处数 分区 更改文件号 签名 年、月、日
设计 标准化
审核
工艺 批准
阶段标记 重量 比例
1:1.5
共 张 第 张
内蒙古工业大学
三元子泵
SYZB-EXP

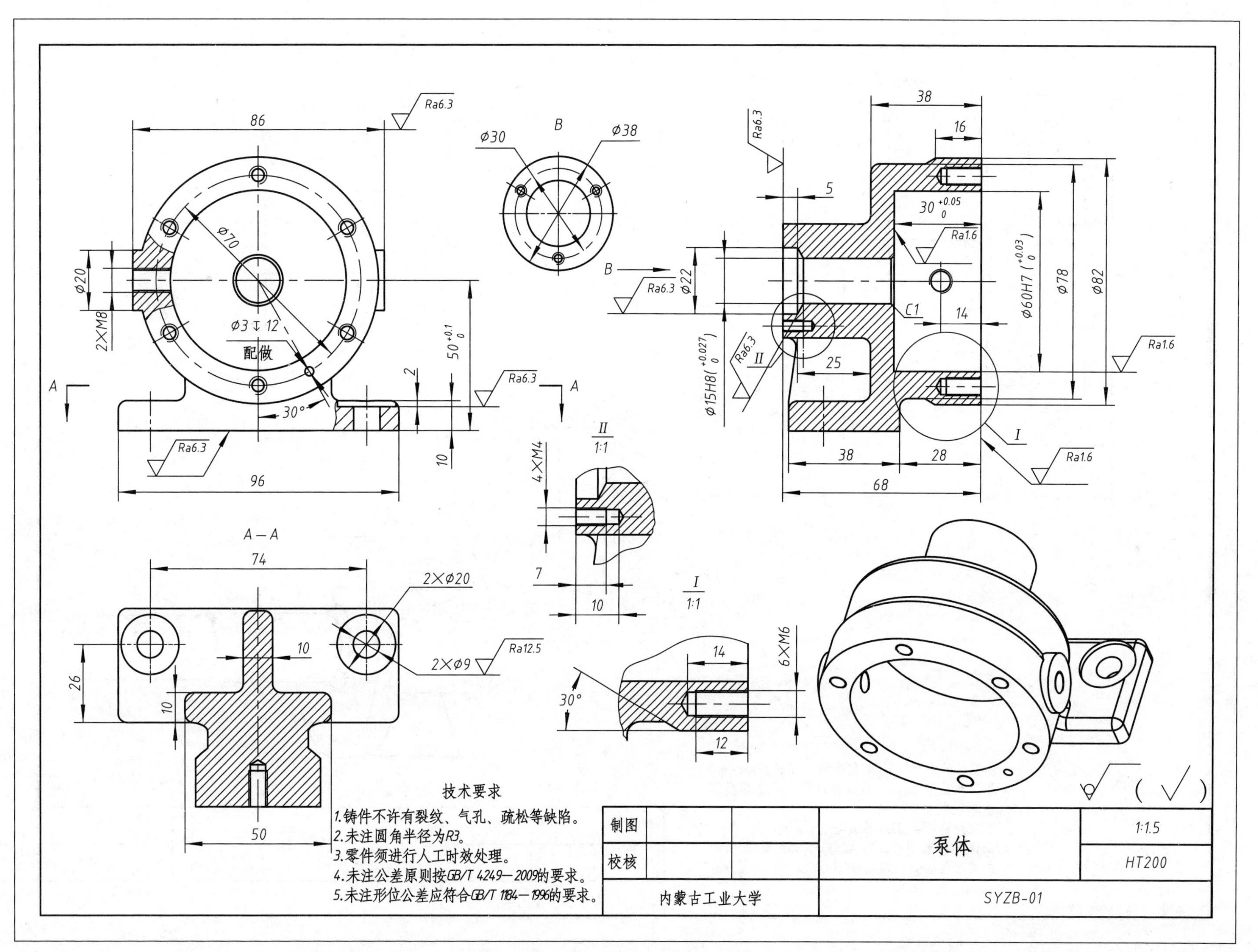

86
Ra6.3
B
Φ30
Φ38
38
16
Ra6.3
5
30 +0.05 0
Ra1.6
Φ70
Φ20
2×M8
Φ3↧12
配做
30°
50 +0.1 0
2
10
Ra6.3
A
A
96
B
Ra6.3
Φ22
C1
14
Φ60H7 (+0.03 0)
Φ78
Φ82
Ra1.6
Φ15H8(+0.027 0)
Ra6.3
II
25
I
38
28
68
Ra1.6
II
1:1
4×M4
7
10
A—A
74
2×Φ20
10
26
10
2×Φ9
Ra12.5
I
1:1
6×M6
14
30°
12
50
技术要求
1.铸件不许有裂纹、气孔、疏松等缺陷。
2.未注圆角半径为R3。
3.零件须进行人工时效处理。
4.未注公差原则按GB/T 4249—2009的要求。
5.未注形位公差应符合GB/T 1184—1996的要求。
制图
校核
泵体
1:1.5
HT200
内蒙古工业大学
SYZB-01

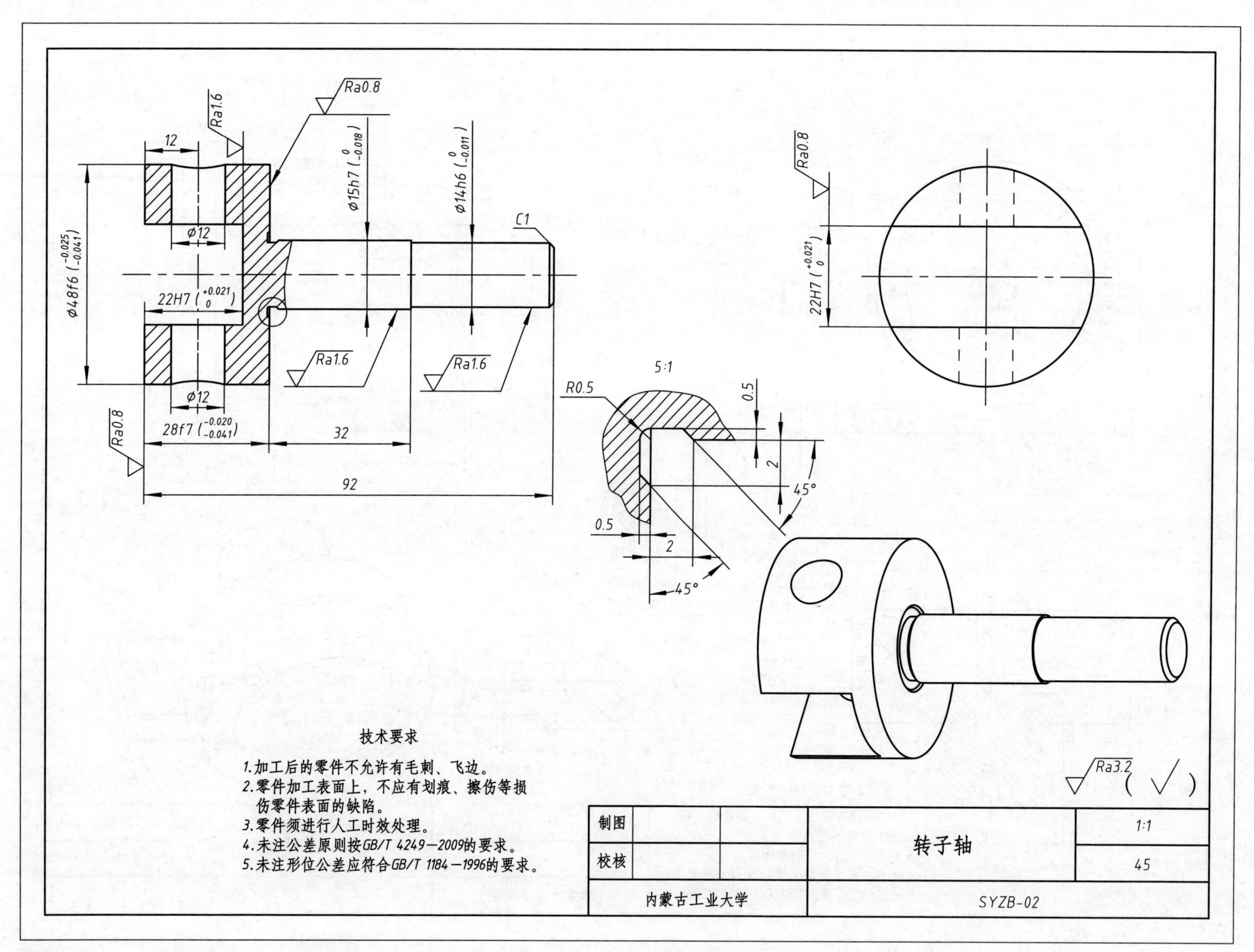

Ra0.8
Ra1.6
12
Ø15h7 (0 -0.018)
Ø14h6 (0 -0.011)
C1
Ø48f6 (-0.025 -0.041)
Ø12
22H7 (+0.021 0)
Ra1.6
Ra1.6
Ø12
Ra0.8
28f7 (-0.020 -0.041)
32
92
Ra0.8
22H7 (+0.021 0)
5:1
R0.5
0.5
2
45°
0.5
2
45°
技术要求
1.加工后的零件不允许有毛刺、飞边。
2.零件加工表面上，不应有划痕、擦伤等损伤零件表面的缺陷。
3.零件须进行人工时效处理。
4.未注公差原则按GB/T 4249—2009的要求。
5.未注形位公差应符合GB/T 1184—1996的要求。
Ra3.2
(√)
制图
校核
转子轴
1:1
45
内蒙古工业大学
SYZB-02

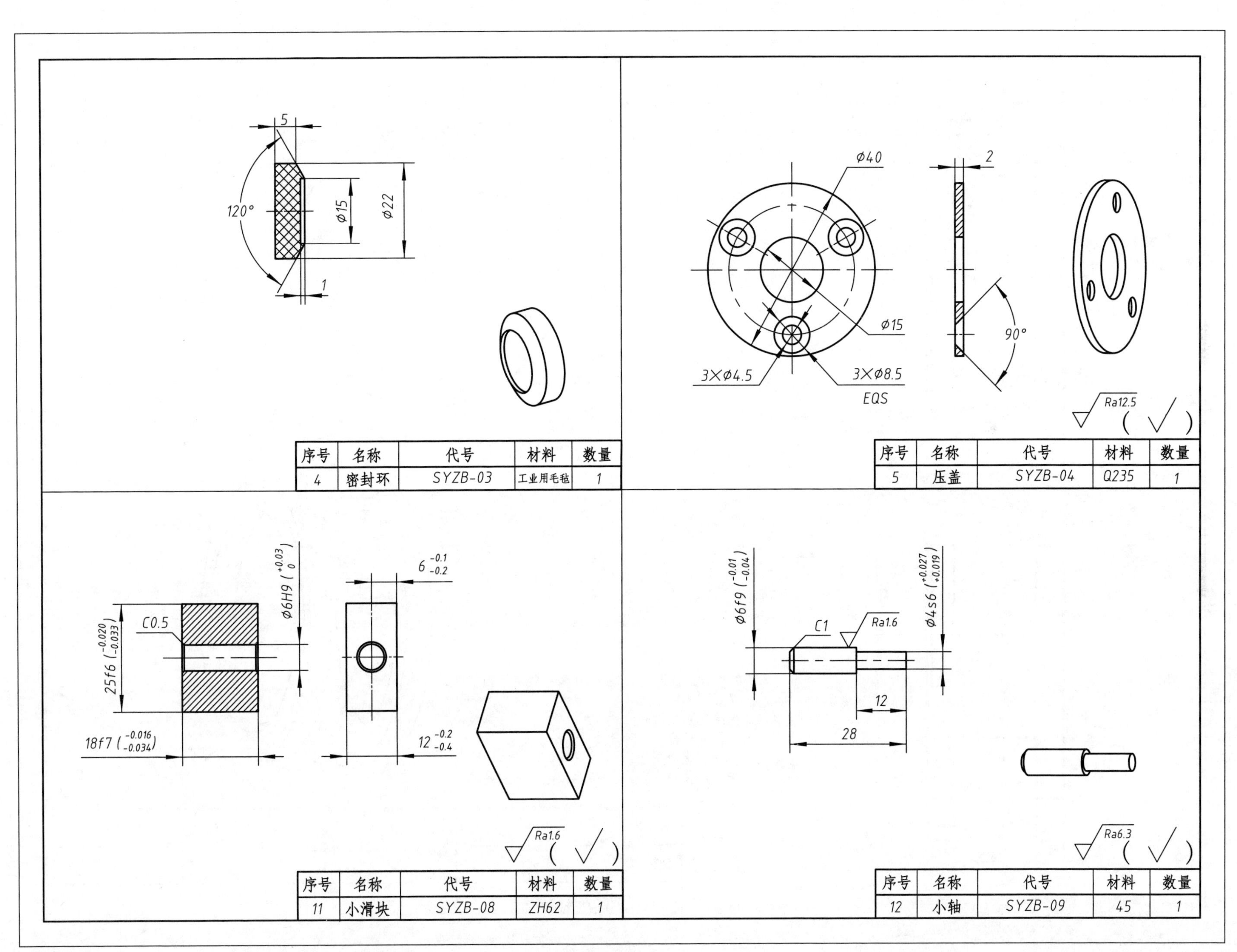
5
120°
φ15
φ22
1
序号 名称 代号 材料 数量
4 密封环 SYZB-03 工业用毛毡 1
φ40
2
φ15
90°
3×φ4.5
3×φ8.5
EQS
Ra12.5
(√)
序号 名称 代号 材料 数量
5 压盖 SYZB-04 Q235 1
φ6H9 (+0.03 0)
6 -0.1 -0.2
C0.5
25f6 (-0.020 -0.033)
18f7 (-0.016 -0.034)
12 -0.2 -0.4
Ra1.6
(√)
序号 名称 代号 材料 数量
11 小滑块 SYZB-08 ZH62 1
φ6f9 (-0.01 -0.04)
φ4s6 (+0.027 +0.019)
C1
Ra1.6
12
28
Ra6.3
(√)
序号 名称 代号 材料 数量
12 小轴 SYZB-09 45 1

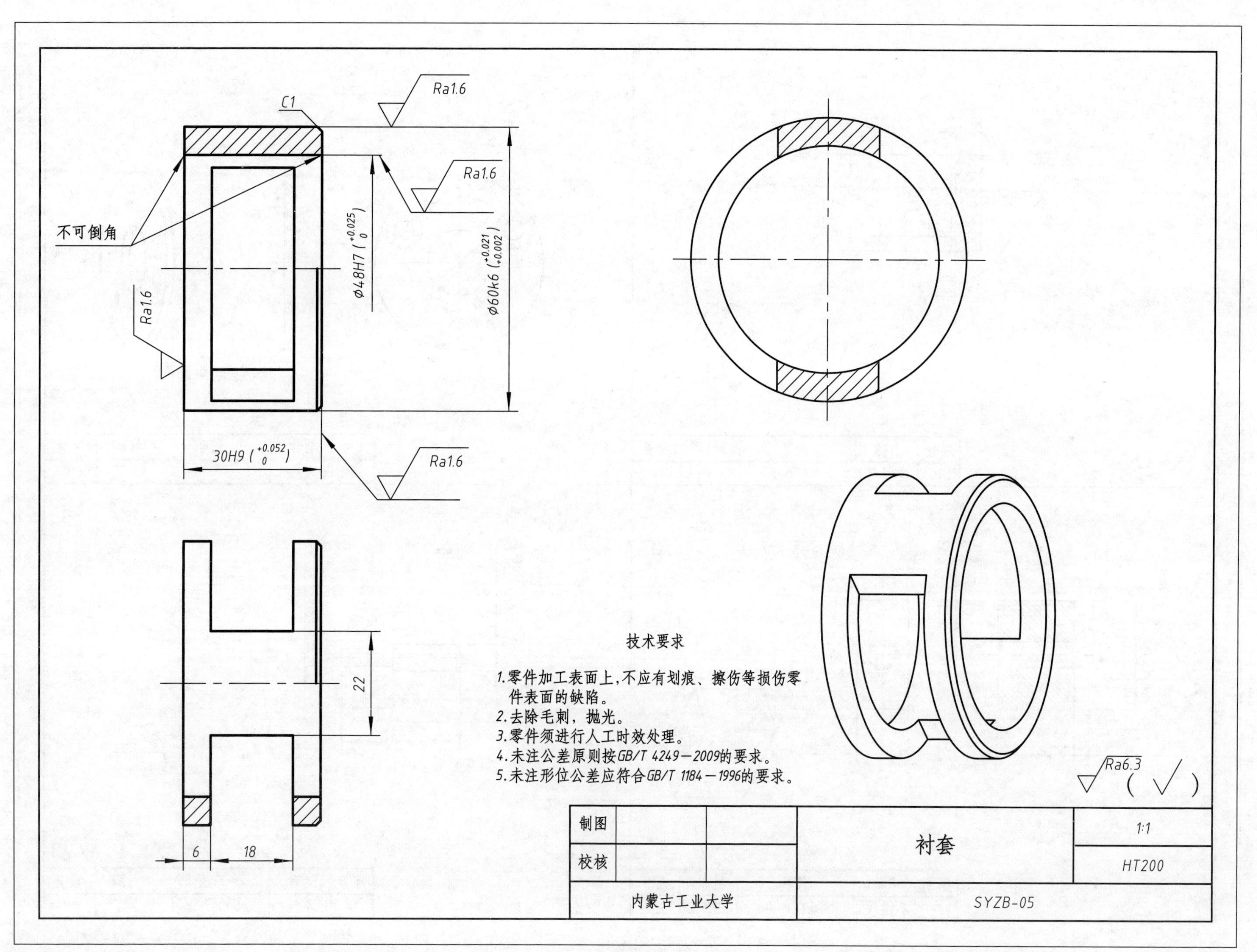
Ra1.6
C1
Ra1.6
不可倒角
Ø48H7 ($^{+0.025}_{0}$)
Ø60k6 ($^{+0.021}_{+0.002}$)
Ra1.6
30H9 ($^{+0.052}_{0}$)
Ra1.6
22
6
18
技术要求
1.零件加工表面上,不应有划痕、擦伤等损伤零件表面的缺陷。
2.去除毛刺，抛光。
3.零件须进行人工时效处理。
4.未注公差原则按GB/T 4249—2009的要求。
5.未注形位公差应符合GB/T 1184—1996的要求。
Ra6.3 (√)
制图
校核
衬套
1:1
HT200
内蒙古工业大学
SYZB-05

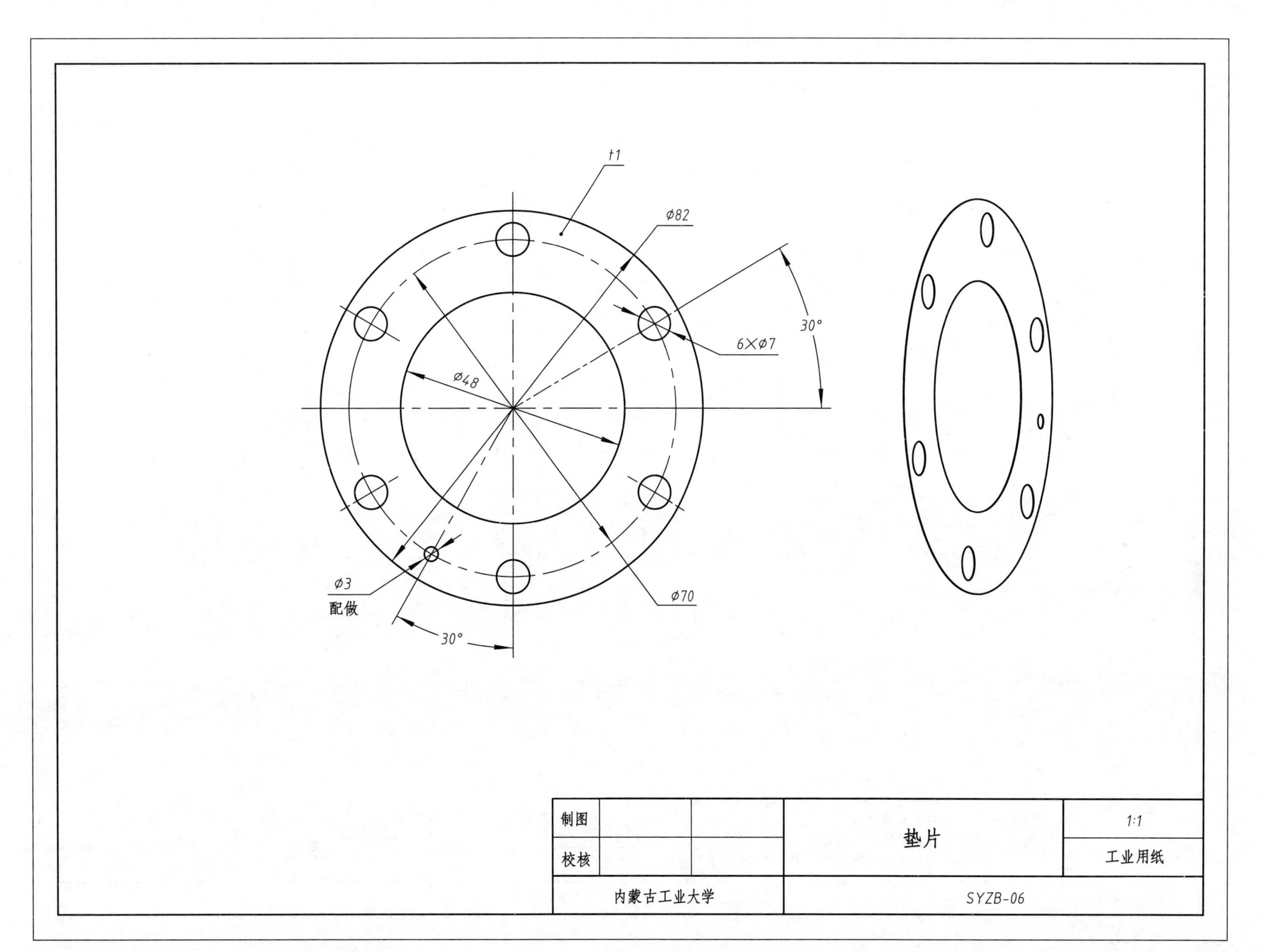
t1
Φ82
30°
6×Φ7
Φ48
Φ3
配做
Φ70
30°
制图
校核
垫片
1:1
工业用纸
内蒙古工业大学
SYZB-06

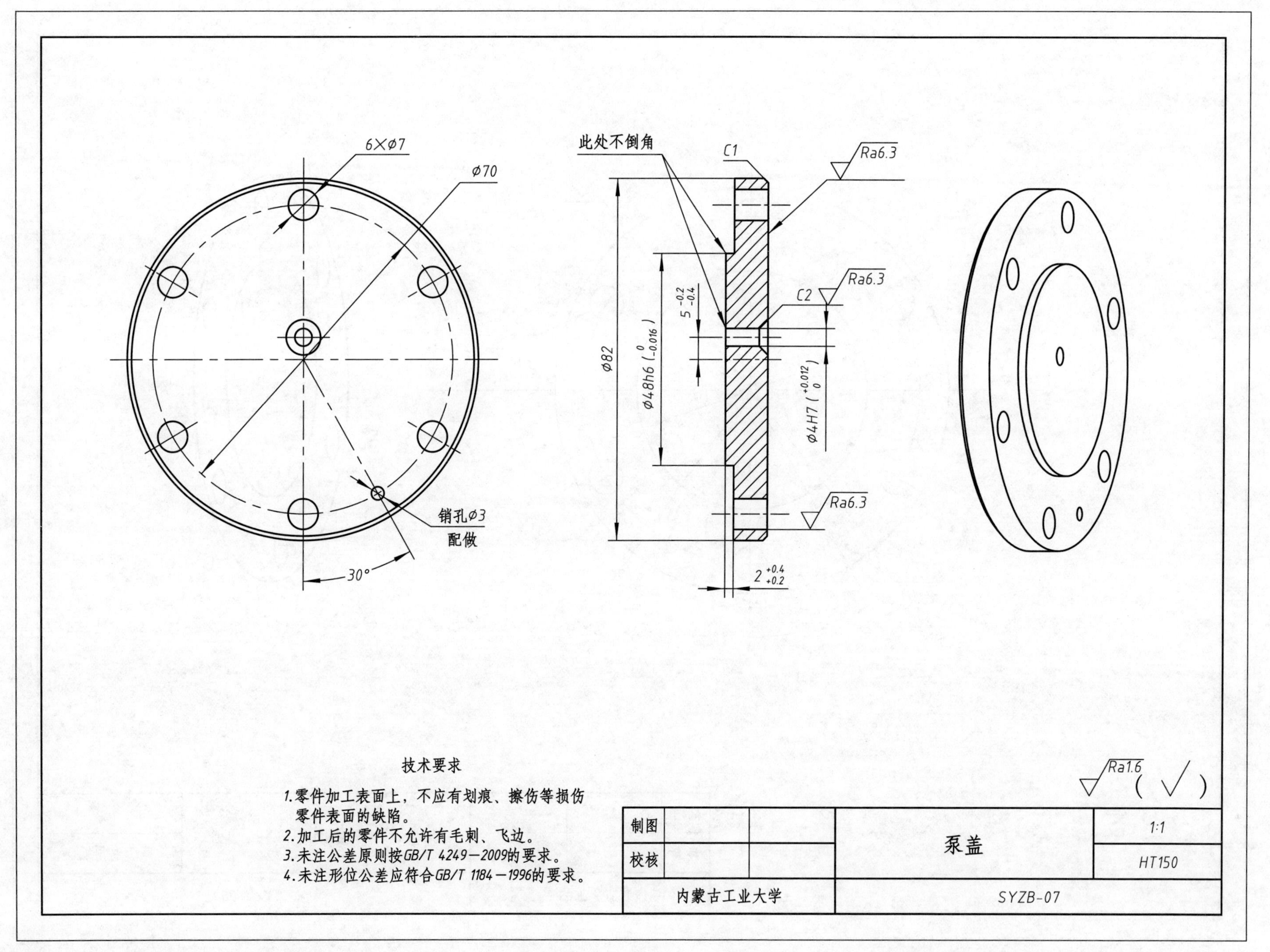
6×Ø7
Ø70
销孔Ø3
配做
30°
此处不倒角
C1
Ra6.3
Ø82
Ø48h6 (0 -0.016)
5 -0.2 -0.4
C2
Ra6.3
Ø4H7 (+0.012 0)
Ra6.3
2 +0.4 +0.2
技术要求
1.零件加工表面上，不应有划痕、擦伤等损伤零件表面的缺陷。
2.加工后的零件不允许有毛刺、飞边。
3.未注公差原则按GB/T 4249—2009的要求。
4.未注形位公差应符合GB/T 1184—1996的要求。
Ra1.6 (√)
制图
校核
泵盖
1:1
HT150
内蒙古工业大学
SYZB-07

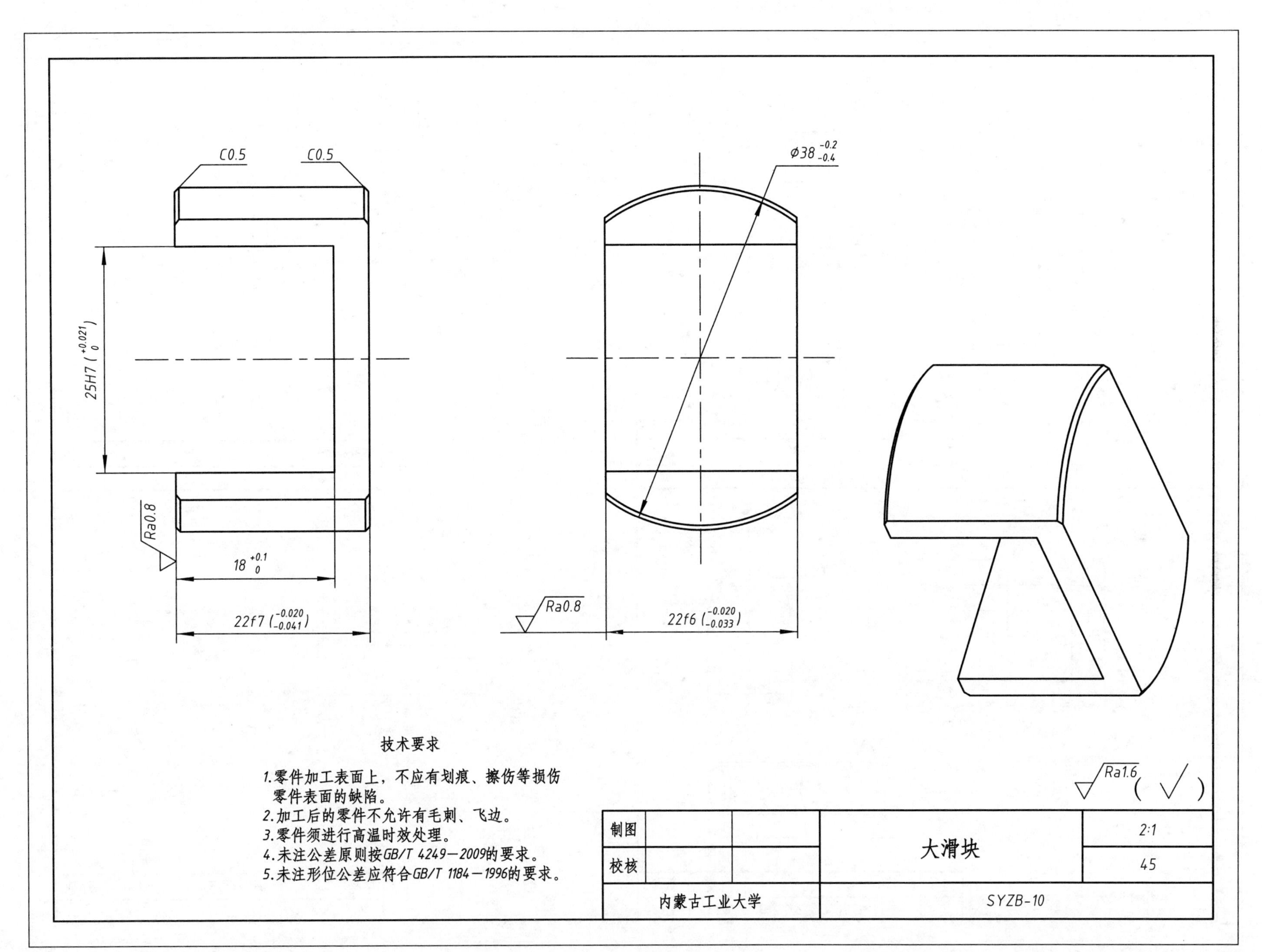
C0.5
C0.5
Ø38 -0.2 -0.4
25H7 (+0.021 0)
Ra0.8
18 +0.1 0
22f7 (-0.020 -0.041)
Ra0.8
22f6 (-0.020 -0.033)
技术要求
1.零件加工表面上，不应有划痕、擦伤等损伤零件表面的缺陷。
2.加工后的零件不允许有毛刺、飞边。
3.零件须进行高温时效处理。
4.未注公差原则按GB/T 4249—2009的要求。
5.未注形位公差应符合GB/T 1184—1996的要求。
Ra1.6
制图
校核
大滑块
2:1
45
内蒙古工业大学
SYZB-10

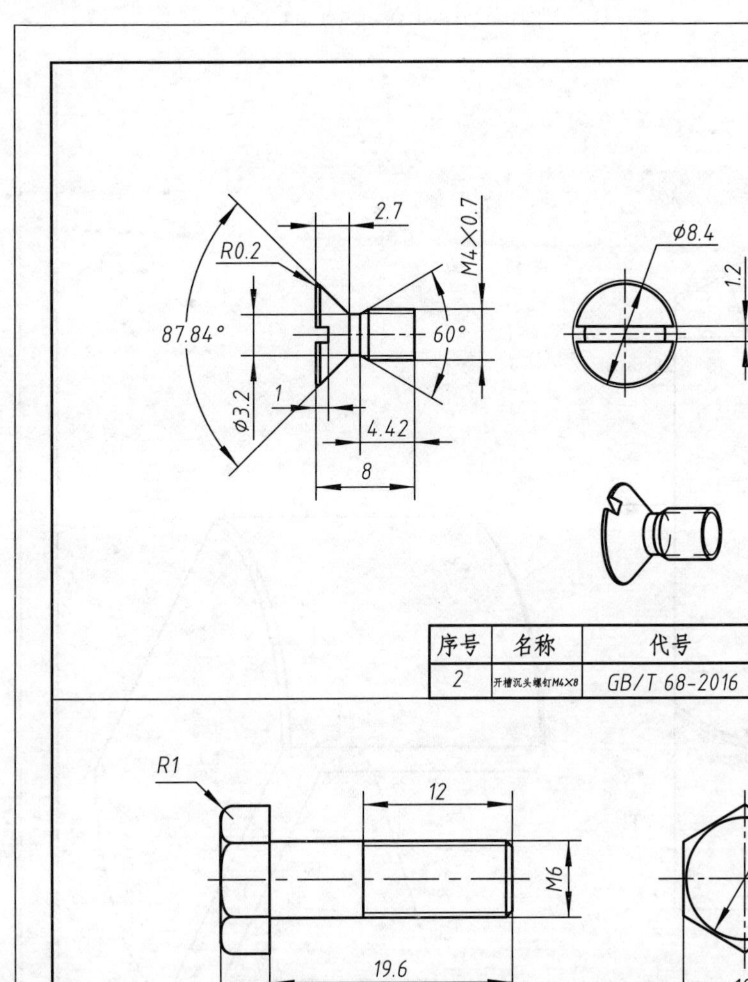

视图比例 2:1

序号	名称	代号	材料	数量
2	开槽沉头螺钉M4×8	GB/T 68-2016	Q235	3

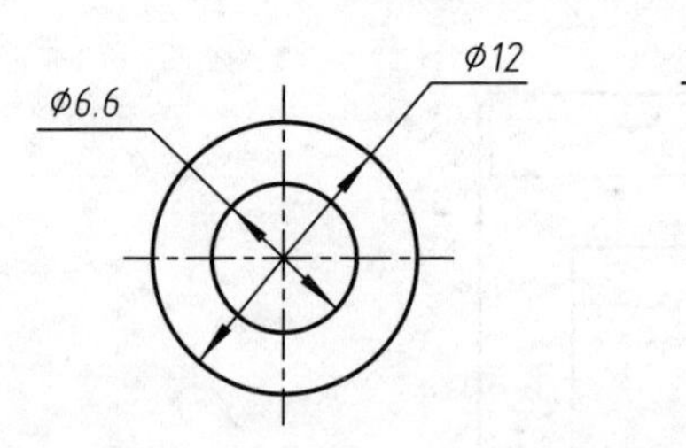

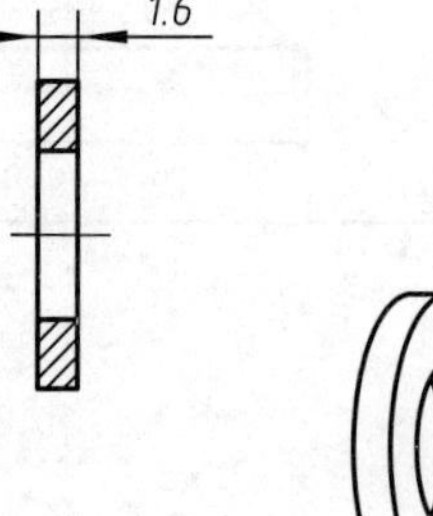

视图比例 2:1

序号	名称	代号	材料	数量
9	平垫圈-C级6	GB/T 95-2002	Q235	6

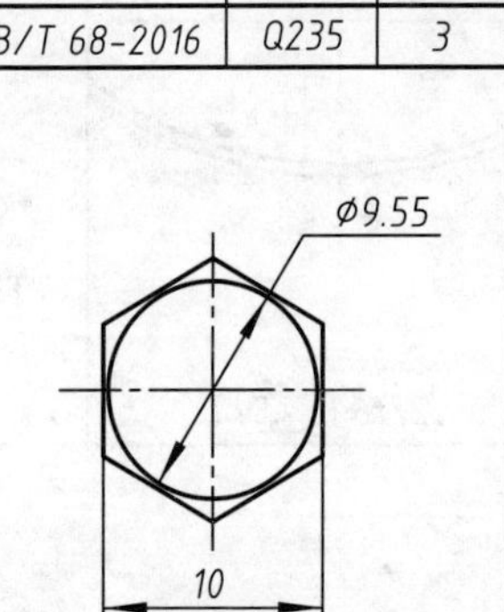

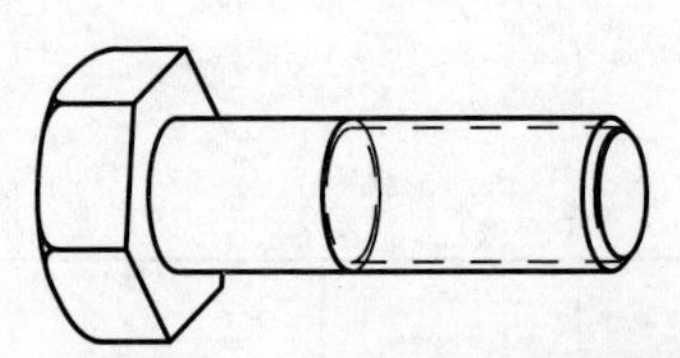

视图比例 2:1

序号	名称	代号	材料	数量
10	六角头螺栓M6×20	GB/T 5782-2016	Q235	6

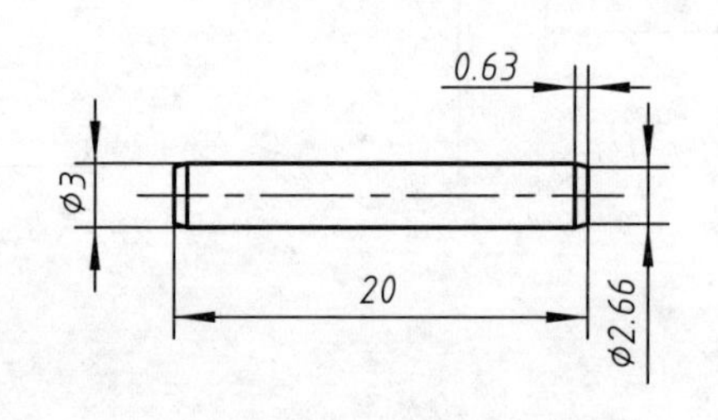

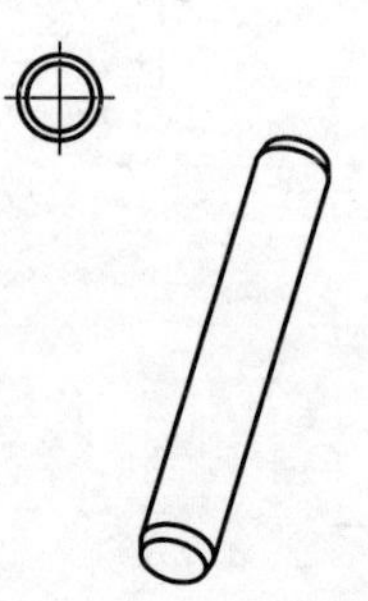

视图比例 2:1

序号	名称	代号	材料	数量
14	圆柱销3×20	GB/T 119.1-2000	45	1

2.11 柱塞泵

柱塞泵依靠柱塞在缸体中往复运动,使密封工作容腔的容积发生变化来实现吸油、压油。柱塞泵具有额定压力高、结构紧凑、效率高和流量调节方便等优点,被广泛应用于高压、大流量和流量需要调节的场合,诸如液压机、工程机械和船舶中。柱塞泵是往复泵的一种,属于体积泵,其柱塞靠泵轴的偏心转动驱动,做往复运动,其吸入和排出阀都是单向阀。当柱塞外拉时,工作室内压力降低,出口阀关闭,低于进口压力时,进口阀打开,液体进入;柱塞内推时,工作室压力升高,进口阀关闭,高于出口压力时,出口阀打开,液体排出。当传动轴带动缸体旋转时,斜盘将柱塞从缸体中拉出或推回,完成吸排油过程。柱塞与缸孔组成的工作容腔中的油液通过配油盘分别与泵的吸、排油腔相通。

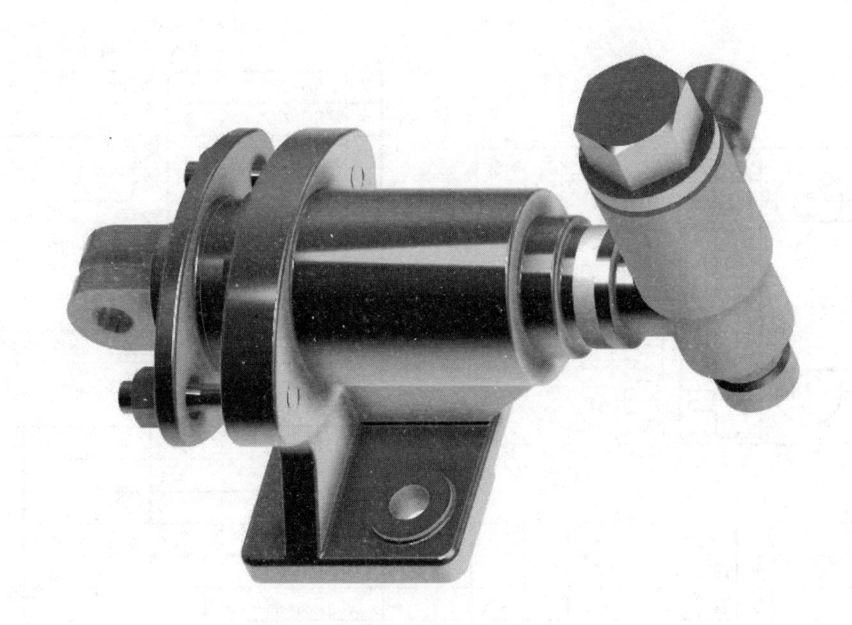

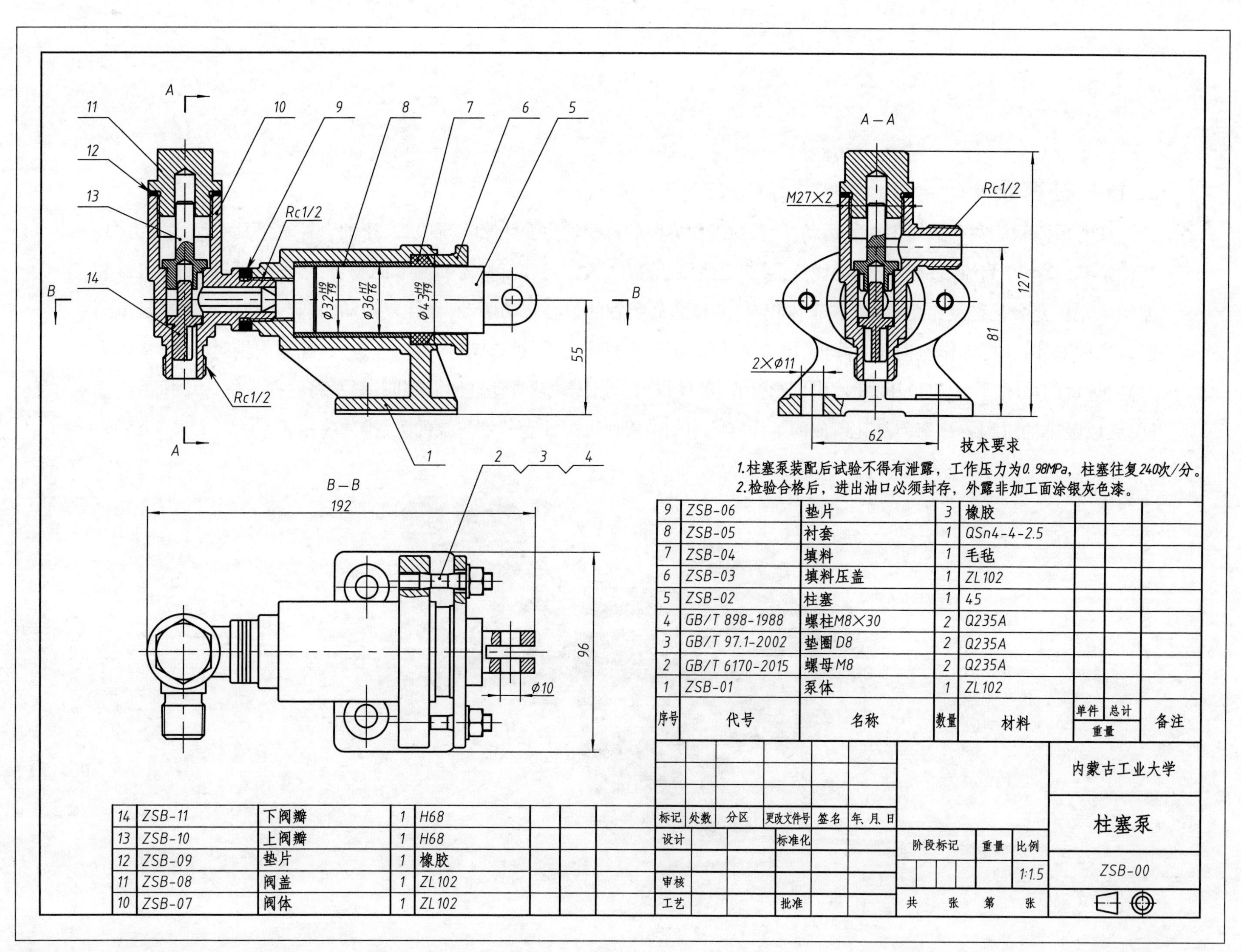
A
11
10
9
8
7
6
5
12
13
Rc1/2
B
14
Φ32H9/f9
Φ36H7/f6
Φ43H9/f9
55
Rc1/2
1
A—A
M27×2
Rc1/2
127
81
2×Φ11
62
2 3 4
B—B
192
96
Φ10
技术要求
1.柱塞泵装配后试验不得有泄露，工作压力为0.98MPa，柱塞往复240次/分。
2.检验合格后，进出油口必须封存，外露非加工面涂银灰色漆。
9 ZSB-06 垫片 3 橡胶
8 ZSB-05 衬套 1 QSn4-4-2.5
7 ZSB-04 填料 1 毛毡
6 ZSB-03 填料压盖 1 ZL102
5 ZSB-02 柱塞 1 45
4 GB/T 898-1988 螺柱M8×30 2 Q235A
3 GB/T 97.1-2002 垫圈D8 2 Q235A
2 GB/T 6170-2015 螺母M8 2 Q235A
1 ZSB-01 泵体 1 ZL102
序号 代号 名称 数量 材料 单件 总计 重量 备注
14 ZSB-11 下阀瓣 1 H68
13 ZSB-10 上阀瓣 1 H68
12 ZSB-09 垫片 1 橡胶
11 ZSB-08 阀盖 1 ZL102
10 ZSB-07 阀体 1 ZL102
标记 处数 分区 更改文件号 签名 年、月、日
设计 标准化
审核
工艺 批准
阶段标记 重量 比例
1:1.5
共 张 第 张
内蒙古工业大学
柱塞泵
ZSB-00

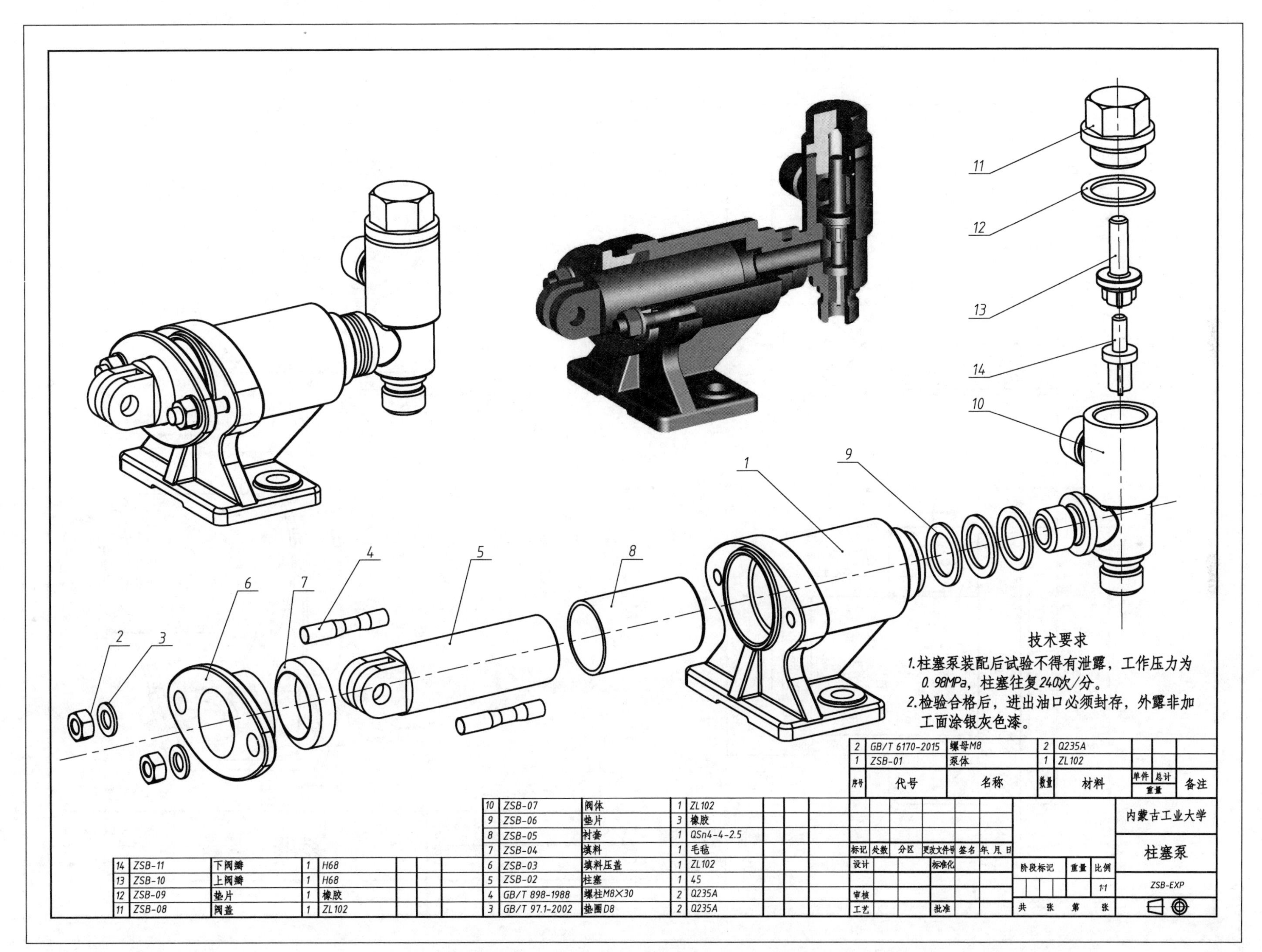
11
12
13
14
10
9
1
8
5
4
7
6
2
3
技术要求
1.柱塞泵装配后试验不得有泄露，工作压力为0.98MPa，柱塞往复240次/分。
2.检验合格后，进出油口必须封存，外露非加工面涂银灰色漆。
2 GB/T 6170-2015 螺母M8 2 Q235A
1 ZSB-01 泵体 1 ZL102
序号 代号 名称 数量 材料 单件 总计 重量 备注
10 ZSB-07 阀体 1 ZL102
9 ZSB-06 垫片 3 橡胶
8 ZSB-05 衬套 1 QSn4-4-2.5
7 ZSB-04 填料 1 毛毡
6 ZSB-03 填料压盖 1 ZL102
5 ZSB-02 柱塞 1 45
4 GB/T 898-1988 螺柱M8×30 2 Q235A
3 GB/T 97.1-2002 垫圈D8 2 Q235A
14 ZSB-11 下阀瓣 1 H68
13 ZSB-10 上阀瓣 1 H68
12 ZSB-09 垫片 1 橡胶
11 ZSB-08 阀盖 1 ZL102
内蒙古工业大学
柱塞泵
标记 处数 分区 更改文件号 签名 年、月、日
设计 标准化
阶段标记 重量 比例
1:1
ZSB-EXP
审核
工艺 批准
共 张 第 张

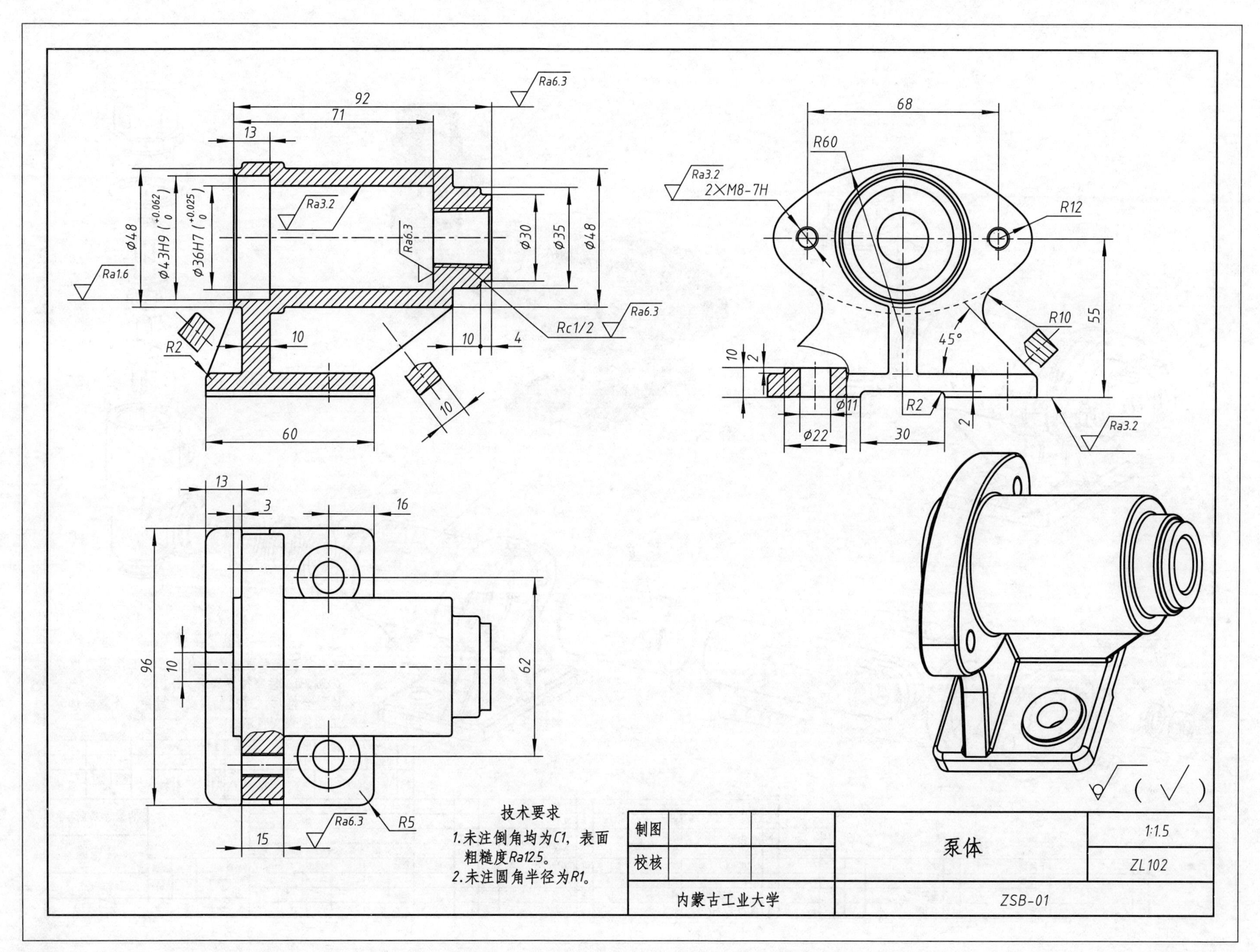
92
71
13
Ra6.3
Ra3.2
Ra1.6
φ48
φ43H9 (+0.062 0)
φ36H7 (+0.025 0)
φ30
φ35
φ48
Rc1/2
R2
10
10
4
60
68
R60
2×M8-7H
R12
R10
45°
55
φ11
φ22
30
2
16
3
96
62
15
R5
技术要求
1.未注倒角均为C1，表面粗糙度Ra12.5。
2.未注圆角半径为R1。
制图
校核
泵体
1:1.5
ZL102
内蒙古工业大学
ZSB-01

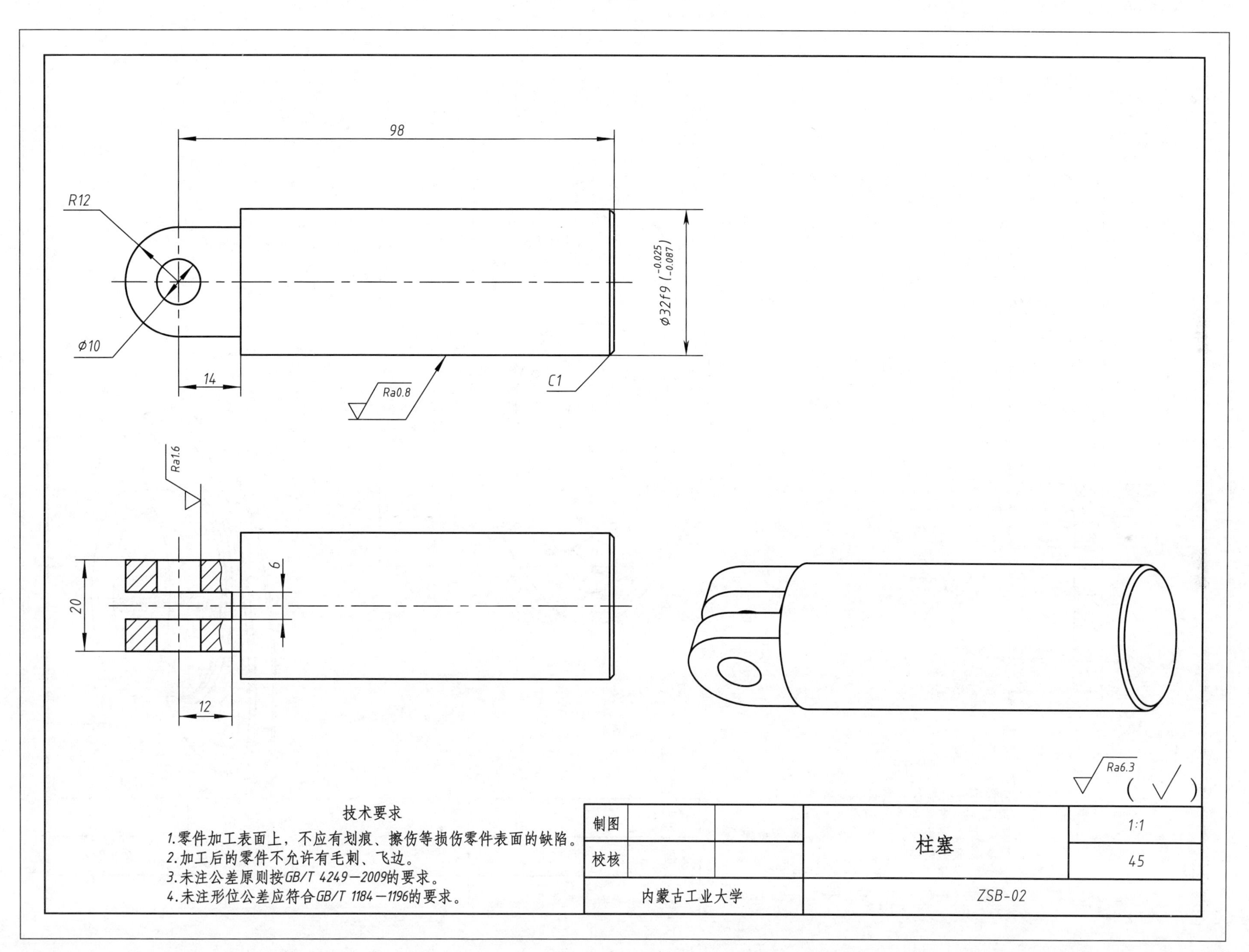
98
R12
φ10
14
C1
Ra0.8
φ32f9 (−0.025 −0.087)
Ra1.6
6
20
12
Ra6.3
(√)
技术要求
1.零件加工表面上，不应有划痕、擦伤等损伤零件表面的缺陷。
2.加工后的零件不允许有毛刺、飞边。
3.未注公差原则按GB/T 4249—2009的要求。
4.未注形位公差应符合GB/T 1184—1196的要求。
制图
校核
柱塞
1:1
45
内蒙古工业大学
ZSB-02

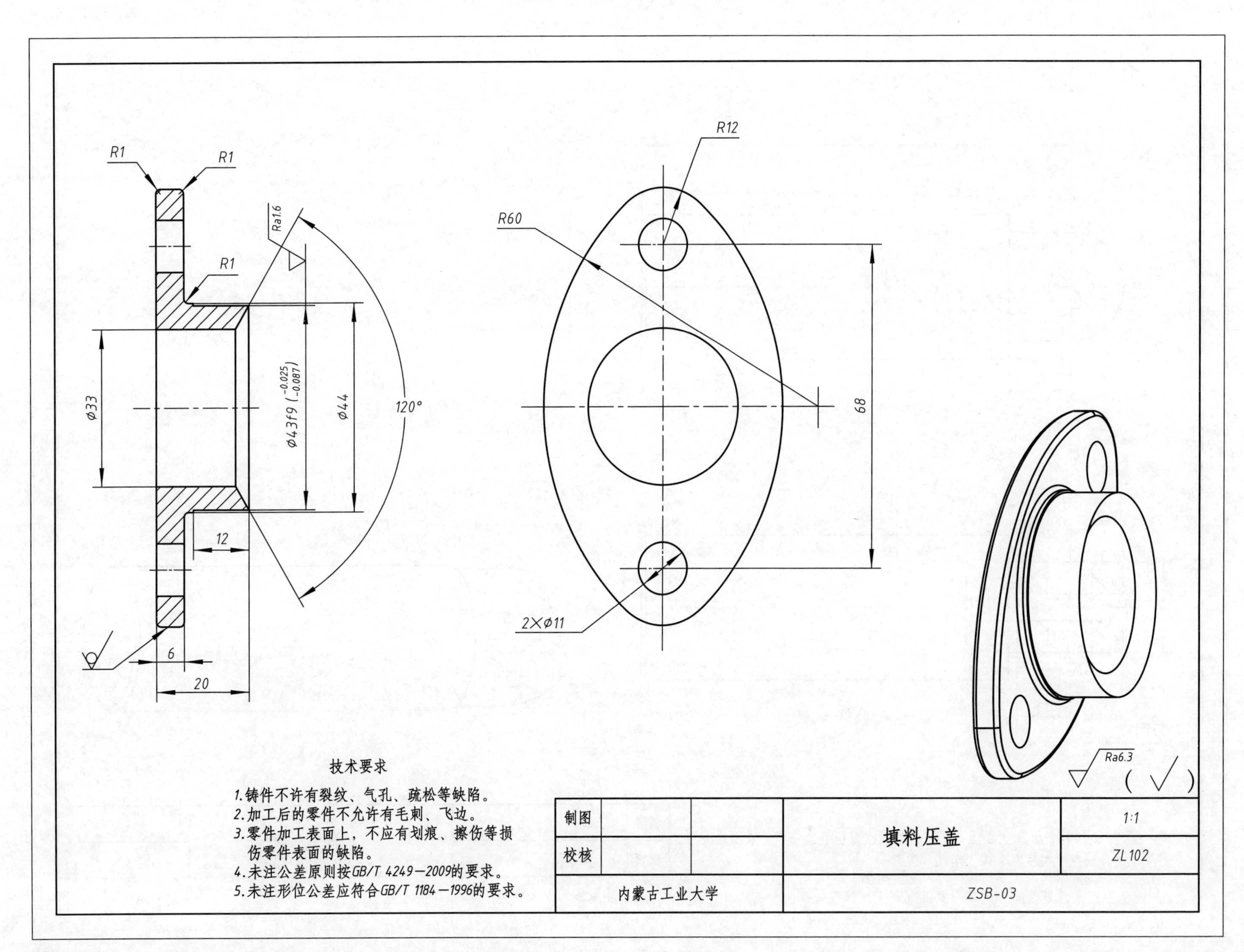
R1
R1
R1
Ra1.6
120°
φ33
φ43f9 ($^{-0.025}_{-0.087}$)
φ44
12
6
20
R12
R60
68
2×φ11
Ra6.3
(√)
技术要求
1.铸件不许有裂纹、气孔、疏松等缺陷。
2.加工后的零件不允许有毛刺、飞边。
3.零件加工表面上，不应有划痕、擦伤等损伤零件表面的缺陷。
4.未注公差原则按GB/T 4249—2009的要求。
5.未注形位公差应符合GB/T 1184—1996的要求。
制图
校核
填料压盖
1:1
ZL102
内蒙古工业大学
ZSB-03

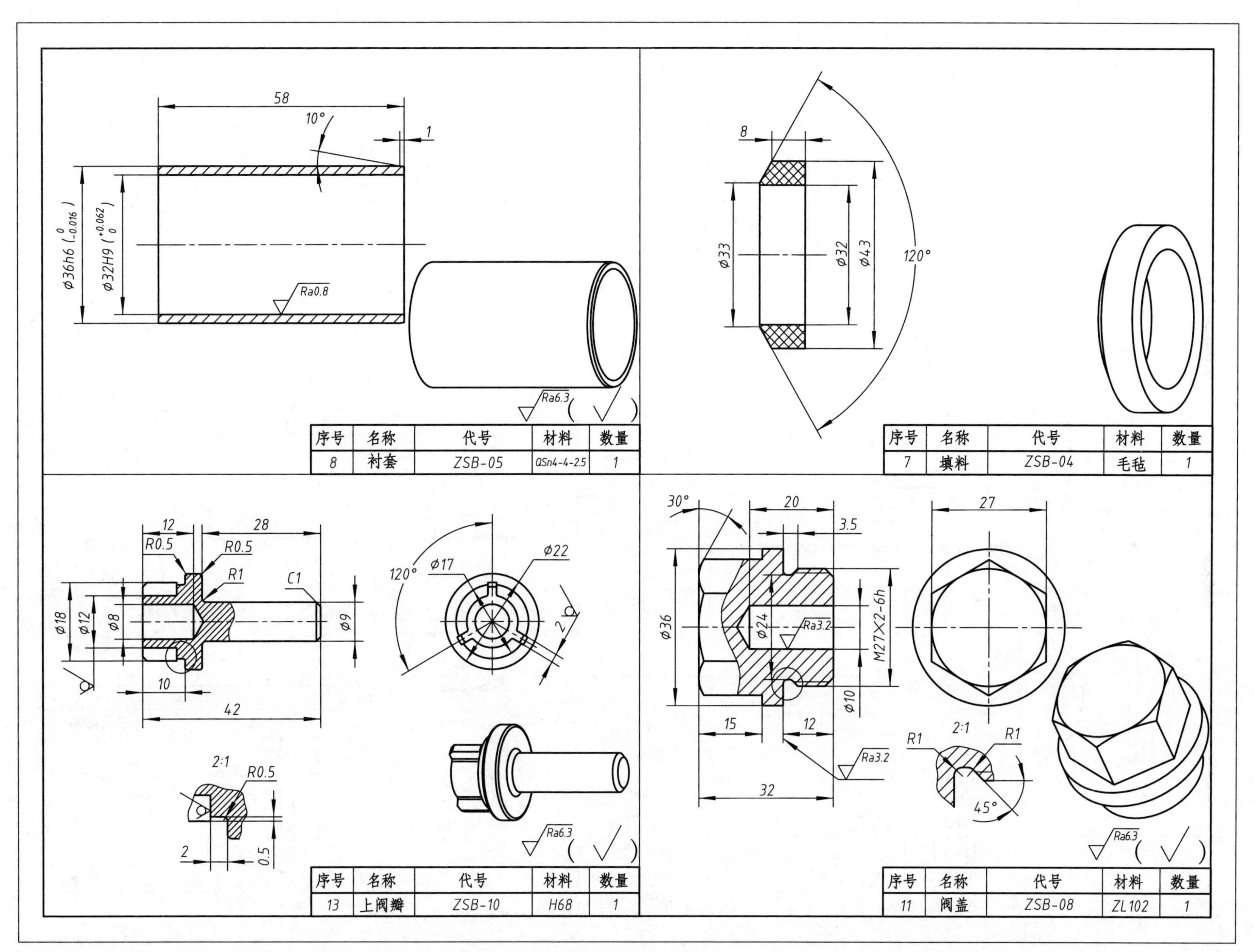
58
10°
1
Ø36h6 ($^{0}_{-0.016}$)
Ø32H9 ($^{+0.062}_{0}$)
Ra0.8
Ra6.3
序号 名称 代号 材料 数量
8 衬套 ZSB-05 QSn4-4-2.5 1
8
Ø33
Ø32
Ø43
120°
序号 名称 代号 材料 数量
7 填料 ZSB-04 毛毡 1
12
28
R0.5
R0.5
R1
C1
Ø18
Ø12
Ø8
Ø9
10
42
120°
Ø17
Ø22
2
2:1
R0.5
2
0.5
Ra6.3
序号 名称 代号 材料 数量
13 上阀瓣 ZSB-10 H68 1
30°
20
3.5
Ø36
Ø24
Ra3.2
M27×2-6h
Ø10
15
12
Ra3.2
32
27
2:1
R1
R1
45°
Ra6.3
序号 名称 代号 材料 数量
11 阀盖 ZSB-08 ZL102 1

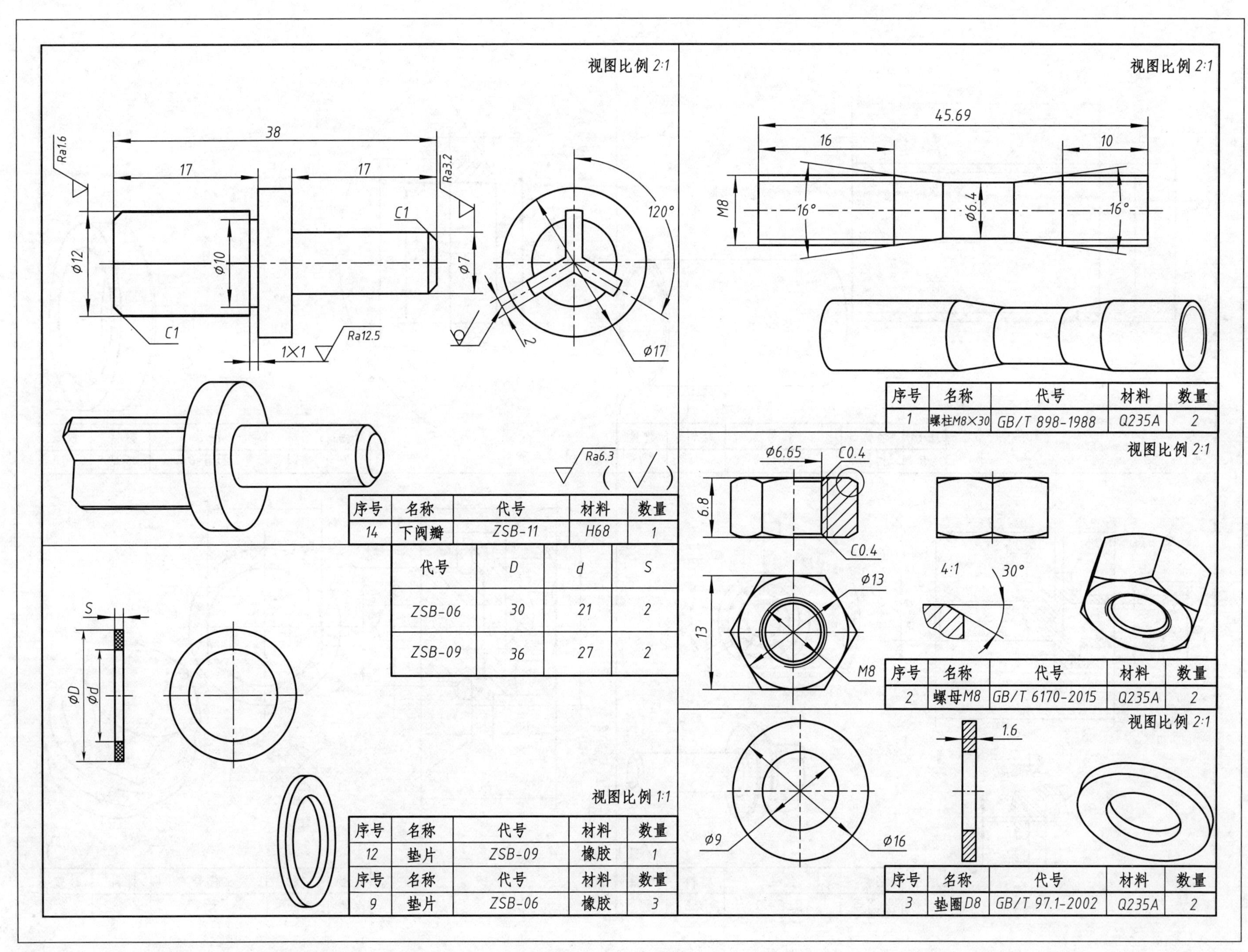
视图比例 2:1
38
17
17
Ra1.6
Ra3.2
C1
C1
Ø12
Ø10
Ø7
120°
2
Ø17
1×1
Ra12.5
Ra6.3
序号 名称 代号 材料 数量
14 下阀瓣 ZSB-11 H68 1
代号 D d S
ZSB-06 30 21 2
ZSB-09 36 27 2
S
ØD
Ød
视图比例 1:1
序号 名称 代号 材料 数量
12 垫片 ZSB-09 橡胶 1
序号 名称 代号 材料 数量
9 垫片 ZSB-06 橡胶 3
视图比例 2:1
45.69
16
10
M8
16°
Ø6.4
16°
序号 名称 代号 材料 数量
1 螺柱M8×30 GB/T 898-1988 Q235A 2
视图比例 2:1
Ø6.65
C0.4
6.8
C0.4
Ø13
13
M8
4:1
30°
序号 名称 代号 材料 数量
2 螺母M8 GB/T 6170-2015 Q235A 2
视图比例 2:1
1.6
Ø9
Ø16
序号 名称 代号 材料 数量
3 垫圈D8 GB/T 97.1-2002 Q235A 2

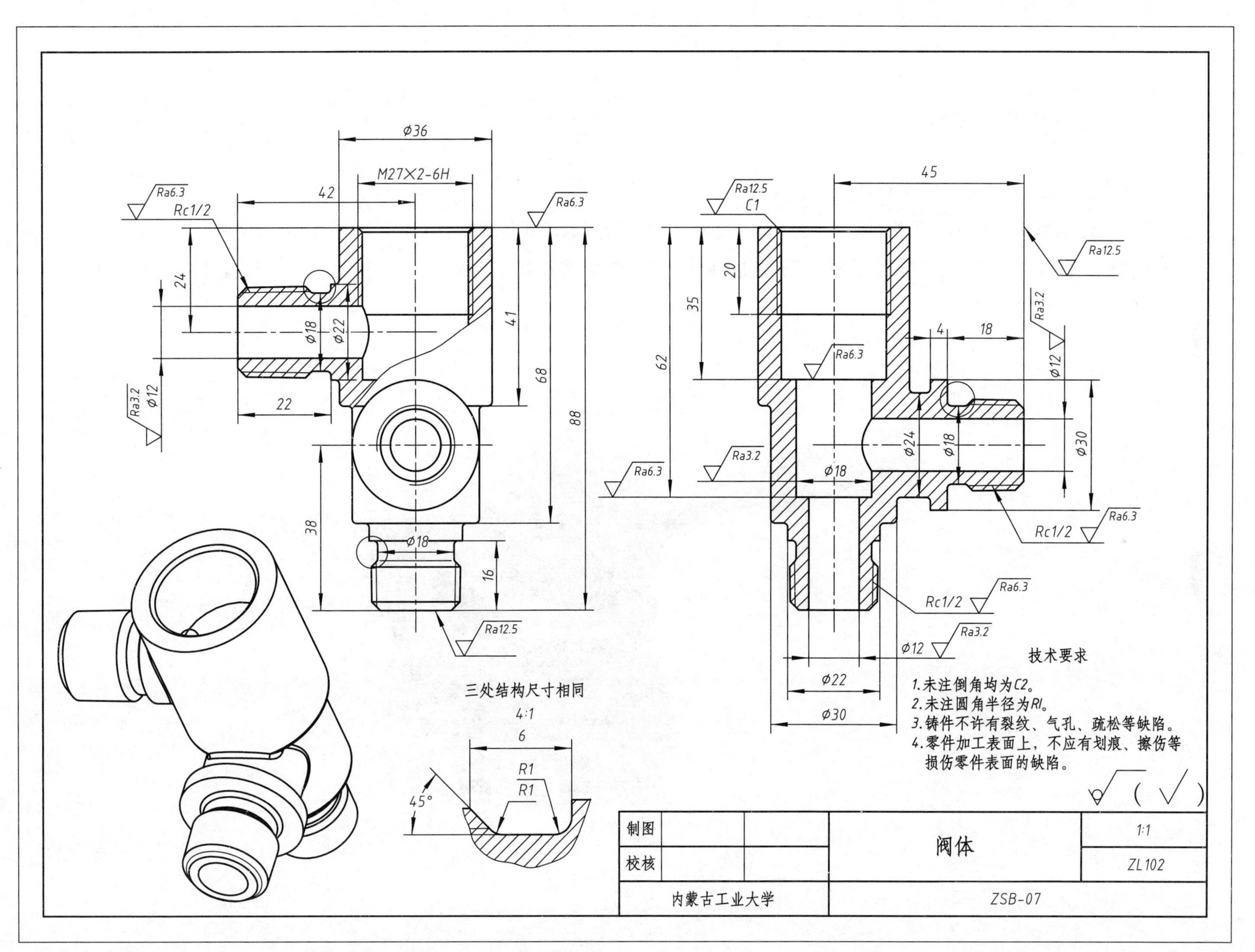
Ra6.3
Rc1/2
42
Ø36
M27×2-6H
Ra6.3
24
Ø18
Ø22
41
68
88
Ra3.2
Ø12
22
38
Ø18
16
Ra12.5
45
Ra12.5
C1
Ra12.5
20
35
62
Ra6.3
Ra3.2
4
18
Ø12
Ra3.2
Ø24
Ø18
Ø30
Ra3.2
Ø18
Ra6.3
Rc1/2
Ra6.3
Rc1/2
Ra6.3
Ø12
Ra3.2
Ø22
Ø30
三处结构尺寸相同
4:1
6
R1
R1
45°
技术要求
1.未注倒角均为C2。
2.未注圆角半径为R1。
3.铸件不许有裂纹、气孔、疏松等缺陷。
4.零件加工表面上，不应有划痕、擦伤等损伤零件表面的缺陷。
制图
校核
阀体
1:1
ZL102
内蒙古工业大学
ZSB-07

2.12 三位四通手动转阀

三位四通换向阀中P为供油口,O为回油口,A、B是通向执行元件的输出口。当阀芯处于中位时,全部油口切断,执行元件不动;当阀芯移到右位时,P与A通,B与O通;当阀芯移到左位时,P与B通,A与O通。这样,执行元件就能作正、反向运动。

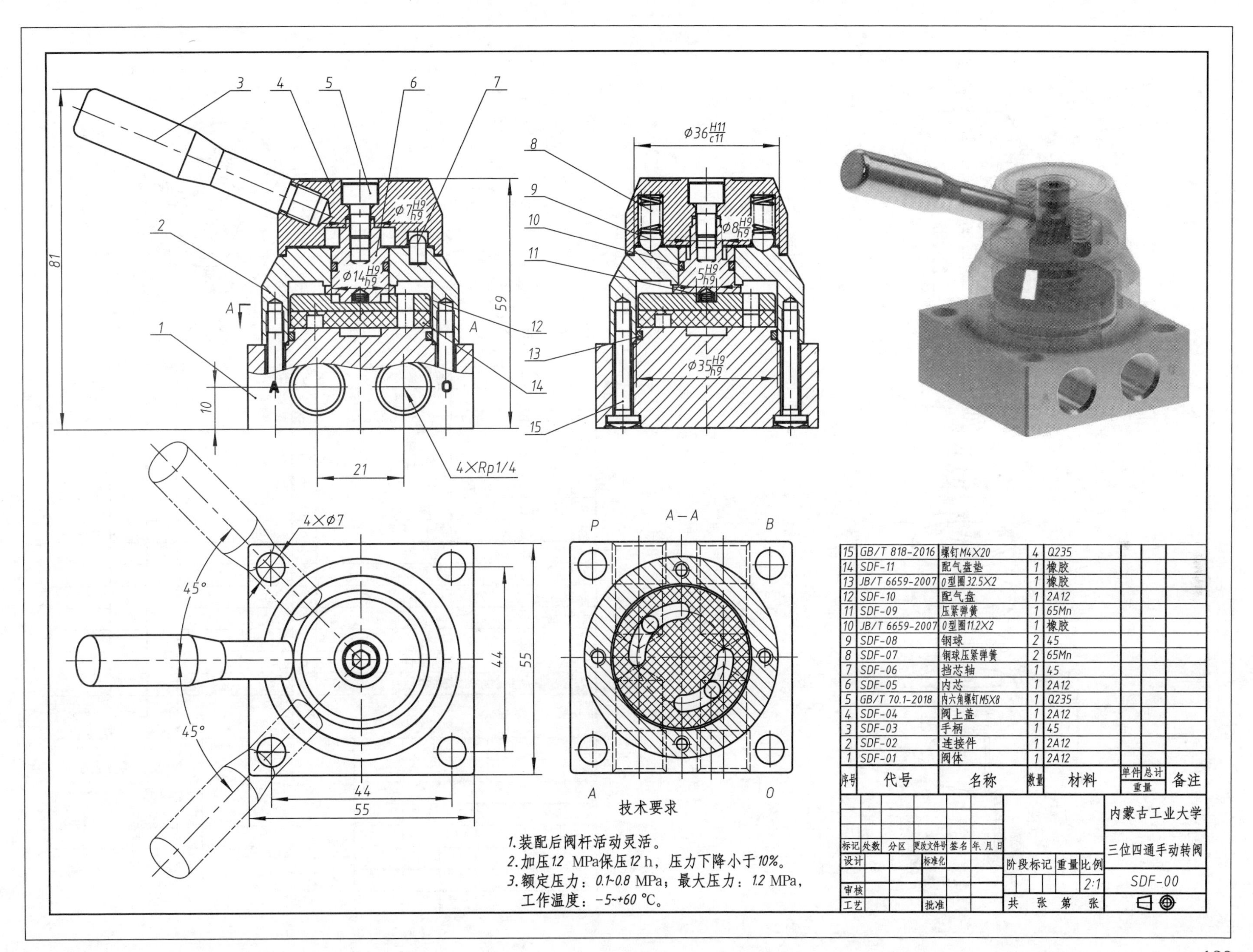

序号	代号	名称	数量	材料	单件 总计 重量	备注
15	GB/T 818-2016	螺钉M4×20	4	Q235		
14	SDF-11	配气盘垫	1	橡胶		
13	JB/T 6659-2007	O型圈32.5×2	1	橡胶		
12	SDF-10	配气盘	1	2A12		
11	SDF-09	压紧弹簧	1	65Mn		
10	JB/T 6659-2007	O型圈11.2×2	1	橡胶		
9	SDF-08	钢球	2	45		
8	SDF-07	钢球压紧弹簧	2	65Mn		
7	SDF-06	挡芯轴	1	45		
6	SDF-05	内芯	1	2A12		
5	GB/T 70.1-2018	内六角螺钉M5×8	1	Q235		
4	SDF-04	阀上盖	1	2A12		
3	SDF-03	手柄	1	45		
2	SDF-02	连接件	1	2A12		
1	SDF-01	阀体	1	2A12		

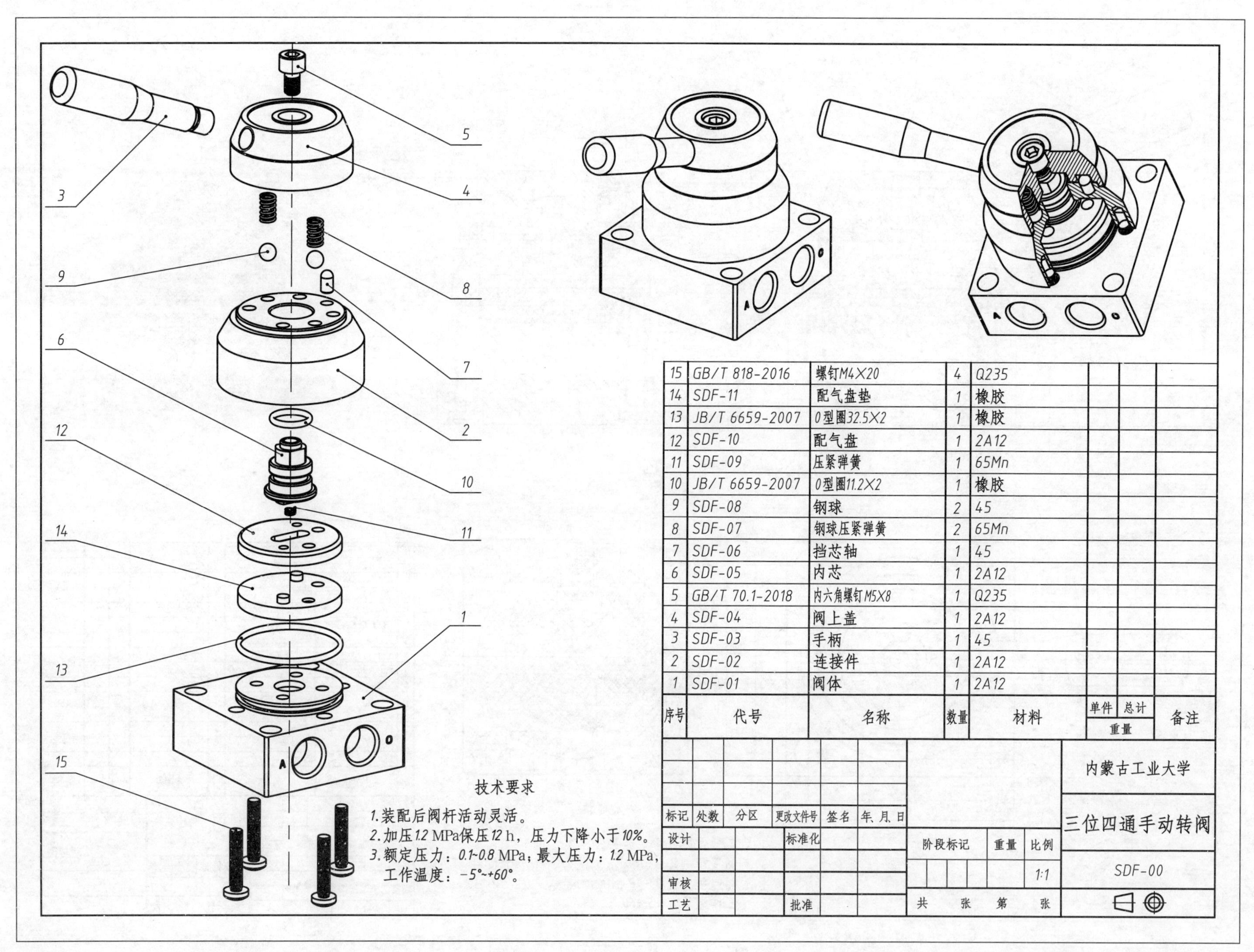

序号	代号	名称	数量	材料	单件重量	总计重量	备注
15	GB/T 818-2016	螺钉M4×20	4	Q235			
14	SDF-11	配气盘垫	1	橡胶			
13	JB/T 6659-2007	0型圈32.5×2	1	橡胶			
12	SDF-10	配气盘	1	2A12			
11	SDF-09	压紧弹簧	1	65Mn			
10	JB/T 6659-2007	0型圈11.2×2	1	橡胶			
9	SDF-08	钢球	2	45			
8	SDF-07	钢球压紧弹簧	2	65Mn			
7	SDF-06	挡芯轴	1	45			
6	SDF-05	内芯	1	2A12			
5	GB/T 70.1-2018	内六角螺钉M5X8	1	Q235			
4	SDF-04	阀上盖	1	2A12			
3	SDF-03	手柄	1	45			
2	SDF-02	连接件	1	2A12			
1	SDF-01	阀体	1	2A12			

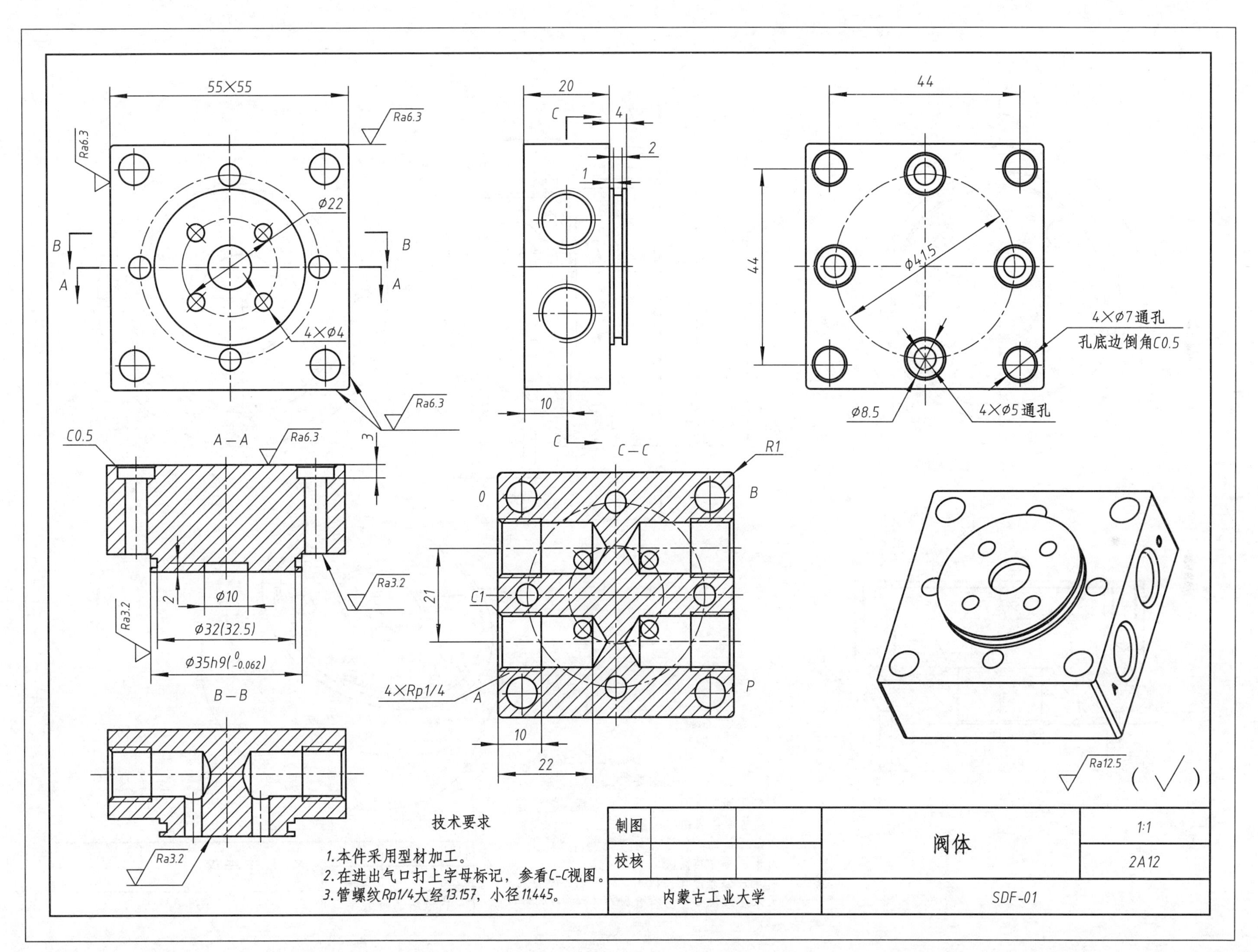

55×55
Ra6.3
Ra6.3
φ22
B
B
A
A
4×φ4
Ra6.3
20
C
4
2
1
10
C
44
44
φ41.5
4×φ7通孔
孔底边倒角C0.5
φ8.5
4×φ5通孔
C0.5
A－A
Ra6.3
3
Ra3.2
2
φ10
Ra3.2
φ32(32.5)
φ35h9($^{0}_{-0.062}$)
B－B
Ra3.2
C－C
R1
O
B
21
C1
4×Rp1/4
A
P
10
22
Ra12.5
(√)
技术要求
1.本件采用型材加工。
2.在进出气口打上字母标记，参看C-C视图。
3.管螺纹Rp1/4大经13.157，小径11.445。
制图
校核
阀体
1:1
2A12
内蒙古工业大学
SDF-01

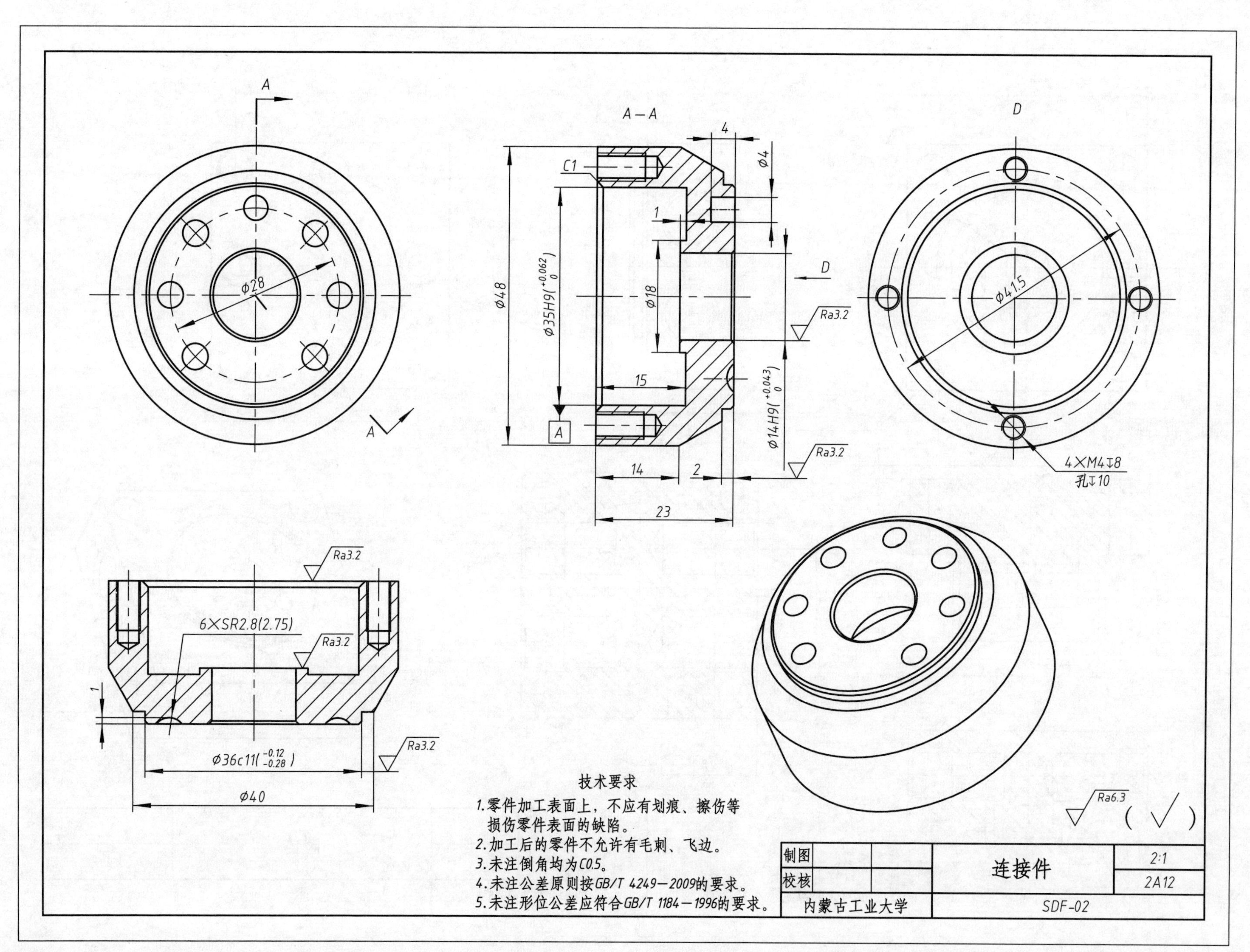
A
A—A
4
C1
φ4
1
D
φ48
φ35H9($^{+0.062}_{0}$)
φ18
Ra3.2
15
φ14H9($^{+0.043}_{0}$)
A
Ra3.2
14
2
23
φ28
φ41.5
4×M4↧8
孔↧10
Ra3.2
6×SR2.8(2.75)
Ra3.2
1
Ra3.2
φ36c11($^{-0.12}_{-0.28}$)
φ40
技术要求
1.零件加工表面上，不应有划痕、擦伤等损伤零件表面的缺陷。
2.加工后的零件不允许有毛刺、飞边。
3.未注倒角均为C0.5。
4.未注公差原则按GB/T 4249—2009的要求。
5.未注形位公差应符合GB/T 1184—1996的要求。
Ra6.3
(√)
制图
校核
连接件
2:1
2A12
内蒙古工业大学
SDF-02

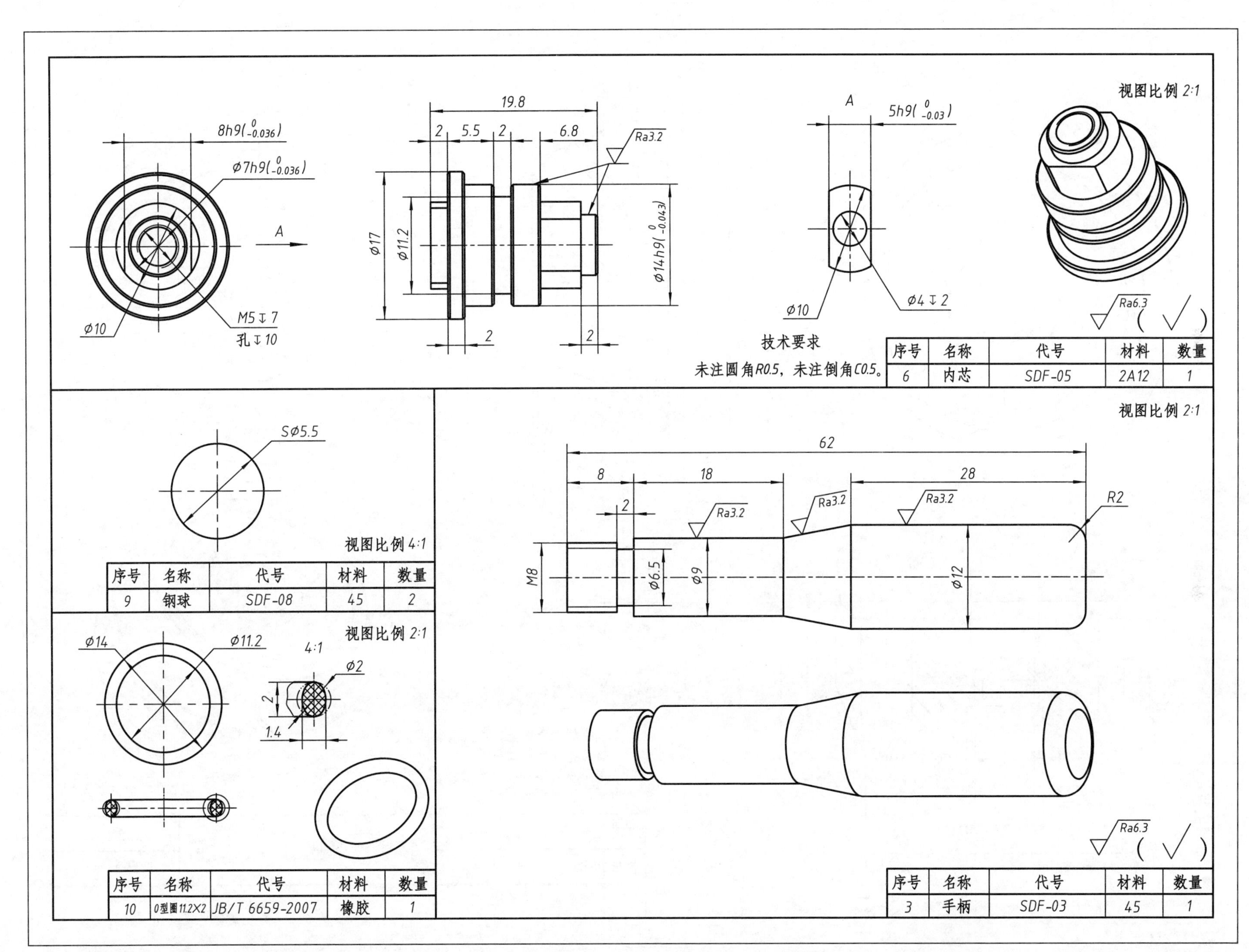

视图比例 2:1
19.8
2
5.5
2
6.8
8h9($^{0}_{-0.036}$)
Ø7h9($^{0}_{-0.036}$)
Ra3.2
A
Ø17
Ø11.2
Ø14h9($^{0}_{-0.043}$)
Ø10
M5↧7
孔↧10
2
2
A
5h9($^{0}_{-0.03}$)
Ø10
Ø4↧2
Ra6.3
技术要求
未注圆角R0.5，未注倒角C0.5。
序号 名称 代号 材料 数量
6 内芯 SDF-05 2A12 1
SØ5.5
视图比例 4:1
序号 名称 代号 材料 数量
9 钢球 SDF-08 45 2
视图比例 2:1
Ø14
Ø11.2
4:1
Ø2
2
1.4
序号 名称 代号 材料 数量
10 O型圈11.2X2 JB/T 6659-2007 橡胶 1
视图比例 2:1
62
8
18
28
2
Ra3.2
Ra3.2
Ra3.2
R2
M8
Ø6.5
Ø9
Ø12
Ra6.3
序号 名称 代号 材料 数量
3 手柄 SDF-03 45 1

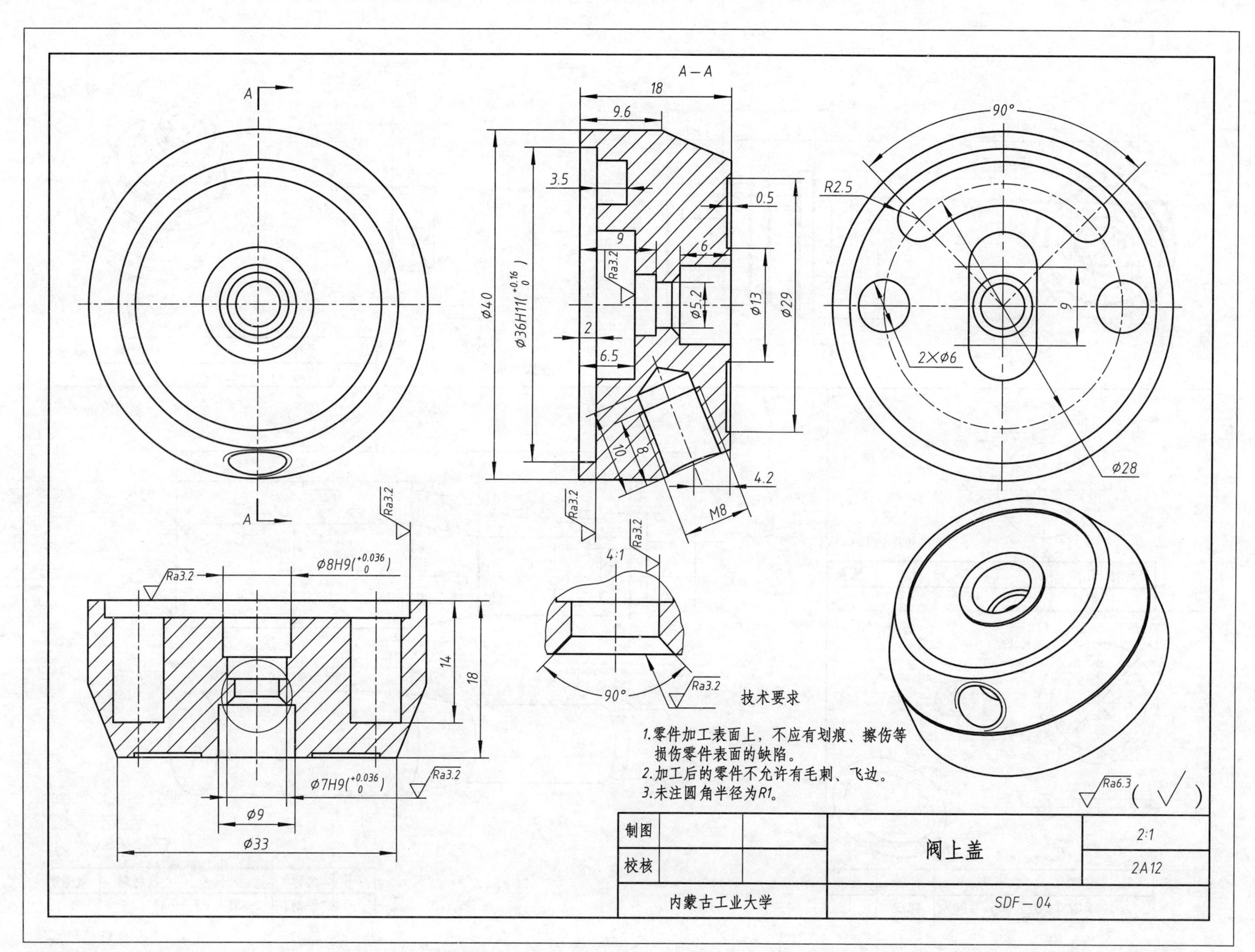
A—A
A
A
18
9.6
3.5
0.5
R2.5
90°
9
6
Ra3.2
Ø40
Ø36H11(+0.16 0)
Ø5.2
Ø13
Ø29
2
6.5
10
8
4.2
M8
2×Ø6
Ø28
Ra3.2
Ø8H9(+0.036 0)
4:1
14
18
90°
Ø7H9(+0.036 0)
Ø9
Ø33
技术要求
1.零件加工表面上，不应有划痕、擦伤等损伤零件表面的缺陷。
2.加工后的零件不允许有毛刺、飞边。
3.未注圆角半径为R1。
Ra6.3 (√)
制图
校核
阀上盖
2:1
2A12
内蒙古工业大学
SDF—04

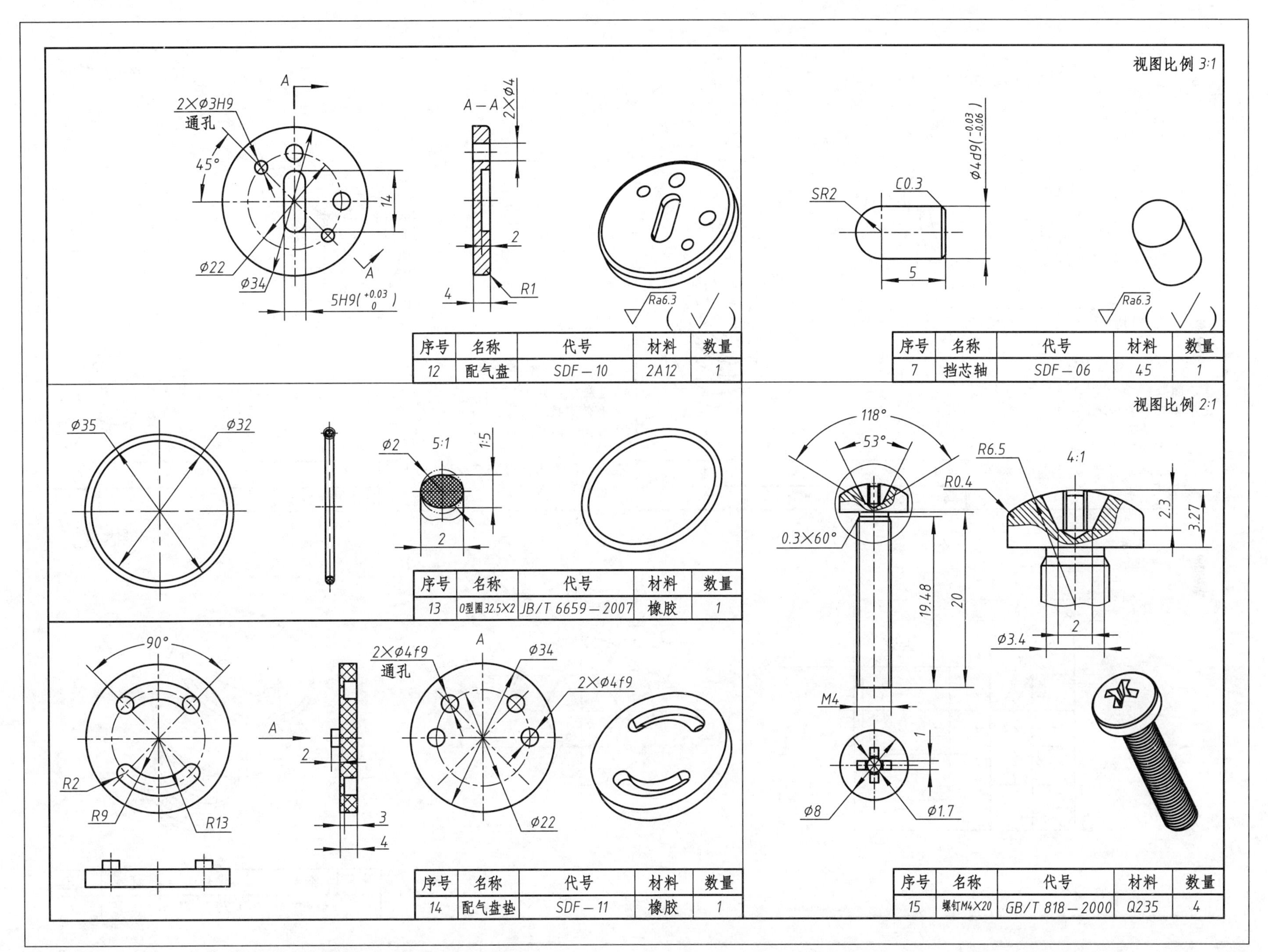

序号	名称	代号	材料	数量
12	配气盘	SDF—10	2A12	1

序号	名称	代号	材料	数量
7	挡芯轴	SDF—06	45	1

序号	名称	代号	材料	数量
13	O型圈32.5×2	JB/T 6659—2007	橡胶	1

序号	名称	代号	材料	数量
14	配气盘垫	SDF—11	橡胶	1

序号	名称	代号	材料	数量
15	螺钉M4×20	GB/T 818—2000	Q235	4

视图比例 4:1

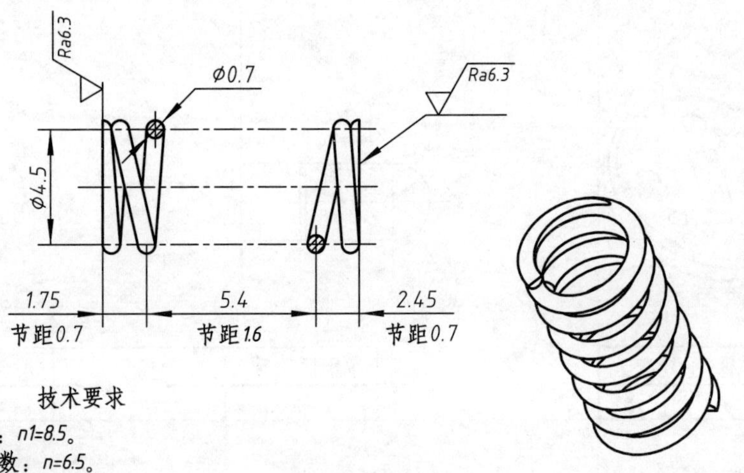

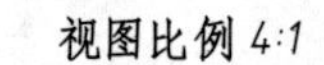

技术要求

1. 总圈数：n1=8.5。
2. 有效圈数：n=6.5。
3. 旋向：右旋。
4. 展开长度：108.5 mm。
5. 制造技术条件按GB/T 1239.2—2009的规定。

序号	名称	代号	材料	数量
8	钢球压紧弹簧	SDF-07	65Mn	2

视图比例 4:1

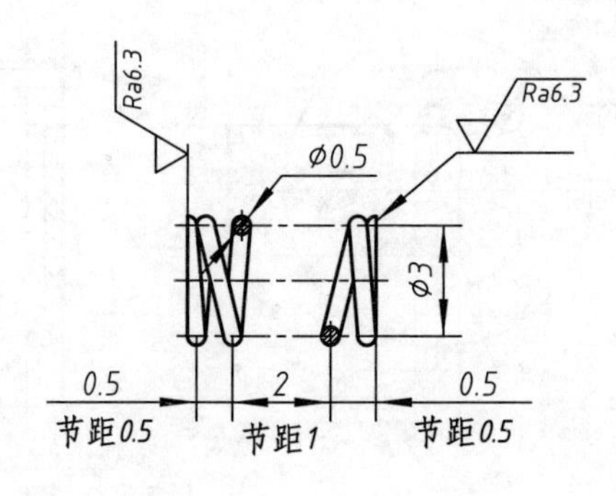

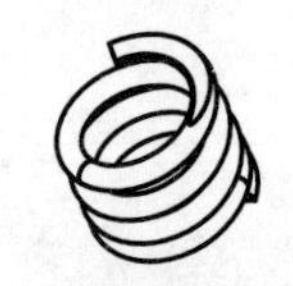

技术要求

1. 总圈数：n1=5.5。
2. 有效圈数：n=3.5。
3. 旋向：右旋。
4. 展开长度：41 mm。
5. 制造技术条件按GB/T 1239.2—2009的规定。

序号	名称	代号	材料	数量
11	压紧弹簧	SDF-09	65Mn	1

视图比例 4:1

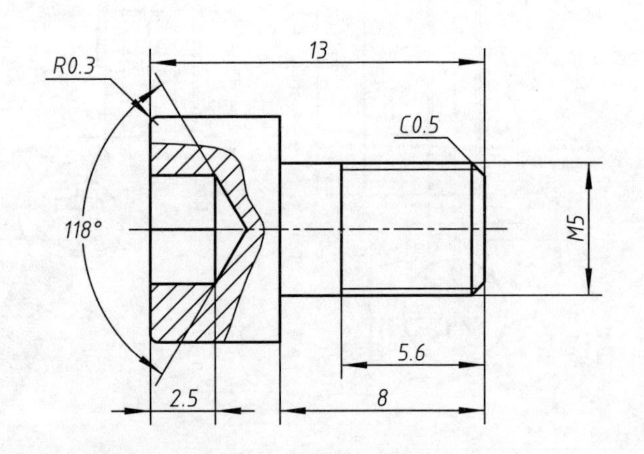

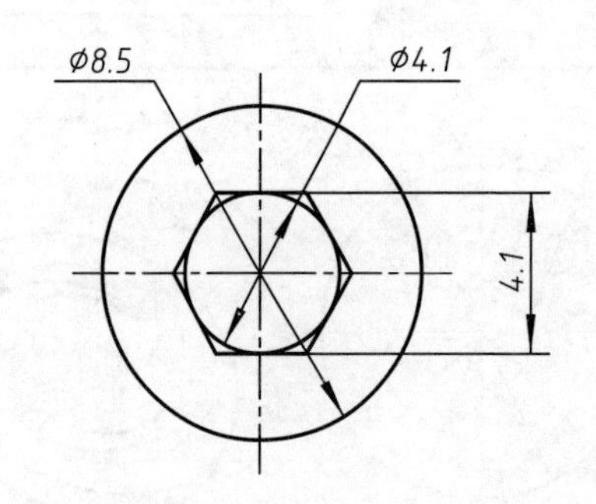

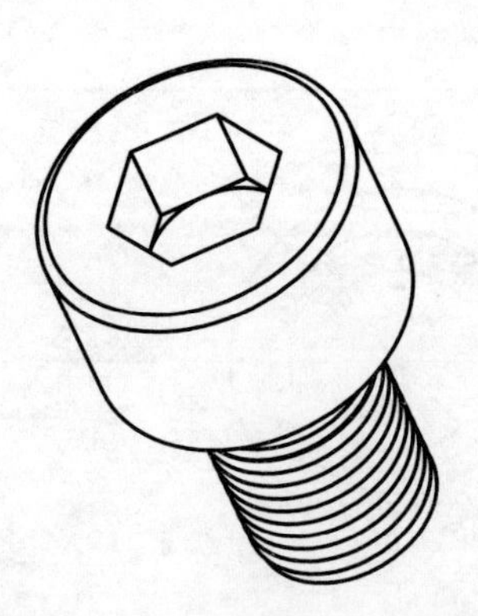

序号	名称	代号	材料	数量
5	内六角螺钉M5X8	GB/T 70.1-2000	Q235	1

附　　录

一、常用数据与标准

表 1-1　国家部分标准代号

代号	名称	代号	名称	代号	名称
FJ	原纺织工业标准	HB	航空工业标准	QC	汽车行业标准
FZ	纺织行业标准	HG	化学工业行业标准	SY	石油天然气行业标准
GB/Q	强制性国家标准	JB	机械工业行业标准	SH	石油化工行业标准
GBn	国家内部标准	JB/ZQ	原机械部重型矿山机械标准	YB	钢铁冶金行业标准
GBJ	国家工程建设标准	JT	交通行业标准	YS	有色冶金行业标准
GJB	国家军用标准	QB	原轻工行业标准	ZB	原国家专业标准

注:在代号后加"/T"为推荐性标准,在代号后加"/Z"为指导性标准。

表 1-2　常用材料的弹性模量及泊松比

材料名称	弹性模量 E/GPa	切变模量 G/GPa	泊松比 μ	材料名称	弹性模量 E/GPa	切变模量 G/GPa	泊松比 μ
灰铸铁、白口铸铁	115~160	45	0.23~0.27	铸铝青铜	105	42	0.30
球墨铸铁	150~160	61	0.25~0.29	硬铝合金	71	27	0.30
碳钢	200~220	81	0.24~0.28	冷拔黄铜	91~99	35~37	0.32~0.42
合金钢	210	81	0.25~0.30	轧制纯铜	110	40	0.31~0.34
铸钢	175~216	70~84	0.25~0.29	轧制锌	84	32	0.27
轧制磷青铜	115	42	0.32~0.35	轧制铝	69	26~27	0.32~0.36
轧制锰青铜	110	40	0.35	铅	17	7	0.42

表 1-3　常用材料密度

材料名称	密度/(g/cm³)	材料名称	密度/(g/cm³)	材料名称	密度/(g/cm³)
碳钢	7.03~7.85	铅	11.37	无填料的电木	1.2
合金钢	7.9	锡	7.29	赛璐铬	1.4
不锈钢(铬的质量占比为13%)	7.75	锰	7.43	氟塑料	2.1~2.2
球墨铸铁	7.3	铬	7.19	泡沫塑料	0.2
灰铸铁	7.0	钼	10.2	尼龙6	1.13~1.14
纯铜	8.9	镁合金	1.74~1.81	尼龙66	1.14~1.15
黄铜	8.4~8.85	硅钢片	7.55~7.8	尼龙1010	1.04~1.06
锡青铜	8.7~8.9	锡基轴承合金	7.34~7.75	木材	0.40~0.75
无锡青铜	7.5~8.2	铅基轴承合金	9.33~10.67	石灰石、花岗岩	2.4~2.6
碾压磷青铜	8.8	胶木板、纤维板	1.3~1.4	砌砖	1.9~2.3
冷压青铜	8.8	玻璃	2.4~2.6	混凝土	1.8~2.45
铝、铝合金	2.5~2.95	有机玻璃	1.18~1.19	汽油	0.66~0.75
锌铝合金	6.3~6.9	橡胶石棉板	1.5~2.0	各类润滑油	0.90~0.95

表 1-4　常用材料的摩擦因数

材料名称	摩擦因数 μ				材料名称	摩擦因数 μ			
	静摩擦		滑动摩擦			静摩擦		滑动摩擦	
	无润滑剂	有润滑剂	无润滑剂	有润滑剂		无润滑剂	有润滑剂	无润滑剂	有润滑剂
钢~钢	0.15	0.10~0.12	0.15	0.05~0.10	铸铁~铸铁	0.2	0.18	0.15	0.07~0.12
钢~低碳钢	—	—	0.2	0.1~0.2	铸铁~青铜	0.28	0.16	0.15~0.20	0.07~0.15
钢~铸铁	0.3	—	0.18	0.05~0.15	青铜~青铜	—	0.1	0.2	0.04~0.10
钢~青铜	0.15	0.10~0.15	0.15	0.10~0.15	纯铝~钢	—	—	0.17	0.02
低碳钢~青铜	0.2	—	0.18	0.07~0.15	粉末冶金~钢	—	—	0.4	0.1
低碳钢~铸铁	0.2	—	0.15	0.05~0.15	粉末冶金~铸铁	—	—	0.4	0.1

表 1-5　常用轴承的摩擦因数

名称			摩擦因数 μ	名称		摩擦因数 μ
滚动轴承	深沟球轴承	径向载荷	0.002	滑动轴承	液体摩擦轴承	0.001~0.008
		轴向载荷	0.004		半液体摩擦轴承	0.008~0.08
	角接触球轴承	径向载荷	0.003		半干摩擦轴承	0.1~0.5
		轴向载荷	0.005	轧辊轴承	滚动轴承	0.002~0.005
	圆锥滚子轴承	径向载荷	0.008		层压胶木轴瓦	0.004~0.006
		轴向载荷	0.2		青铜轴瓦(用于热轧辊)	0.07~0.1
	调心球轴承		0.001 5		青铜轴瓦(用于冷轧辊)	0.04~0.08
	圆柱滚子球轴承		0.002		特殊密封全液体摩擦轴承	0.003~0.005
	长圆柱或螺旋滚子轴承		0.006		特殊密封半液体摩擦轴承	0.005~0.01
	滚针轴承		0.008	密封软填料盒中填料与轴的摩擦		0.2

表 1-6　黑色金属硬度及强度换算(摘自 GB/T 1172—1999)

硬度					碳钢抗拉强度 R_m/MPa	硬度					碳钢抗拉强度 R_m/MPa
洛氏		维氏	布氏($F/D^2=30$)			洛氏		维氏	布氏($F/D^2=30$)		
HRC	HRA	HV	HBS	HBW		HRC	HRA	HV	HBS	HBW	
20.0	60.2	226	225	—	774	45.0	73.2	441	424	428	1 459
21.0	60.7	230	229	—	793	46.0	73.7	454	436	441	1 503
22.0	61.2	235	234	—	813	47.0	74.2	468	449	455	1 550
23.0	61.7	241	240	—	833	48.0	74.7	482	—	470	1 600
24.0	62.2	247	245	—	854	49.0	75.3	497	—	486	1 653
25.0	62.8	253	251	—	875	50.0	75.8	512	—	502	1 710
26.0	63.3	259	257	—	897	51.0	76.3	527	—	518	—

续上表

硬度					碳钢抗拉强度 R_m/MPa	硬度					碳钢抗拉强度 R_m/MPa
洛氏		维氏	布氏($F/D^2=30$)			洛氏		维氏	布氏($F/D^2=30$)		
HRC	HRA	HV	HBS	HBW		HRC	HRA	HV	HBS	HBW	
27.0	63.8	266	263	—	919	52.0	76.9	544	—	535	—
28.0	64.3	273	269	—	942	53.0	77.4	561	—	552	—
29.0	64.8	280	276	—	965	54.0	77.9	578	—	569	—
30.0	65.3	288	283	—	989	55.0	78.5	596	—	585	—
31.0	65.8	296	291	—	1 014	56.0	79.0	615	—	601	—
32.0	66.4	304	298	—	1 039	57.0	79.5	635	—	616	—
33.0	66.9	313	306	—	1 065	58.0	80.1	655	—	628	—
34.0	67.4	321	314	—	1 092	59.0	80.6	676	—	639	—
35.0	67.9	331	323	—	1 119	60.0	81.2	698	—	647	—
36.0	68.4	340	332	—	1 147	61.0	81.7	721	—	—	—
37.0	69.0	350	341	—	1 177	62.0	82.2	745	—	—	—
38.0	69.5	360	350	—	1 207	63.0	82.8	770	—	—	—
39.0	70.0	371	360	—	1 238	64.0	83.3	795	—	—	—
40.0	70.5	381	370	370	1 271	65.0	83.9	822	—	—	—
41.0	71.1	393	380	381	1 305	66.0	84.4	850	—	—	—
42.0	71.6	404	391	392	1 340	67.0	85.0	879	—	—	—
43.0	72.1	416	401	403	1 378	68.0	85.5	909	—	—	—
44.0	72.6	428	413	415	1 417						

注:F 为压头上的负荷(N);D 为压头直径(mm)。

二、常用工程材料及热处理

表 2-1　钢的常用热处理方法及特点

名称	定义	应用举例
退火	退火,又称焖火,是将工件加热到临界温度以上 30~50℃,保温一段时间,然后再缓慢地冷却下来(一般随炉冷却)	用来消除铸、锻、焊零件的内应力,降低硬度,以易于切削加工,细化金属晶粒,改善组织,增加韧度
正火	正火,又称常化,是将工件加热到临界温度以上 30~50℃,保温一段时间后,从炉中取出在空气中或喷水、喷雾或吹风冷却,冷却速度比退火快	用来处理低碳和中碳结构钢材及渗碳零件,使其组织细化,增加强度及韧度,减小内应力,改善切削性能
淬火	淬火时将钢件加热到临界点以上温度,保温一段时间,然后放入水、盐水或油中(个别材料在空气中)急剧冷却,使其得到高硬度	用来提高钢的硬度和强度极限,但淬火时会引起内应力而使钢变脆,所以淬火后必须回火
回火	回火是将淬硬的钢件加热到临界点以下的某一温度,保温一段时间,然后在空气或油中冷却下来	用来消除淬火后的脆性和内应力,提高钢的塑性和冲击韧性
调质	淬火后高温回火	用来使钢获得高的韧性和足够的强度,很多重要零件都是经过调质处理的
表面淬火	仅对零件表层进行淬火,使零件表层有高的硬度和耐磨性,而心部则保持原有的强度和韧性	常用来处理齿轮的表面
渗碳	使表面增碳,渗碳层深度为 0.4~0.6 mm 或大于 6 mm,硬度为 56~65 HRC	增加钢件的耐磨性能、表面硬度、抗拉强度及疲劳极限,适用于低碳、中碳(含碳量<0.04%)结构钢的中小型零件和大型的重载荷、受冲击、耐磨零件
碳氮共渗	使表面增加碳和氮,扩散层深度较浅,为 0.02~3.0 mm;硬度高,在共渗层为 0.02~0.04 mm 时可达 66~70 HRC	增加结构钢、工具钢制件的耐磨性能、表面硬度和疲劳极限,提高刀具切削性能和使用寿命。适用于要求硬度高、耐磨的中、小型及薄片的零件和刀具等
渗氮	使表面增氮,氮化层深度为 0.025~0.8 mm,渗氮时间需 40~50 h,硬度很高(1 200 HV),耐磨、耐蚀性高	增加钢件的耐磨性能、表面硬度、疲劳极限和耐蚀性,适用于结构钢和铸造件,如气缸套、机床主轴、丝杠等耐磨零件,以及在潮湿碱水和燃烧气体介质的环境中工作的零件,如水泵轴、排气阀等

表 2-2　灰铸铁(摘自 GB/T 9439—2010)

牌号	铸件壁厚/mm		最小抗拉强度 R_m(min)(单铸试棒)/MPa	布氏硬度 HBW	应用举例
	>	≤			
HT100	5	40	100	≤170	盖、外罩、油盘、手轮、把手、支架等
HT150	5	10	150	125~205	端盖、汽轮泵体、轴承座、阀壳、管及管路附件、手轮、一般机床底座、床身及其他复杂零件、滑座、工作台等
	10	20			
	20	40			
HT200	5	10	200	150~230	气缸、齿轮、底架、箱体、飞轮、齿条、衬套、一般机床铸有导轨的床身及中等压力(8 MPa 以下)的液压缸、液压泵和阀的壳体等
	10	20			
	20	40			
HT225	5	10	225	170~240	
	10	20			
	20	40			
HT250	5	10	250	180~250	阀壳、液压缸、气缸、联轴器、箱体、齿轮、齿轮箱体、飞轮、衬套、凸轮、轴承座等
	10	20			
	20	40			
HT275	10	20	275	190~260	
	20	40			
HT300	10	20	300	200~275	齿轮、凸轮、车床卡盘、剪床及压力机的床身、导板、转塔自动车床及其他重负荷机床铸有导轨的床身、高压液压缸、液压泵和滑阀的壳体等
	20	40			
HT350	10	20	350	220~290	
	20	40			

表 2-3　球墨铸铁(摘自 GB/T 1348—2009)

牌号	抗拉强度 R_m/MPa (min)	屈服强度 $R_{p0.2}$/MPa (min)	伸长率 A(%)(min)	硬度 HBW	应用举例
QT350-22L	350	220	22	≤160	减速器箱体、管、阀体、阀座、压缩机气缸、拨叉、离合器壳体等
QT400-18L	400	240	18	120~175	
QT400-15	400	250	15	120~180	
QT450-10	450	310	10	120~180	液压泵齿轮、阀体、车辆轴瓦、凸轮、犁铧、减速器箱体、轴承座等
QT500-7	500	320	7	120~180	
QT550-5	550	350	5	120~180	
QT600-3	600	370	3	120~180	曲轴、凸轮轴、齿轮轴、机床主轴、缸体、缸套、连杆、矿车车轮、农机零件等
QT700-2	700	420	2	120~180	
QT800-2	800	480	2	120~180	
QT900-2	900	600	2	120~180	曲轴、凸轮轴、连杆、拖拉机链轨板等

表 2-4　一般工程用铸造碳钢(摘自 GB/T 11352—2009)

牌号	抗拉强度 R_m/MPa	屈服强度 $R_{p0.2}$/MPa	伸长率 A(%)	根据合同选择		硬度		应用举例
				断面收缩率 Z(%)	冲击吸收功 A_{KV}/J	正火回火 HBW	表面淬火 HRC	
ZG200-400	400	200	25	40	30	—	—	各种形状的机件,如机座、变速器壳体等
ZG230-450	450	230	22	32	25	≥131	—	铸造平坦的零件,如机座、机盖、箱体、铁砧台,工作温度在450°以下的管路附件等。焊接性良好
ZG270-500	500	270	18	25	22	≥143	40~45	各种形状的机件,如飞轮、机架、蒸汽锤、桩锤、联轴器、水压机工作缸、横梁等。焊接性尚好
ZG310-570	570	310	15	21	15	≥153	40~50	各种形状的机件,如联轴器、气缸、齿轮、齿轮圈及重负荷机架等
ZG340-640	640	340	10	18	10	169~229	45~55	起重运输机中的齿轮、联轴器及重要的机件等

表 2-5　大型低合金铸钢(摘自 JB/T 6402—2006)

牌号	热处理状态	抗拉强度 R_m/MPa	屈服强度 $R_{p0.2}$/MPa	伸长率 A(%)	收缩率 Z(%)	吸收功 A_{KV}/J	硬度 HBW	应用举例
		不小于						
ZG40M_n	正火+回火	640	295	12	30	—	163	承受摩擦和冲击的零件,如齿轮、凸轮等
ZG20M_n	调质	500~650	300	24	—	39	150~190	焊接性及流动性良好,可制作缸体、阀、弯头、叶片等
ZG35M_n	调质	640	415	12	25	27	200~240	承受摩擦的零件
ZG20M_nM_o	正火+回火	490	295	16	—	39	156	受压容器,如泵壳、缸体等
ZG35$C_rM_nS_i$	正火+回火	690	345	14	30	—	217	承受摩擦和冲击的零件,如齿轮、滚轮等
ZG40C_r1	正火+回火	630	345	18	26	—	212	高强度齿轮
ZG35$N_iC_rM_o$	—	830	660	14	30	—	—	直径大于 300 mm 的齿轮铸件

表 2-6　普通碳素结构钢(摘自 GB/T 700—2006)

牌号	等级	力学性能												冲击试验(V 形试样)		应用举例
		屈服强度 $R_{p0.2}$/MPa						抗拉强度 R_m/MPa	伸长率 A(%)					温度/℃	冲击吸收功(纵向)/J	
		钢材厚度(直径)/mm							钢材厚度(直径)/mm							
		≤16	>16~40	>40~60	>60~100	>100~150	>150~200		≤40	>40~60	>60~100	>100~150	>150~200			
		不小于							不大于						不小于	
Q195	—	195	185	—	—	—	—	315~430	33	—	—	—	—	—	—	常用其轧制薄板,拉制线材、制钉和焊接钢管
Q215	A	215	205	195	185	175	165	335~450	31	30	29	27	26	—	—	金属结构件、拉杆、套圈、铆钉、螺栓、短轴、心轴、凸轮、垫圈、渗碳零件及焊接件
	B													20	27	

续上表

牌号	等级	力学性能													冲击试验（V形试样）		应用举例
		屈服强度 $R_{p0.2}$/MPa						抗拉强度 R_m/MPa	伸长率 A(%)					温度/℃	冲击吸收功（纵向）/J	
		钢材厚度（直径）/mm							钢材厚度（直径）/mm							
		≤16	>16~40	>40~60	>60~100	>100~150	>150~200		≤40	>40~60	>60~100	>100~150	>150~200			
		不小于							不大于						不小于	
Q235	A	235	225	215	205	195	185	375~500	26	25	24	22	21	—	—	金属结构件、心部强度要求不高的渗碳或碳氮共渗零件，吊钩、拉杆、衬套、气缸、齿轮、螺栓、螺母、连杆、轮轴、盖及焊接件
	B													20	27	
	C													0		
	D													-20		
Q275	A	275	265	255	245	225	215	410~540	22	21	20	18	17	—	—	轴、轴销、制动件、螺栓、螺母、垫圈、连杆、齿轮以及其他强度较高零件
	B													20	27	
	C													0		
	D													-20		

表 2-7　优质碳素结构钢（摘自 GB/T 699—2015）

牌号	试样毛坯尺寸/mm	推荐热处理温度			力学性能					硬度 HBW		应用举例
		正火	淬火	回火	抗拉强度 R_m/MPa	屈服强度 $R_{p0.2}$/MPa	断后伸长率 A(%)	断面伸缩率 Z(%)	冲击吸收能量 KU_2/J	未热处理钢	退火钢	
		加热温度/℃			≥					≤		
08	25	930	—	—	325	195	33	60	—	131	—	塑性好的零件，如管子、垫片、垫圈；心部强度要求不高的渗碳和碳氮共渗零件，如套筒、短轴、挡块、支架、靠模、离合器盘等

牌号	试样毛坯尺寸/mm	推荐热处理温度			力学性能					硬度 HBW		应用举例
		正火	淬火	回火	抗拉强度 R_m/MPa	屈服强度 $R_{p0.2}$/MPa	断后伸长率 A(%)	断面伸缩率 Z(%)	冲击吸收能量 KU_2/J	未热处理钢	退火钢	
		加热温度/℃			≥					≤		
10	25	930	—	—	335	205	31	55	—	137	—	拉杆、卡头、垫圈、铆钉等。这类零件无回火脆性、焊接性能好,因而用来制造焊接零件
15	25	920	—	—	375	225	27	55	—	143	—	受力不大、韧性要求较高的零件、渗碳零件、紧固件以及不需要热处理的低负荷零件,如螺栓、螺钉、法兰盘和化工容器
20	25	910	—	—	410	245	25	55	—	156	—	受力不大而要求很大韧性的零件,如轴套、螺钉、开口销、吊钩、垫圈、齿轮、链轮等;还可以用于表面硬度高而心部强度要求不高的渗碳和碳氮共渗零件
25	25	900	870	600	450	275	23	50	71	170	—	制造焊接设备和不承受高应力的零件,如轴、垫圈、螺栓、螺钉、螺母等
30	25	880	860	600	490	295	21	50	63	179	—	制造重型机械上韧性要求高的锻件及其制件,如气缸、拉杆、吊环、机架等
35	25	870	850	600	530	315	20	45	55	197	—	曲轴、转轴、轴销、连杆、螺栓、螺母、垫圈、飞轮等,多在正火、调质条件下使用
40	25	860	840	600	570	335	19	45	47	217	187	机床零件,重型、中型机械的曲轴、轴、齿轮、连杆、键、拉杆、活塞等,正火后可用与制作圆盘
45	25	850	840	600	600	335	16	40	39	229	197	要求综合力学性能高的各种零件,通常在正火或调质条件下使用,如轴、齿轮、齿条、链轮、螺栓、螺母、销钉、键、拉杆等

牌号	试样毛坯尺寸/mm	推荐热处理温度			力学性能					硬度 HBW		应用举例
		正火	淬火	回火	抗拉强度 R_m/MPa	屈服强度 $R_{p0.2}$/MPa	断后伸长率 A(%)	断面伸缩率 Z(%)	冲击吸收能量 KU_2/J	未热处理钢	退火钢	
		加热温度/℃			≥					≤		
50	25	830	830	600	630	375	14	40	31	241	207	要求有一定耐磨性、需承受一定冲击作用的零件，如轮缘、轧辊、摩擦盘等
55	25	820	—	—	645	380	13	35	—	255	217	
65	25	810	—	—	695	410	10	30	—	255	229	弹簧、弹簧垫圈、凸轮、轧辊等
70	25	790	—	—	715	420	9	30	—	269	229	截面不大、强度要求不高的一般机器上的圆形和方形螺旋弹簧，如汽车、拖拉机或火车等机械上承受振动的扁形板簧和圆形螺旋弹簧
$15M_n$	25	920	—	—	410	245	26	55	—	163	—	心部力学性能要求较高且需渗碳的零件
$20M_n$	25	910	—	—	450	275	24	50	—	197	—	齿轮、曲柄轴、支架、铰链、螺钉、螺母、铆焊结构件等
$25M_n$	25	900	870	600	490	295	22	50	71	207	—	渗碳件，如凸轮、齿轮、联轴器、铰链、销等
$15M_n$	25	920	—	—	410	245	26	55	—	163	—	力学性能要求较高且需渗碳的零件
$20M_n$	25	910	—	—	450	275	24	50	—	197	—	齿轮、曲柄轴、支架、铰链、螺钉、螺母、铆焊结构件等
$25M_n$	25	900	870	600	490	295	22	50	71	207	—	渗碳件，如凸轮、齿轮、联轴器、铰链、销等
$30M_n$	25	880	860	600	540	315	20	45	63	217	187	齿轮、曲柄轴、支架、铰链、螺钉、铆焊结构件、寒冷地区农具等
$35M_n$	25	870	850	600	560	335	18	45	55	229	197	中型机械中的螺栓、螺母、杠杆等
$40M_n$	25	860	840	600	590	355	17	45	47	229	207	轴、曲轴、连杆及高应力下工作的螺栓、螺母等
$45M_n$	25	850	840	600	620	375	15	40	39	241	217	受磨损的零件，如转轴、心轴、曲轴、花键轴、万向联轴器轴、齿轮、离合器盘等

续上表

牌号	试样毛坯尺寸/mm	推荐热处理温度			力学性能					硬度 HBW		应用举例
		正火	淬火	回火	抗拉强度 R_m/MPa	屈服强度 $R_{p0.2}$/MPa	断后伸长率 A(%)	断面伸缩率 Z(%)	冲击吸收能量 KU_2/J	未热处理钢	退火钢	
		加热温度/℃			≥					≤		
$50M_n$	25	830	830	600	645	390	13	40	31	255	217	多在淬火、回火后使用,用于制作齿轮、齿轮轴、摩擦盘、凸轮等
$60M_n$	25	810	—	—	690	410	11	35	—	269	229	大尺寸螺旋弹簧、板簧、各种圆盘弹簧、弹簧环片、冷拉钢丝及发条等
$65M_n$	25	830	—	—	735	430	9	30	—	285	229	耐磨性好,用于制作圆盘、衬板、齿轮、花键轴、弹簧等
$70M_n$	25	790	—	—	785	450	8	30	—	285	229	耐磨、承受载荷较大的机械零件,如弹簧垫圈、止推环、离合器盘、锁紧圈、盘簧等

表 2-8　合金结构钢(摘自 GB/T 3077—2015)

牌号	试样毛坯尺寸/mm	推荐热处理方法					力学性能					供货状态为退货或高温回火棒硬度 HBW	应用举例
		淬火			回火		抗拉强度 R_m/MPa	屈服强度 $R_{p0.2}$/MPa	伸长率 A(%)	伸缩率 Z(%)	冲击吸收能量 KU_2/J		
		加热温度/℃		冷却剂	加热温度/℃	冷却剂							
		第1次淬火	第2次淬火										
							不小于					不大于	
$20M_n2$	15	850	—	水、油	200	水、空气	785	590	10	40	47	187	截面尺寸小时与 $20C_r$ 相当,用于制作渗碳小齿轮、小轴、钢套、链板等,渗碳淬火后硬度 56~62 HRC
		880	—	水、油	440	水、空气							

续上表

牌号	试样毛坯尺寸/mm	推荐热处理方法					力学性能					供货状态为退货或高温回火棒硬度HBW	应用举例
		淬火			回火		抗拉强度 R_m/MPa	屈服强度 $R_{p0.2}$/MPa	伸长率 A(%)	伸缩率 Z(%)	冲击吸收能量 KU_2/J		
		加热温度/℃		冷却剂	加热温度/℃	冷却剂	不小于					不大于	
		第1次淬火	第2次淬火										
$35M_n2$	25	840	—	水	500	水	835	685	12	45	55	207	对于截面较小的零件可代替 $40C_r$,可制作直径不大于15 mm的重要用途的冷镦螺栓及小轴等,表面淬火后硬度为40~50 HRC
$45M_n2$	25	840	—	油	550	水、油	885	735	10	45	47	217	较高应力与磨损条件下的零件、直径不大于60 mm的零件,如万向联轴器、齿轮、齿轮轴、曲轴、连杆、花键轴和摩擦盘等,表面淬火后硬度为45~55 HRC
$20M_nV$	15	880	—	水、油	200	水、空气	785	590	10	40	55	187	相当于 $20C_rN_i$ 的渗碳钢,渗碳淬火后硬度为56~62 HRC
$35S_iM_n$	25	900	—	水	570	水、油	885	735	15	45	47	229	除了要求低温(-20/℃以下)及冲击韧性很好的情况外,可全面代替 $40C_r$ 做调质钢。也可部分代替 $40C_rN_i$,制作中小型轴类、齿轮等零件以及在430℃以下工作的重要紧固件。表面淬火后硬度为45~55 HRC
$42S_iM_n$	25	880	—	水	590	水	885	735	15	40	47	229	与 $35S_iM_n$ 钢相同,可代替 $40C_r$、$34C_rM_o$ 钢制作大齿圈。适合制作表面淬火件,表面淬火后硬度为45~55 HRC
$37S_iM_n2M_oV$	25	870	—	水、油	650	水、空气	980	835	12	50	63	269	可代替 $34C_rN_iM_o$ 等,制作高强度重负载荷轴、曲轴、齿轮、蜗杆等零件。表面淬火后硬度为50~55 HRC

续上表

牌号	试样毛坯尺寸/mm	推荐热处理方法					力学性能					供货状态为退货或高温回火棒硬度 HBW	应用举例
		淬火			回火		抗拉强度 R_m/MPa	屈服强度 $R_{p0.2}$/MPa	伸长率 A（%）	伸缩率 Z（%）	冲击吸收能量 KU_2/J		
		加热温度/℃		冷却剂	加热温度/℃	冷却剂							
		第1次淬火	第2次淬火				不小于					不大于	
40M$_n$B	25	850	—	油	500	水、油	980	785	10	45	47	207	可代替40C$_r$制作重要调质件，如齿轮、轴、连杆、螺栓等
20M$_n$VB	15	860	—	油	200	水、空气	1 080	885	10	45	55	207	制作模数较大、负荷较重的中小渗碳零件，如重型机床上的齿轮和轴，汽车上的后桥主动齿轮、被动齿轮等
20C$_r$	15	880	780~820	水、油	200	水、空气	835	540	10	40	47	179	要求心部强度高、承受磨损、尺寸较大的渗碳零件，如齿轮、齿轮轴、蜗杆、凸轮、活塞销等；也用于速度较大、受中等冲击的调质零件。渗碳淬火后硬度为56~62 HRC
40C$_r$	25	850	—	油	520	水、油	980	785	9	45	47	207	承受交变载荷、中等速度、中等载荷、强烈磨损而无很大冲击的重要零件，如重要的齿轮轴、曲轴、连杆、螺栓、螺母等。表面淬火后硬度为48~55 HRC
38C$_r$M$_o$Al	30	940	—	水、油	640	水、油	980	835	14	50	71	229	要求高耐磨性、高疲劳强度和相当高的强度且热处理变形小的零件，如镗杆、主轴、蜗杆、齿轮、套筒、套环等。渗氮后表面硬度为1 100 HV
20C$_r$M$_n$M$_o$	15	850	—	油	200	水、空气	1 180	885	10	45	55	217	要求表面硬度高、耐磨、心部有较高强度和韧性的零件，如传动齿轮和曲轴等。渗碳淬火后硬度为56~62 HRC

续上表

牌号	试样毛坯尺寸/mm	推荐热处理方法					力学性能					供货状态为退货或高温回火棒硬度 HBW	应用举例
		淬火			回火		抗拉强度 R_m/MPa	屈服强度 $R_{p0.2}$/MPa	伸长率 A（%）	伸缩率 Z（%）	冲击吸收能量 KU_2/J		
		加热温度/℃		冷却剂	加热温度/℃	冷却剂							
		第 1 次淬火	第 2 次淬火				不小于					不大于	
$20C_rM_nT_i$	15	880	870	油	200	水、空气	1 080	850	10	45	55	217	强度、冲击韧度均高，是铬镍钢的代用品。用于承受高速、中等或重载荷以及冲击磨损等的重要零件，如渗碳齿轮、凸轮等。表面淬火后硬度为 56~62 HRC
$20C_rN_i$	25	850	—	水、油	460	水、油	785	590	10	50	63	197	用于制造承受较高载荷的渗碳零件，如齿轮、轴、花键轴、活塞销等
$40C_rN_i$	25	820	—	油	500	水、油	980	785	10	45	55	241	用于制造要求强度高、韧性高的零件，如齿轮、轴、链条、连杆等
$40C_rN_iM_o$	25	850	—	油	600	水、油	980	835	12	55	78	269	用于特大截面的重要调质件，如机床主轴、传动轴、转子轴等

表 2-9　铸造铜合金（摘自 GB/T 1176—2003）

合金牌号	合金名称（或代号）	铸造方法	合金状态	力学性能				应用举例
				抗拉强度 R_m	屈服强度 $R_{p0.2}$	伸长率 A	硬度 HBW	
				MPa		%		
$ZC_uS_n5P_b5Z_n5$	5-5-5	S、J、R		200	90	13	60	在较高载荷、中等滑动速度下工作的耐磨、耐蚀性，如瓦轴、衬套、缸套、活塞离合器、泵件压盖及涡轮等
	锡青铜	Li、La		250	100	13	65	

续上表

合金牌号	合金名称（或代号）	铸造方法	合金状态	力学性能				应用举例
				抗拉强度 R_m	屈服强度 $R_{p0.2}$	伸长率 A	硬度 HBW	
				MPa		%		
ZC_uS_n10P1	10-1 锡青铜	S、R		220	130	3	80	高载荷(20 MPa 以下)和高滑动速度(8 m/s)下工作的耐磨件，如连杆、衬套、瓦轴、齿轮、涡轮等
		J		310	170	2	90	
		Li		330	170	4	90	
		La		360	170	6	90	
$ZC_uS_n10P_b5$	10-5 锡青铜	S		195		10	70	结构材料，耐蚀、耐酸件及破碎机衬套、瓦轴等
		J		245		10	70	
$ZC_uP_b17S_n4Z_n4$	17-4-4 锡青铜	S		150		5	55	一般耐磨件、高滑动速度的轴承等
		J		175		7	60	
ZC_uAl10F_e3	10-3 铝青铜	S		490	180	13	100	要求强度高、耐磨、耐蚀的重型铸件，如轴套、螺母、涡轮以及在 250/℃以下工作的管配件
		J		540	200	15	110	
		Li、La		540	200	15	110	
$ZC_uAl10F_e3M_n2$	10-3-2 铝青铜	S、R		490		15	110	要求强度高、耐磨、耐蚀的零件，如齿轮、轴承、衬套、管嘴及耐热管配件等
		J		540		20	120	
ZC_uZ_n38	38 黄铜	S		295	95	30	60	一般结构件和耐蚀件，如法兰、阀座、支架、手柄和螺母等
		J		295	95	30	70	
$ZC_uZ_n40P_b2$	40-2 铅黄铜	S、R		220	95	15	80	一般用途的耐磨、耐蚀件，如轴套、齿轮等
		J		280	120	20	90	
$ZC_uZ_n38\ M_n2P_b2$	38-2-2 锰青铜	S		245		10	70	一般用途的结构件，船舶、仪表等使用的外形简单的铸件，如套筒、衬套、轴瓦、滑块等
		J		345		18	80	
$ZC_uZ_n16S_i4$	16-4 硅青铜	S、R		345	180	15	90	接触海水工作的管配件和水泵、叶轮、旋塞，在空气、淡水、油、燃料以及 4.5 MPa、250/℃以下蒸汽中工作的铸件
		J		390		20	100	

表 2-10　铸造铝合金(摘自 GB/T 1173—2013)

合金牌号	合金名称(或代号)	铸造方法	合金状态	力学性能				应用举例
				抗拉强度 R_m	屈服强度 $R_{p0.2}$	伸长率 A	硬度 HBW	
				MPa		%		
$ZAlS_i12$	ZL102 铝硅合金	SB、JB RB、KB	F	145		4	50	气缸活塞以及高温下工作的承受冲击载荷的复杂薄壁零件
		J	F	155		2	50	
		SB、JB RB、KB	T2	135		4	50	
		J	T2	145		3	50	
$ZAlS_i9M_g$	ZL104 铝硅合金	S、J R、K	F	150		2	50	形状复杂的在高温下承受静载荷或受冲击作用的大型零件,如风扇叶片、水冷气缸头
		J	T1	200		1.5	65	
		SB、RB KB	T6	230		2	70	
		J、JB	T6	240		2	70	
$ZAlM_g5S_i$	ZL303 铝镁合金	S、J R、K	F	143		1	55	高耐蚀性或高温下工作的零件
$ZAlZ_n11S_i7$	ZL401 铝锌合金	S、J、R	T1	195		2	80	铸造性能较好,可不进行热处理,用于制造形状复杂的大型薄壁零件,但耐蚀性差
		J	T1	245		1.5	90	

表 2-11　铸造轴承合金(摘自 GB/T 1174—2022)

合金牌号	合金名称(或代号)	铸造方法	合金状态	力学性能				应用举例
				抗拉强度 R_m	屈服强度 $R_{p0.2}$	伸长率 A	硬度 HBW	
				MPa		%		
$ZS_nS_b12P_b10C_u4$	锡基轴承合金	J					29	汽轮机、压缩机、机车、发动机、球磨机、轧机减速器、发动机等各种机器的滑动轴承衬套
$ZS_nS_b11C_u6$		J					27	
$ZS_nS_b8C_u4$		J					24	
$ZP_bS_b16S_n16C_u2$	铅基轴承合金	J					30	
$ZP_bS_b15S_n10$		J					24	
$ZP_bS_b15S_n5$		J					20	

注:①铸造方法代号:S—砂型铸造;J—金属型铸造;Li—离心铸造;La—连续铸造;R—熔模铸造;K—壳型铸造;B—变形处理

②合金状态代号:F—铸态;T1—人工时效;T2—退火;T6—固溶处理加完全人工时效

表 2-12　常用工程塑料

品名		抗拉强度 /MPa	拉弯强度 /MPa	抗压强度 /MPa	弹性模量 /GPa	冲击韧度 /(kJ/m²)	硬度	应用举例
尼龙 6	未增量	52.92~76.44	68.6~984	58.8~88.2	0.81~2.55	3.04	85~114 HRR	具有良好的机械强度和耐磨性,广泛用于制造机械、化工及电器零件,如轴承、齿轮、凸轮、滚子、泵叶轮、风扇叶轮、涡轮、螺钉、螺母、垫圈、耐压密封圈、阀座、输油管、储油容器等。尼龙粉还可以喷涂于各种零件表面,以提高耐磨性能和密封性能
	增强 30%玻璃纤维	107.8~127.4	117.6~137.2	88.2~117.6		9.8~14.7	92~94 HRM	
尼龙 66	未增量	55.86~81.34	98~107.8	88.2~117.6	1.37~3.23	3.82	100~118 HRR	
	增强 30%~40%玻璃纤维	96.43~213.54	123.97~275.58	103.39~165.33		11.76~26.75	94~95 HRM	
尼龙 1010	未增量	50.96~53.9	80.36~87.22	77.4	1.57	3.92~4.9	7.1 HRW	
	增强	192.37	303.8	164.05		96.53	14.97 HRW	

表 2-13　工业用毛毡(摘自 FZ/T 25001—2012)

类型	品号	密度/(g/cm^3)	断裂强度/(N/cm^2)	断裂伸长率(%)≤	规格		应用举例
					长、宽/m	厚度/mm	
细毛	T112-32~44 T112-25~31	0.32~0.44 0.25~0.31	—	—	长:1~5 宽:0.5~1.9	1.5,2,3,4,6,8,10,12,14,16,18,20,25	用作密封、防漏油、振动缓冲衬垫及作为过滤材料和抛磨光材料
半粗毛	T122-30~38 T122-24~29	0.30~0.38 0.24~0.29	—	—			
粗毛	T132-32~36	0.32~0.36	245~294	110~130			

表 2-14　软钢纸板(摘自 QB/T 2200—1996)

纸板规格/mm		技术性能				应用举例
长度×宽度	厚度	项目		A 类	B 类	
920×650	0.5~0.8 0.9~2.0 2.1~3.0	横切面抗张强度/(kN/m^2)	0.5~1 mm	3×10^4	2.5×10^4	A 类:飞机发动机密封连接处的垫片及其他部件 B 类:汽车、拖拉机的发动机和内燃机密封垫片及其他部件
650×490			1.1~3 mm	3×10^4	3×10^4	
650×400		抗压强度/MPa		≥160	—	
400×300		水分(%)		4~8	4~8	

三、铸件设计一般规范

表 3-1　铸件最小壁厚

(单位:mm)

铸造方法	铸件尺寸	铸钢	灰铸铁	球墨铸铁	可锻铸铁	铝合金	铜合金
砂型铸造	~200×200	8	~6	6	5	3	3~5
	>200×200~500×500	10~12	>6~10	12	8	4	6~8
	>500×500	15~20	15~20			6	

表 3-2　铸造斜度(摘自 JB/ZQ 4257—2006)　　(单位:mm)

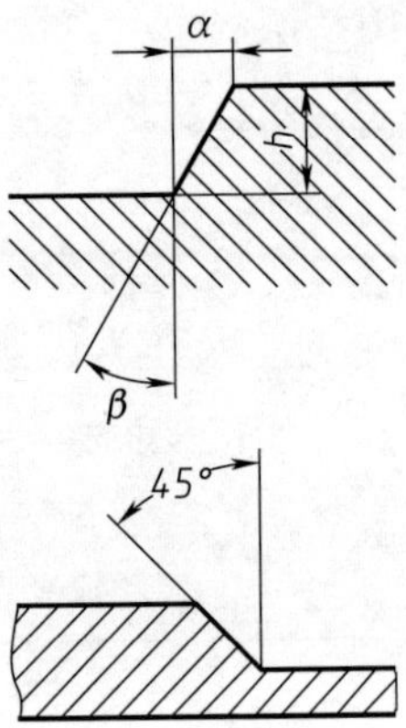

斜度 $\alpha:h$	角度 β	使用范围
1 : 5	11°30′	h<25 mm 的钢和铁铸件
1 : 10 1 : 20	5°30′ 3°	h=25~500 mm 的钢和铁铸件
1 : 50	1°	h>25 mm 的钢和铁铸件
1 : 100	30′	有色金属铸件

表 3-3　铸造过渡斜度(摘自 JB/ZQ 4254—2006)　　(单位:mm)

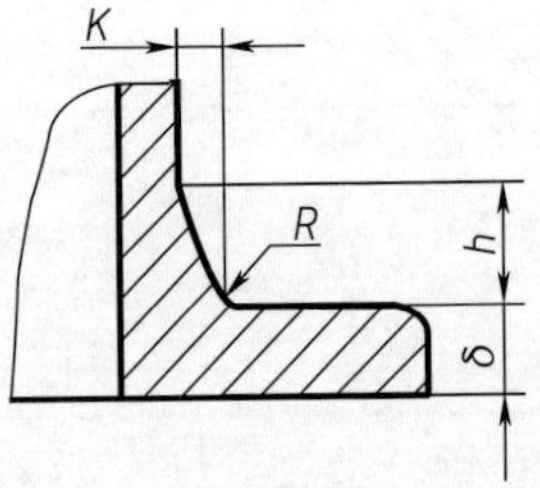

铸铁和铸钢件的壁厚 δ	K	h	R
10~15	3	15	5
>15~20	4	20	5
>20~25	5	25	5
>25~30	6	30	8
>30~35	7	35	8
>35~40	8	40	10
>40~45	9	45	10
>45~50	10	50	10

表 3-4　铸造内圆角(摘自 JB/ZQ 4255—2006)　　(单位:mm)

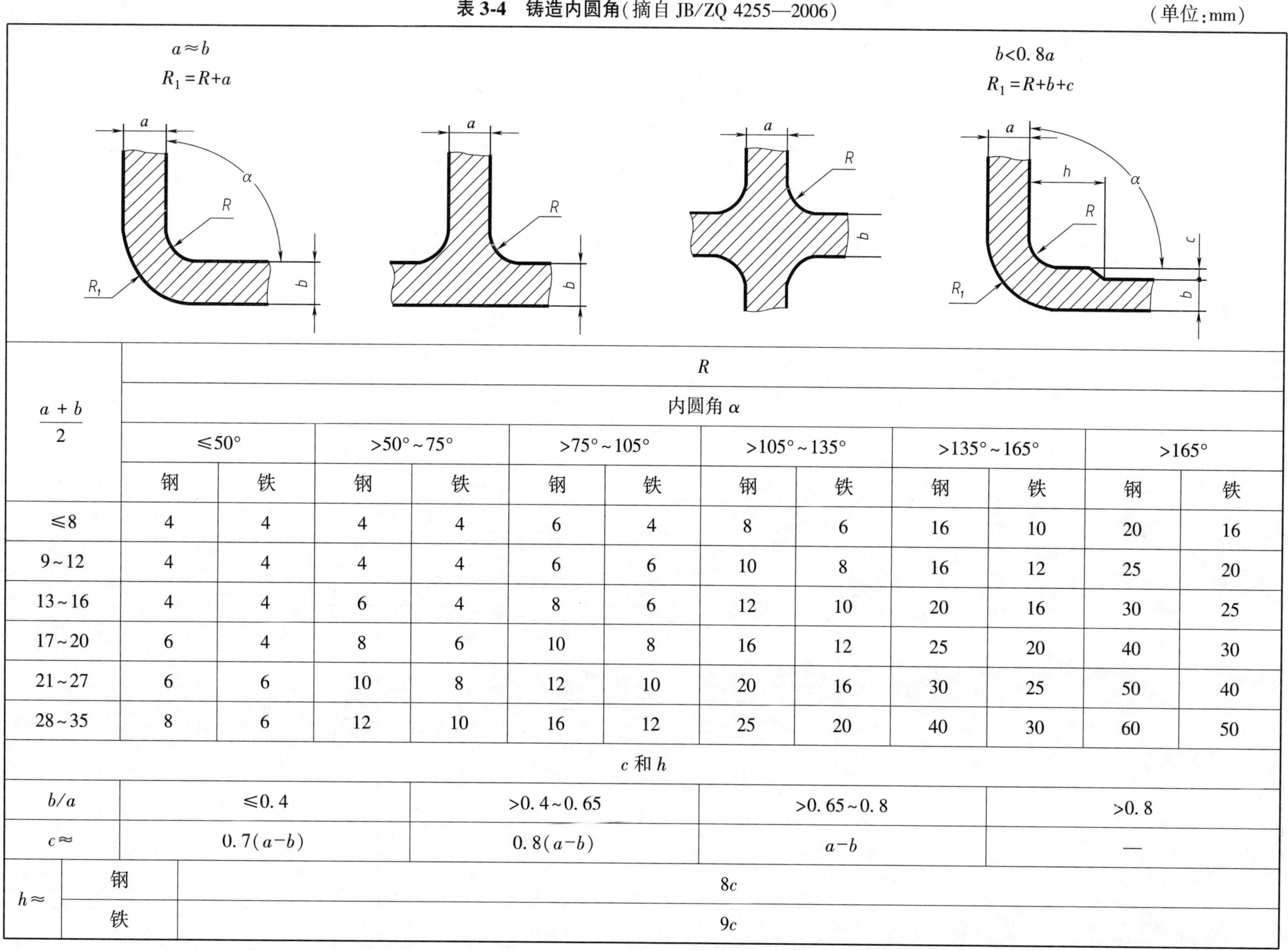

$\frac{a+b}{2}$	R											
	内圆角 α											
	≤50°		>50°~75°		>75°~105°		>105°~135°		>135°~165°		>165°	
	钢	铁	钢	铁	钢	铁	钢	铁	钢	铁	钢	铁
≤8	4	4	4	4	6	4	8	6	16	10	20	16
9~12	4	4	4	4	6	6	10	8	16	12	25	20
13~16	4	4	6	4	8	6	12	10	20	16	30	25
17~20	6	4	8	6	10	8	16	12	25	20	40	30
21~27	6	6	10	8	12	10	20	16	30	25	50	40
28~35	8	6	12	10	16	12	25	20	40	30	60	50

c 和 h					
b/a		≤0.4	>0.4~0.65	>0.65~0.8	>0.8
c≈		0.7(a−b)	0.8(a−b)	a−b	—
h≈	钢	8c			
	铁	9c			

表 3-5 铸造外圆角(摘自 JB/ZQ 4256—2006) (单位:mm)

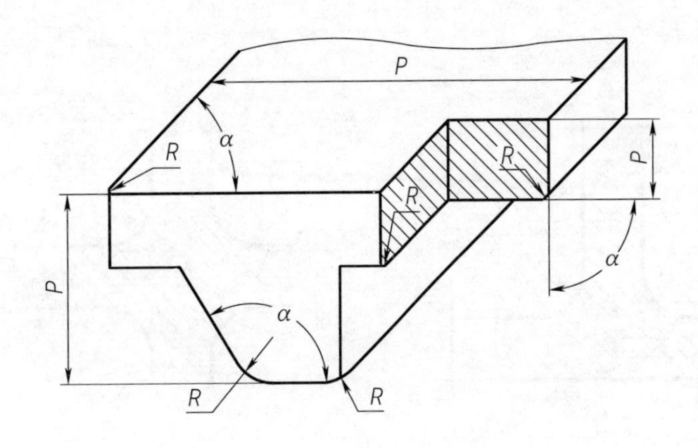

表面的最小边尺寸 P	R					
	外圆角 α					
	≤50°	>50°~75°	>75°~105°	>105°~135°	>135°~165°	>165°
≤25	2	2	2	4	6	8
>25~60	2	4	4	6	10	16
>60~160	4	4	6	8	16	25
>160~250	4	6	8	12	20	30
>250~400	6	8	10	16	25	40
>400~600	6	8	12	20	30	50

四、常用圆锥锥度与锥角

表 4-1　一般用途圆锥的锥度与锥角系列(摘自 GB/T 157—2001)

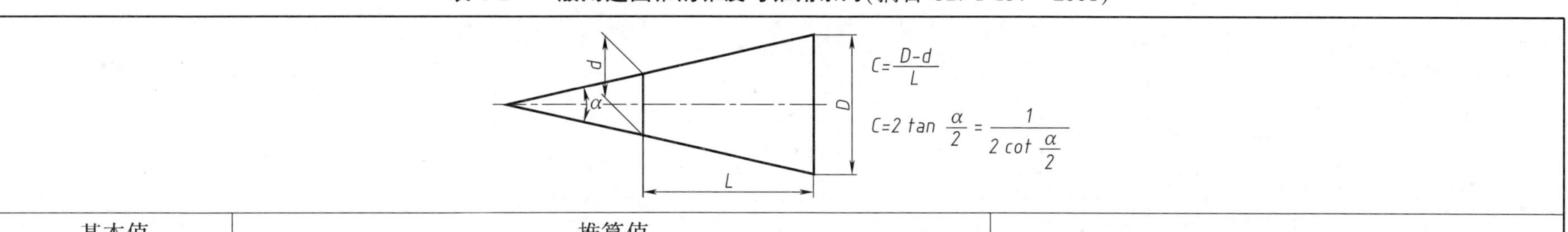

基本值		推算值				主要用途
系列 1	系列 2	圆锥角 α			锥度 C	
120°		—	—	2. 094 395 10	1 : 0. 288 675 1	螺纹孔内倒角、填料盒内填料的锥度
90°		—	—	1. 570 796 33	1 : 0. 500 000 0	沉头螺钉头、螺纹倒角,轴的倒角
	75°	—	—	1. 308 996 94	1 : 0. 651 612 7	沉头带榫螺栓的螺栓头
60°		—	—	1. 047 197 55	1 : 0. 866 025 4	车床顶尖、中心孔
45°		—	—	0. 785 398 16	1 : 1. 207 106 8	轻型螺纹管接口的锥形密合
30°		—	—	0. 523 598 78	1 : 1. 866 025 4	摩擦离合器
1 : 3		18°55′28. 7199″	18. 924 644 42°	0. 330 297 35	—	具有极限转矩的锥形摩擦离合器
	1 : 4	14°15′0. 1177″	14. 250 032 70°	0. 248 709 99	—	
1 : 5		11°25′16. 2706″	11. 421 186 7°	0. 199 337 30	—	易拆零件的锥形连接、锥形摩擦离合器
	1 : 6	9°31′38. 2202″	9. 527 283 38°	0. 166 282 46	—	
	1 : 7	8°10′16. 4408″	8. 171 233 56°	0. 142 614 93	—	重型机床顶尖
	1 : 8	7°9′9. 6075″	7. 152 668 75°	0. 124 837 62	—	联轴器和轴的圆锥面连接
1 : 10		5°43′29. 3176″	5. 724 810 45°	0. 099 916 79	—	受轴向力及横向力的锥形零件的接合面、电机及其他机械的锥形轴端
	1 : 12	4°46′18. 7970″	4. 771 888 06°	0. 083 285 16	—	固定球轴承及滚子轴承的衬套
	1 : 15	3°49′5. 8975″	3. 818 304 87°	0. 066 641 99	—	受轴向力的锥形零件的接合面、活塞与其连杆的连接
1 : 20		2°51′51. 0925″	2. 864 192 37°	0. 049 989 59	—	机床主轴的锥度、刀具尾柄、米制锥度铰刀、圆锥螺栓
1 : 30		1°54′34. 8570″	1. 909 682 51°	0. 033 330 25	—	装柄的铰刀及扩孔钻
1 : 50		1°8′45. 1586″	1. 145 877 40°	0. 019 999 33	—	圆锥销、定位销、圆锥销孔的铰刀
1 : 100		34′22. 6309″	0. 572 953 02°	0. 009 999 92	—	承受陡振及静、变载荷的不需拆卸的连接零件,楔键
1 : 200		17′11. 3219″	0. 286 478 30°	0. 004 999 99	—	承受陡振及冲击变载荷的需拆卸的连接零件,圆锥螺栓
1 : 500		6′52. 5295″	0. 114 591 52°	0. 002 000 00	—	

表 4-2　特定用途的圆锥(摘自 GB/T 157—2001)

基本值	推算值				标准号 GB/T(ISO)	用途
	圆锥角 α			锥度 C		
11°54′	—	—	0. 207 694 18	1 : 4. 797 451 1	(5237)(8489-5)	纺织机械和附件
8°40′	—	—	0. 151 261 87	1 : 6. 598 441 5	(5237)(8489-5)(324. 575)	
7°	—	—	0. 122 173 05	1 : 8. 174 927 7	(8489-2)	
1 : 38	1°30′27. 7078″	1. 507 696 67°	0. 026 314 27	—	(368)	
1 : 64	0°53′42. 8220″	0. 895 228 34°	0. 015 624 68	—	(368)	
7 : 24	16°35′39. 4443″	16. 594 290 08°	0. 289 625 00	1 : 3. 428 571 4	3837. 3(297)	机床主轴工具配合
1 : 12. 262	4°40′12. 1514″	4. 670 042 05°	0. 081 507 61	—	(239)	贾各锥度 No. 2
1 : 12. 972	4°24′52. 9039″	4. 414 695 52°	0. 077 050 97	—	(239)	贾各锥度 No. 1
1 : 15. 748	3°38′13. 4429″	3. 637 067 47°	0. 063 478 80	—	(239)	贾各锥度 No. 33
6 : 100	3°26′12. 1776″	3. 436 716 00°	0. 059 982 01	1 : 16. 666 666 7	1962(594-1)(595-1)(595-2)	医疗设备
1 : 18. 779	3°3′1. 2070″	3. 050 335 27°	0. 053 238 39	—	(239)	贾各锥度 No. 3
1 : 19. 002	3°0′52. 3956″	3. 014 554 34°	0. 052 613 90	—	1443(296)	莫氏锥度 No. 5
1 : 19. 180	2°59′11. 7258″	2. 986 590 50°	0. 052 125 84	—	1443(296)	莫氏锥度 No. 6
1 : 19. 212	2°58′53. 8255″	2. 981 618 20°	0. 052 039 05	—	1443(296)	莫氏锥度 No. 0
1 : 19. 254	2°58′30. 4217″	2. 975 117 13°	0. 051 925 59	—	1443(296)	莫氏锥度 No. 4
1 : 19. 264	2°58′24. 8644″	2. 973 573 43°	0. 051 898 65	—	(239)	贾各锥度 No. 6
1 : 19. 922	2°52′31. 4463″	2. 875 401 76°	0. 050 185 23	—	1443(296)	莫氏锥度 No. 3
1 : 20. 020	2°51′40. 7960″	2. 861 332 23°	0. 049 939 67	—	1443(296)	莫氏锥度 No. 2
1 : 20. 047	2°51′26. 9283″	2. 857 480 08°	0. 049 872 44	—	1443(296)	莫氏锥度 No. 1
1 : 20. 288	2°49′24. 7802″	2. 823 550 06°	0. 049 280 25	—	(239)	贾各锥度 No. 0
1 : 23. 904	2°23′47. 6244″	2. 396 562 32°	0. 041 827 90	—	1443(296)	布朗夏普锥度 No. 1 ~ No. 3
1 : 28	2°2′45. 8174″	2. 046 060 38°	0. 035 710 49	—	(8382)	复苏器(医用)
1 : 36	1°35′29. 2096″	1. 591 447 11°	0. 027 775 99	—	(5356-1)	麻醉器具
1 : 40	1°25′56. 3516″	1. 432 319 89°	0. 024 998 70	—		

注:莫氏锥度是一个锥度的国际标准,为 19 世纪美国机械师莫氏(Stephen A. Morse)为了解决麻花钻的夹持问题[莫氏同时也是世界最早商业化麻花钻头(1864 年)的发明者]而发明。马上就推广为美国标准,并且发展成为全球标准。用于静配合以精确定位。由于锥度很小,利用摩擦力的原理,可以传递一定的扭矩,又因为是锥度配合,所以可以方便地拆卸。在同一锥度的一定范围内,工件可以自由的拆装,同时在工作时又不会影响到使用效果,比如钻孔的锥柄钻,如果使用中需要拆卸钻头磨削,拆卸后重新装上不会影响钻头的中心位置。

五、表面粗糙度

表 5-1　标注表面结构的图形符号及说明(摘自 GB/T 131—2006)

符号		意义及说明	符号		意义及说明
基本图形符号	√	仅用于简化代号标注,没有补充说明不能单独使用	扩展图形符号	不允许去除材料	不去除材料的表面,也可以用于表示保持上道工序形成的表面,无论表面是通过去除或不去除材料形成的
扩展图形符号	去除材料	用于去除材料的方法获得的表面,仅当其含义是"被加工表面"时可单独使用	完整图形符号		在各种符号的上端加一横,以便注写对表面结构的各种要求

表 5-2　表面粗糙度主要评定参数 R_a、R_z 的数值系列(摘自 GB/T 1031—2009)　　(单位:μm)

Ra				R_z				备注
0. 012	0. 025	0. 05	0. 1	0. 025	0. 05	0. 1	0. 2	①*Ra*:轮廓算数平均差;*Rz*:轮廓最大高度。 ②在表面粗糙度参数常用的参数范围内(*Ra* = 0. 025 ~ 6. 3 μm,*Rz* = 0. 1 ~ 25 μm),推荐优先选用 *Ra*。 ③根据表面功能和生产的经济合理性,当选用的数值系列不能满足要求时,可选用补充系列数值。
0. 2	0. 4	0. 8	1. 6	0. 4	0. 8	1. 6	3. 2	
3. 2	6. 3	12. 5	25	6. 3	12. 5	25	50	
50	100	—	—	100	200	400	800	
				1 600				

表 5-3　表面粗糙度主要评定参数 *Ra*、*Rz* 的补充系列数值(摘自 GB/T 1031—2009)　　(单位:μm)

Ra					*Rz*					
0. 008	0. 010	0. 016	0. 020	0. 032	0. 032	0. 040	0. 063	0. 080	0. 125	0. 160
0. 040	0. 063	0. 080	0. 125	0. 160	0. 25	0. 32	0. 50	0. 63	1. 00	1. 25
0. 25	0. 32	0. 50	0. 63	1. 00	2. 0	2. 5	4. 0	5. 0	8. 0	10. 0
1. 25	2. 0	2. 5	4. 0	5. 0	16. 0	20	32	40	63	80
8. 0	10. 0	16. 0	20	32	125	160	250	320	500	630
40	63	80			1 000	1 250				

表 5-4　表面粗糙度的参数值、加工方法及其适用范围

Ra/μm	表面状况	加工方法	适用范围
0.012	雾光镜面	超级加工	精密仪器及附件的摩擦面，量具工作面
0.025	镜状光泽面		
0.05	亮光泽面		
0.1	暗光泽面	超级加工	工作时承受较大反复应力的重要零件表面，保证零件的疲劳强度、防腐性及在活动接头工作中的耐久性的表面，如活塞销表面、液压传动用的孔的表面；保证精确定心的圆锥表面
0.2	不可辨加工痕迹的方向	精磨、珩磨 研磨、超级加工	工作时承受较大反复应力的重要零件表面，保证零件的疲劳强度、防腐性和耐久性，并在工作时不破坏配合特性的表面，如轴颈表面、活塞和柱塞表面；IT5、IT6 公差等级配合的表面；圆锥定心表面；摩擦表面
0.4	微辨加工痕迹的方向	铰、磨、镗、拉、刮 3～4 点/cm^2、滚压	要求能长期保持所规定的轴和孔的配合表面，如导柱、导套的工作表面；要求保证定心及配合特性的表面，如精密球轴承的压入座、轴瓦的工作表面、机床顶尖表面；工作时承受较大反复应力的重要零件表面；在不破坏配合特性的情况下工作其耐久性和疲劳强度所要求的表面，圆锥定心表面，如曲轴和凸轮轴的工作表面
0.8	微见加工痕迹的方向	车、镗、拉、磨、立铣、刮 3～10 点/cm^2、滚压	要求保证定心及配合特性的表面，如锥形销和圆柱表面、安装滚动轴承的孔、滚动轴承的轴颈；不要求保证定心及配合特性的活动支承表面，高精度活动球接头表面、支承垫圈、磨削的齿轮
1.6	可见加工痕迹的方向	车、镗、刨、铣、铰、拉、磨、刮 1～2 点/cm^2、滚压	定心及配合特性要求不精确的固定支承表面，如衬套、轴套和定位销的压入孔；不要求定心及配合特性的活动支承表面，如活动关节、花键连接、传动螺纹工作面等；重要零件的配合平面，如导向杆等
3.2	微见加工痕迹	车、镗、刨、铣、锉、拉、磨、刮 1～2 点/cm^2、滚压、铣齿	和其他零件连接而又不是配合表面，如外壳凸耳、扳手等的支承表面；要求有定心及配合特性的固定支承表面，如定心的轴肩、槽等的表面；不重要的紧固螺纹表面
6.3	微见刀痕	车、镗、刨、钻、铣、锉、磨、粗铰、铣齿	不重要零件的非配合表面，如支柱、轴、外壳、衬套、盖等的表面；紧固件的自由表面，不要求定心及配合特性的表面，如用钻头钻的螺纹孔等的表面；固定支承表面，如与螺栓头相接触的表面、键的非结合面
12.5	可见刀痕	粗车、刨、钻、铣	工序间加工时所得到的粗糙表面，以及预先经过机械加工，如粗车、粗铣等的零件表面
50,25	明显可见刀痕	粗车、刨、钻、镗	
100	除净毛刺	铸造、锻、热轧、冲切	不加工的平滑表面，如砂型铸造、冷铸、压力铸造、轧制、锻压、热压及各种型锻的表面

六、几何公差

表 6-1　几何公差特征项目的符号及意义(摘自 GB/T 1182—2008)

分类	特征项目	符号	被测要素	有无基准	意义
形状公差	直线度	⏤	单一要素	无	表示零件上的直线要素实际形状保持理想直线的状况,即通常所说的平直程度。直线度公差是实际直线对理想直线所允许的最大变动量
	平面度	⏥			表示零件平面要素实的际形状保持理想平面的状况,即通常所说的平整程度。平面度公差是实际平面对理想平面所允许的最大变动量
	圆度	○			表示零件上圆要素的实际形状与其中心保持等距的情况,即通常所说的圆整程度。圆度公差是在同一截面上,实际圆对理想圆所允许的最大变动量
	圆柱度	⌭			表示零件上圆柱面外形轮廓上的各点对其轴线保持等距的状况。圆柱度公差是实际圆柱面对理想圆柱面所允许的最大变动量
位置公差	平行度	∥	关联要素	有	表示零件上被测实际要素相对于基准保持等距的状况,即通常所说的保持平行的程度。平行度公差是被测要素的实际方向与基准相平行的理想方向之间所允许的最大变动量
	垂直度	⊥			表示零件上被测要素相对于基准要素保持正确的90°夹角的状况,即通常所说的两要素之间保持正交的程度。垂直度公差是被测要素的实际方向与基准相垂直的理想方向之间所允许的最大变动量
	倾斜度	∠			表示零件上两要素相对方向保持任意给定角度的正确状况。倾斜度公差是被测要素的实际方向,对与基准成任意给定角度的理想方向之间所允许的最大变动量
	对称度	⌯			表示零件上两对称中心要素保持在同一中心平面内的状态。对称度公差是实际要素的对称中心面(或中心线、轴线)对理想对称平面所允许的最大变动量
	同轴度	◎			表示零件上被测轴线相对于基准轴线保持在同一直线上的状况,即通常所说的共轴程度。同轴度公差是被测实际轴线相对于基准轴线所允许的最大变动量
	位置度	⌖		有或无	表示零件上的点、线、面等要素相对其理想位置的准确状况。位置度公差是被测要素的实际位置相对于理想位置所允许的最大变动量
跳动公差	圆跳动	↗		有	表示零件上的回转表面在限定的测量面内,相对于基准轴线保持固定位置的状况。圆跳动公差是被测实际要素绕基准轴线无轴向移动地旋转一整圈时,在限定的测量范围内所允许的最大变动量
	全跳动	⌰			表示零件绕基准轴线做连续旋转时,沿整个被测表面上的跳动量。全跳动公差是被测实际要素绕基准轴线连续地旋转,同时指示器沿其理想轮廓相对移动时所允许的最大变动量
形状公差或位置公差	线轮廓度	⌒	单一要素或关联要素	有或无	表示在零件的给定平面上,任意形状的曲线保持其理想形状的状况。线轮廓度公差是非圆曲线的实际轮廓线的允许变动量
	面轮廓度	⌓			表示零件上任意形状的曲面保持理想形状的状况。面轮廓度公差是指非圆曲面的实际轮廓线对理想轮廓面的允许变动量。也就是图样上给定的,用以限制实际曲面加工误差的变动范围

表 6-2　被测要素、基准要素的标注要求及其他符号(摘自 GB/T 1182—2008)

说明	符号	说明	符号	说明	符号
被测要素	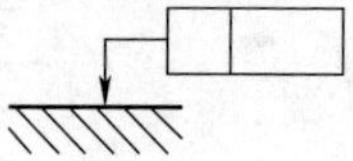	最小实体要求	Ⓛ	小径	LD
基准要素	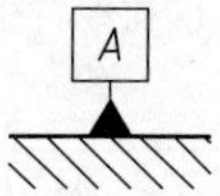 A	可逆要求	Ⓡ	大径	MD
基准目标	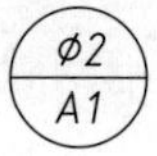 Φ2 A1	延伸公差带	Ⓟ	中径、节经	PD
理论正确尺寸	50	自由状态条件 (非刚性零件)	Ⓕ	线素	LE
包容要求	Ⓔ	全周(轮廓)	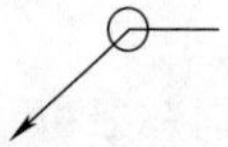	任意横截面	ASC
最大实体要求	Ⓜ	公共公差带	CZ	不凸起	NC

公差框格说明

用公差框格标注几何公差时,公差要求标注在划分成两格或多格的矩形框格内。框格中的内容从左到右按以下次序填写。

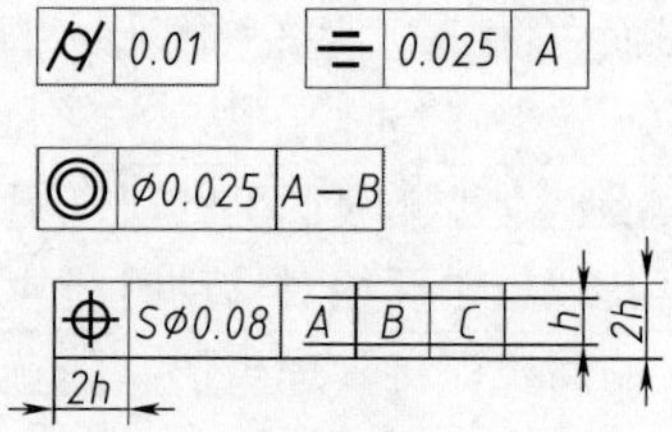

0.01　　0.025 | A

Φ0.025 | A−B

SΦ0.08 | A | B | C　　h　2h　2h

1. 公差特征的符号。
2. 公差值及被测要素有关的符号。其中,公差值是以线性尺寸单位表示的量值。如果公差带为圆形或圆柱形,公差值前应加注符号“Φ”;如果公差带为圆球形,则公差值前应加注符号“SΦ”。
3. 基准数字及基准要素有关的符号。用一个字母表示单个基准或多个字母表示基准体系或公共基准。

h—图样中采用字体的高度

表 6-3　直线度和平面度公差(摘自 GB/T 1184—1996)　　(单位:μm)

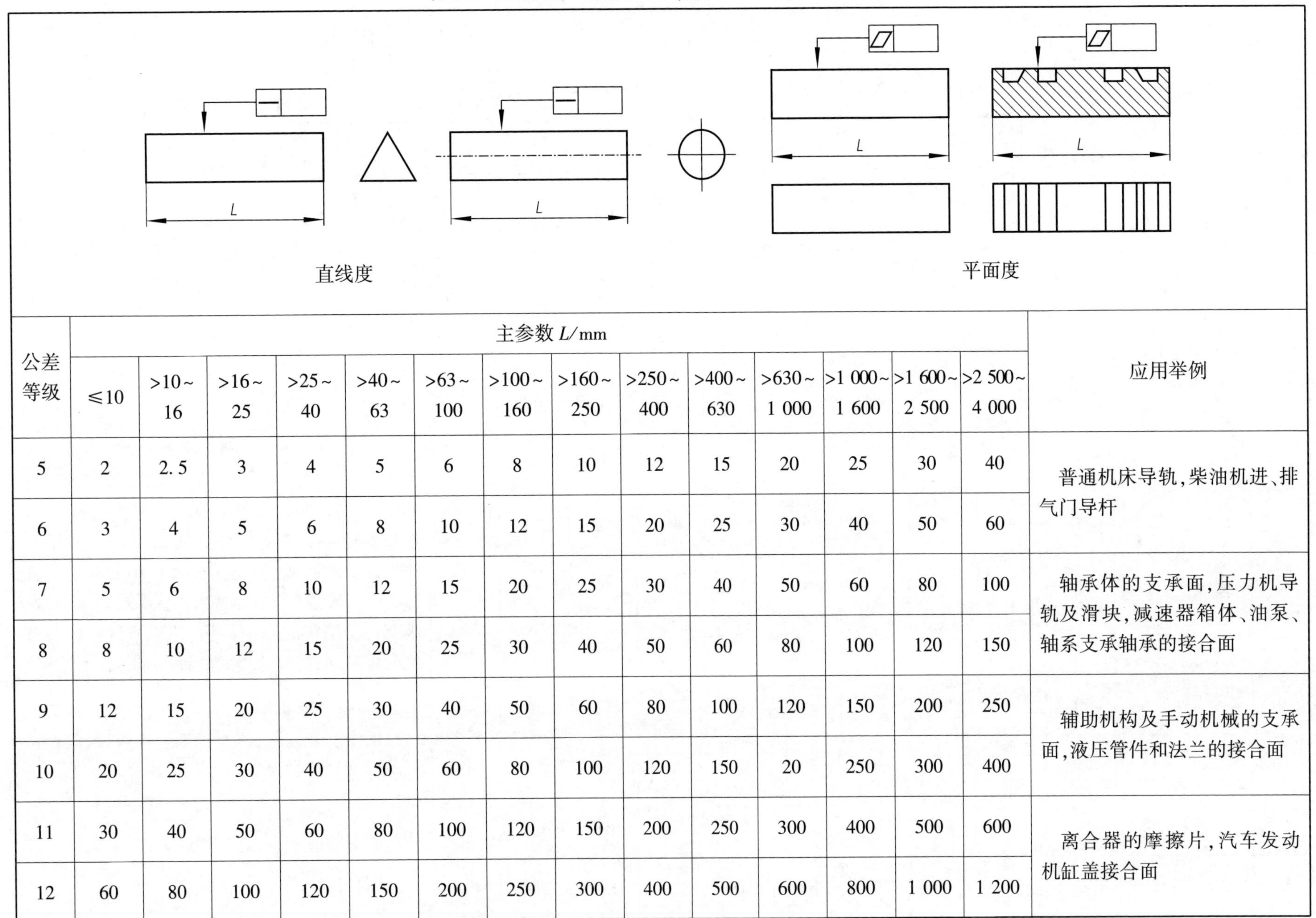

公差等级	主参数 *L*/mm														应用举例
	≤10	>10~16	>16~25	>25~40	>40~63	>63~100	>100~160	>160~250	>250~400	>400~630	>630~1 000	>1 000~1 600	>1 600~2 500	>2 500~4 000	
5	2	2.5	3	4	5	6	8	10	12	15	20	25	30	40	普通机床导轨,柴油机进、排气门导杆
6	3	4	5	6	8	10	12	15	20	25	30	40	50	60	
7	5	6	8	10	12	15	20	25	30	40	50	60	80	100	轴承体的支承面,压力机导轨及滑块,减速器箱体、油泵、轴系支承轴承的接合面
8	8	10	12	15	20	25	30	40	50	60	80	100	120	150	
9	12	15	20	25	30	40	50	60	80	100	120	150	200	250	辅助机构及手动机械的支承面,液压管件和法兰的接合面
10	20	25	30	40	50	60	80	100	120	150	20	250	300	400	
11	30	40	50	60	80	100	120	150	200	250	300	400	500	600	离合器的摩擦片,汽车发动机缸盖接合面
12	60	80	100	120	150	200	250	300	400	500	600	800	1 000	1 200	

表 6-4　圆度和圆柱度公差（摘自 GB/T 1184—1996）　　（单位：μm）

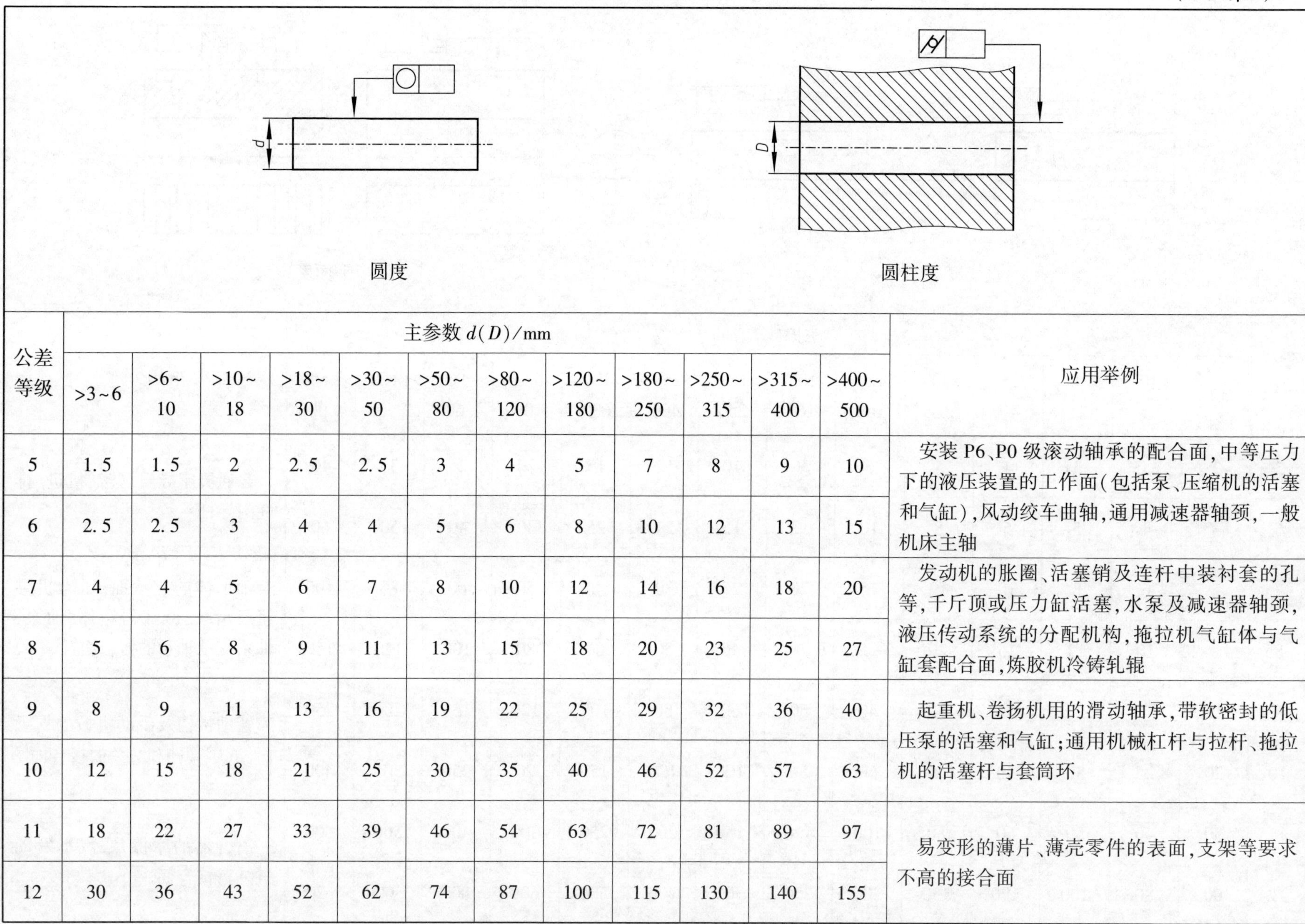

圆度　　圆柱度

公差等级	主参数 $d(D)$/mm												应用举例
	>3~6	>6~10	>10~18	>18~30	>30~50	>50~80	>80~120	>120~180	>180~250	>250~315	>315~400	>400~500	
5	1.5	1.5	2	2.5	2.5	3	4	5	7	8	9	10	安装 P6、P0 级滚动轴承的配合面，中等压力下的液压装置的工作面（包括泵、压缩机的活塞和气缸），风动绞车曲轴，通用减速器轴颈，一般机床主轴
6	2.5	2.5	3	4	4	5	6	8	10	12	13	15	
7	4	4	5	6	7	8	10	12	14	16	18	20	发动机的胀圈、活塞销及连杆中装衬套的孔等，千斤顶或压力缸活塞，水泵及减速器轴颈，液压传动系统的分配机构，拖拉机气缸体与气缸套配合面，炼胶机冷铸轧辊
8	5	6	8	9	11	13	15	18	20	23	25	27	
9	8	9	11	13	16	19	22	25	29	32	36	40	起重机、卷扬机用的滑动轴承，带软密封的低压泵的活塞和气缸；通用机械杠杆与拉杆、拖拉机的活塞杆与套筒环
10	12	15	18	21	25	30	35	40	46	52	57	63	
11	18	22	27	33	39	46	54	63	72	81	89	97	易变形的薄片、薄壳零件的表面，支架等要求不高的接合面
12	30	36	43	52	62	74	87	100	115	130	140	155	

表 6-5　平行度、垂直度和倾斜度公差(摘自 GB/T 1184—1996)　　(单位:μm)

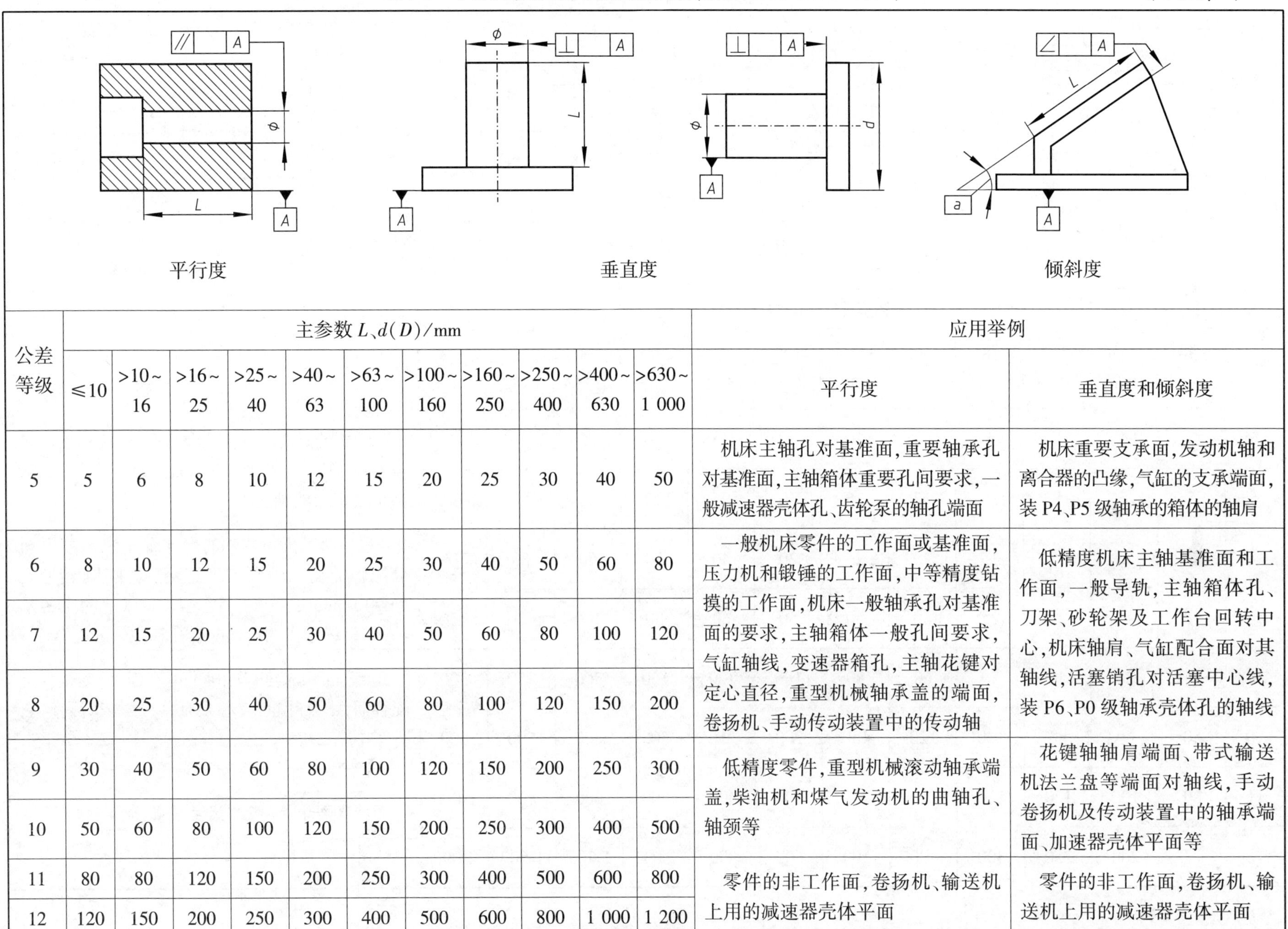

公差等级	主参数 L、$d(D)$/mm											应用举例	
	≤10	>10~16	>16~25	>25~40	>40~63	>63~100	>100~160	>160~250	>250~400	>400~630	>630~1 000	平行度	垂直度和倾斜度
5	5	6	8	10	12	15	20	25	30	40	50	机床主轴孔对基准面,重要轴承孔对基准面,主轴箱体重要孔间要求,一般减速器壳体孔、齿轮泵的轴孔端面	机床重要支承面,发动机轴和离合器的凸缘,气缸的支承端面,装 P4、P5 级轴承的箱体的轴肩
6	8	10	12	15	20	25	30	40	50	60	80	一般机床零件的工作面或基准面,压力机和锻锤的工作面,中等精度钻摸的工作面,机床一般轴承孔对基准面的要求,主轴箱体一般孔间要求,气缸轴线,变速器箱孔,主轴花键对定心直径,重型机械轴承盖的端面,卷扬机、手动传动装置中的传动轴	低精度机床主轴基准面和工作面,一般导轨,主轴箱体孔、刀架、砂轮架及工作台回转中心,机床轴肩、气缸配合面对其轴线,活塞销孔对活塞中心线,装 P6、P0 级轴承壳体孔的轴线
7	12	15	20	25	30	40	50	60	80	100	120		
8	20	25	30	40	50	60	80	100	120	150	200		
9	30	40	50	60	80	100	120	150	200	250	300	低精度零件,重型机械滚动轴承端盖,柴油机和煤气发动机的曲轴孔、轴颈等	花键轴轴肩端面、带式输送机法兰盘等端面对轴线,手动卷扬机及传动装置中的轴承端面、加速器壳体平面等
10	50	60	80	100	120	150	200	250	300	400	500		
11	80	80	120	150	200	250	300	400	500	600	800	零件的非工作面,卷扬机、输送机上用的减速器壳体平面	零件的非工作面,卷扬机、输送机上用的减速器壳体平面
12	120	150	200	250	300	400	500	600	800	1 000	1 200		

表 6-6　同轴度、对称度、圆跳动和全跳动公差(摘自 GB/T 1184—1996)　　(单位:μm)

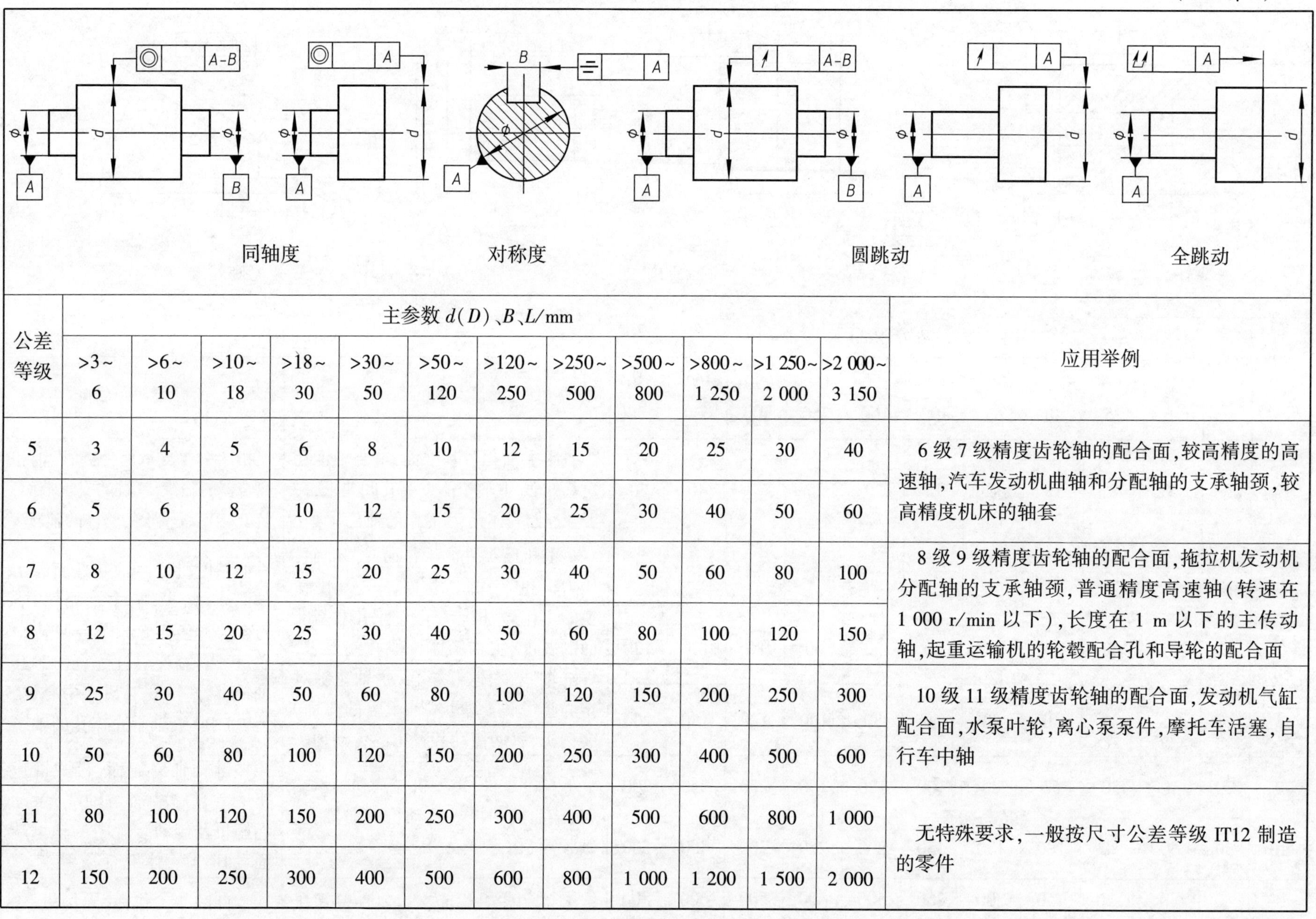

公差等级	主参数 $d(D)$、B、L/mm												应用举例
	>3~6	>6~10	>10~18	>18~30	>30~50	>50~120	>120~250	>250~500	>500~800	>800~1 250	>1 250~2 000	>2 000~3 150	
5	3	4	5	6	8	10	12	15	20	25	30	40	6 级 7 级精度齿轮轴的配合面,较高精度的高速轴,汽车发动机曲轴和分配轴的支承轴颈,较高精度机床的轴套
6	5	6	8	10	12	15	20	25	30	40	50	60	
7	8	10	12	15	20	25	30	40	50	60	80	100	8 级 9 级精度齿轮轴的配合面,拖拉机发动机分配轴的支承轴颈,普通精度高速轴(转速在 1 000 r/min 以下),长度在 1 m 以下的主传动轴,起重运输机的轮毂配合孔和导轮的配合面
8	12	15	20	25	30	40	50	60	80	100	120	150	
9	25	30	40	50	60	80	100	120	150	200	250	300	10 级 11 级精度齿轮轴的配合面,发动机气缸配合面,水泵叶轮,离心泵泵件,摩托车活塞,自行车中轴
10	50	60	80	100	120	150	200	250	300	400	500	600	
11	80	100	120	150	200	250	300	400	500	600	800	1 000	无特殊要求,一般按尺寸公差等级 IT12 制造的零件
12	150	200	250	300	400	500	600	800	1 000	1 200	1 500	2 000	

七、键连接

表 7-1　平键　键槽的剖面尺寸(摘自 GB/T 1095—2003)

普通平键的形式和尺寸(摘自 GB/T 1095—2003)　　　　(单位:mm)

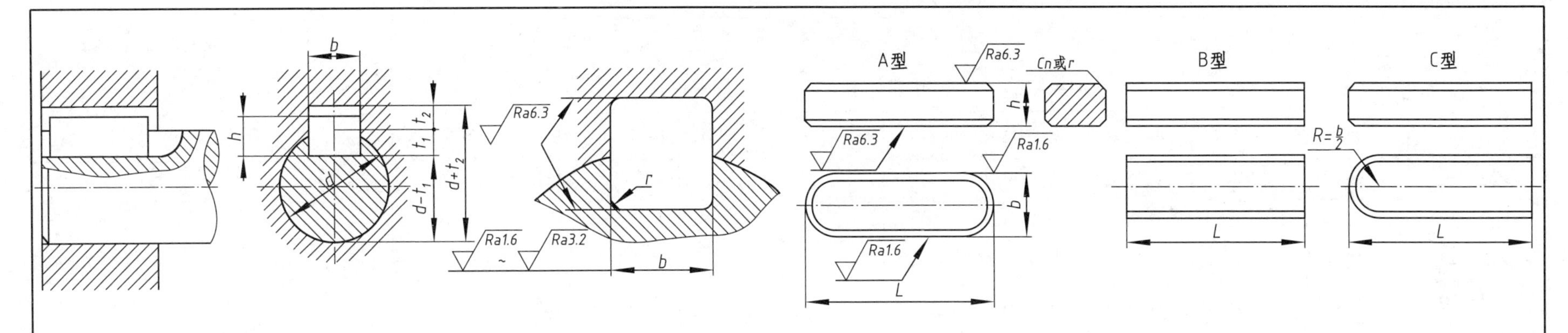

标记示例:

$b=16$、$h=10$、$L=100$ 的圆头普通平键(A 型)的标记为 GB/T 1096 键 16×10×100

$b=16$、$h=10$、$L=100$ 的平头普通平键(B 型)的标记为 GB/T 1096 键 B 16×10×100

$b=16$、$h=10$、$L=100$ 的单头普通平键(C 型)的标记为 GB/T 1096 键 C 16×10×100

轴	键	键槽											
公称尺寸 d	键尺寸 $b\times h$	宽度 b						深度				半径 r	
		公称尺寸	极限偏差					轴 t_1		毂 t_2			
			松连接		正常连接		紧密连接						
			轴 H9	毂 D10	轴 N9	毂 JS9	轴和毂 P9	公称尺寸	极限尺寸	公称尺寸	极限尺寸	min	max
自 6~8	2×2	2	+0. 025 0	+0. 060 +0. 020	−0. 004 −0. 029	±0. 0125	−0. 006 −0. 031	1. 2	+0. 1 0	1. 0	+0. 1 0	0. 08	0. 16
>8~10	3×3	3						1. 8		1. 4			
>10~12	4×4	4	+0. 030 0	+0. 078 +0. 030	0 −0. 030	±0. 015	−0. 012 −0. 042	2. 5		1. 8		0. 16	0. 25
>12~17	5×5	5						3. 0		2. 3			
>17~22	6×6	6						3. 5		2. 8			

续上表

轴	键	键槽											
		宽度 b						深度				半径 r	
			极限偏差					轴 t_1		毂 t_2			
公称尺寸 d	键尺寸 $b \times h$	公称尺寸	松连接		正常连接		紧密连接						
			轴 H9	毂 D10	轴 N9	毂 JS9	轴和毂 P9	公称尺寸	极限尺寸	公称尺寸	极限尺寸	min	max
>22~30	8×7	8	+0.036 0	+0.098 +0.040	0 −0.036	±0.018	−0.015 −0.051	4.0	+0.2 0	3.3	+0.2 0	0.25	0.40
>30~38	10×8	10						5.0		3.3			
>38~44	12×8	12	+0.043 0	+0.120 +0.050	0 −0.043	±0.0215	−0.018 −0.061	5.0		3.3			
>44~50	14×9	14						5.5		3.8			
>50~58	16×10	16						6.0		4.3			
>58~65	18×11	18						7.0		4.4		0.40	0.60
>65~75	20×12	20	+0.052 0	+0.149 +0.065	0 −0.052	±0.026	−0.022 −0.074	7.5		4.9			
>75~85	22×14	22						9.0		5.4			
>85~95	25×14	25						9.0		5.4			
>95~110	28×16	28						10.0		6.4			
>110~130	32×18	32	+0.062 0	+0.180 +0.080	0 −0.062	±0.031	−0.026 −0.088	11.0		7.4			
>130~150	36×20	36						12.0	+0.3 0	8.4	+0.3 0	0.7	1.00
>150~170	40×22	40						13.0		9.4			
>170~200	45×25	45						15.0		10.4			
>200~230	50×25	50						17.0		11.4			
键的长度系列	6、8、10、12、14、16、18、20、22、25、28、32、36、40、45、50、56、63、70、80、90、100、110、125、140、160、180、200、220、250、280、320、360												

注：①在工作图中，轴槽深用 t_1 或 $(d-t_1)$ 标注，轮毂槽深用 $(d+t_2)$ 标注。

②$(d-t_1)$ 和 $(d+t_2)$ 两组组合尺寸的极限偏差按相应的 t_1 和 t_2 极限偏差选取，但 $(d-t_1)$ 极限偏差值应取负号（−）。

③键尺寸的极限偏差 b 为 h8，h 为 h11，L 为 h14。

④键材料的抗拉强度应不小于 590 MPa。

⑤GB/T 1096—2003 中未给出相应轴的直径，此栏取自旧国家标准，供选键时参考。

表 7-2　矩形花键的尺寸和公差(摘自 GB/T 1144—2001)　　(单位:mm)

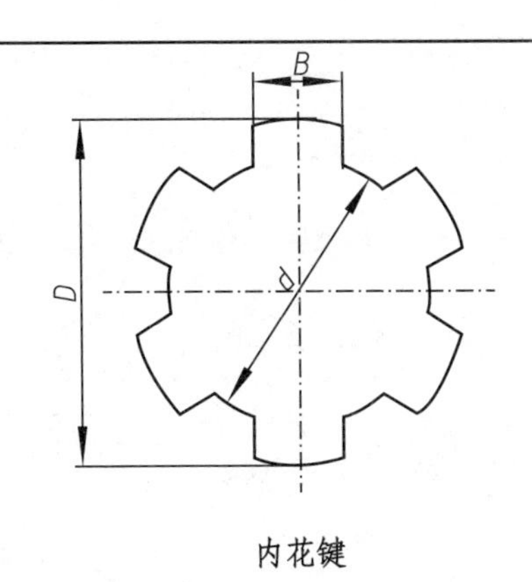

内花键

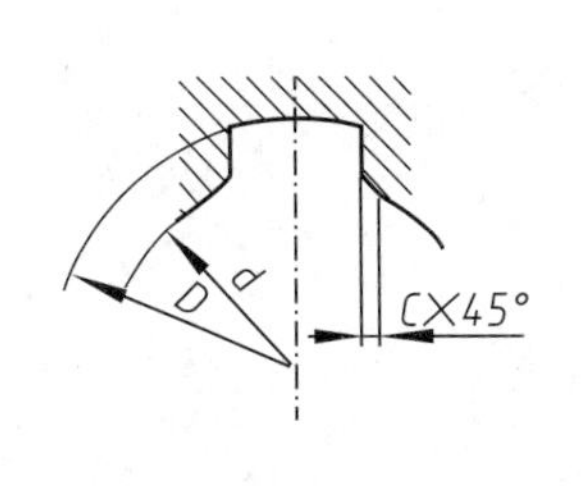

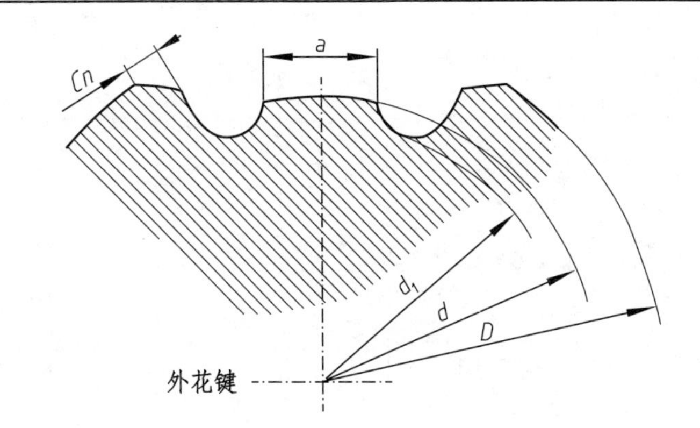

外花键

标记示例:

花键,$N=6$、$d=23\dfrac{H7}{f7}$、$D=26\dfrac{H10}{a11}$、$B=6\dfrac{H11}{d11}$ 的标记为

花键规格:$N\times d\times D\times B$(6×23×26×6)

花键副:$6\times23\dfrac{H7}{f7}\times26\dfrac{H10}{a11}\times6\dfrac{H11}{d10}$ GB/T 1144—2001 内花键:6×23H7×26H10×6H11 GB/T 1144—2001 外花键:6×23f7×26a11×6d11 GB/T 1144—2001

基本尺寸系列和键槽截面尺寸

小径 d	轻系列					中系列				
	规格 $N\times d\times D\times B$	C	r	参考		规格 $N\times d\times D\times B$	C	r	参考	
				$d_{1\min}$	$a_{\min}$				$d_{1\min}$	$a_{\min}$
18	—					6×18×22×5	0.3	0.2	16.6	1.0
21						6×21×25×5			19.5	2.0
23	6×23×26×6	0.2	0.1	22	3.5	6×23×28×6			21.2	1.2
26	6×26×30×6	0.3	0.2	24.5	3.8	6×26×32×6	0.4	0.3	23.6	1.2
28	6×28×32×7			26.6	4.0	6×28×34×7			25.8	1.4
32	8×32×36×6			30.3	2.7	8×32×38×6			29.4	1.0
36	8×36×40×7			34.4	3.5	8×36×42×7			33.4	1.0
42	8×42×46×8			40.5	5.0	8×42×48×8			39.4	2.5
46	8×46×50×9			44.6	5.7	8×46×54×9	0.5	0.4	42.6	1.4

续上表

基本尺寸系列和键槽截面尺寸										
小径 d	轻系列					中系列				
	规格 $N \times d \times D \times B$	C	r	参考		规格 $N \times d \times D \times B$	C	r	参考	
				$d_{1\min}$	$a_{\min}$				$d_{1\min}$	$a_{\min}$
52	8×52×58×10	0.4	0.3	49.6	4.8	8×52×60×10	0.5	0.4	48.6	2.5
56	8×56×62×10			53.5	6.5	8×56×65×10			52.0	2.5
62	8×62×68×12			59.7	7.3	8×62×72×12	0.6	0.5	57.7	2.4
72	10×72×78×12			69.6	5.4	10×72×82×12			67.7	1.0
82	10×82×88×12			79.3	8.5	10×82×92×12			77.0	2.9
92	10×92×98×14			89.6	9.9	10×92×102×14			87.3	4.5
102	10×102×108×16			99.6	11.3	10×102×112×16			97.7	6.2

内、外花键的尺寸公差带							
内花键				外花键			装配形式
d	D	B		d	D	B	
		拉削后不热处理	拉削后热处理				
一般公差带							
H7	H10	H9	H11	f7	a11	d10	滑动
				g7		f9	紧滑动
				h7		h10	固定
精密传动用公差带							
H5	H10	H7、H9		f5	a11	d8	滑动
				g5		f7	紧滑动
				h5		h8	固定
H6				f6		d8	滑动
				g6		f7	紧滑动
				h6		d8	固定

注:①精密传动用的内花键,当需要控制键侧配合间隙时,槽宽可选用 H7,一般情况下可选用 H9。

②d 为 H6 和 H7 的内花键,允许与提高一级的外花键配合。

八、中心孔

表 8-1　中心孔（摘自 GB/T 145—2001）　（单位：mm）

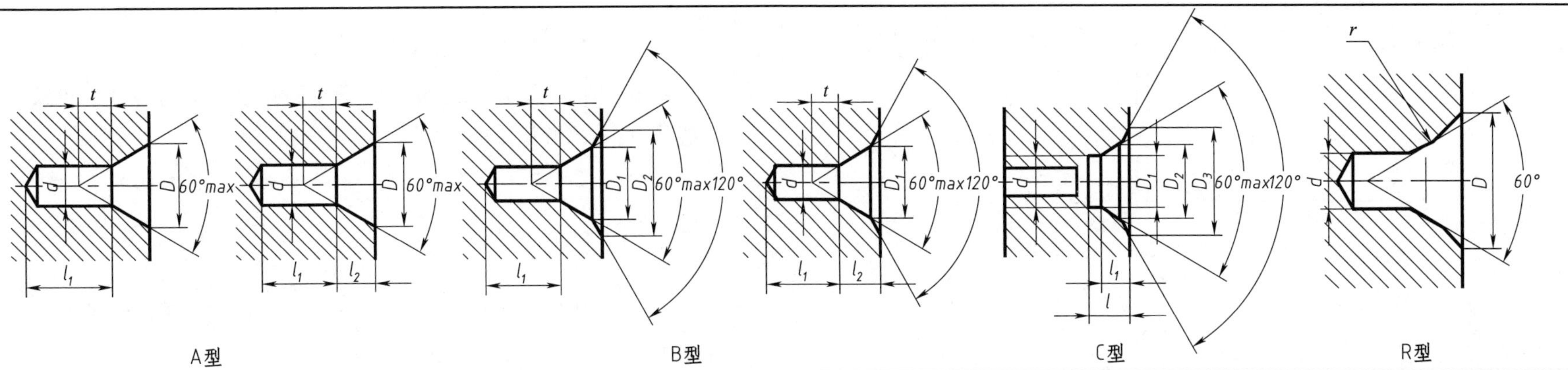

A型　　B型　　C型　　R型

d	D		L_2（参考）		t（参考）	l_{min}	r_{max}	r_{min}	d	D_1	D_2	D_3	l	l（参考）	选择中心孔的参考数据		
A、B、R 型	A、R 型	B 型	A 型	B 型	A、B 型	R 型			C 型						原始端部最小直径 D_0	轴状原料最大直径 D_c	工件最大质量/kg
1.6	3.35	5.00	1.52	1.99	1.4	3.5	5.00	4.00									
2.0	4.25	6.30	1.95	2.54	1.8	4.4	6.30	5.00							8	>30~38	120
2.5	5.30	8.00	2.42	3.20	2.2	5.5	8.00	6.30							10	>38~44	200
3.15	6.70	10.00	3.07	4.03	2.8	7.0	10.00	8.00	M3	3.2	5.3	5.8	2.6	1.8	12	>44~50	500
4.00	8.50	12.50	3.90	5.05	3.5	8.9	12.50	10.00	M4	4.3	6.7	7.4	3.2	2.1	15	>50~58	800
(5.00)	10.60	16.00	4.85	6.41	4.4	11.2	16.00	12.50	M5	5.3	8.1	8.8	4.0	2.4	20	>58~65	1 000
6.30	13.20	18.00	5.98	7.36	5.5	14.0	20.00	16.00	M6	6.4	9.6	10.5	5.0	2.8	25	>65~75	1 500
(8.00)	17.00	22.40	7.79	9.36	7.0	17.9	25.00	20.00	M8	8.4	12.2	13.2	6.0	3.3	30	>75~85	2 000
10.00	21.20	28.00	9.70	11.66	8.7	22.5	31.00	25.00	M10	10.5	14.9	16.3	7.5	3.8	35	>85~95	2 500
									M12	13.0	18.1	19.8	9.5	4.4	42	>95~110	3 000

注：①括号中的尺寸尽量不采用。

②A 型：a. 尺寸 l_1 取决于中心钻的长度，即使中心钻重磨后使用，此值也不应于 t 值。

b. 表中同时列出了 D 和 l_2 尺寸，制造厂可任选其中一个尺寸。

③B 型：a. 尺寸 l_1 取决于中心钻的长度，即使中心钻重磨后使用，此值也不应于 t 值。

b. 表中同时列出了 D 和 l_2 尺寸，制造厂可任选其中一个尺寸。

c. 尺寸 d 和 D_1 与中心钻的尺寸一致。

④选择中心孔的参考数据不属于 GB/T 145—2001 的内容，仅供参考。

表 8-2　中心孔表示法(摘自 GB/T 4459. 5—1991)

图例	说明
GB/T 4459.5—B2.5/8	采用 B 型中心孔,D=2. 5 mm,D_1 = 8 mm,在完工的零件上要求保留中心孔,可省略标记中的标准编号
GB/T 4459.5—A1.6/3.35	采用 A 型中心孔,D=1. 6 mm,D_1 =3. 35 mm,在完工的零件上不允许保留中心孔,可省略标记中的标准编号
GB/T 4459.5—A4/8.5	采用 A 型中心孔,D=4 mm,D_1 =8. 5 mm,在完工的零件上是否保留中心孔都可以,可省略标记中的标准编号
2×GB/T 4459.5—B2.5/8	同一轴两端的中心孔相同,可只在其一端标注,但应标注出数量,可省略标记中的标准编号

注:①A 型(不带护锥)、B 型(带护锥)和 R 型(弧形)、中心孔的标记包括:本标准编号;形式(用字母 A、B、R 表示);导向孔直径 D;锥形孔端面直径 D_1。

示例:B 型中心孔;D=2. 5 mm;D_1 = 8 mm

在图样上的标记为:GB/T 4459. 5—B2. 5/8

②C 型(带螺纹)中心孔的标记包括:本标准编号;型式(用字母 C 表示);螺纹代号 D(用普通螺纹特征代号 M 和公称直径表示);螺纹长度(用字母 L 和数值表示);锥形孔端面直径 D_2。

示例:C 型中心孔;D=M10;L=30 mm;D_2 = 16. 3 mm

在图样上的标记为:GB/T 4459. 5-CM10L30/16. 3

九、螺纹的代号与标注

表 9-1　普通螺纹的代号与标注

<table>
<tr><th colspan="2">螺纹类型</th><th>特征代号</th><th>螺纹标注实例</th><th>内、外螺纹配合标注实例</th></tr>
<tr><td rowspan="2">普通螺纹</td><td>粗牙</td><td rowspan="2">M</td><td>M12-7g-L-LH
M:螺纹特征代号
12:公称直径
7g:外螺纹中经和顶径公差代号
L:长旋合长度
LH:左旋</td><td>M12-6H/7g-LH
6H:内螺纹中经和顶径公差带代号
7g:外螺纹中经和顶径公差带代号</td></tr>
<tr><td>细牙</td><td>M12×1-7H8H
M:螺纹特征代号
12:公称直径
7H:外螺纹中经和顶径公差代号
8H:长旋合长度</td><td>M12×1-6H/7g8g-LH
6H:内螺纹中经和顶径公差带代号
7g:外螺纹中经公差带代号
8g:外螺纹顶经公差带代号</td></tr>
<tr><td colspan="5">说明:
①细牙螺纹的每一个公称直径对应着数个螺距,因此必须标出螺距值,而粗牙普通螺纹不标注螺距值。
②右旋螺纹不标注旋向代号,左旋螺纹则用 LH 表示。
③旋合长度分为长旋合长度 L、中等旋合长度 N 和短旋合长度 S 三种,中等旋合长度不标注。
④公差代号中,前者为中经公差带代号,后者为顶经公差带代号,两者一致时则只标注一个公差带代号。内螺纹用大写字母,外螺纹用小写字母。
⑤内、外螺纹配合的公差带代号中,前者为内螺纹公差带代号,后者为外螺纹公差带代号,中间用“/”分开。</td></tr>
</table>

表 9-2 梯形螺纹的代号与标注

螺纹类型	特征代号	螺纹标注实例	内、外螺纹配合标注实例
梯形螺纹	Tr	Tr 24×10(P5)LH-7H Tr:螺纹特征代号 24:公称直径 10:导程 P5:螺距 LH:中经公差带代号	Tr 24×5LH-7H/7e 7H:内螺纹公差带代号 7e:外螺纹公差带代号
说明: ①单线螺纹只标注螺距,多线螺纹标注螺距和导程。 ②右旋螺纹不标注旋向代号,左旋螺纹则用 LH 表示。 ③旋合长度分为长旋合长度 L、中等旋合长度 N 和短旋合长度 S 三种,中等旋合长度不标注。 ④公差代号中,螺纹只标注中经公差带代号。内螺纹用大写字母,外螺纹用小写字母。 ⑤内、外螺纹配合的公差带代号中,前者为内螺纹公差带代号,后者为外螺纹公差带代号,中间用“/”分开。			

表 9-3 管螺纹的代号与标注

螺纹类型		特征代号	螺纹标注实例	内、外螺纹配合标注实例
管螺纹	非螺纹密封	G	G1A-LH G:螺纹特征代号 1:尺寸代号 A:外螺纹公差等级代号 LH:左旋	G1/G1A-LH

续上表

螺纹类型		特征代号	螺纹标注实例	内、外螺纹配合标注实例
管螺纹	螺纹密封	Rc （圆锥内螺纹）	Rc2-LH Rc：螺纹特征代号 2：尺寸代号 LH：左旋	Rp2/R2-LH Rc2/R2
		Rp （圆柱内螺纹）	Rp2-LH Rp：螺纹特征代号 2：尺寸代号	
		R （圆锥外螺纹）	R2-LH R：螺纹特征代号 2：尺寸代号 LH：左旋	

说明：

①管螺纹尺寸代号不再称作公称直径，也不是螺纹本身的任何直径尺寸，只是一个无单位的代号。

②管螺纹为英制细牙螺纹，其公称直径近似为管子的内空直径，以英寸为单位。

③右旋螺纹不标注旋向代号，左旋螺纹则用 LH 表示。

④非螺纹密封管螺纹的外螺纹的公差等级有 A、B 两级，A 级精度较高。内螺纹的公差等级只有一个，故无公差等级代号。

⑤内、外螺纹配合配合在一起时，内、外螺纹的标注用“/”分开，前者为内螺纹的标注，后者为外螺纹的标注。

参考文献

[1]李建新.工程制图习题集[M].4 版.哈尔滨:哈尔滨工业大学出版社,2008.
[2]祖业发.现代机械制图习题集[M].北京:机械工业出版社,2008.
[3]续舟.3D 机械制图习题集[M].2 版.北京:机械工业出版社,2008.
[4]何贡.机械精度设计图例及解说[M].2 版.北京:中国计量出版社,2005.
[5]段齐骏.设计图学习题集[M].北京:机械工业出版社,2007.
[6]张绍群.机械制图习题集[M].北京:机械工业出版社,2006.
[7]鲁杰.机械制图与 AutoCAD 基础教程习题集[M].北京:北京工业大学出版社,2007.
[8]刘淑英.工程图学基础习题集[M].北京:机械工业出版社,2009.
[9]鲁屏宇.工程图学习题集[M].北京:机械工业出版社,2006.
[10]王静.新标准机械图集[M].北京:机械工业出版社,2014.
[11]王之栎.机械设计综合课程设计[M].2 版.北京:机械工业出版社,2010.
[12]王军.机械设计综合课程设计[M].北京:机械工业出版社,2018.
[13]全国技术产品文件标准化技术委员会.GB/T 14689—2008 技术制图 图纸幅面和格式[S].北京:中国标准出版社,2008.
[14]全国技术产品文件标准化技术委员会.GB/T 10609. 1—2008 技术制图 标题栏[S].北京:中国标准出版社,2008.
[15]全国技术产品文件标准化技术委员会.GB/T 1031—2009 产品几何技术规范(GPS)表面结构[S].北京:中国标准出版社,2009.
[16]全国技术产品文件标准化技术委员会.GB/T 1182—2008 产品几何技术规范(GPS)几何公差[S].北京:中国标准出版社,2008.
[17]全国技术产品文件标准化技术委员会.GB/T 3478. 1—2008 圆柱直齿渐开线花键[S].北京:中国标准出版社,2008.
[18]全国技术产品文件标准化技术委员会.GB/T 145—2001 中心孔[S].北京:中国标准出版社,2001.
[19]全国技术产品文件标准化技术委员会.GB/T 157—2001 产品几何技术规范(GPS)圆锥锥度与锥角系列[S].北京:中国标准出版社,2001.
[20]全国技术产品文件标准化技术委员会.GB/T 1095—2003 平键 键槽的剖面尺寸[S].北京:中国标准出版社,2003.